51单片机C语言创新教程

温子祺　刘志峰　冼安胜　林秩谦　李益鸿　编著

北京航空航天大学出版社

内容简介

本书以宏晶公司的STC89C52RC单片机为蓝本，由浅入深，并结合SmartM51开发板系统地介绍单片机的原理与结构、开发环境的使用、各种功能器件的应用。

本书主要特色是边学边做，不是单纯的理论讲解，各章节中规中矩，遵循由简到繁、循序渐进的编排方式。本书大部分内容均来自作者的项目经验，因而许多C语言代码能够直接应用到工程项目中去，且代码风格良好。书中还介绍了USB通信、网络通信、数据校验、深入编程等，而这些内容在很多同类型书籍中并不具备，恰恰也是即将走出校门的大学生踏入社会工作经常要接触的。其中配套的光盘含有各实验的示例代码，可使读者在短时间内迅速掌握单片机的应用技巧，并可向读者提供配套的单片机开发板。

本书既可作为大学本、专科单片机课程教材，也可作为相关技术人员的参考与学习用书。

图书在版编目(CIP)数据

51单片机C语言创新教程 / 温子祺等编著. -- 北京
：北京航空航天大学出版社，2011.4
ISBN 978-7-5124-0330-7

Ⅰ.①5… Ⅱ.①温… Ⅲ.①单片微型计算机—C语言—程序设计—教材 Ⅳ.①TP368.1 ②TP312

中国版本图书馆CIP数据核字(2011)第009052号

51单片机C语言创新教程

温子祺　刘志峰　冼安胜　林秩谦　李益鸿　编著

责任编辑　李松山

*

北京航空航天大学出版社出版发行

北京市海淀区学院路37号(邮编100191)　http://www.buaapress.com.cn

发行部电话：(010)82317024　传真：(010)82328026

读者信箱：emsbook@gmail.com　邮购电话：(010)82316936

北京时代华都印刷有限公司印装　各地书店经销

*

开本：787 mm×1 092 mm　1/16　印张：29.25　字数：749千字

2011年4月第1版　2011年4月第1次印刷　印数：4 000册

ISBN 978-7-5124-0330-7　定价：59.00元(含光盘1张)

前　言

21世纪是信息时代，电子技术的发展日新月异，同时各种新型数据传输接口技术和新器件的出现，如SPI通信、USB通信、网络通信等，大部分单片机书籍基本上没有提及，有提及的更是凤毛麟角，较老版本的书籍内容已经严重脱节。首先以编程工具为例，现在的项目开发主要以C语言为主，已经很少有人使用汇编进行项目开发，程序不再是一个人独自编写，而是由一个团队进行协作式编写，一部分人负责接口编程、一部分人负责器件功能编程、一部分人负责总体架构，由此看来，C语言编程为团队协作式开发提供了可能。但是从汇编的角度来看，往往只能一个人进行编写，实现功能当然是没有问题的，不过需要提醒的是，时间就是金钱，别人只要1个月就可以完成，你却要2个月的时间才能完成，别人已经捷足先登，你却姗姗来迟。

随着国内单片机开发工具研制水平的提高，现在的单片机仿真器普遍支持C语言程序的调试，如常见的8051系列单片机开发工具Keil、AVR单片机开发工具AVR Studio，这样为单片机使用C语言编程提供了相当的便利。使用C语言编程不必对单片机和硬件接口的结构有很深入的了解，"聪明"的编译器可以自动完成变量的存储单元的分配，用户只需要专注于应用软件部分的设计就可以了，这样就会大大加快软件的开发速度，而且使用C语言设计的代码，很容易在不同的单片机平台进行移植，如此在软件开发速度、软件质量、程序的可读性、可移植性这些方面都是汇编所不能比拟的。

在电子信息发展迅猛的年代，我们不仅要掌握8051系列单片机的C语言编程，而且要掌握好按键、LCD、USB等程序的编写，要知道几乎每一样单片机系统都要与它们打交道，如生活中常见的门禁系统，它们做好防盗的同时也为人们提供了一个友好的"人机交互"接口，如按键、LCD，输入密码以按键为媒介，相关信息在LCD上显示，门禁系统的管理信息通过串口、USB进行获取，甚至通过网络进行获取，而且获取的方式是通过PC的控制界面进行控制。

本书单片机的选型以STC89C52RC增强型51单片机为蓝本。

本书共分为6大部分。

第1部分简略介绍单片机的历史，着重介绍传统8051系列单片机的特点、STC89C52RC增强型51单片机的主要特性和Keil开发环境。

第2部分为基础入门篇，着重讲解STC89C52RC增强型51单片机的内部资源的基本使用，如GPIO、定时器、外部中断、串口（含模拟串口）、看门狗、内部EERPOM等，同时对74LS164串行输入并行输出锁存器、数码管、LCD进行简单介绍。基础入门篇做到原理与实践相结合的过程体系，使初学者能够迅速掌握8051系列单片机的基本应用技巧。最后阐述了STC89C52RC增强型51单片机独有的功耗控制、EMI管理、软件复位等应用和Keil内建的RTX-51实时系统及其LIB的生成、调用，特别是RTX-51实时系统的学习将为以后进军嵌入式实时系统提供厚实的根基。

第3部分为实战篇，通过学习基础入门篇过后，现在必须进入由量变到质变的过程。实战篇只有3个实验，分别是计数器实验、交通灯实验、频率计实验。这3个实践性实验是十分典型的实验，在大学的课程设计课题中都可以找到，因为这3个实验能够很好地检验我们对单片机掌握的程度，同时能够在面向单片机编程中逻辑思维能力得到“质”的提高。例如，计数器实验涉及单片机的定时器熟练应用与数码管的显示、交通灯实验涉及串口通信技术、频率计实验涉及定时器与LCD1602的高级应用，同时这3个实验需要74LS164进行串行输入并行输出的转换，所以当掌握了实战篇内容的精髓后，无论是对单片机的理解或是逻辑思维能力都有不同程度的蜕变。

第4部分为高级通信接口开发篇，阐述了USB与网络通信的原理及其应用。在我们进行产品研发的过程中，不可避免地要接触各种各样的USB设备，并要为其编写程序。一旦当前的USB设备满足不了项目的要求，往往使用网络设备取代USB设备，这种现象十分常见。其实很大一部分人如果是刚开始接触USB或者网络设备开发，他们就会感觉这是非常痛苦的事情，为什么这样说呢？因为要对USB或者网络设备进行开发，必须对USB或网络协议非常熟悉。难能可贵的是本书在有限篇幅里简明扼要地对USB和网络的协议进行了描述，并通过实验进行验证，以此消除初学者对USB和网络编程的“恐惧”，从而使他们对USB与网络设备的开发驾轻就熟。

第5部分为深入篇，主要对接口编程、单片机编程优化、单片机稳定性作深入的研究，以深入接口和深入编程进行讲解，是技术上的重点，同样是技术上的难点。这样我们对单片机的理解不再浮于表面，而是站在一名项目开发者角度，思考着众多的技术性问题，如深入接口部分是以数据校验为重点，包含奇偶校验、校验和、CRC16循环冗余检验，加深读者对数据校验的理解。深入编程以编程规范、代码架构、C语言的高级应用(如宏、指针、强制转换、结构体等复杂应用)、程序防跑飞等要点作深入的研究。深入篇从技术角度来看，是整本书内容的精华部分，在研究如何优化单片机的性能、稳定性被搞得焦头烂额的时候为其指引了明确的方向。深入篇是必看的部分，因其涉及的内容是单片机与C编程的精髓，并解决了多方面的问题，具有不可多得的参考价值。

第6部分为番外篇，何谓番外篇，因为本篇超出了介绍单片机的范畴，但是又不得不说，因为在高级实验篇很大部分的篇章已经涉及了界面的应用。说实话，现在的单片机程序员或多或少与界面接触，甚至要懂得界面的基本编写，说白了就是单片机程序员同时演绎着界面程序员的角色。这个在中小型企业比较常见，编写的往往是一些比较简单的调试界面，常用于调试或演示给老板和参观者看，当产品竣工时，要提供相应的DLL给系统集成部，缔造出不同的应用方案。在番外篇中，界面编程开发工具为VC＋＋2008，通过VC＋＋2008向读者展示界面如何编写，同时如何实现串口通信、USB通信、网络通信，只要使用作者编写好的类，实现它们的通信就变得非常简单，就像在C语言中调用函数一样，只需要掌握Init()、Send()、Recv()、Close()函数的使用就可以了。相信读者会从该篇中基本掌握界面编程，最后驾轻就熟，编写出属于自己的调试工具。

本书在介绍讲解实验的过程中以SmartM51开发板为例，该开发板是为初学者设计的一款实用型的开发板，不仅含有基本的设备单元，同时在开发板的实用性的基础上能够搭载USB模块与网络模块，很好地满足了书中所有实验的要求。该开发板以宏晶公司的STC89C52RC单片机为蓝本，STC89C52RC单片机是增强型的8051系列单片机，基于标准的Intel 8052进行设计，完全兼容8051指令。PDIP-40封装的STC89C52RC与传统的8051的引脚毫无二致，内部硬件资源几乎一样，并且新增了不少功能。本人还编写了单片机多功能调试助手，专为大家排忧解难。该软件不但能够实现串口、USB、网络调试，而且支持51单片机代码生成、常用检验值计算、编码转换等功能。

“天下大事，必作于细”，无论是从单片机入门与深入的角度出发，还是从实践性与技术性的角度出发，这些都是本书的亮点，可以说本书是作者用尽了心血编写而成的，是多年工作经验的积累。读者通过学习本书相当于继承了作者的思路与经验，找到了捷径，能够花最少的时间获得最佳的学习效果，节省不必要的“摸爬滚打”的时间。

参与本书编写工作的主要人员有温子祺、刘志峰、冼安胜、林秩谦、李益鸿等5人，最终方案的确定和本书的定稿全部由温子祺负责；其次还要感谢佛山指点数码科技有限公司张彦总经理、李学奎博士以及佛山市安讯智能科技有限公司工作的卢永坚、何超平先生对本书提出了不少建设性的建议；感谢王雨杰、龙俊贤、李祖达、邓勇强、程国洪先生在工作之余审阅本书并反馈问题；感谢佛山科学技术学院电子设计协会的蒋业文老师、麦伟强老师以及吴淋、陈家乐、郑柔强、梁建锋等人验证本书所有的实验并对开发板的部分实验代码提出修改建议；感谢谭绮雯小姐对本书的前期排版；感谢北京航空航天大学出版社，在从写书到出版的过程中提出了不少有价值的参考意见，让此书不断完善。

本书大部分内容取材于实际的项目开发经验，不但编程规范良好，而且代码具有良好的移植性，很容易便可移植到AVR、PIC等其他类型单片机。由于程序代码较复杂、图表比较多，难免会有纰漏，恳请读者批评指正，并且可通过E-mail：wenziqi@hotmail.com进行反馈，我们希望能够得到您的参与和帮助。最后希望本书能对单片机的应用推广起到一定的作用。

温子祺

2011年3月2日

目　录

基础入门篇

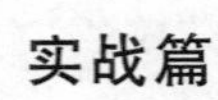

高级通信接口开发篇

深入篇

番外篇

绪　论

什么是单片机

单片机是指一个集成在一块芯片上的完整计算机系统。尽管它的大部分功能集成在一块小芯片上，但是它具有一个完整计算机所需要的大部分部件：CPU、内存、内部和外部总线系统，目前大部分还会具有外存。同时集成诸如通信接口、定时器、实时时钟等外围设备。而现在最强大的单片机系统甚至可以将声音、图像、网络、复杂的输入输出系统集成在一块芯片上。图 0－1 为 8051 单片机。

图 0－1　8051 单片机

单片机历史

单片机诞生于 20 世纪 70 年代末，经历了 SCM、MCU、SoC 三大阶段。

(1) SCM 即单片微型计算机(single chip microcomputer)阶段，主要是寻求最佳的单片形态嵌入式系统的最佳体系结构。“创新模式”获得成功，奠定了 SCM 与通用计算机完全不同的发展道路。在开创嵌入式系统独立发展道路上，Intel 公司功不可没。

(2) MCU 即微控制器(micro controller unit)阶段，主要的技术发展方向是：不断扩展满足嵌入式应用时，对象系统要求的各种外围电路与接口电路，突显其对象的智能化控制能力。它所涉及的领域都与对象系统相关，因此，发展 MCU 的重任不可避免地落在电气、电子技术厂家。从这一角度来看，Intel 逐渐淡出 MCU 的发展也有其客观因素。在发展 MCU 方面，最著名的厂家当数 Philips 公司。

Philips 公司以其在嵌入式应用方面的巨大优势，将 MCS－51 从单片微型计算机迅速发展到微控制器。因此，当我们回顾嵌入式系统发展道路时，不要忘记 Intel 和 Philips 的历史功绩。

(3) 单片机是嵌入式系统的独立发展之路，向 MCU 阶段发展的重要因素，就是寻求应用

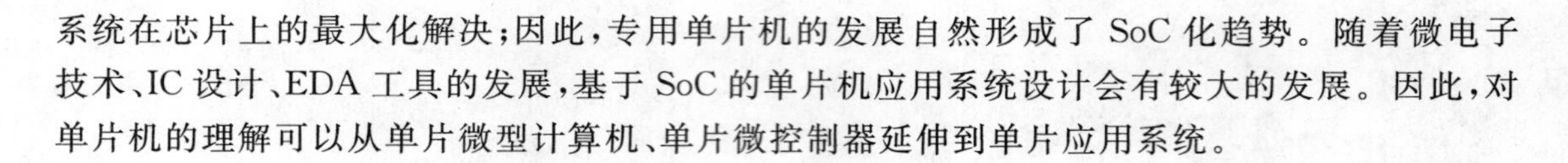

系统在芯片上的最大化解决；因此，专用单片机的发展自然形成了 SoC 化趋势。随着微电子技术、IC 设计、EDA 工具的发展，基于 SoC 的单片机应用系统设计会有较大的发展。因此，对单片机的理解可以从单片微型计算机、单片微控制器延伸到单片应用系统。

单片机应用领域

目前单片机渗透到我们生活的各个领域，几乎很难找到哪个领域没有单片机的踪迹。导弹的导航装置，飞机上各种仪表的控制，计算机的网络通信与数据传输，工业自动化过程的实时控制和数据处理，广泛使用的各种智能 IC 卡，民用豪华轿车的安全保障系统，录像机、摄像机、全自动洗衣机的控制，以及程控玩具、电子宠物等，这些都离不开单片机；更不用说自动控制领域的机器人、智能仪表、医疗器械了。

单片机广泛应用于仪器仪表、家用电器、医用设备、航空航天、专用设备的智能化管理及过程控制等领域，大致可分为如下几个范畴。

1. 在智能仪器仪表上的应用

单片机具有体积小、功耗低、控制功能强、扩展灵活、微型化和使用方便等优点，广泛应用于仪器仪表中，结合不同类型的传感器，可实现诸如电压、功率、频率、湿度、温度、流量、速度、厚度、角度、长度、硬度、元素、压力等物理量的测量。采用单片机控制使得仪器仪表数字化、智能化、微型化，且功能比起采用电子或数字电路更加强大，如精密的测量设备（功率计、示波器、各种分析仪）。

2. 在工业控制中的应用

用单片机可以构成形式多样的控制系统、数据采集系统。例如，工厂流水线的智能化管理，电梯智能化控制、各种报警系统，与计算机联网构成二级控制系统等。

3. 在家用电器中的应用

可以这样说，现在的家用电器基本上都采用了单片机控制，从电饭煲、洗衣机、电冰箱、空调机、彩电、其他音响视频器材，再到电子称量设备，五花八门，无所不在。

4. 在计算机网络和通信领域中的应用

现代的单片机普遍具有通信接口，可以很方便地与计算机进行数据通信，为在计算机网络和通信设备间的应用提供了极好的物质条件。现在的通信设备基本上都实现了单片机智能控制，从电话机、小型程控交互机、楼宇自动通信呼叫系统、列车无线通信，再到日常工作中随处可见的移动电话、集群移动通信、无线电对讲机等。

5. 单片机在医用设备领域中的应用

单片机在医用设备中的用途也相当广泛，如医用呼吸机、各种分析仪、监护仪、超声诊断设备及病床呼叫系统等。

6. 在各种大型电器中的模块化应用

某些专用单片机设计用于实现特定功能，从而在各种电路中进行模块化应用，而不要求使用人员了解其内部结构。例如，音乐集成单片机，看似简单的功能，微缩在纯电子芯片中（有别

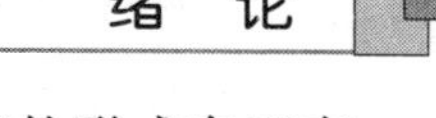

于磁带机的原理)，就需要复杂的类似于计算机的原理。例如，音乐信号以数字的形式存于存储器中(类似于 ROM)，由微控制器读出，转换为模拟音乐电信号(类似于声卡)。

在大型电路中，这种模块化应用极大地缩小了体积，简化了电路，降低了损坏、错误率，也方便于更换。

7. 单片机在汽车电子领域中的应用

单片机在汽车电子中的应用非常广泛，如汽车中的发动机控制器、基于 CAN 总线的汽车发动机智能电子控制器、GPS 导航系统、ABS 防抱死系统、制动系统等。

此外，单片机在工商、金融、科研、教育、国防、航空航天等领域都有着十分广泛的用途。

常用单片机芯片简介

1) STC 单片机

STC 公司的单片机主要是基于 8051 内核，是新一代增强型单片机，指令代码完全兼容传统 8051，速度快 8～12 倍，带 ADC，4 路 PWM，双串口，有全球唯一 ID 号，加密性好，抗干扰性强。

2) PIC 单片机

PIC 单片机是 Microchip 公司的产品，其突出的特点是体积小，功耗低，精简指令集，抗干扰性好，可靠性高，有较强的模拟接口，代码保密性好，大部分芯片有其兼容的 Flash 程序存储器的芯片。

3) EMC 单片机

EMC 单片机是台湾义隆公司的产品，有很大一部分与 PIC 8 位单片机兼容，且相兼容产品的资源相对比 PIC 的多，价格低廉，有很多系列可选。

4) Atmel 单片机(8051 系列单片机)

Atmel 公司的 8 位单片机有 AT89、AT90 两个系列：AT89 系列是 8 位 Flash 单片机，与 8051 系列单片机相兼容，静态时钟模式；AT90 系列单片机是增强 RISC 结构、全静态工作方式、内载在线可编程 Flash 的单片机，也叫 AVR 单片机。

5) NXP 51LPC 系列单片机(8051 系列单片机)

NXP 公司的单片机是基于 80C51 内核的单片机，嵌入了掉电检测、模拟以及片内 RC 振荡器等功能；这使 51LPC 在高集成度、低成本、低功耗的应用设计中可以满足多方面的性能要求。

6) HOLTEK 单片机

台湾盛群半导体公司的单片机，价格低廉，种类较多，是适用于消费类的产品。

7) TI 公司单片机(8051 系列单片机)

德州仪器公司提供了 TMS370 和 MSP430 两大系列通用单片机。TMS370 系列单片机是 8 位 CMOS 单片机，具有多种存储模式、多种外围接口模式，适用于复杂的实时控制场合；MSP430 系列单片机是一种超低功耗、功能集成度较高的 16 位低功耗单片机，特别适用于要求功耗低的场合。

8) 松翰单片机(SONIX)

松翰单片机是台湾松翰公司的产品，大多为 8 位机，有一部分与 PIC 8 位单片机兼容，价格低廉，系统时钟分频可选项较多。

8051 系列单片机

8051 系列单片机是对目前所有兼容 Intel 8031 指令系统的单片机的统称。该系列单片机的“始祖”是 Intel 的 8031 单片机。后来随着 Flash rom 技术的发展，8031 单片机取得了长足的进展，成为目前应用最广泛的 8 位单片机之一，其代表型号是 Atmel 公司的 AT89 系列，它广泛应用于工业测控系统之中。目前很多公司都有 51 系列的兼容机型推出，在目前乃至今后很长一段时间内其将占有大量市场份额。

单片机学习

目前，很多人对汇编语言并不认可。可以说，掌握用 C 语言进行单片机编程的技巧很重要，能大大提高开发的效率。初学者可以不了解单片机的汇编语言，但一定要了解单片机的具体性能和特点，不然这在单片机领域是比较致命的。如果不考虑单片机硬件资源，在 Keil 中用 C 语言胡乱编写，结果只能是出了问题无法解决！可以肯定地说，最好的 C 语言单片机工程师都是从汇编走出来的编程者。当 C 语言应用到单片机编程时，要时刻地注意当前 ROM 是否够大，当前 RAM 是否充足。还有就是，虽然单片机 C 语言编程方便，便于人们阅读，但是在执行效率上要比汇编语言低10%～20%，所以用什么语言编写程序要看具体用在什么场合下。

第1章 8051简介

1.1 8051系列单片机的特点

单片机(microcontroller,又称为微控制器)是在一块硅片上集成了各种部件的微型计算机。这些部件包括中央处理器(CPU)、数据存储器(RAM)、程序存储器(ROM)、定时器/计数器和各种I/O接口电路。

8051系列单片机的基本结构如图1-1所示。

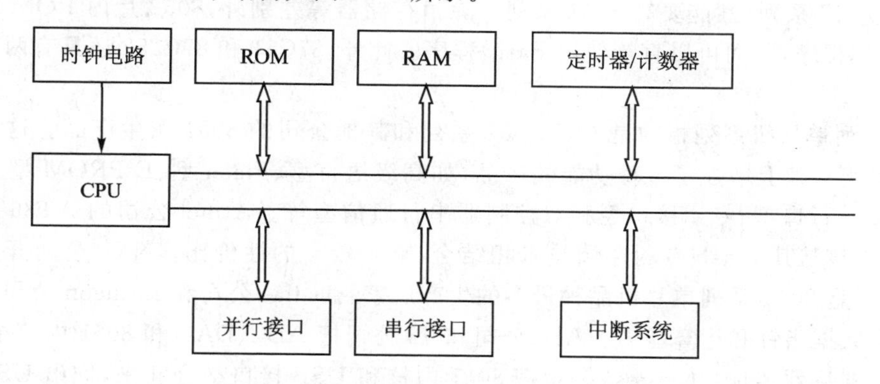

图1-1 8051系列单片机的基本结构图

8051是MCS-51系列单片机中的一个产品。MCS-51系列单片机是Intel公司推出的通用型单片机。它的基本型产品是8051、8031和8751。这3种产品只是片内程序存储器的制造工艺不同。8051的片内程序存储器ROM为掩膜型的,在制造芯片时已将应用程序固化进去,使它具有了某种专用的功能;8031的片内无ROM,使用时需要外接ROM;8751的片内ROM是EPROM的,固化的应用程序可以方便地改写。

以上3种器件是HMOS工艺的。此外,低功耗基本型的CMOS工艺器件80C51、80C31和87C51等,分别与上述器件兼容。CMOS具有低功耗的特点,如8051的功耗约为630 mW,而80C51的功耗只有120 mW。

除片内ROM类型不同外,8051、8031和8751的其他性能完全相同。其结构特点如下:

- 8位CPU;

- 片内振荡器及时钟电路；
- 32根I/O线；
- 外部存储器ROM和RAM寻址范围64 KB；
- 2个16位的定时器/计数器；
- 5个中断源，2个中断优先级；
- 全双工串行口；
- 布尔处理器。

MCS－51系列单片机已有十多种产品，其性能如表1－1所列。

表1－1　MCS－51系列单片机性能对比

ROM形式			片内ROM/KB	片内RAM/KB	寻址范围/KB	I/O			中断源
片内ROM	片内EPROM	外接EPROM				计数器	并行口	串行口	
8051	8751	8031	4	128	2×64	2×16	4×8	1	5
80C51	87C51	80C31	4	128	2×64	2×16	4×8	1	5
8052	8752	8032	8	256	2×64	3×16	4×8	1	6
80C252	87C252	80C232	8	256	2×64	3×16	4×8	1	7

表1－1中列出了4组性能上略有差异的单片机。前两组属于同一规格，都可称为51系列；后两组为52系列，性能要高于51系列。除了存储器等差别外，8052片内ROM中还掩膜了Basic解释程序，因而可以直接使用Basic程序。此外，87C51和87C252还具有两级程序保密系统。

8051系列单片机系列指的是MCS－51系列和其他公司的8051派生产品。这些派生产品是在基本型基础上增强了各种功能的产品，如高级语言型、Flash型、E^2PROM型、A/D型、DMA型、多并行口型、专用接口型和双控制器串行通信型等。Atmel公司的AT89系列单片机把8051内核与其Flash专利存储技术相结合，具有较高的性价比。NXP公司开发了丰富的外围部件，是8051系列单片机品种最多的生产厂家。Dallas公司和Infineon公司开发的单片机增加了数据指针和运算能力。ADI公司和TI公司把ADC、DAC和8051内核结合起来，推出微转换器系列芯片。Cypress公司把8051内核和USB接口结合起来，推出USB控制器芯片。Silicon Labs公司开发的片上系统（system on chip，SOC）单片机C8051F系列改进了8051内核，具有JTAG接口，可实现在线下载和调试程序，是8051最具生命力的体现。目前这些增强型8051系列产品都基于CMOS工艺，故又称为80C51系列。它们给8位单片机注入了新的活力，为它的开发应用开拓了更加广泛的前景。

1.2　8051系列单片机内部结构

8051系列单片机内部结构可以分为CPU、存储器、并行口、串行口、定时器/计数器和中断逻辑这几部分，如图1－2所示。

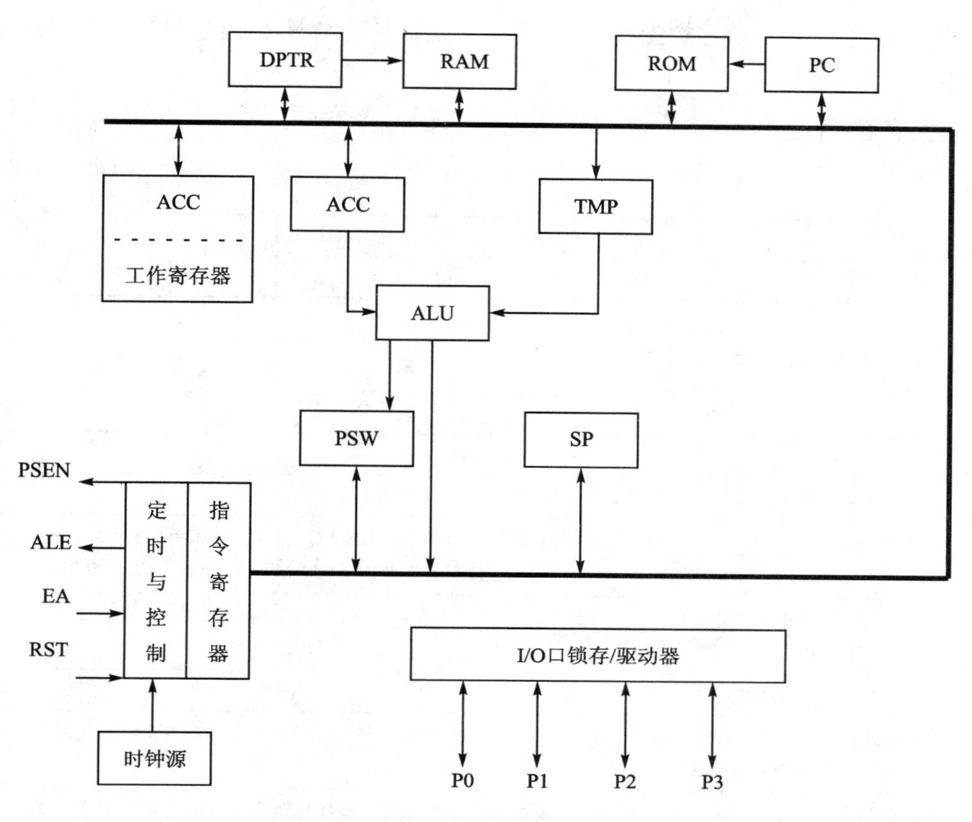

图1-2　8051系列单片机内部结构

1.2.1　微处理器

微处理器又称为CPU，由运算器和控制器两大部分组成。

1. 算术逻辑单元

它在控制器所发内部控制信号的控制下进行各种算术操作和逻辑操作。

8051系列单片机的算术逻辑单元能完成带进位位加法、不带进位位加法、带进位位减法、加1、减1、逻辑与、逻辑或、逻辑异或、循环移位以及数据传送、程序转移等一般操作，其特点是：

- 在B寄存器配合下，能完成乘法与除法操作。
- 可进行多种内容交换操作。
- 能作比较判断跳转操作。
- 有很强的位操作功能。

2. 累加器

累加器A是最常用的专用寄存器。

进入ALU进行算术操作和逻辑操作的操作数很多来自A，操作的结果也常送回A。有时很多单操作数操作指令都是针对A的，如指令INC A是执行A中内容自加1的操作，指令

CLR A是执行将A内容清零的操作，指令RL A是执行使A各位内容依次循环向左移动一位的操作。

3. 程序状态字

程序状态字PSW是一个8位寄存器，它包含了许多程序状态信息，其各位的表示如下：

D7	D6	D5	D4	D3	D2	D1	D0
CY	AC	FO	RS1	RS0	OV	—	P

PSW各位的含义如表1-2所列。

表1-2 PSW各位的含义

位	含 义
CY	进位标志。有进位/借位时，CY=1，否则CY=0
AC	辅助进位标志。8位运算时，如果低半字的最高位D3有进位，则AC=1，否则AC=0；8位减法运算时，如果D3有借位，则AC=1，否则AC=0。AC在作BCD码运算而进行二进制与十进制调整时很有用
FO	软件标志。这是用户定义的一个状态标志。可通过软件对它置位、清零；在编程时，也常测试其是否建起而进行程序分支
RS1、RS0	工作寄存器组选择位，可借软件置位或清零，以选定4个工作寄存器组中的一个投入工作，详见表1-3
OV	溢出标志。当带符号数运算结果超出－128～127范围时，OV=1，否则OV=0；当无符号数乘法结果超过255时，或当无符号数除法的除数为0时，OV=1，否则OV=0
P	奇偶标志。每执行一条指令，单片机都能根据A中1的个数的奇偶自动令P置位或清零，奇为1，偶为0。此标志对串行通信的数据传输非常有用，通过奇偶校验可校验传输的可靠性

RS1、RS0与工作寄存器组的关系如表1-3所列。

表1-3 RS1、RS0与工作寄存器组

RS1	RS0	工作寄存器组	RS1	RS0	工作寄存器组
0	0	0组(00H～07H)	1	0	2组(10H～17H)
0	1	1组(08H～0FH)	1	1	3组(18H～1FH)

1.2.2 振荡器与CPU时序

1. 振荡器

8051系列单片机内含有一个高增益的反相放大器，通过XTAL1、XTAL2外接作为反馈元器件的晶体后便成为自激振荡器，接法如图1-3所示。晶体呈感性，与两个30 pF电容并联谐振电路。振荡器的振荡频率主要取决于晶体；电容的值有微调作用，通常取30 pF左右。电容的安装位置应尽量靠近单片机芯片。

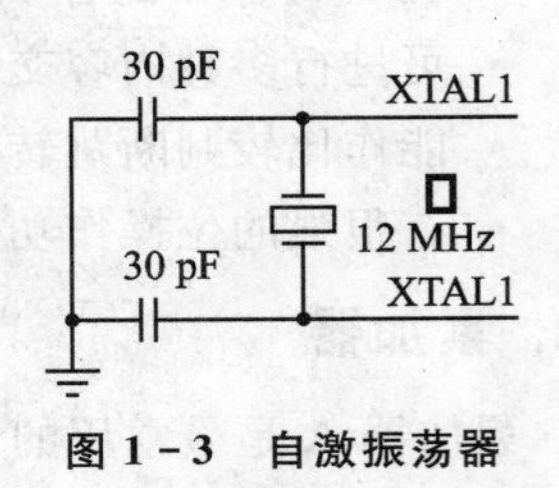

图1-3 自激振荡器

2. CPU 时序

振荡器输出的振荡脉冲经 2 分频称为内部时钟信号，用作单片机内部各功能部件按序协调工作的控制信号；其周期称为时钟周期，也称为状态周期。

CPU 执行一条指令的时间称为指令周期。

指令周期以机器周期为单位，如单周期指令、双周期指令。8051 系列单片机除乘法指令、除法指令是 4 周期指令外，其余都是单周期指令和双周期指令。若用 12 MHz 晶振，则单周期指令和双周期指令的执行时间分别为 1 μs 和 2 μs，乘法指令和除法指令的为 4 μs。

1.2.3　存储器

8051 系列单片机的存储器结构特点之一是将程序存储器和数据存储器分开，并有各自的寻址机构和寻址方式，这种结构的单片机称为哈佛结构单片机。该结构与通用微型计算机的存储器结构不同。一般微型计算机只有一个存储器逻辑空间，可随意安排 ROM 或 RAM，访问时用同一种指令，这时结构称为普林斯顿型。

8051 系列单片机在物理上有 4 个存储空间：片内程序存储器和片外程序存储器，片内数据存储器和片外数据存储器。

8051 系列单片机内有 256 字节数据存储器 RAM 和 4 KB 的程序存储器 ROM。除此之外，还可以在片外拓展 RAM 和 ROM，并且各有 64 KB 的寻址范围，也就是最多可以在外部拓展 2×64 KB 存储器。

对 8051 来说，如$\overline{EA}$引脚为高电平，复位后先执行片内程序存储器中的程序，当程序计数器 PC 中内容超过 0x0FFF(对 51 子系列)或 0x1FFF(对 52 子系列)时，将自动转去执行片外程序存储器中的程序；对于片内无程序存储器的 8031、8032，$\overline{EA}$引脚应保持低电平，使其只能访问片外程序存储器。

对于有片内程序存储器的芯片，如$\overline{EA}$引脚接低电平，将强令执行片外程序存储器中的程序。此时多在片外程序存储器中存放调试程序，使计算机工作在调试状态。那么这时就要注意：片外程序存储器存放调试程序的部分，其编址与片内程序存储器的编址是可以重叠的，借$\overline{EA}$引脚的换接可实现分别访问。

有了$\overline{EA}$引脚的接法配合，不论只有片外程序存储器，只有片内存储器，或二者兼有，都能从程序存储器的任一单元取指执行或访问取数(该数为常数)，不会混乱。

51 子系列的程序存储器编址如图 1-4 所示，数据存储器如图 1-5 所示。

64 KB 的程序存储器(ROM)空间中，有 4 KB 地址区对于片内 ROM 和片外 ROM 是公用的。这 4 KB 地址为 0000H～0FFFH，而 1000H～FFFFH 地址区为外部 ROM 专用。CPU 的控制器专门提供一个控制信号通过$\overline{EA}$引脚来控制$\overline{EA}$用来区分内部 ROM 和外部 ROM 的公用地址区：当$\overline{EA}$引脚接高电平时，单片机从片内 ROM 的 4 KB 存储区取指令，而当指令地址超过 0FFFH 后，就自动地转向片外 ROM 指令；当$\overline{EA}$引脚为低电平时，CPU 只从片外 ROM 取指令。这种接法特别适用于 8031 单片机的场合，由于 8031 内部不带 ROM，所以使用时必须$\overline{EA}$引脚置 0，以便直接从外部 ROM 中取指令。

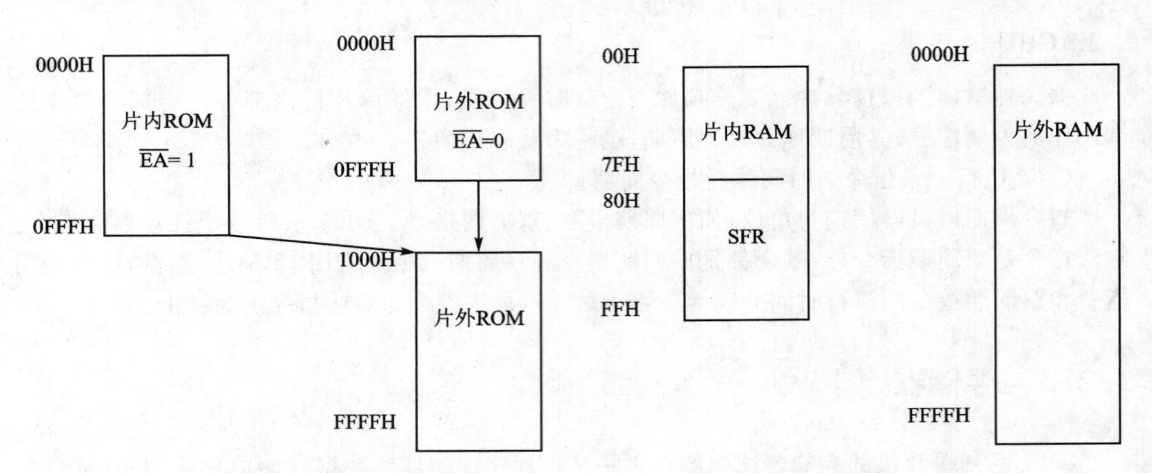

图 1-4 51 子系列的程序存储器编址

图 1-5 数据存储器

程序存储器的某些单元是保留给系统使用的：0000H～0002H 单元是所有执行程序的入口地址，即单片机上电后，CPU 总是从 0000H 单元开始执行地址；0003H～002BH 单元均匀地分为 5 段，用作 5 个中断服务函数的入口地址，如表 1-4 所列，用户程序不应进入上述区域。

表 1-4 中断服务函数的入口地址

中断源	入口地址
外部中断 0	0003H
定时器/计数器 0 溢出	000BH
外部中断 1	0013H
定时器/计数器 1 溢出	001BH
串行口	0023H
定时器/计数器 2 溢出或 T2EX 端负跳变(仅 8032、8052 用)	002BH

数据存储器 RAM 也有 64 KB 寻址区，在地址上与 ROM 是重叠的。8051 通过不同的信号来选通 ROM 或 RAM：当从外部 ROM 取指令时，用选通信号PSEN；而当从外部 RAM 读/写数据时，采用读/写信号 $\overline{RD}$ 或 $\overline{WR}$ 来选通，因此，不会因为地址重叠而出现混乱。

8051 的 RAM 虽然字节数不很多，但却起着十分重要的作用。256 字节被划分为两个区域：00H～7FH 是真正的 RAM 区，可以读/写各种数据；而 80H～FFH 是专门用于特殊功能寄存器(special function register，SFR)的区域。对于 8051 安排了 21 个特殊功能寄存器；对于 8052 则安排了 26 个特殊功能寄存器。每个寄存器为 8 位，即一个字节，所以实际上 128 字节没有全部利用。

51 子系列单片机片内 RAM 共分为工作寄存器区、位寻址区、数据缓冲区 3 个区域。

工作寄存器也称作通用寄存器，供用户编程时使用，临时保存 8 位信息。

位寻址就是每一位都被赋予了 1 个位地址，有了位地址就可以位寻址，对特定位进行处理、内容传送或据以判条，给编程带来极大的方便。

数据缓冲区即用户 RAM 区。

片内数据存储器如表1-5所列。

表1-5　片内数据存储器

片内数据存储区域		占用地址
工作寄存器区	工作寄存器0组	00H～07H
	工作寄存器1组	08H～0FH
	工作寄存器2组	10H～17H
	工作寄存器3组	18H～1FH
位寻址区		20H～2FH
数据缓冲区		30H～7FH

对于128字节RAM的8051系列单片机来说，真正让用户使用的RAM只有80字节，即30H～7FH。对于8052单片机来说，片内多安排了128字节RAM单元，地址也为80H～FFH，与特殊功能寄存器区域地址重叠，但在使用时可以通过指令加以区别。

特殊功能寄存器也称作专用寄存器，专用于控制、管理片内逻辑部件、并行I/O口，串行I/O口、定时器/计数器、中断系统等功能模块的工作，用户编程时可以置数设定，却不能将该寄存器另作他用。在8051系列单片机中，将各专用寄存器（程序计数器PC例外）与片内RAM统一编址的，又可以作为直接寻址字节。特殊功能寄存器地址分配如表1-6所列。

表1-6　特殊功能寄存器地址分配

特殊功能寄存器	符　号	地　址
P0口	P0	80H
堆栈指针	SP	81H
数据指针低字节	DPL	82H
数据指针高字节	DPH	83H
定时器/计数器控制	TCON	88H
定时器/计数器方式控制	TMOD	89H
定时器/计数器0低字节	TL0	8AH
定时器/计数器1低字节	TL1	8BH
定时器/计数器0高字节	TH0	8CH
定时器/计数器1高字节	TH1	8DH
P1口	P1	90H
电源控制	PCON	97H
串行控制	SCON	98H
串行数据缓冲器	SBUF	99H
P2口	P2	A0H
中断允许控制	IE	A8H
P3口	P3	B0H
中断优先级控制	IP	B8H
定时器/计数器2控制	T2CON	C8H
定时器/计数器2自动重装载低字节	RLDL	CAH

续表 1-6

特殊功能寄存器	符　号	地　址
定时器/计数器2自动重装载高字节	RLDH	CBH
定时器/计数器2低字节	TL2	CCH
定时器/计数器2高字节	TH2	CDH
程序状态字	PSW	D0H
累加器	A	E0H
B寄存器	B	F0H

1.2.4　并行接口

8051系列单片机有32根输入/输出线，组成4个8位并行输入/输出接口，分别为P0口、P1口、P2口、P3口。这4个接口可以并行输入或输出8位数据，也可以按位使用，即每一根输入/输出线都能够独立地用作输入或输出。

这4个口的差别就是P0、P2、P3都还有第二功能，而P1口只能做普通的I/O口来使用。其详细描述请参阅第2章。

1.3　8051系列单片机内部资源

1. 定时器/计数器

8051系列单片机至少有2个16位内部定时器/计数器(timer/counter，T/C)，提供了3个定时器，其中2个基本定时器/计数器分别是定时器/计数器0(T/C0)和定时器/计数器1(T/C1)。它们既可以编程为定时器使用，也可以编程为计数器使用。若是计数内部晶振驱动时钟，则它是定时器；若是计数输入引脚的脉冲信号，则它是计数器。

2. 串行口

串行收/发存储在特殊功能寄存器的SBUF(串行数据缓冲器)，从表1-6可以知道，SBUF占用RAM地址为99H。实际上在单片机内部有两个数据缓冲器，即发送缓冲器和接收缓冲器，它们都以SBUF来命名，只根据对SBUF特殊功能寄存器读/写操作，单片机会自动切换发送缓冲器或接收缓冲器。

SBUF＝0x01，该操作为写操作，数值0x01会被装载到发送缓冲器。

Tmp＝SBUF，该操作为读操作，接收缓冲器的内容会被赋值给Tmp变量。

3. 中断系统

8051系列单片机中断系统的功能有5个(52子系列为6个)中断源，2个中断优先级，从而实现二级中断嵌套，每一个中断源的优先级可由程序设定。与中断系统工作有关的特殊功能寄存器有中断允许控制寄存器IE、中断优先级控制寄存器IP以及定时器/计数器控制寄存器TCON等。

第 2 章

STC89C51RC/RD+系列单片机

STC89C51RC/RD+系列单片机(包括 STC89C52RC)是宏晶科技公司推出的新一代超强抗干扰、高速、低功耗的单片机,基于 Intel 标准的 8052,指令代码完全兼容传统的 8051 系列单片机,12 时钟/机器周期和 6 时钟/机器周期可任意选择,最新的 D 版本内集成 MAX810 专用复位电路。

2.1 主要特性

- 增强型 6 时钟/机器周期,12 时钟/机器周期 8051CPU。
- 工作电压:5.5～3.4 V(5 V 单片机)/3.8～2.0 V(3 V 单片机)。
- 工作频率范围:0～40 MHz,相当于普通的 8051 的 0～80 MHz,实际工作频率可达到 48 MHz。
- 用户应用程序空间 8 KB、13 KB、16 KB、20 KB、32 KB、64 KB。
- 片上集成 512、1280 字节 RAM。
- 通用 I/O(32/36 个),复位后为:P1、P2、P3、P4(PDIP－40 封装是没有引出 P4 口的)为准双向口、弱上拉(普通 8051 传统 I/O 口),P0 口是开漏输出,作为总线拓展用时,不用加上拉电阻,作为 I/O 口用时,需要加上拉电阻。
- ISP(在系统可编程)/IAP(在应用可编程),无需专用编程器、仿真器可通过串口直接下载用户程序,8 KB 程序 3 s 即可完成。
- E^2PROM 功能。
- 看门狗。
- 内部集成 MAX810 专用复位电路(D 版本才有),外部晶体 20 MB 以下时,可省外部复位电路。
- 共 3 个 16 位定时器、计数器,其中定时器 0 还可以当成 2 个 8 位定时器使用。
- 外部中断 4 路,下降沿中断或低电平触发中断,Power Down 模式可由外部中断低电平触发中断方式唤醒。
- 通用异步串行口(UART),还可以用定时器实现多个 UART。
- 工作温度范围:0～75 ℃/－40～＋85 ℃。

- 掉电模式：典型功耗<0.1 μA，可以由外部中断唤醒，中断返回后，继续执行源程序。
- 空闲模式：典型功耗 2 mA，可以由任何中断唤醒，中断返回后，继续执行源程序。
- 正常工作模式：典型功耗 4～7 mA。

2.2 型　号

STC89C51RC/RD＋系列单片机型号如表 2－1 所列。

表 2－1　STC89C51RC/RD＋系列单片机

产品编号	Flash/KB	RAM/B
STC89C51 RC	4	512
STC89C52 RC	8	512
STC89C53 RC	13	512
STC89C54 RD＋	16	1280
STC89C55 RD＋	20	1280
STC89C58 RD＋	32	1280

2.3 结构图

STC89C51RC/RD＋系列单片机结构图如图 2－1 所示。

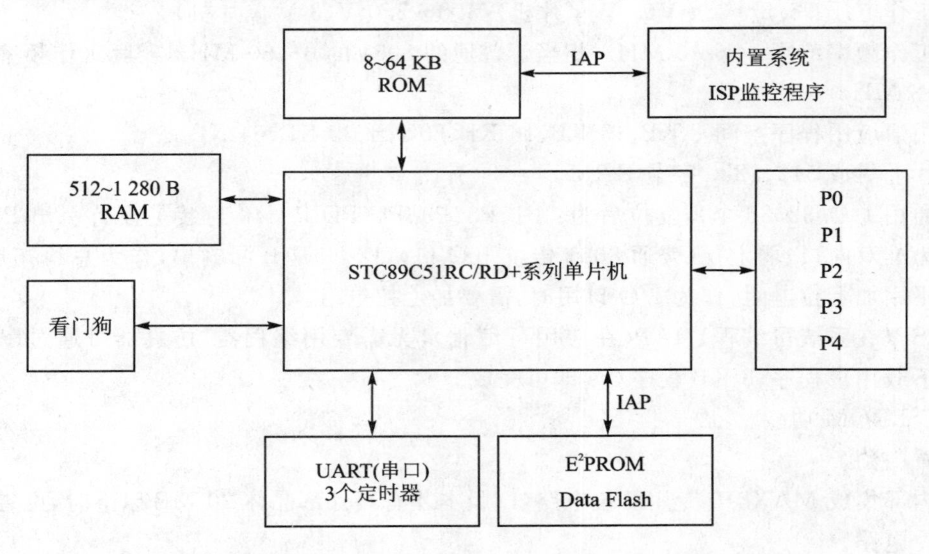

图 2－1　STC89C51RC/RD＋系列单片机结构图

注意：

PDIP-40 封装的 STC89C51RC/RD＋系列单片机是没有外增 P4 口的，只有 PLCC-44、LQFP-44、FQFP-44 等封装才有外增 P4 口，并且支持位寻址，如图 2－2 所示。

由图 2－2 可知，P4 口总共有 4 个引脚，分别是 P4.0、P4.1、P4.2、P4.3，而 P4.2 和 P4.3

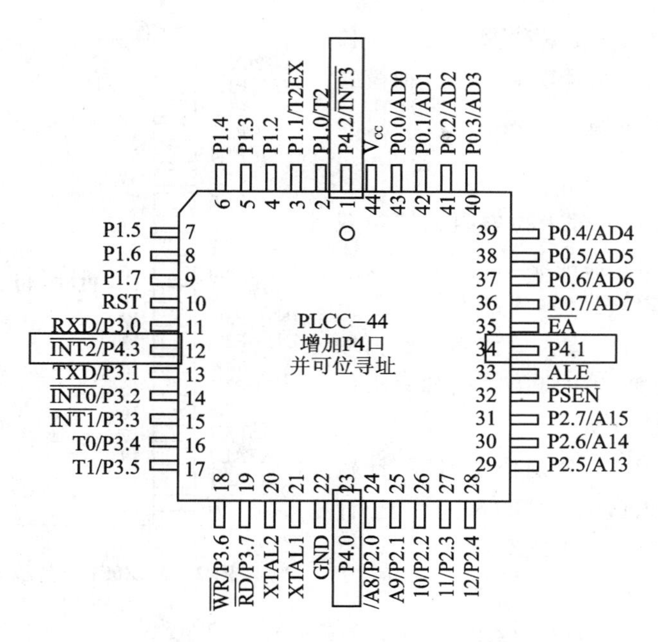

图 2-2 STC89C51RC/RD+系列单片机 PLCC-44 封装

引脚具有第二功能,可以作为外部中断使用,采用 PLCC-44 封装的 STC89C51RC/RD+系列单片机比采用 PDIP-40 封装的多了 4 个引脚,并且多了 2 个中断源,这样可以大大节省产品成本,实现更多的功能。

注意:本书所有章节都是以 PDIP-40 封装的 STC89C52RC 单片机作为蓝本,所有实验代码都是基于该单片机进行编写,即后面的章节都是围绕该单片机进行讲解的。

深入重点

✓ STC89C51RC/RD+系列单片机完全兼容 8051 内核。

✓ STC89C51RC/RD+系列单片机能够省去外部的看门狗电路,内部自带看门狗功能,缺省是关闭的,打开后无法关闭。

✓ STC89C51RC/RD+系列单片机是增强型 6 时钟/机器周期、12 时钟/机器周期 8051CPU,可在 ISP 编程时反复设置,新的设置在冷启动后才生效。

✓ 具有 E^2PROM 功能。

✓ STC89C51RC/RD+系列单片机的 RAM 最低为 512 字节。

2.4 引 脚

当使用封装为 PDIP-40STC89C51RC/RD+系列单片机时,各引脚功能的分配与 8051 系列单片机完全一样,如图 2-3 所示。

1. P0

P0 口是一个 8 位漏极开路的双向 I/O 口。作为输出口,每位能驱动 8 个 TTL 逻辑电平。对 P0 端口写“1”时,引脚用作高阻抗输入。

当访问外部程序和数据存储器时，P0口也被作为低8位地址/数据复用。在这种模式下，P0具有内部上拉电阻。

2. P1

P1口是一个具有内部上拉电阻的8位双向I/O口，P1输出缓冲器能驱动4个TTL逻辑电平。对P1端口写"1"时，内部上拉电阻把端口拉高，此时可以作为输入口使用。作为输入使用时，被外部拉低的引脚由于内部电阻的原因，将输出电流(IIL)。

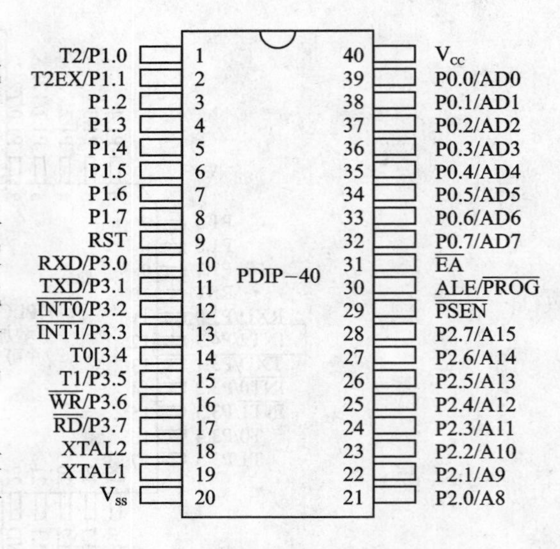

图2-3 8051单片机PDIP-40封装

此外，P1.0和P1.1分别作定时器/计数器2的外部计数输入(P1.0/T2)和定时器/计数器2的触发输入(P1.1/T2EX)。

引脚号第二功能：

P1.0 T2(定时器/计数器T2的外部计数输入)，时钟输出。

P1.1 T2EX(定时器/计数器T2的捕捉/重载触发信号和方向控制)。

3. P2

P2口是一个具有内部上拉电阻的8位双向I/O口，P2输出缓冲器能驱动4个TTL逻辑电平。对P2端口写"1"时，内部上拉电阻把端口拉高，此时可以作为输入口使用。作为输入使用时，被外部拉低的引脚由于内部电阻的原因，将输出电流(IIL)。在访问外部程序存储器或用16位地址读取外部数据存储器(如执行MOVX @DPTR)时，P2口送出高8位地址。在这种应用中，P2口使用很强的内部上拉发送1。在使用8位地址(如MOVX @RI)访问外部数据存储器时，P2口输出P2锁存器的内容。在Flash编程和校验时，P2口也接收高8位地址字节和一些控制信号。

4. P3

P3口是一个具有内部上拉电阻的8位双向I/O口，P3输出缓冲器能驱动4个TTL逻辑电平。对P3端口写"1"时，内部上拉电阻把端口拉高，此时可以作为输入口使用。作为输入使用时，被外部拉低的引脚由于内部电阻的原因，将输出电流(IIL)。

端口引脚第二功能如表2-2所列。

表2-2 端口引脚第二功能

引 脚	第二功能	引 脚	第二功能
P3.0	RXD(串行输入口)	P3.4	T0(定时/计数器0)
P3.1	TXD(串行输出口)	P3.5	T1(定时/计数器1)
P3.2	INT0(外中断0)	P3.6	WR(外部数据存储器写选通)
P3.3	INT1(外中断1)	P3.7	RD(外部数据存储器读选通)

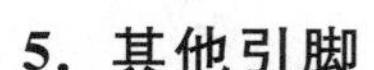

5. 其他引脚

RST——复位输入。当振荡器工作时,RST引脚出现两个机器周期以上高电平将使单片机复位。

ALE/PROG——当访问外部程序存储器或数据存储器时,ALE(地址锁存允许)输出脉冲用于锁存地址的低8位字节。一般情况下,ALE仍以时钟振荡频率的1/6输出固定的脉冲信号,因此它可对外输出时钟或用于定时目的。需要注意的是,每当访问外部数据存储器时将跳过一个ALE脉冲。

对Flash存储器编程期间,该引脚还用于输入编程脉冲(PROG)。

如有必要,可通过对特殊功能寄存器(SFR)区中的8EH单元的D0位置位,禁止ALE操作。该位置位后,只有一条MOVX和MOVC指令才能将ALE激活。此外,该引脚会被微弱拉高,单片机执行外部程序时,应设置ALE禁止位无效。

PSEN——程序存储允许输出是外部程序存储器的读选通信号,当单片机由外部程序存储器取指令(或数据)时,每个机器周期两次PSEN有效,即输出两个脉冲,在此期间,当访问外部数据存储器时,将跳过两次PSEN信号。

$\overline{EA}$/VPP——外部访问允许,欲使CPU仅访问外部程序存储器(地址为0000H～FFFFH),$\overline{EA}$端必须保持低电平(接地)。需注意的是,如果加密位LB1被编程,复位时内部会锁存$\overline{EA}$端状态。

如$\overline{EA}$端为高电平(接V_{CC}端),CPU则执行内部程序存储器的指令。

深入重点:

✓ 认真注意单片机各个引脚的作用。

✓ 第二功能脚的概念即一个引脚具有两个功能:例如,P3.2既可以做普通I/O口,同时又是外部中断0触发的引脚。

✓ 当振荡器工作时,RST引脚出现两个机器周期以上高电平将使单片机复位。

2.5 特殊功能寄存器

8051系列单片机内有21个特殊功能寄存器(SFR),分布在片内RAM区的高128字节中,地址为0x80～0xFF。对SFR的操作,只能用直接寻址方式。

8051系列单片机中,除了程序计数器PC和4组通用寄存器组之外,其他所有的寄存器均称为SFR即特殊功能寄存器,并位于片内特殊寄存器区,每个SFR和其他地址如表2-3所列。SFR中有11个寄存器具有位寻址能力。这些寄存器的字节地址都能被8整除,即字节地址是以8或0为尾数的。

STC89C51RC/RD+系列单片机新增了不少SFR,并通过填充表格强调,如表2-3所列。

表 2-3 STC89C51RC/RD+系列单片机特殊功能寄存器

地址	可位寻址	不可位寻址							地址
F8H									FFH
F0H	B								F7H
E8H	P4								EFH
E0H	ACC	WDT_CONTR	ISP_DATA	ISP_ADDRH	ISP_ADDRH	ISP_CMD	ISP_TRIG	ISP_CONTR	E7H
D8H									DFH
D0H	PSW								D7H
C8H	T2CON	T2MOD	RCAP2L	RCAP2H	TL2	TH2			CFH
C0H	XICON								C7H
B8H	IP	SADEN							BFH
B0H	P3							IPH	B7H
A8H	IE	SADDR							AFH
A0H	P2		AUXR1						A7H
98H	SCON	SBUF							9FH
90H	P1								97H
88H	TCON	TMOD	TL0	TL1	TH0	TH1	AUXR		8FH
80H	P0	SP	DPL	DPH				PCON	97H

从表 2-3 可以知道，STC89C51RC/RD+系列单片机有 P4 口，不过需要说明的是，为了兼容传统的 8051 系列单片机，插针封装的 STC89C51RC/RD+系列单片机虽然支持 P4 口，但是没有引出 P4 口，只有 PLCC-44、LQFP-44、FQFP-44 等封装才有。STC89C51RC/RD+系列单片机与传统的 8051 系列单片机在保持兼容性的前提下增加了不少寄存器，如特殊功能寄存器 WDT_CONTR、ISP_DATA、AUXR1 等。

深入重点：

✓ STC89C51RC/RD+系列单片机在 8051 系列单片机的基础上新增了不少 SFR。

第3章 开发环境

3.1 Cx51编译器

在20世纪80年代初期，单片机的编程主要以汇编为主，到了80年代中后期，已经可以对单片机实现C语言编程。总体来说，单片机C语言编程有比较多的难点，如

- 8051的非冯·诺依曼结构，即程序与数据存储区空间分立，再加上片上又多了位寻址的寻址空间。
- 片上的数据和程序存储器空间过小及同时存在着片外拓展它们的可能。
- 片上集成外围设备的被寄存器化即特殊功能寄存器，而并不采用管用的I/O地址的空间。
- 8051芯片的派生类别可达到上百种，而C语言对它们的每一个硬件资源又无一例外地要能够进行操作。

这些都是过去以MPU为基础的C语言所没有的。经过Keil/Franklin、Archmeades、IAR、BSO/Tasking等公司艰苦不懈的努力，终于从20世纪90年代开始C语言趋于成熟，成为专业化的MCU高级语言了。过去长期困扰人们的所谓“高级语言产生代码太长，运行速度太慢，因此不适合单片机使用”的致命缺点已被大幅度地克服。目前，8051上的C语言的代码长度，已经做到了汇编水平的1.2～1.5倍。4 KB以上的代码长度，C语言的优势更能得到发挥。至于执行速度的问题，只要有好的仿真器的帮助，找出关键代码，进一步用人工优化，就可很简单地达到十分令人满意的程度。如果谈到开发速度、软件质量、结构严谨、程序坚固等方面的话，则C语言的完美绝非汇编语言编程所能比拟的。今天，确实已经到了MCU开发人员拿起C语言利器的时候了。

C语言是一种通用编程语言，代码效率较高，并提供了结构化编程元素和一组丰富的操作符。C语言不是一种大型语言，并不专用于某一特殊领域。C语言的一般性加上它的无限制性，使得它成为各种软件任务方便有效的编程解决方案的首选。许多应用使用C语言比使用其他更专业化的语言可以更容易、更有效地得以解决。

Cx51编译器完全执行ANSI（美国国家标准化组织）为C语言定制的标准。Cx51编译器不是一个通用型C编译器，它为在8051上使用作了相应调整。它是从底层实现的，目标是为

8051 微处理器生成非常快速和精简的代码。Cx51 编译器同时具有 C 编程语言的灵活性和汇编语言的效率与速度。

C 语言本身不具备执行操作(如输入、输出)的能力,那通常需要操作系统的干预。相反地,这些能力被作为标准库的一部分提供给编程者。因为这些函数与 C 语言本身是分离的,所以它特别适合于制作需要多平台转换的代码。

对单片机使用 C 语言编程有以下好处。

- 不懂得单片机的指令集,也能够编写完美的单片机程序。
- 无须懂得单片机的具体硬件,也能够编写出符合硬件实际的专业水平的程序。
- 不同函数的数据实行覆盖,有效利用片上有限的 RAM 空间。
- 程序具有坚固性:数据被破坏是导致程序运行异常的重要因素。C 语言对数据进行了许多专业性的处理,避免了运行中间非异步的破坏。
- C 语言提供复杂的数据类型(数组、结构、联合、枚举、指针等),极大地增强了程序处理能力和灵活性。
- 提供 auto、static、const 等存储类型和专门针对 8051 系列单片机的 data、idata、pdata、xdata、code 等存储类型,自动为变量合理地分配地址。
- 提供 small、compact、large 等编译模式,以适应片上存储器的大小。
- 中断服务函数的现场保护和恢复,中断向量表的填写,是直接与单片机相关的,都由 C 编译器代办。
- 提供常用的标准函数库,以供用户直接使用。
- 头文件中定义宏、说明复杂数据类型和函数原型,有利于程序的移植和支持单片机的系列化产品的开发。
- 有严格的句法检查,错误很少,可容易地在高级语言的水平上迅速地排掉。
- 可方便地接受多种实用程序的服务:例如,片上资源的初始化有专门的实用程序自动生成;再如,有实时多任务操作系统可调度多道任务,简化用户编程,提高运行的安全性等。

C 语言编程使用的编译器为 Cx51,因为 Cx51 编译器是一个交叉编译器。基于 Cx51 编译器主要有 American Automation、IAR、Avoect、BSO/Tasking、Dunfield Shareware、Keil、Intermetrics、Micro Computer Controls。

1) American Automation

编译器通过 # asm 和 # endasm 预处理器选择支持汇编语言。该编译器编译速度慢,要求汇编的中间环节。

2) IAR

瑞典的 IAR 是支持分体切换(bank switch)的编译器。它和 ANSI 兼容,只是需要一个较复杂的链接程序控制文件支持后,程序才能运行。许多全球著名的公司都在使用 IAR SYSTEMS 提供的开发工具,用以开发他们的前沿产品,从消费电子、工业控制、汽车应用、医疗、航空航天到手机应用系统。

3) Avocet

软件包括编译器、汇编器、链接器、库 MAKE 工具和编译器,集成环境类似 Borland 和 Turbo。C 编译器产生一个汇编语言文件,然后再用汇编器,其编译速度较快。

4）BSO/Tasking

Tasking公司原名BSO/Tasking，是一家专业开发和销售嵌入式系统软件工具的公司，1974年创建于荷兰。Tasking一直为Intel、LSI、Motorola、Philips、Siemens、Texas Instruments等著名半导体厂商的微处理器、数字信号处理器以及单片机编写高级语言编译器等配套软件开发工具，先后做过8/16/32/64位的MCU/DSP/RISC交叉编译程序；生产多种单片机的交叉模拟程序(Simulators)，在无目标机的情况下模拟单片机的运行以及I/O口的行为。EDE支持第三方软件的运行，如Intel的Apbuilding，Aisys的DriveWay，Infom的fuzzyTECK MCU-51逻辑编译器等。它具有10年生产Intel 80C51软件开发工具的经验：ASM51(包括Intel兼容宏汇编，Intel兼容Linker，make，converter，PL/M51)，C51 CROSSVIEW51调试器(早期名为XRAY51，包括ROM Debugger，Icedebuggs，Simulator)。

5）Dunfield Shareware

它是非专业的软件包，不支持floats、longs或结构等。它不生成重定位代码。

6）Keil

Keil C51软件提供丰富的库函数和功能强大的集成开发调试工具，全Windows界面。另外重要的一点是，只要看一下编译后生成的汇编代码，就能体会到Keil C51生成的目标代码效率非常高，多数语句生成的汇编代码很紧凑，容易理解。在开发大型软件时更能体现高级语言的优势。

7）Intermetrics

它的编译器用起来比较难，要由可执行的宏语句控制编译、汇编和链接，且选项很多。

8）Micro Computer Controls

它不支持浮点数、长整数、结构和多维数组。宏定义不允许带有参数，称作C编译器很勉强，它生成的源文件必须使用Intel或MCC的8051汇编器汇编。

在American Automation、IAR、Avoect、Bso/Tasking、Dunfield Shareware、Keil、Intermetrics、Micro Computer Controls这8大编译器中，真正常用的编译器主要为Keil和IAR编译器。Keil以它紧凑的代码和使用方便为优势，而IAR则以性能完善和资料完善为优势。

在以后的章节以Keil编译器作介绍，不仅仅是因为它紧凑的代码和使用方便，而且在本土8051系列单片机C语言编程进行开发都以Keil编译器为主，从而在工作上更加易于上手。

3.2　Keil简介

3.2.1　Keil C51系统概述

单片机开发中除必要的硬件外，同样离不开软件，汇编语言源程序要变为CPU可以执行的机器码有两种方法，一种是手工汇编，另一种是机器汇编，目前已极少使用手工汇编的方法了。

Keil C51是德国Keil Software公司出品的51系列兼容单片机C语言软件开发系统(图3-1)，与汇编相比，C语言在功能上、结构性、可读性、可维护性上有明显的优势，因而易学易用。用过汇编语言后再使用C语言来开发，体会更加深刻。

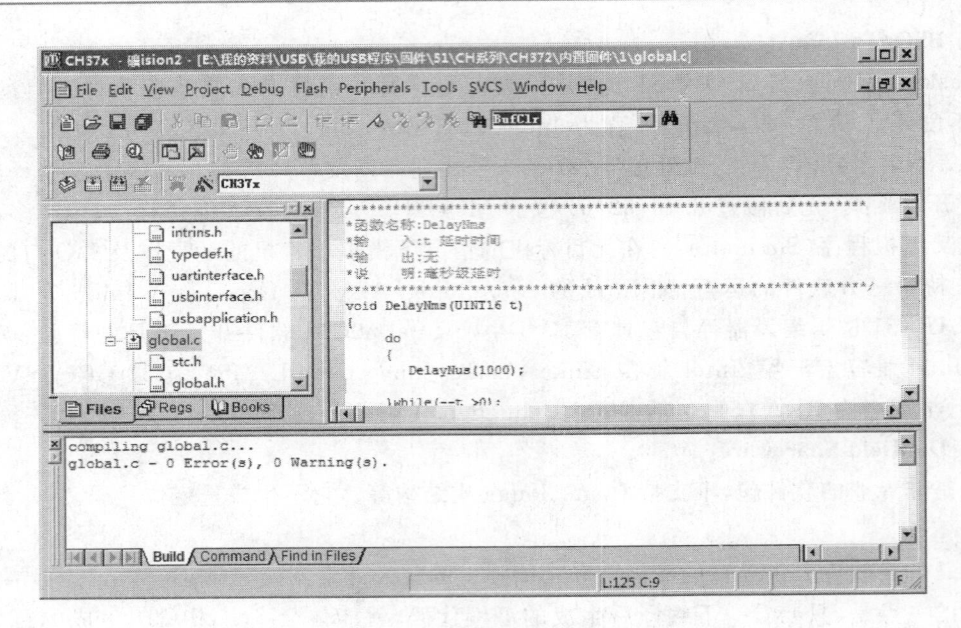

图 3-1　Keil 开发环境

C 语言是一种通用的编程语言，它提供高效的代码、结构化的编程和丰富的操作符。C 语言不是一种大语言，不是为任何特殊应用领域而设计的，它一般来说限制较少，可以为各种软件任务提供方便和有效的编程。许多场合用 C 语言比用其他语言编程更方便和有效。

优化的 Cx51 编译器完整地实现了 ANSI 的 C 语言标准，对 8051 来说，Cx51 不是一个通用的 C 编译器，它首要的目标是生成针对 8051 的最快和最紧凑的代码。Cx51 具有 C 语言编程的弹性和高效的代码与汇编语言的速度。

C 语言不能执行的操作如输入和输出，需要操作系统支持的一部分函数库提供，因为这些函数和语言本身无关，所以 C 语言编程特别适合对多平台提供代码。

既然 Cx51 是一个交叉编译器，C 语言的某些特性和标准库就有了改变或增强，一个嵌套的目标处理器的特性。

8051 系列单片机是增长最快的微处理器构架之一，不同的芯片厂家提供了 400 多种新扩展的 8051 芯片，如 NXP 的 8051MX 有几兆字节的代码和数据空间。为了支持这些不同的 8051 芯片，Keil 提供了几种开发工具输出文件格式，OMF2 允许支持最多 16 MB 代码和数据空间的 NXP 8051MX 结构。

Keil C51 软件提供丰富的库函数和功能强大的集成开发调试工具，全 Windows 界面。另外重要的一点是，只要看一下编译后生成的汇编代码，就能体会到 Keil C51 生成的目标代码效率非常高，多数语句生成的汇编代码很紧凑，容易理解。在开发大型软件时更能体现高级语言的优势。下面详细介绍 Keil C51 开发系统各部分功能和使用。

3.2.2　Keil 开发系统的整体结构

C51 工具包的整体结构，其中 uVision 与 Ishell 分别是 C51 for Windows 和 for Dos 的集成开发环境(IDE)，可以完成编辑、编译、连接、调试、仿真等整个开发流程。开发人员可用

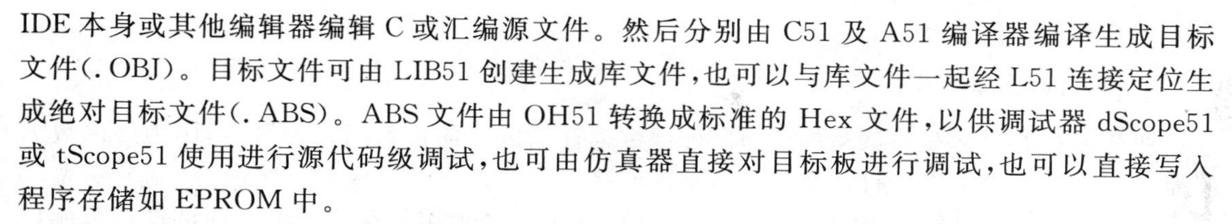

IDE 本身或其他编辑器编辑 C 或汇编源文件。然后分别由 C51 及 A51 编译器编译生成目标文件(.OBJ)。目标文件可由 LIB51 创建生成库文件,也可以与库文件一起经 L51 连接定位生成绝对目标文件(.ABS)。ABS 文件由 OH51 转换成标准的 Hex 文件,以供调试器 dScope51 或 tScope51 使用进行源代码级调试,也可由仿真器直接对目标板进行调试,也可以直接写入程序存储如 EPROM 中。

使用 Keil 的软件工具时,项目的开发流程基本上与使用其他软件开发项目一样。

(1) 创建一个项目,从器件数据库中选择目标芯片,并配置工具软件的设置。

(2) 用 C 或者汇编创建源程序。

(3) 用项目管理器构造(build)应用。

(4) 纠正源文件的位置。

(5) 调试链接后的应用。

Keil 的 8051 开发工具拥有很多功能和优点,可以帮助用户快速、成功地开发嵌入式应用。这些软件的使用非常简单,保证帮助设计人员达到设计目标。当安装好 Keil 编译器后,该开发工具的全线产品的文件夹结构如表 3-1 所列。

表 3-1 开发工具的全线产品的文件夹结构

文件夹	说 明
C:\KEIL\C51\ASM	汇编器 SFR 定义文件和模板源程序文件
C:\KEIL\C51\BIN	8051 工具链的可执行文件
C:\KEIL\C51\EXAMPLES	样例应用
C:\KEIL\C51\RTX51	RTX51 Full 文件
C:\KEIL\C51\RTX_TINY	RTX51 Tiny 文件
C:\KEIL\C51\INC	C 编译器头文件
C:\KEIL\C51\LIB	C 编译器库文件、启动代码、I/O 子程序的源码
C:\KEIL\C51\MONITOR	目标监控程序文件和用户硬件的监控程序配置
C:\KEIL\UV2	uVision2 文件

3.2.3 Keil C51 存储区关键字

1. 内部数据存储区

8051CPU 内部的数据存储区是可读写的。8051 派生系列最多可有 256 字节的内部数据存储区,低 128 字节内部数据存储区可直接寻址高 128 字节数据区,从 0x80 到 0xFF 只能间接寻址,从 20H 开始的 16 字节可位寻址,因为可以用一个 8 位地址访问。所以,内部数据区访问很快,然而内部数据区最多只有 256 字节。

内部数据区可以分成 3 个不同的存储类型:data、idata 和 bdata。

data:存储类型标识符通常指低 128 字节的内部数据区,存储的变量直接寻址。

idata:存储类型标识符指内部的 256 个字节的存储区,但是只能间接寻址,而且速度比直接寻址慢。

bdata:存储类型标识符指内部可位寻址的 16 字节存储区,20H～2FH 可以在本区域声明可位寻址的数据类型。

2. 外部数据存储区

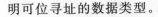

外部数据存储区是可读写的。访问外部数据存储区比内部数据存储区慢,因为外部数据存储区是通过一个数据指针加载一个地址来间接访问的。

外部数据区最多可有 64 KB。当然,这些地址不是必须用作存储区的。硬件设计可能把外围设备影射到存储区。如果是这种情况,程序可以访问外部数据区和控制外围设备。

Keil C51 编译器提供两种不同的存储类型访问外部数据 xdata 和 pdata。

xdata:存储类型标识符指外部数据,64 KB 内的任何地址。

pdata:存储类型标识符仅指 1 页或 256 字节的外部数据区。

3. 程序存储区

程序存储区是只读的。最多可以有 64 KB 的程序存储区,程序代码包括所有的函数和库保存在程序存储区,常数变量也保存在程序存储区。

Keil C51 编译器中可用 code 关键字标识符来访问程序存储区。

4. 存储模式

如果在变量定义时略去存储类型标识符,则编译器会自动选择默认的存储类型。默认的存储类型进一步由 SMALL、COMPACT 和 LARGE 存储模式指令限制。例如,若声明 char t,则在使用 SMALL 存储模式下,变量 t 被定位在 DATA 存储区中;在使用 COMPACT 存储模式下,变量 t 被定位在 PDATA 存储区中;在使用 LARGE 存储模式下,变量 t 被定位在 XDATA 存储区中。

存储模式:存储模式决定了变量的默认存储类型、参数传递区和无明确类型说明变量的存储类型。

在固定的存储器地址上进行变量的传递,是 Cx51 的标准特征之一。在 SMALL 模式下,参数传递是在片内数据存储区中完成的。LARGE 和 COMPACT 模式允许参数在外部存储器重传递。Cx51 同时支持混合模式,如在 LARGE 模式下,生成的程序可将一些函数放入 SMALL 模式中,从而加快执行速度。例如,函数 void Add(int a,int b)将其放在 SMALL 模式修改为 void Add(int a,int b) small,即对该函数添加上 small 关键字就可以了。

关于存储模式的详细说明如表 3-2 所列。

表 3-2 存储模式的详细说明

存储模式	说 明
SMALL	参数及局部变量放入可直接寻址的片内存储器(最大 128 字节,默认存储类型是 DATA),因此访问十分方便。另外,所有对象包括栈,都必须嵌入片内 RAM。栈长很关键,因为实际栈长依赖于不同函数的嵌套层数
COMPACT	参数及局部变量放入分页外存储区(最大 256 字节,默认的存储类型是 PDATA),通过寄存器 R0 和 R1(@R0,R1)间接寻址,栈空间位于 8051 系统内部数据存储区中
LARGE	参数及局部变量直接放入片外数据存储区(最大 64 KB,默认存储类型为 XDATA),使用数据指针 DPTR 来进行寻址。用此数据指针进行访问效率偏低,尤其是对两个或多个字节的变量,这种数据类型的访问机制直接影响代码的长度。另一不方便之处在于,这种数据指针不能对称操作

为了使变量存储在不同的存储区,用户可以这样定义变量:变量存储在 SMALL 模式,data unsigned char t;变量存储在 COMPACT 模式,pdata unsigned char t;变量存储在 LARGE 模式,xdata unsigned char t。

假若 t 变量使用 SMALL 模式来存储,即 data unsigned char t,编译后输出窗口如图 3-2 所示。

假若 t 变量使用 LARGE 模式来存储,即 xdata unsigned char t,编译后输出窗口如图 3-3 所示。

```
Program Size: data=10.0 xdata=0 code=17
"IO" - 0 Error(s), 1 Warning(s).
Build  Command  Find in Files
```

图 3-2 观察输出窗口 data 占用

```
Program Size: data=9.0 xdata=1 code=17
"IO" - 0 Error(s), 1 Warning(s).
Build  Command  Find in Files
```

图 3-3 观察输出窗口 xdata 占用

通过图 3-2 与图 3-3 比较可以知道,当变量 t 以 data 关键字标识时,输出结果为"data=10.0 xdata=0 code=17";当变量 t 以 xdata 关键字标识时,输出结果为"data=9.0 xdata=1 code=17"。这样可以得知,编译器会根据变量所标识的关键字将其分配到不同的存储空间。

深入重点:

✓ 单片机三大存储区:程序存储区、内部存储区、外部存储区。

✓ 程序存储区是可读的,不能写。

✓ 内部数据存储区和外部数据存储区是可读/写的,前者读/写速度比后者快,原因在于前者是直接寻址的,后者是间接寻址的。

✓ 恰当使用关键字将会使代码更加小,运行速度更加快,如表 3-3 所列。

表 3-3 存储区关键字

存储区	关键字
程序代码区	code
内部存储区	data、idata、bdata
外部存储区	pdata、xdata

✓ 存储模式决定了变量的默认存储类型、参数传递区和无明确类型说明变量的存储类型。

3.3 NotePad++简介

Notepad++是一款 Windows 环境下免费开源的代码编辑器(图 3-4),主要功能如下:

- 语法高亮度显示及语法摺叠功能;
- 列印所见即所得(WYSIWYG);
- 用户自定程式语言;
- 字词自动完成功能(auto-completion);

- 支援同时编辑多重文件；
- 支援多重视窗同步编辑；
- 支援 Regular Expression 搜寻及取代；
- 完全支援拖曳功能；
- 内部视窗位置可任意移动；
- 自动侦测开启档案状态；
- 支援多国语言；
- 书签；
- 高亮度括号及缩排辅助；
- 巨集。

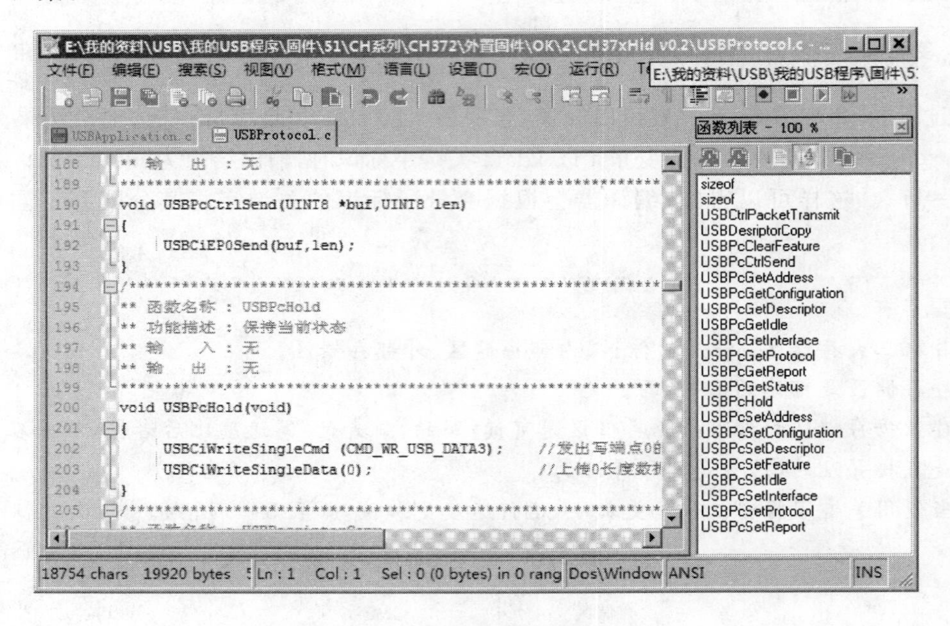

图 3－4　NotePad＋＋代码编辑器

其下载地址为：http：//notepad－plus. sourceforge. net/tw/site. htm。

3.4　NotePad＋＋配置

NotePad＋＋默认配置就已经很不错了，当然为了符合自己的使用习惯，必须从以下几个方面进行配置：

- 设置语法着色；
- 添加关键字；
- 设置智能感知。

3.4.1　设置语法着色

第一步：单击菜单【语言(L)】，然后选择【语言格式设置】，弹出【语言格式设置对话框】，如图 3-5 所示。

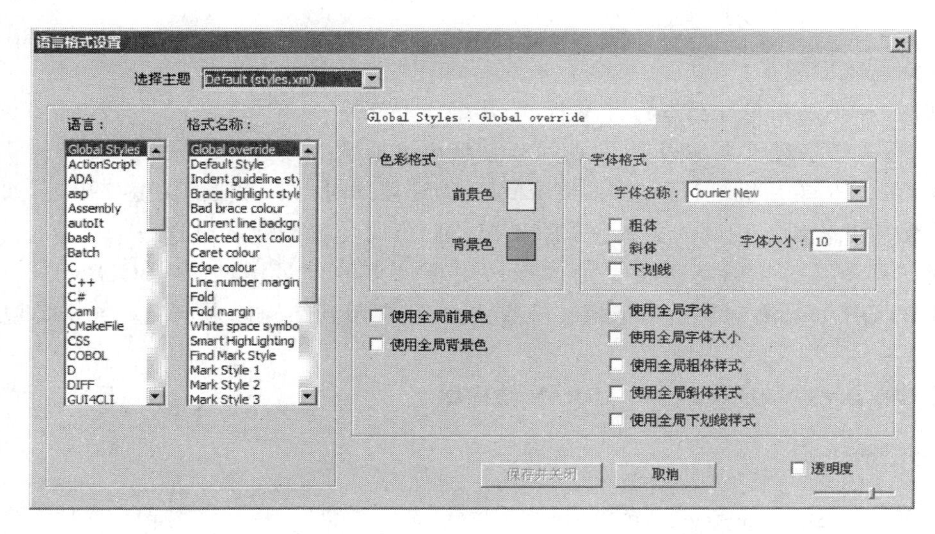

图 3-5　进入语言格式设置

第二步：在左边的【语言】列表框选中“C”，在【格式名称】列表框设置好自己喜欢的语法着色。

例如，“COMMENT LINE”的前景色设置为绿，背景色设置为白色。

字体格式也可以按照自己的习惯来设置，如图 3-6 所示。

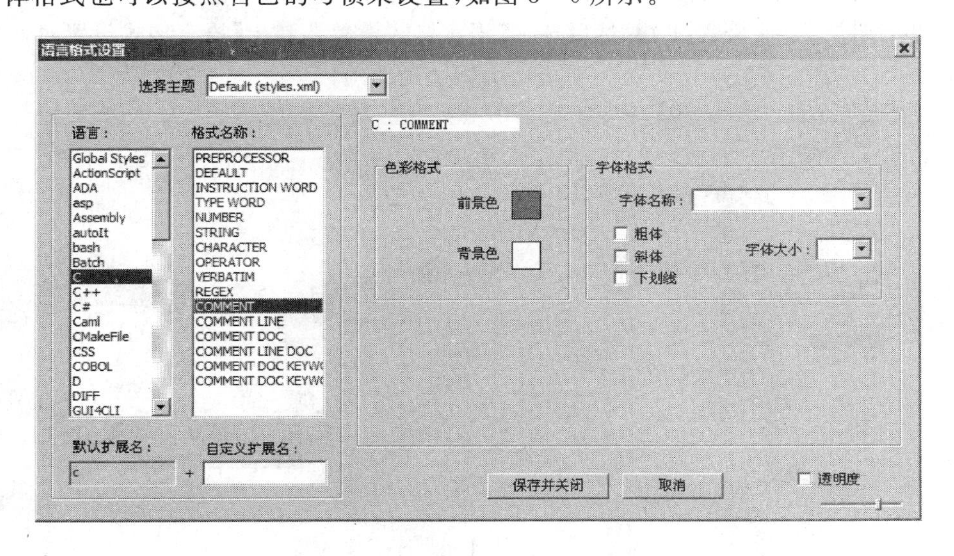

图 3-6　设置前景色和背景色

3.4.2 添加关键字

在项目开发中，经常会根据需求去搭载不同的芯片进而使用不同的编译器。例如，用8051系列单片机进行项目开发使用Keil编译器，用AVR单片机进行项目开发使用WinAVR编译器。

那么问题就出现了！

当使用8051系列单片机进行开发时，Keil编译器支持data、idata、pdata、xdata、code关键字，而且这些关键字经常在编程中用到，可以使代码更加紧凑，运行效率更加高。

当使用AVR单片机进行开发时，WinAVR编译器同时也有必要的关键字出现，如将不变的数据变量放在代码区用到的关键字PROGMEM，声明变量类型 uint8_t。

同时在编译器的基础上还要更加多地声明更加多的变量类型，如BOOL、INT、INT8、INT32、LPVOID、…，有时甚至为了封装一些数据，经常用到结构体来定义新数据类型以方便使用，如

程序清单3-1　FUNCTION_ARRAY结构体

```
typedef struct
{
    const void( * fun)(void);
    const INT8    * s;
}FUNCTION_ARRAY;
static const FUNCTION_ARRAY SYSRunTask[3];
```

对于Keil和WinAVR编译器来说，像FUNCTION_ARRAY自定义关键字，就有点“力不从心”了，为此，只能将这个重任交给NotePad++，关键字添加步骤如下。

第一步：单击菜单【语言(L)】，然后选择【语言格式设置】，弹出【语言格式设置对话框】，如图3-7所示。

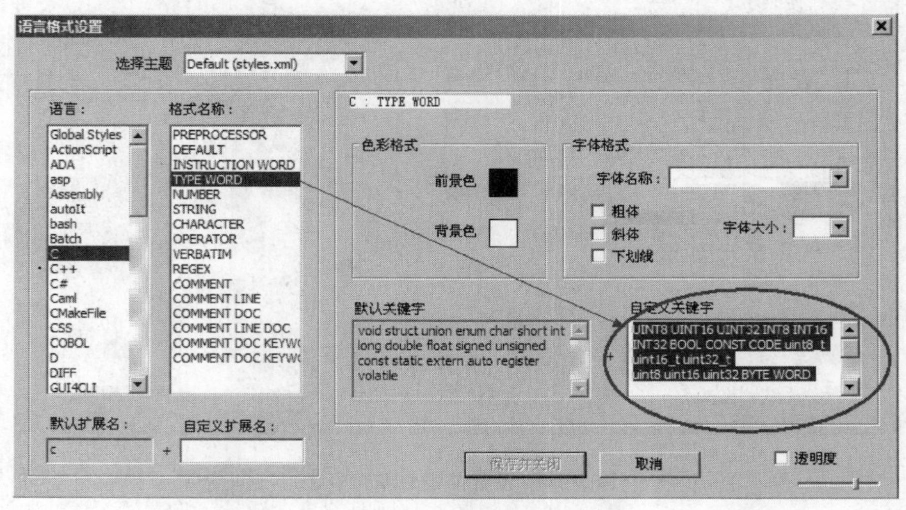

图3-7　设置关键字

第二步：设置好后，单击【保存并关闭】，效果图如图 3-8 所示。

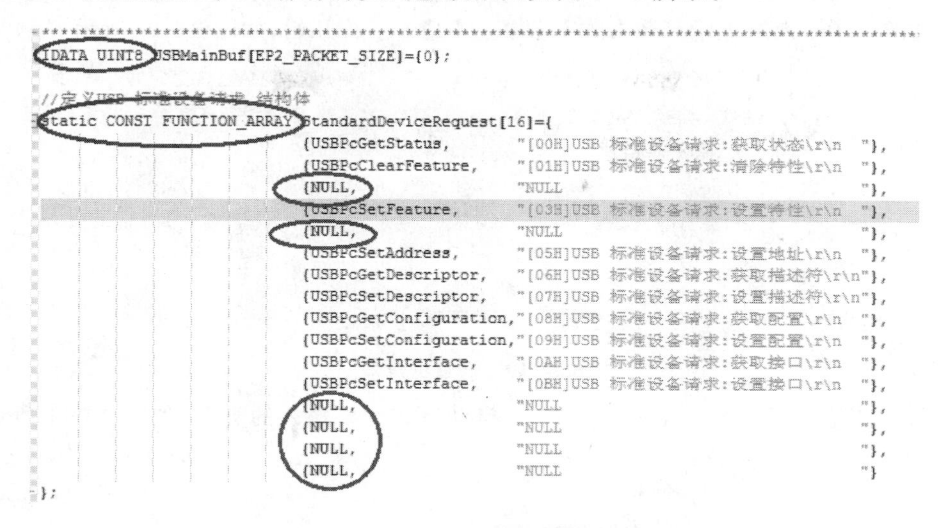

图 3-8　显示关键字

3.4.3　设置自动完成

在此首先阐述一下自动完成的概念。

自动完成：自动完成提供了便于获得语言参考的一组选项。编码时，不需要让代码编辑器或即时模式命令窗口执行语言元素搜索。您可以保持上下文，查找所需的信息，直接向代码中插入语言元素，甚至可以使用自动完成功能为您完成键入工作。

自动完成的定义介绍到此结束，现在就要开始设置 NotePad++自动完成的选项了(默认情况下是不开启的)。

第一步：单击菜单【设置】，选择【首选项】，弹出【首选项设置对话框】，如图 3-9 所示。

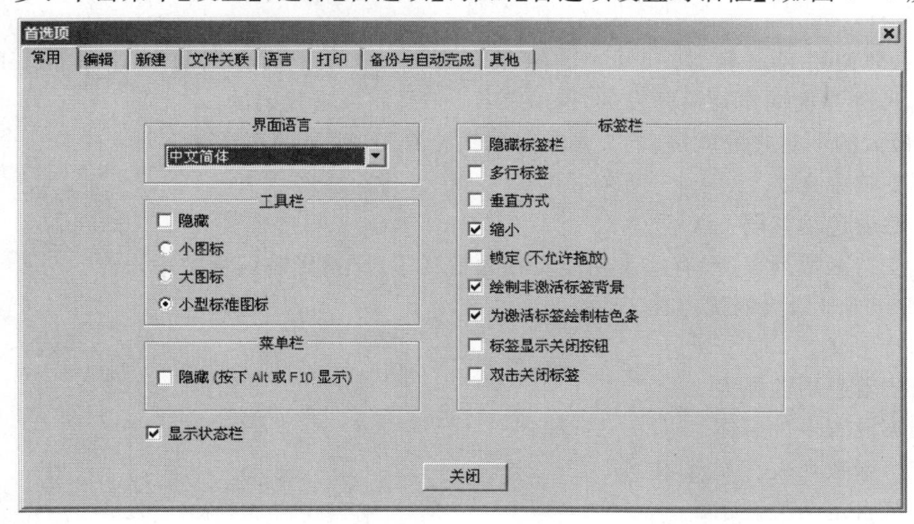

图 3-9　设置步骤一

第二步：单击【备份与自动完成】选项卡，勾选【所有输入均启用自动完成】并且选择【单词自动完成】；勾选【输入时提示函数参数】；设置第【2】个字符开始，如图 3-10 所示。

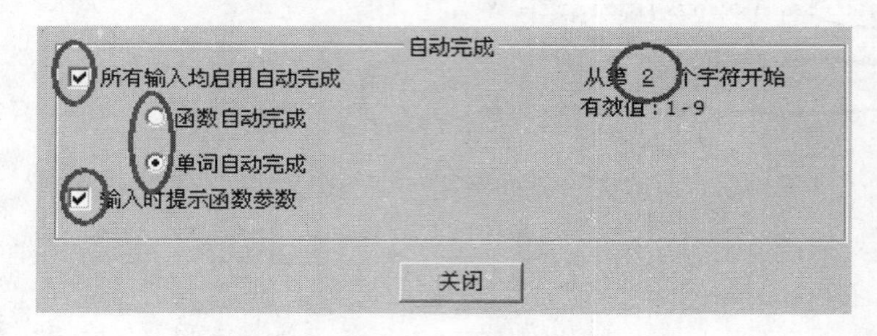

图 3-10 设置步骤二

第三步：当输入"FUN"时，NotePad＋＋自动感知到要输入的类型，如图 3-11 所示。

图 3-11 自动感知

深入重点：

✓ 熟悉 NotePad＋＋的基本操作。
✓ 学会设置语法着色、添加关键字。
✓ 理清自动完成的概念。
✓"工欲善其事，必先利其器"。

3.5 Keil 与 NotePad＋＋联合编辑

为什么要使用 Keil 和 NotePad＋＋来联合编辑呢？从上面介绍的 Keil 和 NotePad＋＋可以知道，Keil 是面向单片机开发的，NotePad＋＋是用来看代码的。

Keil 最大的不足之处就是，其文本编辑器太糟糕了，明显的不足如下：

- 不支持中文。
- 语法着色功能弱。
- 不支持函数列表（没有这个功能实在太糟糕了，严重影响编程效率）。

NotePad＋＋最大的优点在于：

- 支持中文。
- 语法着色功能强大。
- 能够设置多种字体。
- 支持函数列表。
- 支持自定义关键字。
- 具有智能感知功能。

它们两者联合编辑的方法如下。

第 1 步：用 Keil 打开以前做的项目，同时用 NotePad＋＋打开该项目的所有 *.c 和 *.h 文件，并且选中 Main.c 文件，如图 3－12 所示。

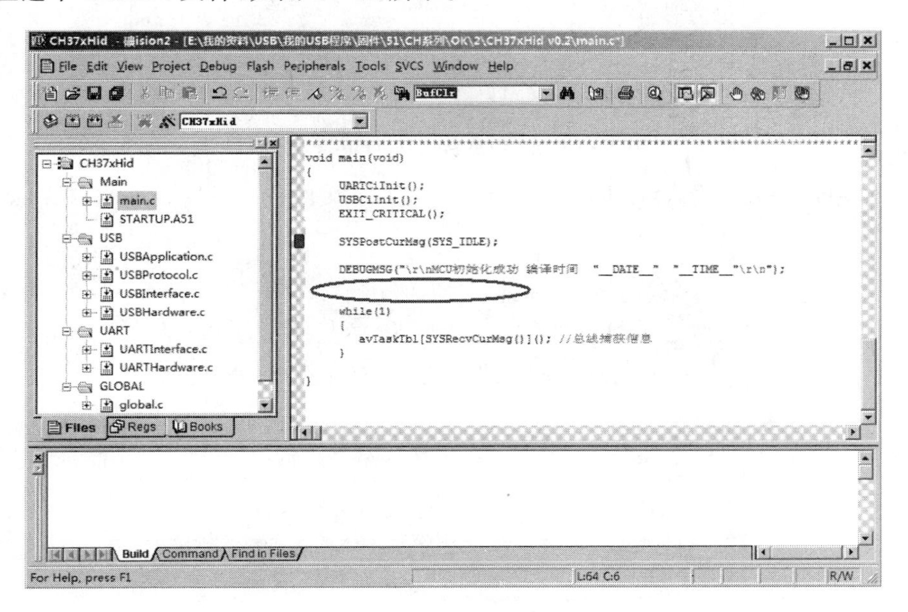

图 3－12　Keil 工程

第 2 步：在圈着的位置输入“DEBUGMSG("欢迎大家使用 NotePad＋＋")”，并保存，如图 3－13 所示。

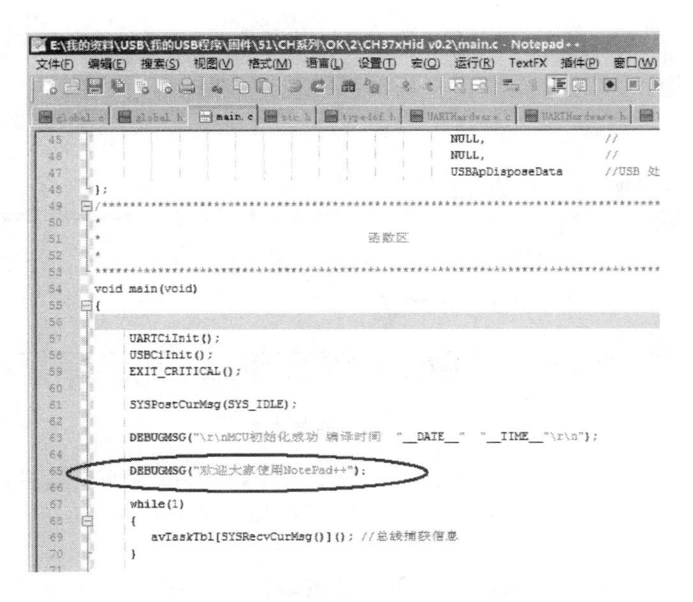

图 3－13　NotePad＋＋源码编辑器

第 3 步：现在查看 Keil 工程，会弹出对话框。询问是否重新加载 Main.c 文件，如图 3－14 所示。

图 3-14　是否重新加载 Main.c 文件

第 4 步：单击【是(Y)】，会在 Keil 工程中的 Main.c 文件中出现新添加的内容，如图 3-15 所示。

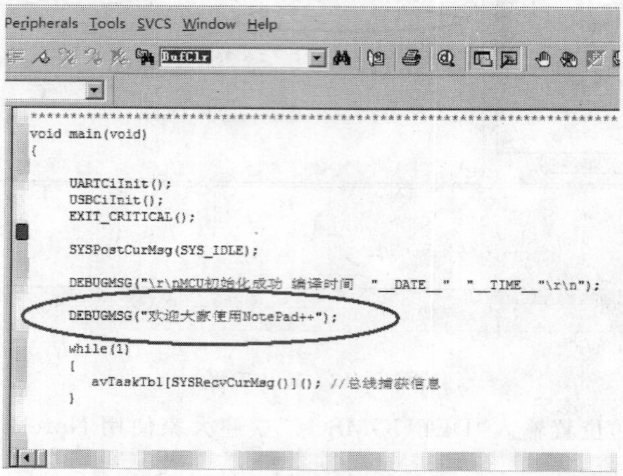

```
Peripherals  Tools  SVCS  Window  Help
void main(void)
{

    UARTCiInit();
    USBCiInit();
    EXIT_CRITICAL();

    SYSPostCurMsg(SYS_IDLE);

    DEBUGMSG("\r\nMCU初始化成功 编译时间 "__DATE__" "__TIME__"\r\n");

    DEBUGMSG("欢迎大家使用NotePad++");

    while(1)
    {
        avTaskTbl[SYSRecvCurMsg()](); //总线捕获信息
    }
```

图 3-15　Keil 工程中的 Main.c 文件中出现新添加的内容

第 5 步：进行编译，只要您的程序正确，编译就会顺利地通过，显示“0 Error(s), 0 Warning(s)”，如图 3-16 所示。

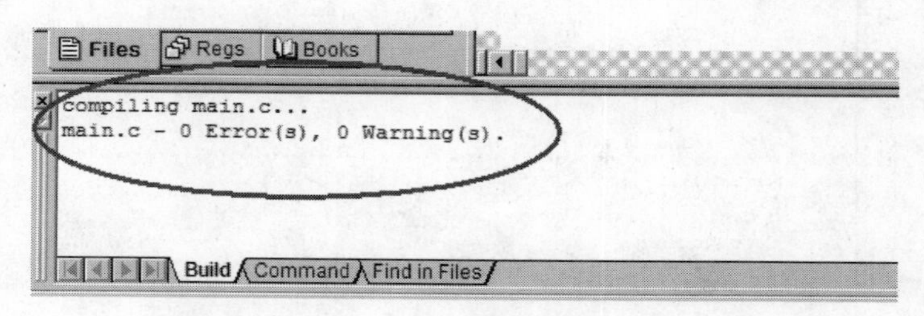

图 3-16　编译信息

好了，Keil 与 NotePad++之间的关系就说到这里，更多的东西就得自己去体会了。

深入重点：

✓ 擅用 Keil 与 NotePad++，代码既工整又漂亮，同时编写代码效率会得到质的提升。

第 4 章

工程创建与深入

4.1 启动程序

双击 Keil 图标，会弹出显示 Keil Logo 图片，如图 4-1 所示。

图 4-1　Keil Logo

当见到 Keil 的启动图片时，会自动进入 Keil 的开发环境，如图 4-2 所示。

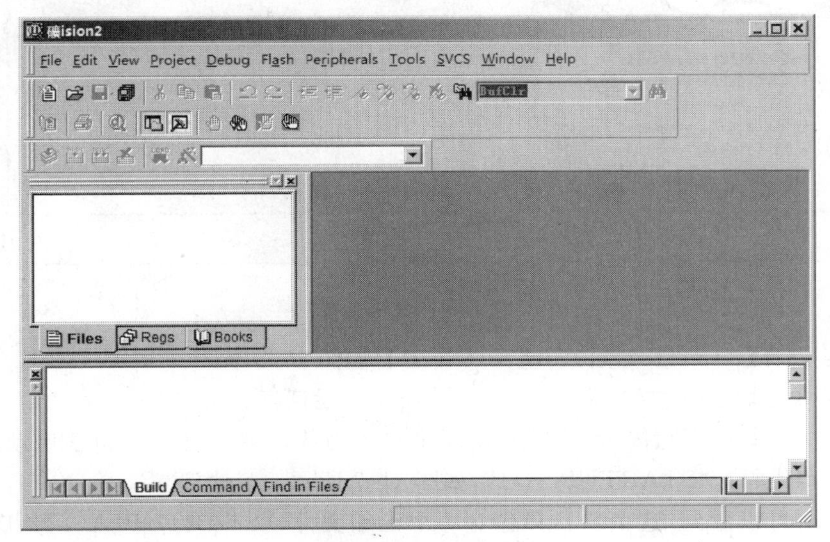

图 4-2　Keil 开发环境

4.2 创建工程

第一步：单击菜单的【Project】，然后单击【New Project】，弹出【Create New Project】对话框，如图4-3所示。

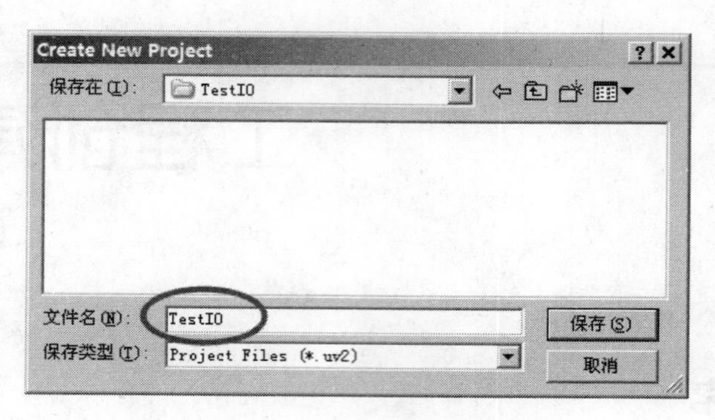

图4-3 新建工程

第二步：输入工程名“TestIO”，单击【保存】按钮退出，弹出【Select Device For Target】对话框，如图4-4所示。

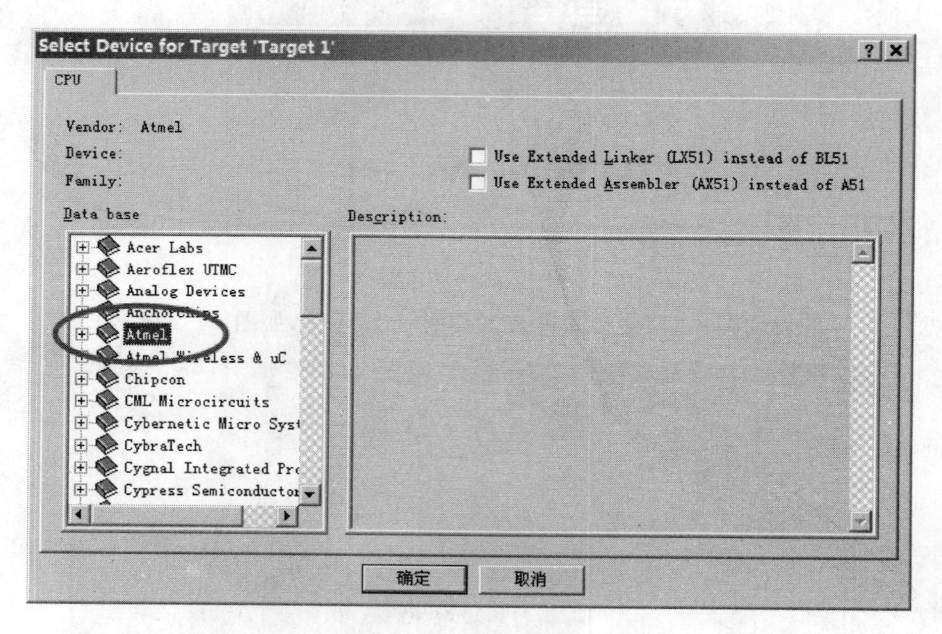

图4-4 选择设备

第三步：选择【Atmel】，然后选择【AT89C52】，如图4-5所示。

第四步：单击【确定】按钮，弹出如图4-6所示的对话框。

第五步：单击【是(Y)】按钮，然后开发环境自动为我们建立好一个包含启动代码项目的空文件，该启动代码为“STARTUP.A51”，如图4-7所示。

从图4-7可以看到，这个项目只包含一个汇编文件，“STARTUP.A51”是启动代码，除

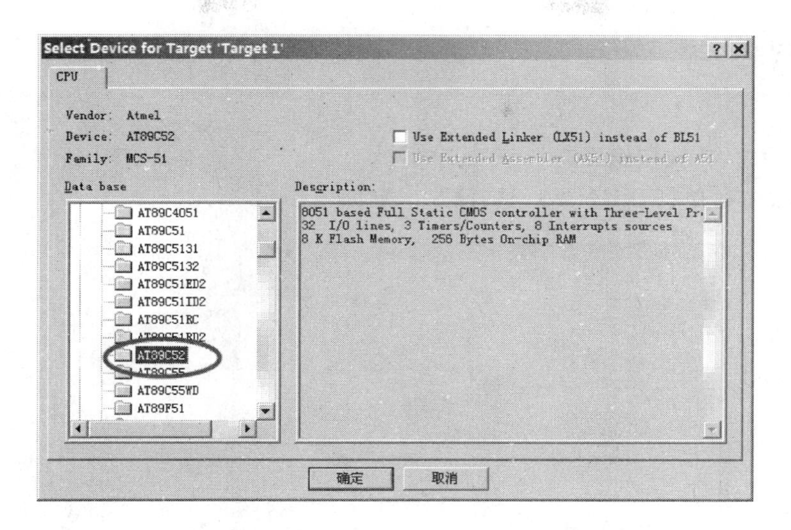

图 4-5　选中"AT89C52"

图 4-6　添加引导代码

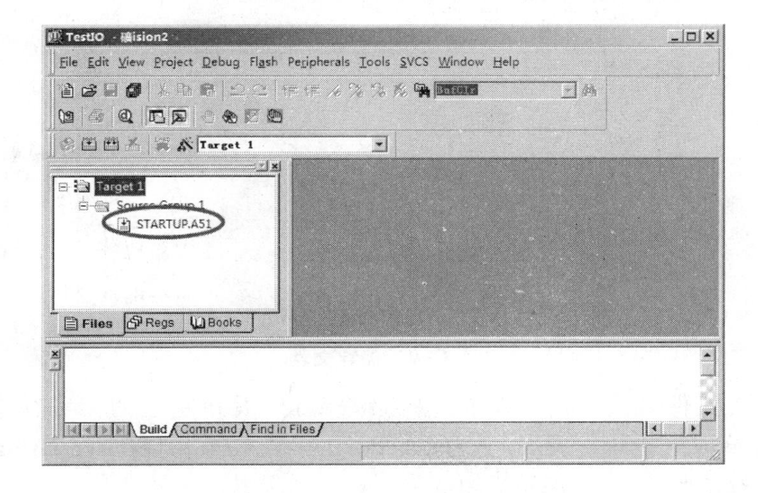

图 4-7　创建工程成功

非非常必要，我们不必修改这个文件，我们只要编写 C 语言代码就可以了，这就是 Keil 开发环境的方便之处。

深入重点：

✓ 熟悉 Keil 创建项目的流程。

4.3 编写程序

接着上面的内容,我们继续进行下一步操作。

第一步:单击菜单【FILE】,然后选择【New】,如图 4-8 所示。

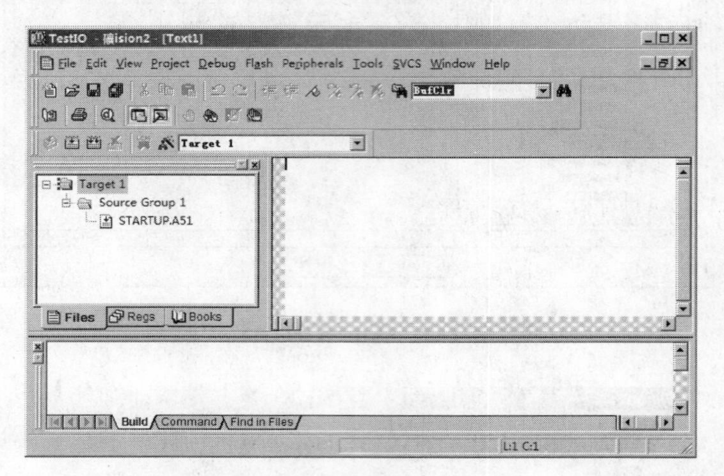

图 4-8 新建文件

第二步:单击【保存(S)】按钮,弹出如图 4-9 所示的对话框。

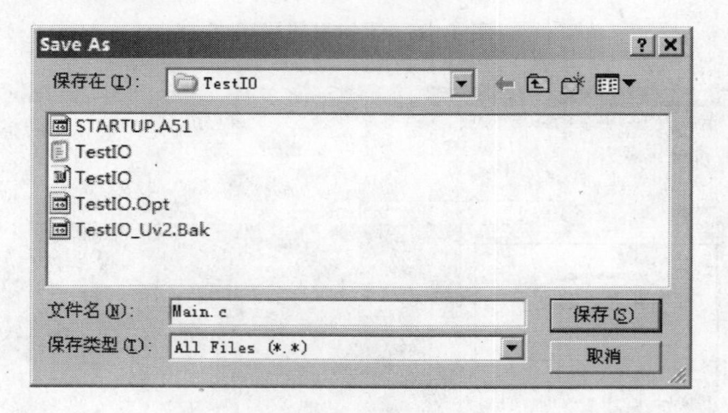

图 4-9 保存文件

第三步:输入文件名 Main.c,单击【保存】按钮,然后在左边的工程窗口选中【Source Group 1】并右键单击出现右键菜单,选择【Add Files to Group 'Source Group 1'】,弹出如图 4-10所示的对话框。

第四步:选择 Main.c 文件,单击【Add】按钮,最后单击【Close】按钮,如图 4-11 所示。

第五步:开始编写小程序,如图 4-12 所示。

第六步:开始编译,单击【Rebuild all target files】,最后在输出窗口显示编译信息,如图 4-13所示。

编译信息窗口显示"0 个错误、0 个警告"。程序编译成功了,我们迈出了关键性的一步,如图 4-14 所示。

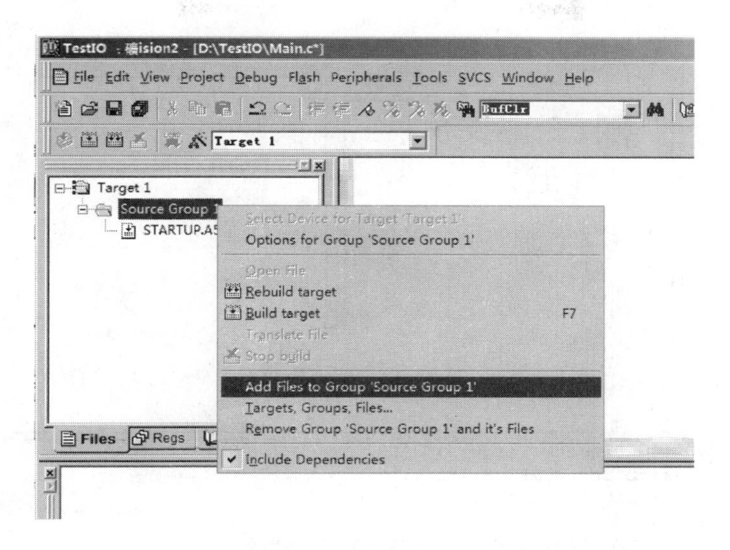

图 4-10 添加文件

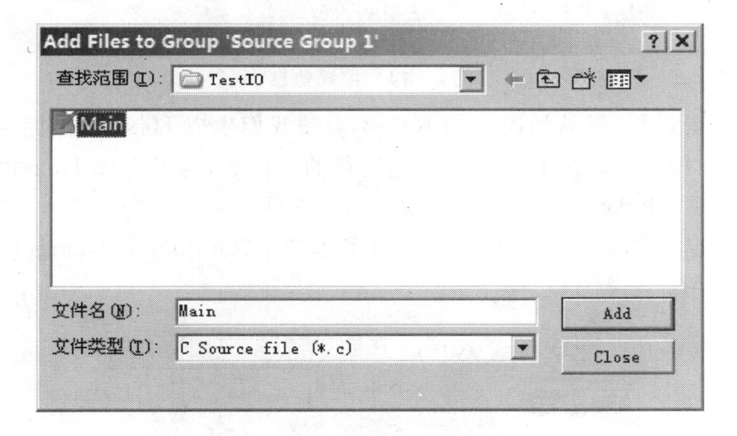

图 4-11 选择要添加的文件

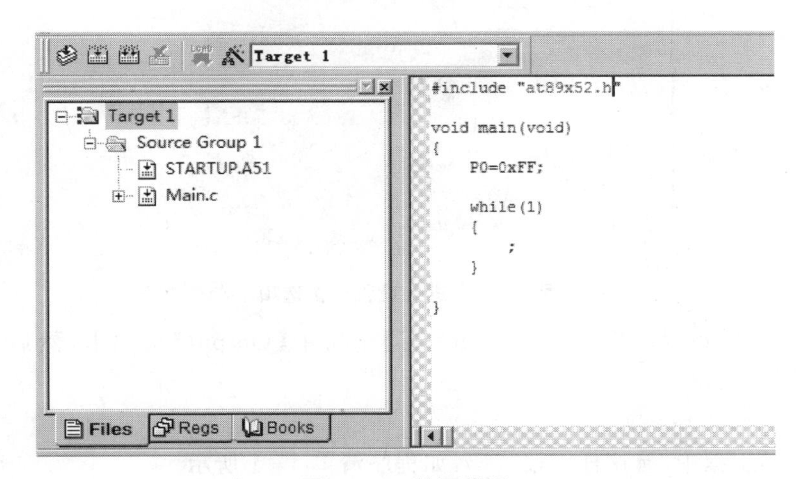

图 4-12 编写代码

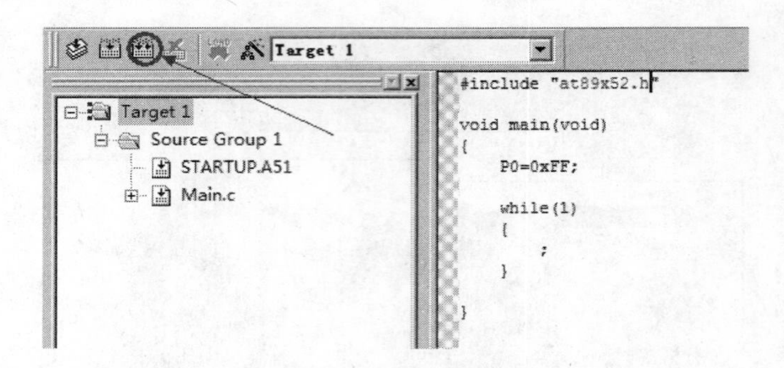

图 4-13　编译代码

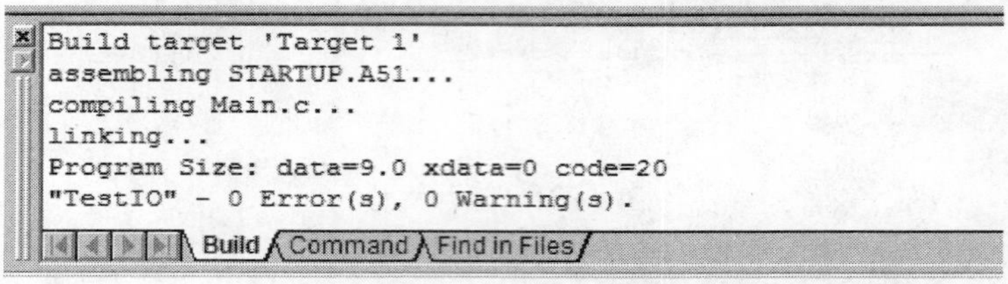

```
Build target 'Target 1'
assembling STARTUP.A51...
compiling Main.c...
linking...
Program Size: data=9.0 xdata=0 code=20
"TestIO" - 0 Error(s), 0 Warning(s).
```

Build　Command　Find in Files

图 4-14　编译信息

不过还有一步要设置，默认情况下的 Keil 不会帮我们生成 Hex 文件，因为 Hex 文件用于烧写到单片机里面，即单片机没有程序是不能运行的。那么，为了生成 Hex 文件，我们必须勾选【Create Hex】选项，让 Keil 编译代码时生成 Hex 文件。

右键单击工程窗口【Target 1】，然后从右键菜单选中【Options for Target ‘Target 1’】，如图 4-15 所示。

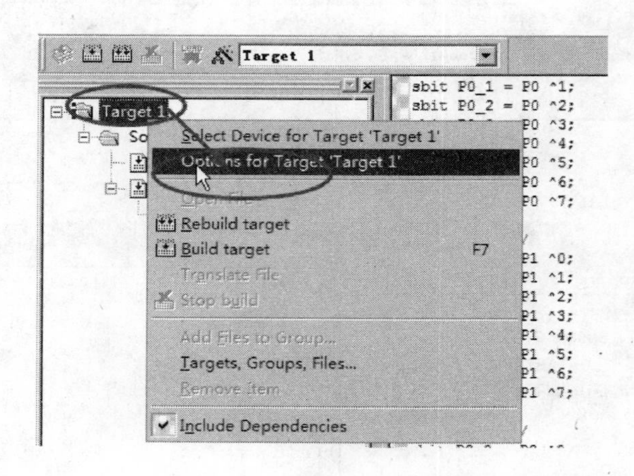

图 4-15　进入设置设备选项

从弹出的【Options for Target ‘Target 1’】中选中【Output】选项卡，然后勾选【Create Hex】，如图 4-16 所示。

最终生成 TestIO. hex 文件。

在 TestIO 的工程中，有这样一段代码，如程序清单 4-1 所示。

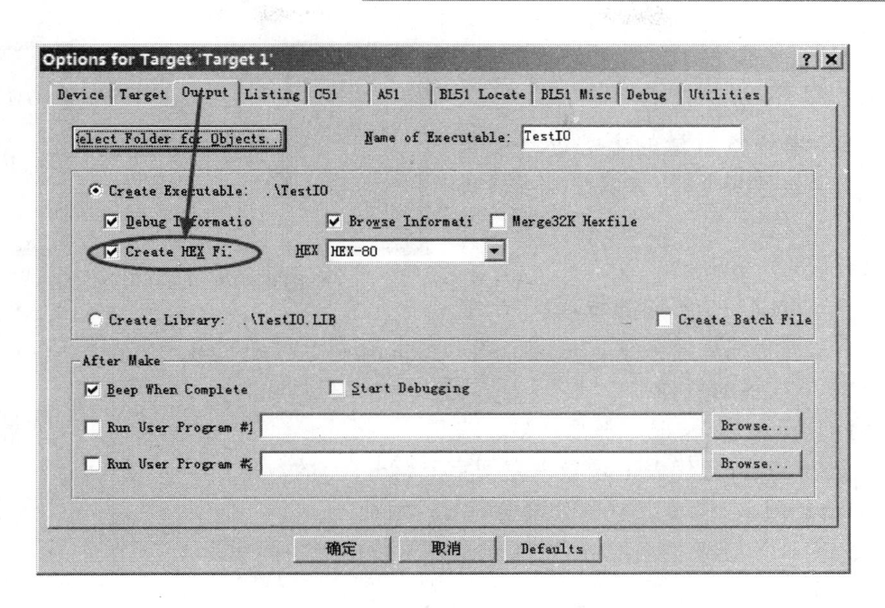

图 4-16　勾选“Create Hex”

程序清单 4-1　TestIO 演示代码

```
#include "at89x52.h"  //头文件
void main(void)
{
    P0 = 0xFF;
    while(1)
    {
        ;
    }
}
```

分析：由于在创建工程的时候，选择目标设备为“AT89C52”，相对应加载的头文件为“at89x52.h”，而“P0”可以在“at89x52.h”中找到。

深入重点：

✓ 熟悉在 Keil 开发环境中添加 *.C 和 *.H 文件。

✓ 熟悉编写与编译程序。

✓ 选择不同的目标设备要添加相对应的头文件。

HEX 文件

那么什么是 HEX 文件呢？Intel HEX 文件是由一行行符合 Intel HEX 文件格式的文本所构成的 ASCII 文本文件。在 Intel HEX 文件中，每一行包含一个 HEX 记录。这些记录由对应机器语言码和常量数据的十六进制编码数字组成。Intel HEX 文件通常用于传输将被存于 ROM 或者 EPROM 中的程序和数据，如图 4-17 所示。大多数 EPROM 编程器或模拟器使用 Intel HEX 文件。

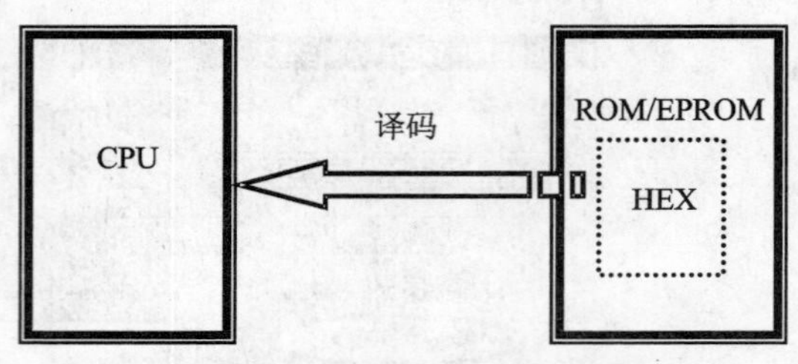

图 4-17 CPU 取指、译码

1. HEX 的结构

Intel HEX 由任意数量的十六进制记录组成。每个记录包含 5 个域,它们按以下格式排列:

:llaaaatt[dd...]cc

每一组字母对应一个不同的域,每一个字母对应一个十六进制编码的数字。每一个域由至少两个十六进制编码数字组成,它们构成一个字节,就像以下描述的那样。

":":每个 Intel HEX 记录都由冒号开头。

"ll":数据长度域,它代表记录当中数据字节(dd...)的数量。

"aaaa":地址域,它代表记录当中数据的起始地址。

"tt":代表 HEX 记录类型的域,它可能是以下数据当中的一个:

00——数据记录;

01——文件结束记录;

02——扩展段地址记录;

04——扩展线性地址记录。

"dd"是数据域,它代表一个字节的数据。一个记录可以有许多数据字节。记录当中数据字节的数量必须和数据长度域(ll)中指定的数字相符。

"cc"是校验和域,它表示这个记录的校验和。校验和的计算是通过将记录当中所有十六进制编码数字对的值相加,以 256 为模进行以下补足的。

2. HEX 的数据记录

Intel HEX 文件由任意数量以回车换行符结束的数据记录组成,数据记录(从第 5 章 GPIO 实验的 SingleLed.Hex 提取出来,可以用 NotePad++打开 HEX 文件)如图 4-18 所示。

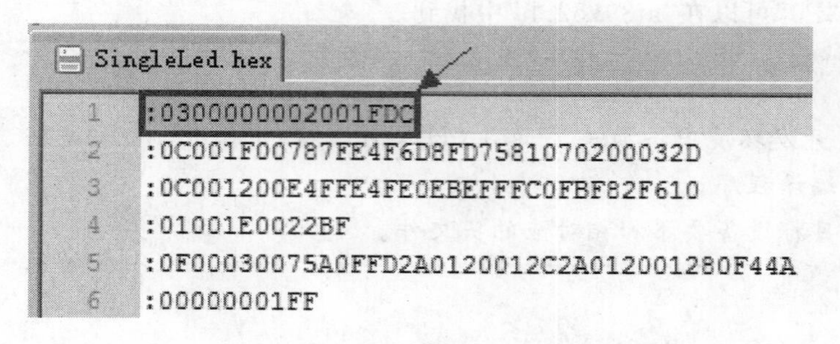

图 4-18 SingleLed.Hex 记录

从图 4-18 可以观察到 SingleLed.Hex 第一行数据记录"0300000002001FDC"。

其中

"03"是这个记录当中数据字节的数量。

"0000"是数据将被下载到存储器当中的地址。

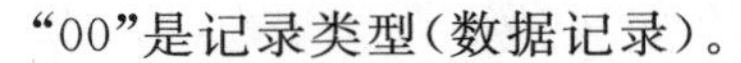

“00”是记录类型(数据记录)。

“0002001F”是数据。

“DC”是这个记录的校验和。

检验值计算方法如下：

0x01＋～(0x03＋0x00＋0x00＋0x00＋0x00＋0x02＋0x00＋0x1F)＝0xDC

深入重点：

✓ Intel HEX 文件通常用于传输将被存于 ROM 或者 EPROM 中的程序和数据。大多数 EPROM 编程器或模拟器使用 Intel HEX 文件。

✓ Keil 编译出来的 HEX 文件是基于 Intel HEX 的。

✓ HEX 文件包含多条记录,每条记录如表 4－1 所列。

表 4－1　HEX 文件记录

域		说　明
数据长度域		数据字节的数量
地址域		数据的起始地址
记录类型域	(00)数据记录	HEX 记录类型的域,可以表示 4 种不同的类型
	(01)文件结束记录	
	(02)拓展段地址记录	
	(03)拓展线性记录	
数据域		数据字节
校验和域		校验和

✓ Intel HEX 校验值计算方法：

0x01＋～(除最后一个字节之外的所有字节相加)＝校验值(最后一个字节)

4.4　深入 Keil

4.4.1　剖析头文件

在介绍头文件相关内容过程中,都是重点抽取部分来介绍,以免导致篇幅过长。

1. 字节寄存器：寄存器的地址是单个字节的

程序清单 4－2　字节寄存器

```
/*------------------------------------------------
Byte Registers
------------------------------------------------*/
sfr P0        = 0x80;
sfr PCON      = 0x87;
```

```
sfr TCON     = 0x88;
sfr TMOD     = 0x89;
sfr TL0      = 0x8A;
sfr TL1      = 0x8B;
sfr TH0      = 0x8C;
sfr TH1      = 0x8D;
.......................
```

sfr 是 Keil 中用来定义硬件寄存器地址的关键字,具有定义硬件特性。在以往编写 C 程序的时候,都没有见过 sfr 这个关键字。所以 sfr 不是标准 C 语言的关键字,而是 Keil 为能直接访问 80C51 中的 SFR(特殊功能寄存器)而提供的一个新的关键词。

深入重点:

✓ sfr 变量名＝地址值。

2. 位寄存器:字节寄存器中的一位

程序清单 4-3　位寄存器

```
/* ---------------------------------------------------
P0 Bit Registers
---------------------------------------------------*/
sbit P0_0 = 0x80;
sbit P0_1 = 0x81;
sbit P0_2 = 0x82;
sbit P0_3 = 0x83;
sbit P0_4 = 0x84;
sbit P0_5 = 0x85;
sbit P0_6 = 0x86;
sbit P0_7 = 0x87;
```

在 Keil 开发环境当中,利用 sbit 可访问 RAM 中可寻址位或 SFR 中可寻址位。如果直接写 P0.1,C 编译器并不能识别,而且 P0.1 也不是一个合法的 C 语言变量名,所以得给它另起一个名字,如 P0_1,可是 P0_1 是不是就是 P0.1 呢?C 编译器可不这么认为,所以必须给它们建立联系,这里使用了 Keil 的关键字 sbit 来定义。

其实,sbit 的用法有三种。

第 1 种用法:sbit 位变量名＝地址值;

第 2 种用法:sbit 位变量名＝SFR 名称^变量位地址值;

第 3 种用法:sbit 位变量名＝SFR 地址值^变量位地址值。

例如,定义 P0 中的 P0.1 脚可以用以下三种方法。

sbit P0_1＝0x81(1)说明:0x81 是 P0.1 的位地址值;

sbit P0_1＝P0^1(2)说明:其中 P0 必须先用 sfr 定义好;

sbit P0_1＝0x80^1(3)说明:0x80 就是 P0 的地址值。

因此,这里用 sbit P0_7＝P0^7;就是定义用符号 P0_7 来表示 P0.7 引脚。

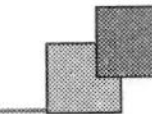

深入重点：

✓ sbit 位变量名＝地址值。

✓ sbit 位变量名＝SFR 名称^变量位地址值。

✓ sbit 位变量名＝SFR 地址值^变量位地址值。

4.4.2　剖析优化

Keil 默认的优化效果其实已经很不错了，如果真地要想方设法“榨尽”单片机的所有资源，让单片机的潜能全部发挥出来，需要对 Keil 编译器的优化选项有所熟悉，同时要对自己的代码进行评估，到底适合哪一种优化，否则会出现反效果。

进入【设备选项设置】，如图 4－19 所示。

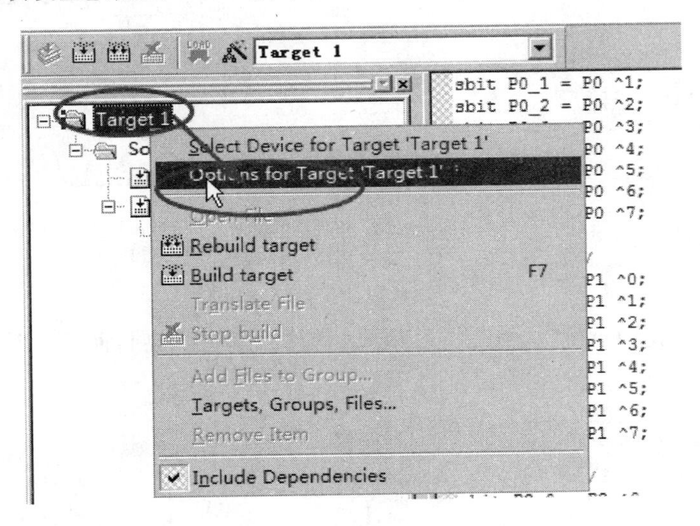

图 4－19　进入【设备选项设置】

1. 设置设备

选中【Target】即设备选项卡，平时作者做项目只要设置好 Code 和 Ram 配置就够了，如图 4－20 所示。“Memory Model”和“Code Rom Size”同样会影响到生成代码的执行效率，如果实际生成的代码符合 SMALL 存储模式，尽量将“Memory Model”和“Code Rom Size”选中为 SMALL 存储模式，如果没有特殊情况，不推荐选为 COMPACT、LARGE 存储模式。对“Xtal(MHz)”填入的是单片机当前工作频率，而不是晶振频率，因为 STC89C52RC 单片机支持 6T/机器周期和 12T/机器周期，假若 STC89C52RC 单片机外部晶振频率为 12 MHz，工作在 6T/机器周期，那时当前单片机实际的工作频率是 24 MHz，那么必须在“Xtal(MHz)”处填入数据 24，这里单片机工作频率的输入主要是面向于软件仿真的，特别是定时器、软件延时、串口波特率等精确仿真。

在【Operating】选项中默认选中“None”，这个选项告诉用户是否使用 Keil 内自带的多任务操作系统，当选中“RTX-51Tiny”时，Cx51 编译器提供 RTX-51 精简版实时多任务操作系统的支持；当选中“RTX-51 Full”时，Cx51 编译器提供对 RTX-51 完整版实时多任务操作系统的支持。

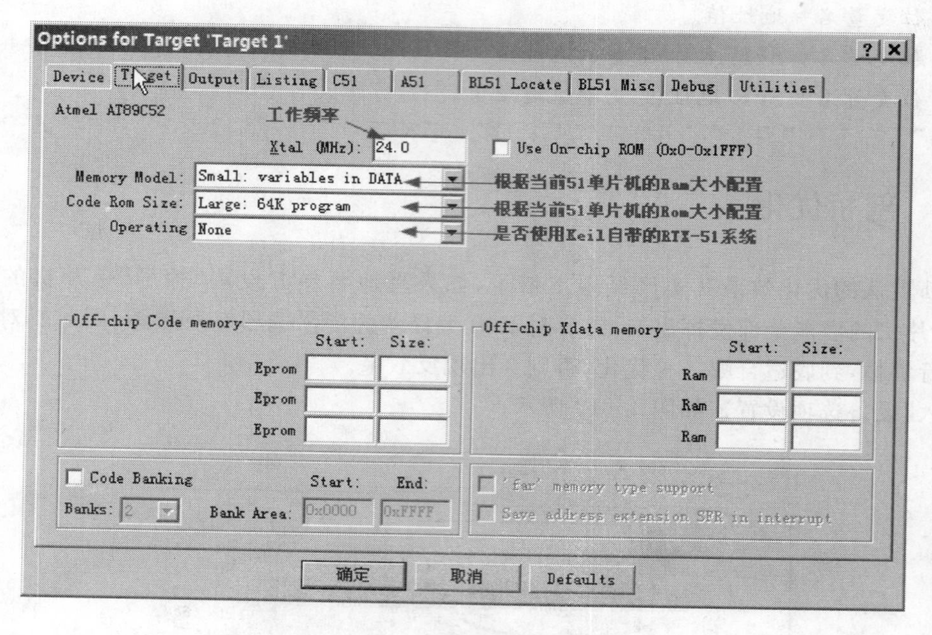

图 4-20　设置设备

2. 设置优化

选中【C51】选项卡，Keil 默认情况下已帮我们配置好优化选项，而且默认的优化已经足够了，如图 4-21 所示。

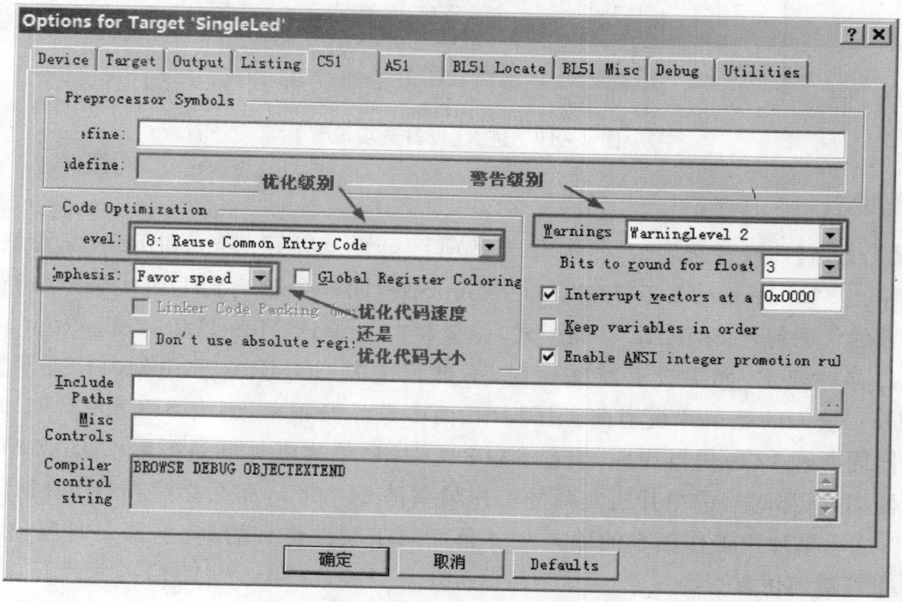

图 4-21　设置优化

Keil 提供了 10 个优化级别，不同的级别生成代码大小有所不同。根据编写代码去选择相对应的优化级别，从而使生成的代码效率又高、占用空间又小，Keil 的优化级别如表 4-2 所列。

表 4-2 优化级别

级 别	说 明
0	常数合并：编译器计算时，只要可能，就用常数代替表达式。这包括运行地址计算。 优化简单访问：编译器优化访问 8051 系统的内部数据和位地址。 跳转优化：编译器经常拓展跳转最终目标。多次跳转被删除
1	死代码删除：没有用的代码段删除。 拒绝跳转：严密地检查条件跳转，以确定是否可以倒置测试逻辑来改进或删除
2	数据覆盖：适合静态覆盖的数据和位段是确定的，并内部标识。BL51 连接/定位器可以通过全局数据流分析，进而选择可被覆盖的段
3	PEEPHOLE 优化：清除多余的 MOV 指令。这包括不必要的存储区目标加载和常数加载。当存储空间或执行时间可节省时，用简单操作代替复杂操作
4	寄存器变量：如果可能，自动变量和函数参数定位在寄存器上。为这些变量保留的存储区就省略了。 优化拓展访问：IDATA、XDATA、PDATA 和 CODE 的变量直接包含在操作中。在多数时间中间寄存器是没有必要的。 局部公共字表达式删除：如果用一个表达式重复地进行相同的计算，则保存第一次计算结果，后面有可能就用此结果。多余的计算就被删除。 CASE/SWITCH 优化：包含 SWITCH 和 CASE 的代码优化为跳转表或跳转队列
5	全局公共字表达式删除：一个函数内相同的字表达式有可能只计算一次。中间记过保存在寄存器中，在一个新的计算中使用。 简单循环优化：用一个常数填充存储区的循环程序被修改和优化
6	回路循环：如果结果程序代码更快和有效，则程序回路循环
7	优化拓展的索引访问：当适当时对寄存器变量用 DPTR 指针和数组访问，对执行速度和代码大小优化
8	公共的尾部合并：当一个函数有多个调用时，一些设置代码可以复用，因此减小了程序长度
9	公共块子程序：检测循环指令序列，并转换成子程序。Cx51 甚至重排代码可以得到更大的循环序列

Keil 不仅提供了代码的优化级别，而且为用户提供了优化代码速度还是优化代码大小的选项。当选择为“Favor speed”时，代码的执行效率最理想，但是生成的代码比较大；当选择为“Favor size”时，生成的代码占用空间最小，但是代码的执行效率比较低。

深入重点：

✓ 按照当前单片机的工作频率、Ram、Rom 进行正确的配置，特别是在进行软件仿真时，输入单片机的工作频率一定是当前单片机实际工作频率，不是外部晶振频率，当使 Keil 进入调试环境的时候，设置频率选项影响到定时器/计数器的配置、串口波特率、软件延时等，将关系到仿真结果是否正确。

✓ 单片机性能优化中的默认优化无论从运行速度和代码密度都平衡得很好，不需要作额外的优化。

4.4.3 详解 STARTUP. A51

在 Keil 新建的所有工程中，毫无例外地都包含 STARTUP. A51，如图 4-22 所示。

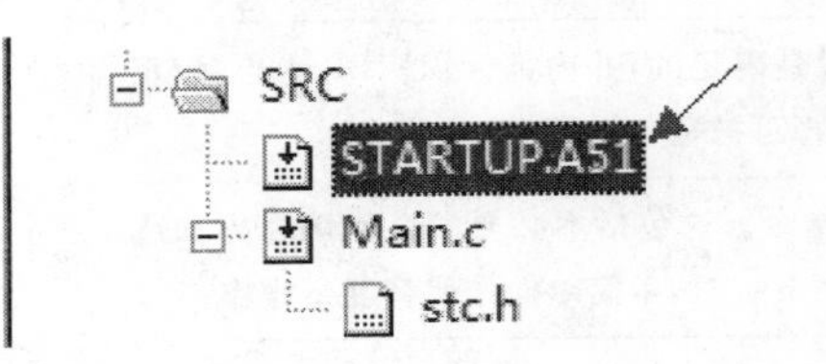

图 4-22 STARTUP. A51

该文件主要作用于上电时初始化单片机的硬件堆栈、初始化 RAM、初始化模拟堆栈和跳转到主函数即 main 函数。硬件堆栈是用来存放函数调用地址、变量和寄存器值的；模拟堆栈是用来存放可重入函数的，可重入函数就是同时给多个任务调用，而不必担心数据的丢失，可重入函数一般在嵌入式系统有所体现。如果不加载该 STARTUP. A51 文件，编译的代码可能会使单片机工作异常。

那么什么是堆栈呢？在计算机领域，堆栈是一个不容忽视的概念，但是很多人甚至是计算机专业人士也没有明确堆栈这两种数据结构。堆栈都是一种数据项按序排列的数据结构，只能在一端[称为栈顶(top)]对数据项进行插入和删除。

堆，一般是在堆的头部用一个字节存放堆的大小，堆中的具体内容由程序员安排。

栈，在函数调用时，第一个进栈的是主函数中函数调用后的下一条指令的地址，然后是函数的各个参数，在大多数 C 编译器中，参数是由右往左入栈的，接着是函数中的局部变量，注意静态变量是不入栈的。当本次函数调用结束后，局部变量先出栈，然后是参数，最后栈顶指针指向最开始存的地址(后进先出)，也就是主函数中的下一条指令，程序由该点继续运行。

虽然堆栈的说法是连起来叫的，但是它们还是有很大区别的，连着叫只是由于历史的原因。

通过 STARTUP. A51 文件对单片机的上电初始化，RAM 区的状态如图 4-23 所示。

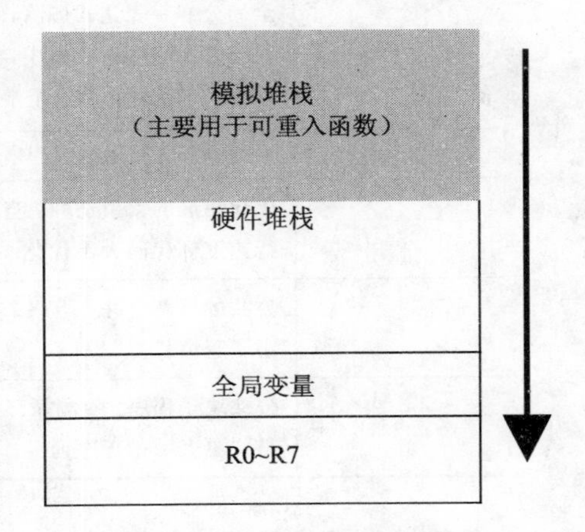

图 4-23 RAM 区的状态图

注意：可重入函数需要用“reentrant”关键字进行声明。

STARTUP. A51 文件并不复杂，只要用户有基本的汇编基础就可以看懂，以下就给出该

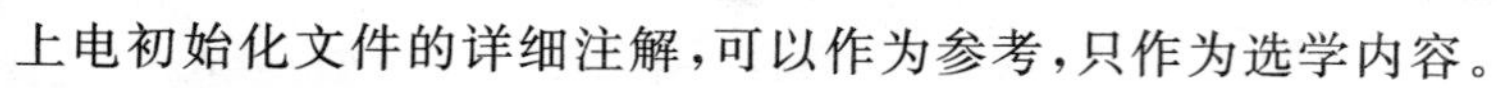
上电初始化文件的详细注解，可以作为参考，只作为选学内容。

程序清单 4－4

```
;---------------------------------------------------------------
IDATALEN        EQU     80H             ;IDATA 存储区的空间字节数为 0x80 字节
XDATASTART      EQU     0H              ;XDATA 存储区的绝对起始地址为 0x00
XDATALEN        EQU     0H              ;XDATA 存储区的空间字节数为 0x00 字节
;===============================================================
;---------------------------------------------------------------
PDATASTART      EQU     0H              ;PDATA 存储器的空间的绝对起始地址
PDATALEN        EQU     0H              ;PDATA 存储器的空间字节数
;===============================================================
;---------------------------------------------------------------
IBPSTACK        EQU     0               ;使用 SMALL 存储器模式可重入函数时将其设置成
                                        ;1，否则设置为 0
IBPSTACKTOP     EQU     0FFH + 1        ;将堆栈顶设置为最高地址 + 1
XBPSTACK        EQU     0               ;使用 LARGE 存储器模式可重入函数时将其设置成
                                        ;1，否则设置为 0
XBPSTACKTOP     EQU     0FFFFH + 1      ;将堆栈顶设置为最高地址 + 1

PBPSTACK        EQU     0               ;使用 COMPACT 存储器模式可重入函数时将其设置成 1
PBPSTACKTOP     EQU     0FFFFH + 1      ;将堆栈顶设置为最高地址 + 1

PPAGEENABLE     EQU     0               ;使用 PDATA 类型变量时将其设置成 1
;
PPAGE           EQU     0               ;定义页号
;
PPAGE_SFR       DATA    0A0H            ;
ACC        DATA    0E0H
B          DATA    0F0H
SP         DATA    81H
DPL        DATA    82H
DPH        DATA    83H
                NAME    ? C_STARTUP

? C_C51STARTUP  SEGMENT CODE            ;? C_C51STARTUP 放在代码存储区
? STACK         SEGMENT IDATA           ;堆栈放在 IDATA 存储区
                RSEG    ? STACK
                DS      1
                EXTRN   CODE (? C_START)        ;程序起始地址
                PUBLIC  ? C_STARTUP             ;外部代码(这个标号将代表用户程序的起始地址)
                CSEG    AT      0               ;给外部使用的符号
? C_STARTUP:    LJMP    STARTUP1                ;在 CODE 段的 0 地址处放以下代码
                RSEG    ? C_C51STARTUP
STARTUP1:
IF IDATALEN <> 0                                ;初始化 IDATA
```

```
                MOV     R0,#IDATALEN - 1
                CLR     A
IDATALOOP:      MOV     @R0,A
                DJNZ    R0,IDATALOOP
ENDIF
IF XDATALEN <> 0                                ;初始化 XDATA
                MOV     DPTR,#XDATASTART
                MOV     R7,#LOW (XDATALEN)
  IF (LOW (XDATALEN)) <> 0
                MOV     R6,#(HIGH (XDATALEN)) + 1
  ELSE
                MOV     R6,#HIGH (XDATALEN)
  ENDIF
                CLR     A
XDATALOOP:      MOVX    @DPTR,A
                INC     DPTR
                DJNZ    R7,XDATALOOP
                DJNZ    R6,XDATALOOP
ENDIF
IF PPAGEENABLE <> 0                             ;送 PDATA 存储器页面高位地址
                MOV     PPAGE_SFR,#PPAGE
ENDIF
IF PDATALEN <> 0                                ;单片机上电时 PDATA 内存清零
                MOV     R0,#LOW (PDATASTART)
                MOV     R7,#LOW (PDATALEN)
                CLR     A
PDATALOOP:      MOVX    @R0,A
                INC     R0
                DJNZ    R7,PDATALOOP
ENDIF
IF IBPSTACK <> 0                                ;设置使用 SMALL 存储器模式时可重入函数的堆栈
                                                ;空间
EXTRN DATA (? C_IBP)
                MOV     ? C_IBP,#LOW IBPSTACKTOP
ENDIF
IF XBPSTACK <> 0                                ;设置使用 LARGE 存储器模式时可重入函数的堆栈
                                                ;空间
EXTRN DATA (? C_XBP)
                MOV     ? C_XBP,#HIGH XBPSTACKTOP
                MOV     ? C_XBP + 1,#LOW XBPSTACKTOP
ENDIF
IF PBPSTACK <> 0                                ;设置使用 COMPACT 存储器模式时可重入函数的堆
                                                ;栈空间
EXTRN DATA (? C_PBP)
                MOV     ? C_PBP,#LOW PBPSTACKTOP
```

```
ENDIF
                MOV     SP,#?STACK-1          ;设置堆栈的起始地址
                LJMP    ?C_START              ;跳转到用户程序 MAIN 函数
                END
```

深入重点：

✓ 什么是堆栈？

✓ 什么是可重入函数？

✓ STARTUP.A51 的作用是单片机上电时初始化它的硬件堆栈、初始化 RAM、初始化模拟堆栈，最后跳转到主函数即 main 函数。

✓ RAM 区状态可参考第 1 章中的存储器相关内容和 STARTUP.A51。

4.5　程序烧写

程序烧写用到 STC 单片机的专门烧写软件，软件名称为 STC-ISP.exe，该软件是宏晶科技公司推出的一款 STC 单片机专用串口 ISP 下载编程软件，如图 4-24 所示。

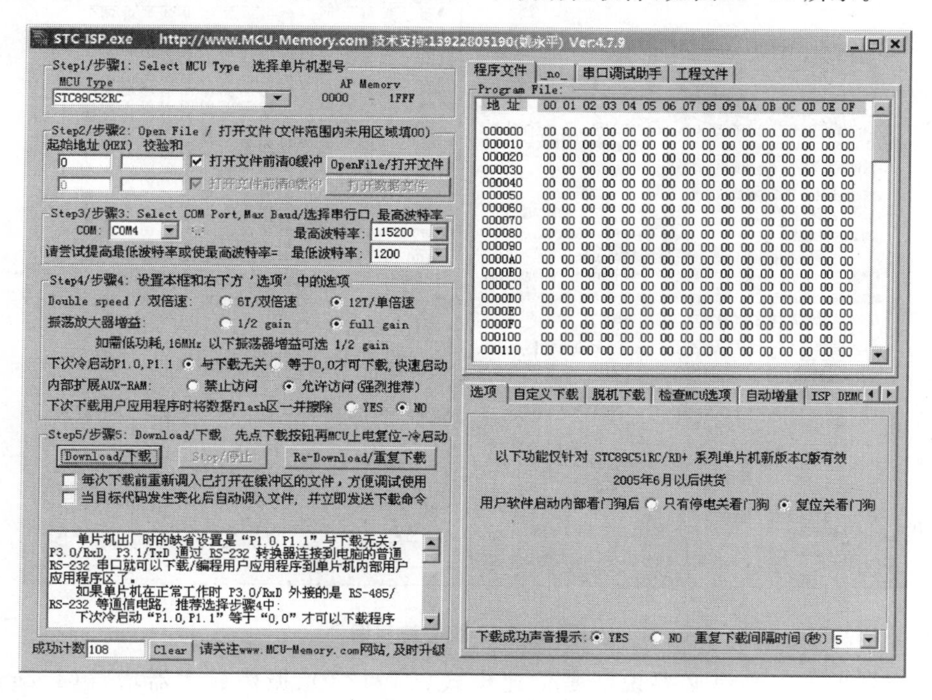

图 4-24　STC 单片机的专门烧写软件

烧写步骤：

(1) 在烧写前首先断开单片机的电源(注意)。

(2) 首先选中单片机的型号，当前单片机型号为 STC89C52RC。

(3) 打开要烧写的文件，如 TestIO.hex。

(4) 选择当前有效的串口,如COM1。

(5) 选择单片机的倍速模式为12T,振荡放大器增益为full gain。

(6) 单击下载按钮。

(7) 接通单片机的电源。

通过上述7个步骤进行烧写,会出现烧写进度条、列表框显示烧写信息,如图4-25所示。

图4-25 烧写信息

烧写流程图如图4-26所示。

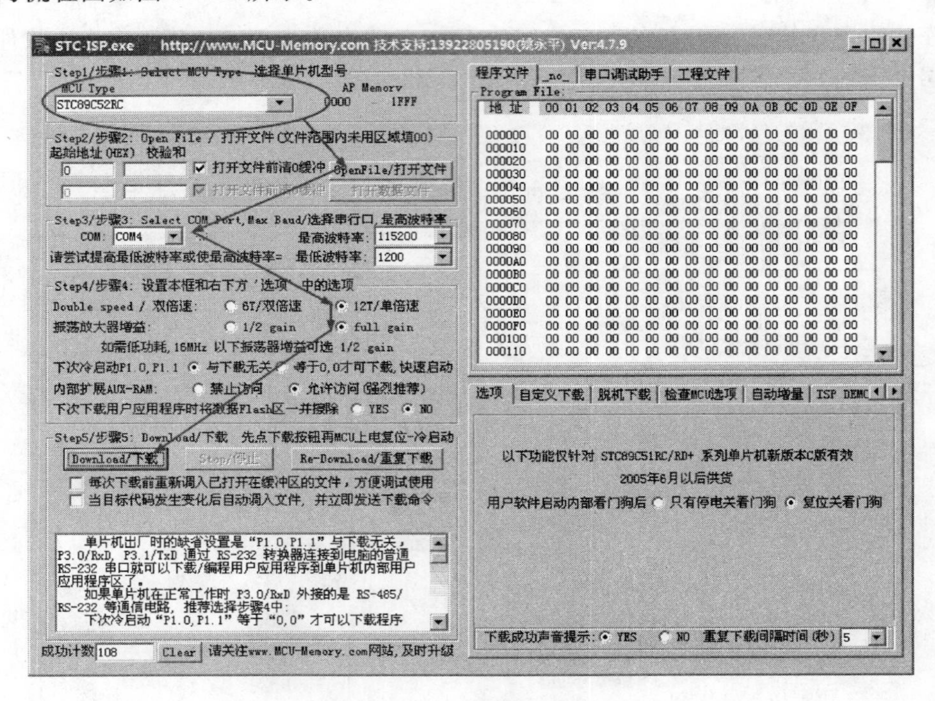

图4-26 烧写流程图

对于烧写步骤(5),有必要说清楚倍速模式(6T/12T)、振荡放大器增益(1/2gain、full-gain)。

倍速模式:

传统的8051为每个机器周期12时钟,如将STC的增强型8051系列单片机在ISP烧录程序时设为双倍速(即6T模式,每个机器周期6时钟),可将单片机外部时钟频率降低一半,可以有效地降低单片机时钟对外界的辐射。

假设单片机使用外部晶振为12 MHz,选择12T模式烧写时,单片机的工作频率为12

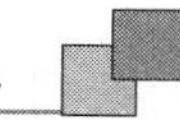

MHz。如果选择6T模式烧写时，由于机器周期缩减一半，这样就可以假设单片机工作在24 MHz频率下，相当于性能上翻了一番。

振荡放大器增益：

在ISP烧录程序时将振荡放大器增益设为1/2gain可以有效地降低单片机时钟高频部分对外界的辐射，单片机外部晶振频率小于16 MHz时，可设为1/2gain，有利于降低电磁干扰。

深入重点：

✓ 熟悉STC增强型8051系列单片机的烧写流程。重点步骤要注意的是烧写前要断开电源，当单击下载后接通电源。

✓ 倍速模式、振荡放大器增益是同电磁辐射相关联的。在开发产品时，有必要注意倍速模式。倍速模式有利于降低成本，同时能使STC增强型8051系列单片机获得最佳的性能。

其根本原因就是机器周期的影响。6T表示每个机器周期6时钟，12T表示每个机器周期12时钟。

基础入门篇

基础入门篇着重讲解 STC89C52RC 增强型 51 单片机的内部资源的基本使用，如 GPIO、定时器、外部中断等，同时对串行输入并行输出、LCD、看门狗、EEPROM 进行实践，在代码的编写上简单易懂，在了解原理的基础上配合简练的实验代码，更加容易使初学者融会贯通、快速领悟。

第5章 GPIO

5.1 GPIO简介

GPIO即通用I/O口，通过设置P0、P1、P2、P3，就可以控制对应I/O口外围引脚的输出逻辑电平，输出“0”或“1”。这样我们就可以通过程序来控制I/O口，输出各种类型的逻辑信号，如方波脉冲，或控制外围电路执行各种动作。GPIO不仅可以输出数字信号，而且可以对GPIO输入数字信号或者模拟信号进行捕捉，而单片机对模拟信号的处理一般需要将其转变为数字信号。

在普通的8051系列单片机中，P0口与P1～P3口是有所区别的，复位后，P1/P2/P3是准双向口/弱上拉，P0口是开漏输出，作为总线拓展用时不用加上拉电阻，但是作为I/O口用时需要加上拉电阻，上拉电阻的作用主要是增大驱动电流(切记)。如果使用P0驱动数码管、驱动液晶或者驱动其他外设，务必加上拉电阻，否则外设会工作不正常。

8051系列单片机的并行口有P0、P1、P2、P3，由于P0口是地址/数据总线口，P2口是高8位地址线，P3口具有第二功能，这样，完全可以作为双向I/O口应用的就只有P1口了。这在大多数应用中往往是不够的，大部分8051系列单片机应用系统设计都不可避免地需要对P0口进行拓展。P3口具有第二功能，第二功能主要是串口收发数据、外部中断检测、计数脉冲捕获、外部RAM读/写选通的控制。图5-1为8051单片机PDIP-40封装图。

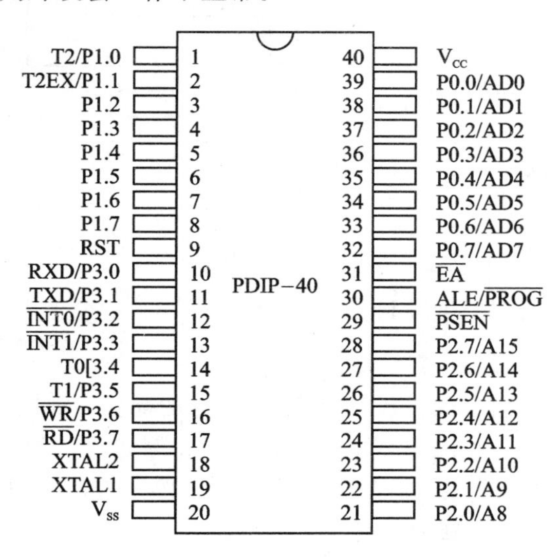

图5-1 8051单片机PDIP-40封装

由于8051系列单片机的外部RAM和I/O口是统一编址的，因此，可以把单片机外部64字节RAM空间的一部分作为拓展外围I/O口的地址空间。这样单片机就可以像访问外部RAM存储器单元那样访问外部的P0口接口芯片，以对P0口进行读/写操作。用于P0口拓展的专用芯片很多，如8255可编程并行P0口拓展芯片、8155并行P0口拓展芯片等。

STC89C52RC单片机(5 V)I/O口驱动能力的灌电流(MCU被动输入电流)为20 mA；弱上拉时，拉电流(MCU主动输出电流)能力是200 μA；设置成强推挽时，拉电流能力也可达20 mA。

5.2 GPIO实验

【实验5-1】 控制单盏LED灯的亮灭，每500 ms分别亮灭一次。

1. 硬件设计

由于单片机的拉电流有限，必须采用灌电流方式来实现，即点亮其中某一盏LED灯需要控制对应的I/O口输出低电平即可。

GPIO实验用到的I/O口主要是P2口，采用灌电流的方式，如图5-2所示。

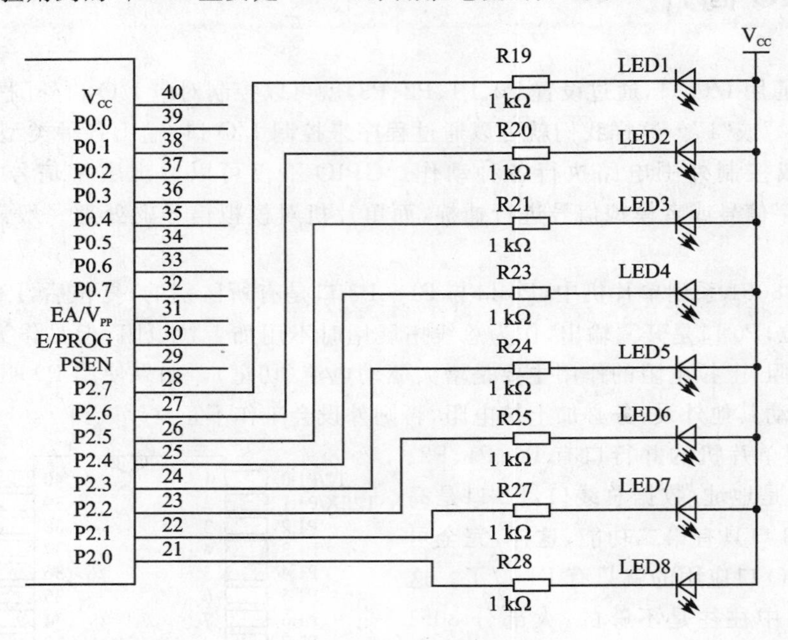

图5-2 硬件设计

2. 软件设计

(1) 点亮设计。

由于硬件设计点亮LED灯的操作为灌电流方式，因此点亮某一盏LED灯只需要对P2口的某一位输出低电平就可以了。例如，第一盏LED灯亮，其余LED灯灭，相对应P2的输出逻辑值0xFE，0xFE=1111 1110b，除了最后一位是逻辑值“0”之外，其余7位都是逻辑值“1”。

(2) 延时设计。

延时500 ms可以采用软件延时，即MCU空操作一段时间凑够500 ms的延时，具体实现方式可以采用for循环的方法来实现。

3. 流程图(图 5-3)

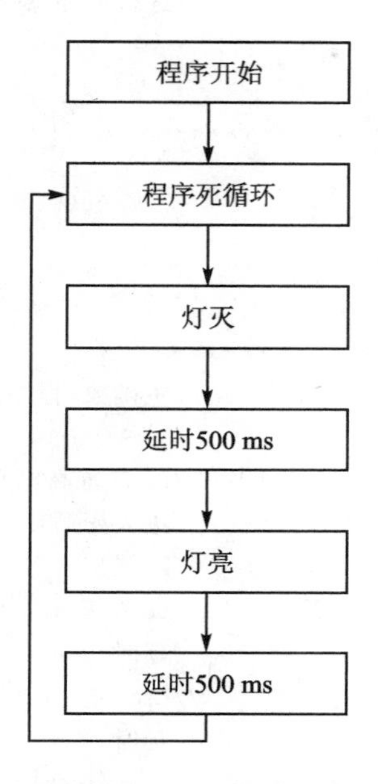

图 5-3 单个 LED 灯闪烁实验流程图

4. 实验代码(表 5-1)

表 5-1 单个 LED 灯闪烁实验函数列表

函数列表		
序 号	函数名称	说 明
1	Delay	延时函数
2	main	函数主体

程序清单 5-1 单个 LED 灯闪烁实验代码

```
#include "stc.h"                           //加载 stc.h 头文件
sbit Led0 = P2^0;                          //定义位变量 Led0
/*******************************************
* 函数名称：Delay
* 输    入：无
* 输    出：无
* 功    能：延时一小段时间
*******************************************/
void Delay(void)                           //软件延时函数(500 ms)
{
    unsigned char i,j;                     //声明变量 i、j
    for(i = 0;i<255;i++)                   //进行循环操作，以达到延时的效果
        for(j = 0;j<255;j++);
    for(i = 0;i<255;i++)                   //进行循环操作，以达到延时的效果
```

```
        for(j = 0;j<255;j++);
    for(i = 0;i<255;i++)                        //进行循环操作,以达到延时的效果
        for(j = 0;j<140;j++);
}
/****************************************
* 函数名称:main
* 输    入:无
* 输    出:无
* 功    能:函数主体
****************************************/
void main(void)                                 //主函数,程序是在这里运行的
{
    P2 = 0xFF;                                  //P2 口置高电平即所有 LED 灯熄灭
    while(1)                                    //进入死循环
    {
        Led0 = 1;                               //Led0 灭
        Delay();                                //延时
        Led0 = 0;                               //Led0 亮
        Delay();                                //延时
    }
}
```

5. 代码分析

Delay 函数主要起到延时的作用,通过 for 循环进行空操作,以达到一定的延时效果。

在 main 函数中的 while(1)死循环当中,Led0 是通过 sbit 来定义的,即 Led0=sbit P2^0,即 Led0 变量只对 P2 的第 1 个 LED 灯进行操作。当 Led0=1 时,P2 口当前值为 xxxx xxx1;当 Led0=0 时,P2 口当前值为 xxxx xxx0。其中,x 表示 0/1 值。

深入重点:

✓ sbit 位变量名=SFR 名称^变量位地址值(P2^0 默认情况下已经在头文件中定义好了)。

✓ 要详细了解 sbit 请参阅 4.4 节。

✓ 关于 I/O 口电平的控制,"0"代表输出低电平,"1"代表输出高电平。

P2=0xFF 即 P2 的 I/O 口全部输出高电平。

0xFF -> 1111 1111(二进制)

若要 P2.0 的引脚输出高电平,其余引脚输出低电平。

P2=0x01; 0x01 -> 0000 0001

若要 P2.0 和 P2.3 的引脚输出高电平,其余引脚输出低电平。

P2=0x09; 0x09 -> 0000 1001

当然要 P2.0 和 P2.3 的引脚输出低电平,其他引脚输出高电平。

P2=0xF6; 0xF6 -> 1111 0110

【实验 5-2】 从控制单盏 LED 灯的基础上,演示一个比较"炫"的 GPIO 实验,说白了就是流水灯实验,每个 LED 灯只灭 100 ms。

1. 硬件设计

参考实验 5－1。

2. 软件设计

延时 100 ms 可以采用软件延时，即使 MCU 空操作一段时间凑够 100 ms 的延时，具体实现方式可以采用 for 循环的方法来实现。

由于硬件设计点亮 LED 灯的操作为灌电流方式，因此点亮某一盏 LED 灯只需要对 P2 口的某一位输出低电平就可以了。例如，第一盏 LED 灯亮，其余 LED 灯灭，相对应 P2 的输出逻辑值 0xFE，0xFE＝1111 1110b，除了最后一位是逻辑值“0”之外，其余 7 位都是逻辑值“1”。最后通过移位操作对 P2 口赋值就可以实现流水灯效果。

3. GPIO 流程图(图 5－4)

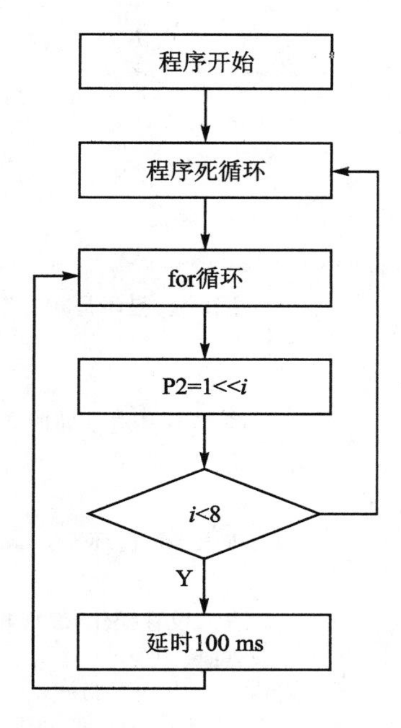

图 5－4　流水灯实验流程图

4. GPIO 实验代码(表 5－2)

表 5－2　流水灯实验函数列表

函数列表		
序　号	函数名称	说　明
1	Delay	延时函数
2	main	函数主体

程序清单 5-2　流水灯实验代码

```
#include "stc.h"                          //加载 stc.h 头文件
/****************************************
*函数名称:Delay
*输    入:无
*输    出:无
*功    能:延时一小段时间
****************************************/
void Delay(void)                          //软件延时函数(100 ms)
{
    unsigned char i,j;                    //声明变量 i、j
    for(i = 0;i<130;i + + )               //进行循环操作,以达到延时的效果
        for(j = 0;j<255;j + + );
}
/****************************************
*函数名称:main
*输    入:无
*输    出:无
*功    能:函数主体
****************************************/
void main(void)                           //主函数,程序是在这里运行的
{
    unsigned char i;
    P2 = 0xFF;                            //P2 口置高电平即所有 LED 灯熄灭
    while(1)                              //进入死循环
    {
        for(i = 0;i<8;i + + )             //进入 for 循环
        {
            P2 = (1<<i);                  //进入位移操作,熄灭相对应位的 LED 灯
            Delay();                      //延时
        }
    }
}
```

5. 代码分析

Delay 函数主要起到延时的作用,通过 for 循环进行空操作,以达到一定的延时效果。

在 main 函数中的 while(1)死循环当中,P2 口的值通过(1<<i)来获得,若当前 i 值为 2,那么 1<<i=1<<2=0000 0100,即只有第 3 盏 LED 灯是灭的,其余 LED 灯是亮的。

深入重点:

✓ 位移操作(P2=1<<i),位移图如图5-5所示,请读者认真分析。

1<<i	P2.7	P2.6	P2.5	P2.4	P2.3	P2.2	P2.1	P2.0
1<<0=0x01	0	0	0	0	0	0	0	1
1<<1=0x02	0	0	0	0	0	0	1	0
1<<2=0x04	0	0	0	0	0	1	0	0
1<<3=0x08	0	0	0	0	1	0	0	0
1<<4=0x10	0	0	0	1	0	0	0	0
1<<5=0x20	0	0	1	0	0	0	0	0
1<<6=0x40	0	1	0	0	0	0	0	0
1<<7=0x80	1	0	0	0	0	0	0	0

图5-5　位移操作图

5.3　软件延时

软件延时:CPU每运行一个指令需花费一定时间,然后将所花费的时间全部加起来构成自己要延时一段时间的目的。

Keil开发环境既可以用来编译程序,同时又为开发者提供了强大的调试仿真环境,如图5-6所示。

Keil开发环境不仅为用户提供编译代码功能,更使用户青睐的是其强大的调试仿真平台。该调试仿真平台的强大之处就是当脱离硬件,调试平台能够模拟真实的单片机,并且提供相当多的调试信息,如单片机的所有寄存器当前值显示、程序的执行流程、变量的监视、系统性能分析等。有了这么强大的调试平台,用户就不必经常对单片机烧写代码进行调试,可以通过软件仿真来调试。关于详细的调试技巧可以参考附录E。

以下介绍软件延时编写步骤。

第1步:打开流水灯的实验程序,编译通过后,单击工具栏的进入调试环境的图标,如图5-7所示。

如此调试环境就弹出来了,而且程序运行的第一步就从P2=0xFF处开始执行,如图5-8所示。

第2步:单击【Step Over】图标,使程序执行到Delay()函数位置,同时在工程窗口中的【Regs】选项卡记下Sec的数值为0.000 402 00 s(秒)=0.402 ms(毫秒),如图5-9所示。

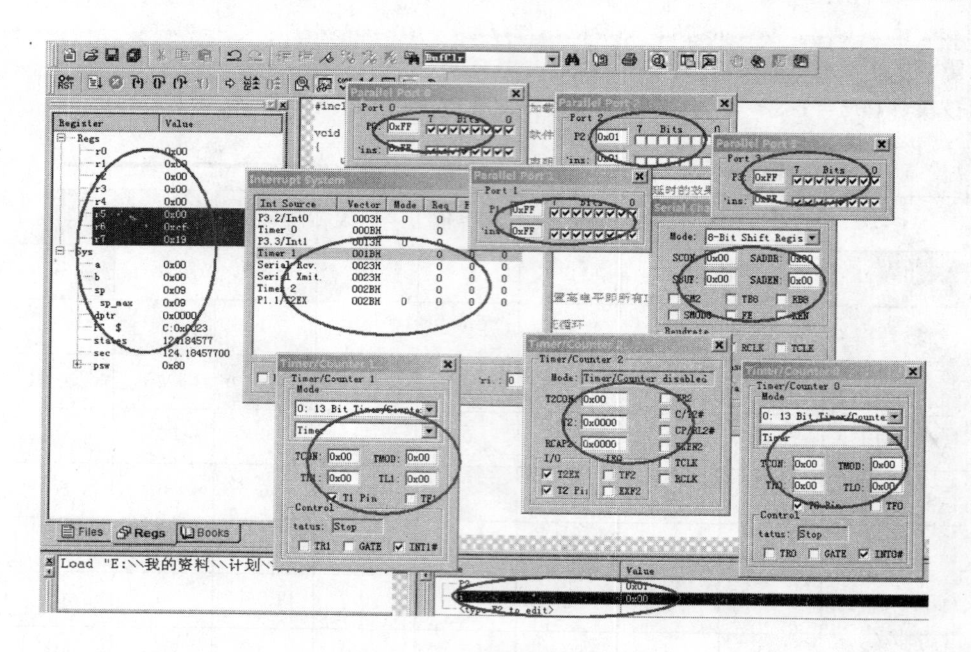

图 5-6　Keil调试仿真环境

图 5-7　单击进入调试环境的图标

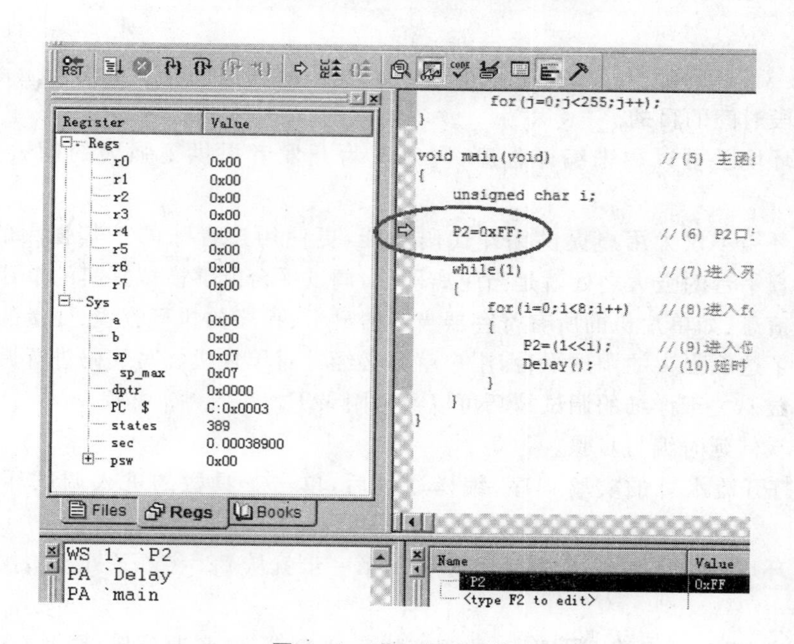

图 5-8　进入调试环境

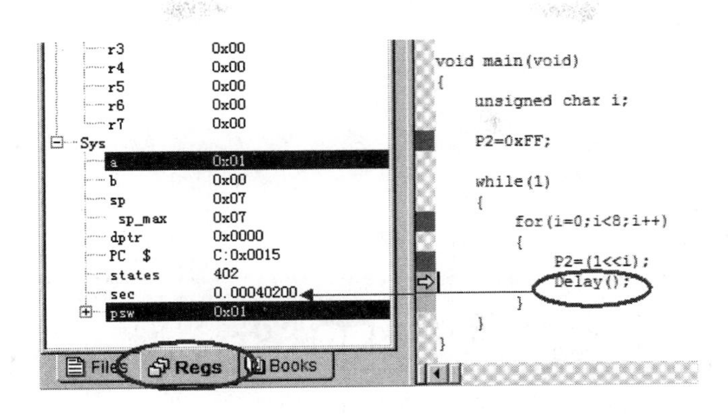

图 5－9　运行至 Delay 函数位置

第 3 步：继续单击一下【Step Over】图标，让 Delay()函数执行完毕，并且记下当前 Sec 的值为 0.100 580 00 s(秒)＝100.58 ms(毫秒)，如图 5－10 所示。

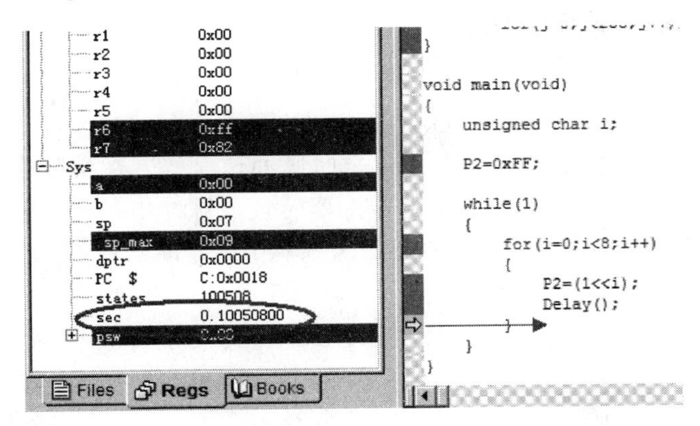

图 5－10　再运行至 Delay 函数位置

注：Delay()＝100.58 ms－0.4 ms＝100.18 ms(毫秒)。

当身边没有示波器时，通过 Keil 的调试仿真功能同样能够制作精准的软件延时代码，更多的调试功能可以参考附录 E。

深入重点：

✓ 软件延时存在误差，只适用于对时间要求不严格的项目。

✓ 熟悉 Keil 调试环境下的使用，熟悉单步调试。

第 6 章 定时器/计数器与中断

6.1 定时器/计数器简介

定时器/计数器(timer/counter,T/C)是单片机中最基本的接口之一,它的用途非常广泛,常用于计数、延时、测量周期、频率、脉宽、提供定时脉冲信号等。在实际应用中,对于转速、位移、速度、流量等物理量的测量,通常也是由传感器转换成脉冲电信号,通过使用 T/C 来测量其周期或频率,再经过计算处理获得。图 6-1 为现实中的定时器。

图 6-1 现实中的定时器

8051 系列单片机至少有两个 16 位内部定时器/计数器,提供了 3 个定时器,其中两个基本定时器/计数器分别是定时器/计数器 0(T/C0)和定时器/计数器 1(T/C1),另外一个是定时器/计数器 2(T/C2)。它们既可以编程为定时器使用,也可以编程为计数器使用。若是计数内部晶振驱动时钟,则它是定时器;若是计数输入引脚的脉冲信号,则它是计数器。

T/C 是加 1 计数的,不支持减 1 计数。定时器实际上也是工作在计数方式下,只不过对固定频率的脉冲计数;由于脉冲周期固定,由计数值可以计算出时间,有定时功能。

当 T/C 工作在定时器时,对振荡源 12 分频的脉冲计数,即每个机器周期计数值加 1,计数频率=当前单片机工作频率/12。当单片机工作在 12 MHz 时,计数频率=1 MHz,单片机每 1 μs 计数值加 1。

当 T/C 工作在计数器时,计数脉冲来自外部脉冲输入引脚 T0(P3.4)或 T1(P3.5)。当 T0 或 T1 引脚上负跳变时计数值加 1。识别引脚上的负跳变需要 2 个机器周期,即 24 个振荡周期。所以 T0 或者 T1 输入的可计数外部脉冲的最高频率为当前单片机工作频率/24。当单片机工作在 12 MHz 时,最高计数频率为 500 kHz,高于该频率将计数出错。

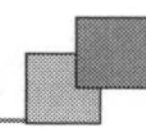

在很多实时系统中，定时通常使用到定时器，如比较著名的实时系统 μC/OS－II。这与软件循环的定时完全不同。尽管两者最终都要依赖系统的时钟，但是在定时器计数时，其他事件可继续进行，而软件定时不允许任何事情发生。对许多连续计数和持续时间操作，最好以 16 位计数器作为定时器/计数器。

6.2　定时器/计数器寄存器

在第 5 章中的流水灯实验是通过软件延时来完成的，这次使用定时器进行定时操作实现流水灯实验。在该章节中将比较使用软件延时和硬件定时的优劣，首先分析定时器定时操作流水灯代码，不过在分析代码之前，定时器寄存器的定义与配置务必要弄清楚。

1. 定时器的定义与配置

1）计数寄存器 TH 和 TL

T/C 是 16 位的，计数寄存器由 TH 高 8 位和 TL 低 8 位构成。在特殊功能寄存器（SFR）中，对应 T/C0 为 TH0 和 TL0，对应 T/C1 为 TH1 和 TL1。T/C 的初始值通过 TH1/TH0 和 TL1/TL0 设置。

2）T/C 控制寄存器 TCON

D7	D6	D5	D4	D3	D2	D1	D0
TF1	TR1	TF0	TR0	IE1	IT1	IE0	IT0

TR0、TR1：T/C0、T/C1 启动控制位。

TR0、TR1＝1：启动计数；

TR0、TR1＝0：停止计数。

3）T/C 的方式控制寄存器 TMOD

D7	D6	D5	D4	D3	D2	D1	D0
GATE	C/T	M1	M0	GATE	C/T	M1	M0
T/C1				T/C0			

（1）$C/\overline{T}$：计数器或定时器选择位。

$C/\overline{T}$＝1：设置为计数器；

$C/\overline{T}$＝0：设置为定时器。

（2）GATE：门控信号。

GATE＝1：T/C 的启动受到双重控制，即要求 TR0/TR1 和 INT0/INT1 同时为高；

GATE＝0：T/C 的启动仅受 TR0 或者 TR1 控制。

（3）M1 和 M0：工作方式选择位（表 6－1）。

表 6-1 工作方式选择位

M0	M1	功能
0	0	13 位 T/C,TL 存低 5 位,TH 存高 8 位
0	1	16 位 T/C
1	0	常数自动装入的 8 位 T/C
1	1	仅适用于 T/C0,两个 8 位 T/C

2. T/C 的初始化

在使用 8051 系列单片机的 T/C 前,首先要对 TMOD 和 TCON 寄存器进行初始化,同时还必须计算定时的时间(重点)。

(1) 确定 T/C 的工作方式:配置 TMOD 寄存器。

(2) 计算 T/C 的计数初值,并赋值给 TH 和 TL。

(3) 若 T/C 中断方式工作时,必须配置 IE 寄存器内 ET0 与 ET1 的值。

(4) 启动 T/C。

以下介绍定时器的计数初值计算方式。

示例 1:若当前单片机的工作频率为 12 MHz,需要 T/C 0 产生 50 ms 定时,请确定工作模式和计数初值。分析如下。

公式:假设当前单片机的机器周期为 T_C,T/C 初值为 X,定时时间为 T,计算公式如下:

$$X=2^n-T/T_C$$

$$\mathrm{THx}=X/256$$

$$\mathrm{TLx}=X\%256$$

单片机的一个机器周期=12/工作频率,那么当前单片机的机器周期=12/12 MHz=1 μs。

方式 0　13 位定时器最大定时器间隔$=2^{13}\times1$ μs=8.192 ms。

方式 1　16 位定时器最大定时器间隔$=2^{16}\times1$ μs=65.536 ms。

方式 2　8 位定时器最大定时器间隔$=2^{8}\times1$ μs=256 μs。

由于需要定时时间为 50 ms,所以必须选择方式 1 进行定时,那么根据 T/C 初值计算公式可得

$$50\,000=2^{16}-T/1$$

$$\mathrm{TH0}=(2^{16}-50\,000)/256$$

$$\mathrm{TL0}=(2^{16}-50\,000)\%256$$

3. T/C 2 控制寄存器 T2CON

D7	D6	D5	D4	D3	D2	D1	D0
TF2	EXF2	RCLK	TCLK	EXEN2	TR2	$C/\overline{T2}$	$CP/\overline{RL2}$

(1) TF2:T/C2 的溢出标志,必须由软件清除。

(2) EXF2:T/C2 外部标志。

当 EXEN2=1,且 T2EX 引脚上出现负跳变而引起捕获或者重载时置位,EXF2 要靠软件

来清除。

(3) RCLK：接收时钟标志。

RCLK=1：用定时器 2 的溢出脉冲作为串行口的接收时钟。

RCLK=0：用定时器 1 的溢出脉冲作为接收时钟。

(4) TCLK：发送时钟标志。

TCLK=1：用定时器 2 的溢出脉冲作为串行口的发送时钟。

TCLK=0：用定时器 1 的溢出脉冲作为串行口的发送时钟。

(5) EXEN2：T/C2 外部允许标志。

EXEN2=1：若定时器 2 未用作串行口的波特率发生器，则 T2EX 端的负跳变引起 T/C2 的捕获或重装载。

(6) EXEN2=0：T2EX 端的外部信号不起作用。

TR2：T/C2 运行控制位。

TR2=1：T/C2 启动。

TR2=0：T/C2 停止。

(7) C/$\overline{\text{T}}$2：计数器或定时器选择位。

C/$\overline{\text{T}}$2=1：工作在计数器模式。

C/$\overline{\text{T}}$2=0：工作在定时器模式。

(8) CP/$\overline{\text{RL}}$2：捕获/重载标志。

CP/$\overline{\text{RL}}$2：当 EXEN2=1，且 T2EX 端的信号负跳变时，发生捕获操作。

CP/$\overline{\text{RL}}$2：当定时器 2 溢出，或在 EXEN2=1 条件下 T2EX 端信号负跳变时，都会造成自动重载操作。

深入重点：

✓ 配置 T/C0 和 T/C1 涉及 TMOD、TCON 寄存器，配置 T/C2 涉及 T2CON。

✓ 工作方式的选择决定了定时的范围(表 6-2)，假设当前单片机工作频率为 12 MHz。

表 6-2　定时器不同工作方式的最大定时

工作方式	最大范围
方式 0	8.192 ms
方式 1	65.536 ms
方式 2	256 μs

平时使用定时操作时，推荐使用方式 1。

✓ T/C 定时初值计算方法要掌握。

假设当前机器周期为 T_C，T/C 初值为 X，定时时间为 T 计算，公式如下：

$X=(2^n-T/T_C)$

THx$=X/256$

TLx$=X\%256$

6.3 T/C工作方式

T/C0和T/C1都可以在方式0、方式1、方式2工作,而方式3只有前者才能工作。

1. 方式0

当TMOD中M1、M0都为0时,T/C工作在方式0。

方式0为13位的T/C,由TH提供高8位,TL提供低5位,注意TL的高3位是无效的,计数溢出值为2的13次方(8 192),启动该计数器需要设置好计数初值。

当C/$\overline{T}$该位为0时,T/C为定时器,振荡源12分频的信号作为计数脉冲;当C/$\overline{T}$该位为1时,T/C为计数器,对外部脉冲输入端的T0或T1引脚进行脉冲计数。

计数脉冲能否加到计数器上,受启动信号的控制。当GATE=0时,只要TR=1,则T/C启动;当GATE=1时,启动信号受到TR与INT的双重控制。

T/C启动后立即加1计数,当13位计数满时,TH向高位进位。此进位将中断溢出标志TF置位即TF=1,产生中断请求,表示定时时间或计数次数到达。若T/C开中断(ET=1)且CPU开中断(EA=1),则当CPU自动转向中断服务函数时,TF自动清零,不需要人工软件清零。

2. 方式1

当TMOD中M1、M0为0、1时,T/C工作在方式1。

方式1与方式0基本相同,唯一不同的是方式0是13位计数方式,方式1是16位计数方式,TH和TL都同时提供8位(方式0时TL只提供低5位,高3位无效),计数溢出值为2的16次方(65 536)。

3. 方式2

当TMOD中M1、M0为1、0时,T/C工作在方式2。

方式2是8位的可自动重装载的T/C,满计数值为2的8次方(256)。在方式0和方式1中,当计数满后,若要进行下一次定时/计数,必须通过软件向TH和TL重新装载预置计数值。当T/C工作在方式2时,TH和TL会被当作两个8位计数器,这时TH寄存8位初值保持不变,并由TL进行8位计数。计数溢出时,除产生溢出中断请求外,还自动将TH中初值重装到TL,即重装载。除此之外,方式2也同方式0。

4. 方式3

方式3只适合于T/C0。当T/C0工作在方式3时,TH0和TL0成为两个独立的计数器。这时,TL0可作为T/C,占用T/C0在TCON和TMOD寄存器中的控制位和标志位;而TH0只能作定时器使用,占用T/C1的资源TR1和TF1。在这种情况下,T/C1仍可用于方式0/1/2,但不能够使用中断方式。

只有将T/C1用作串行口的波特率方式器时,T/C0才工作在方式3,以便增加一个定时器。

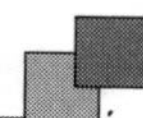

5. T/C2 的工作方式

定时器/计数器 2 包含一个 16 位重载方式，T/C2 在计数溢出后，自动在瞬间重装载(像 8 位自动重载方式 2)。自动重载可由外部引脚 T2EX 的负跳变开始，这样外部引脚用于产生和其他硬件计数器同步的信号。T/C2 可以看作看门狗或定时溢出的定时器。

T/C2 还有捕获方式。把瞬时计数值传到另外的 CPU 可读取的寄存器对(RCAP2H、RCAP2L)。这样，在读的过程中，两个字节的计数值无波动的危险。对于快速变化的计数，如计数值在读取高字节时是 16FF 时，到读取低字节时已变到 1 700，结果却得到 1 600。若 16FF 瞬间捕获到另外的寄存器，则可以在 CPU 空闲的时候取到 16 和 FF。

6.4　流水灯实验

【实验 6-1】 运用定时器实现流水灯实验，每隔 50 ms 操作一次，如此循环。

1. 硬件设计

点亮 LED 灯实验当中采用灌电流的方式来实现，毕竟单片机的拉电流有限，一般就采用该方式来实现，点亮其中某一盏 LED 灯即某一个 I/O 口输出低电平。

GPIO 实验用到的 I/O 口主要是 P2 口，采用灌电流的方式，如图 6-2 所示。

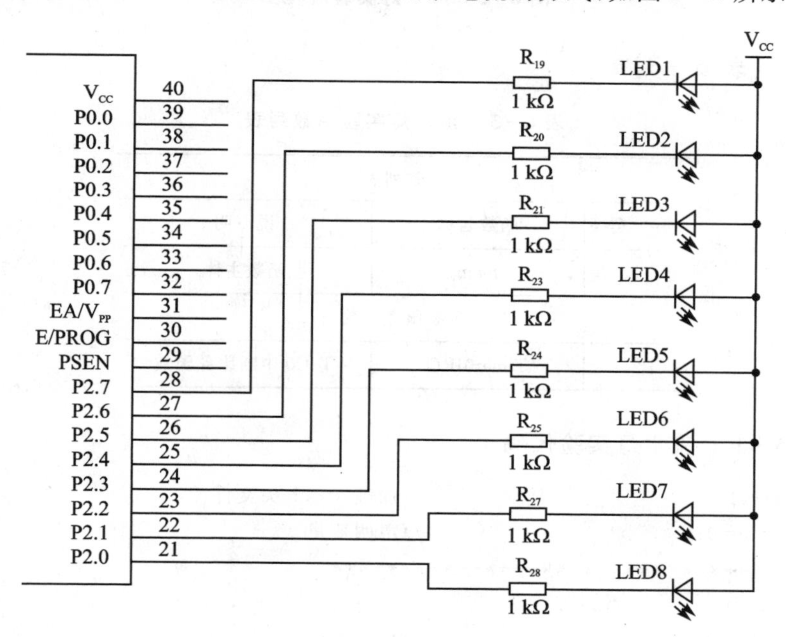

图 6-2　流水灯实验硬件设计图

2. 软件设计

流水灯实验过程中是只有一盏 LED 灯是灭的，即流水灯首先熄灭第一盏 LED 灯，其余是亮的；第二次熄灭第二盏 LED 灯，其余是亮的。总共有 8 盏 LED 灯，那么所有 LED 灯重复循环该过程。

灯闪烁的编程可以通过变量位移的方式来赋值,如 P2=1<<i,如 i=4,1<<i 的结果为 0001 0000b,可以知道第 5 盏 LED 灯是灭的,其余是亮的。

3. 流程图(图 6-3)

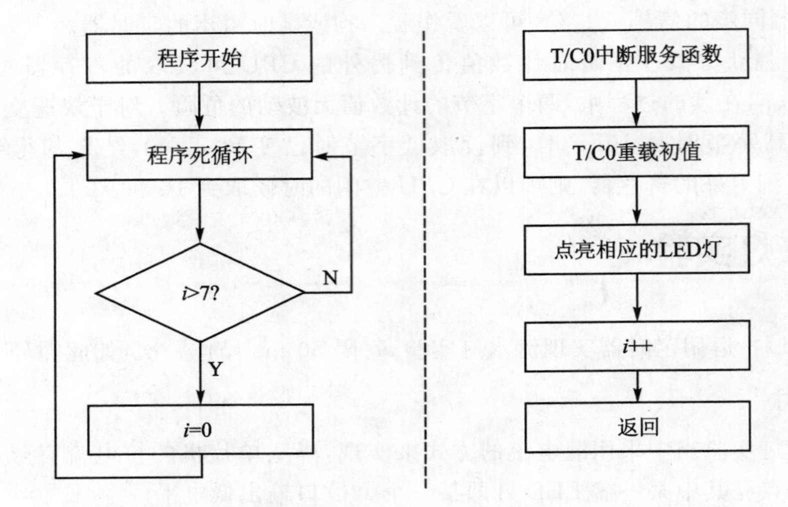

图 6-3 流水灯实验流程图

4. 实验代码(表 6-3)

表 6-3 流水灯实验函数列表

函数列表		
序 号	函数名称	说 明
1	main	函数主体
中断服务函数		
2	Timer0IRQ	T/C0 中断服务函数

程序清单 6-1 流水灯实验代码

```
#include "stc.h"                          //加载 stc.h 头文件
unsigned char i = 0;                      //声明变量 i
/****************************************
* 函数名称：main
* 输    入：无
* 输    出：无
* 功    能：函数主体
*****************************************/
void main(void)
{
    TH0 = (65536 - 50000)/256;            //计数寄存器高 8 位
    TL0 = (65536 - 50000) % 256;          //计数寄存器低 8 位
```

```
    TMOD = 0x01;                              //工作方式为 16 位定时器
    ET0 = 0x01;                               //允许 T/C0 中断
    EA = 1;                                   //开启全局中断
TR0 = 1;                                      //启动 T/C0 运行
    while(1)                                  //进入死循环
    {
        if(i>7)i = 0;                         //若 i>7,则 i = 0
    }
}
/*****************************************
* 函数名称：Timer0IRQ
* 输    入：无
* 输    出：无
* 功    能：T/C0 中断服务函数
*****************************************/
void Timer0IRQ(void) interrupt 1              //中断服务函数
{
    TH0 = (65536 - 50000)/256;                //计数寄存器高 8 位重新载入
    TL0 = (65536 - 50000) % 256;              //计数寄存器低 8 位重新载入
    P2 = 1<<i;                                //进入位移操作,熄灭相对应位的 LED 灯
     i + + ;                                  //i 自加 1
}
```

5. 代码分析

T/C0 的初始化在 main 函数中进行，在 while(1)死循环当中，只有对 i 变量检测，对 LED 灯进行的操作主要放置在 T/C0 的中断服务函数 Timer0IRQ，即 P2=1<<i 就是对 LED 灯进行操作。

很奇怪，main 函数里面基本对单片机的操作什么都没有，只有对变量 i 的检测操作，几乎是空载运作，但是为什么流水灯还是能够运行呢？那么答案只能有一个，Timer0IRQ 中断服务函数能够脱离主函数独立运行。

我们很自然地想到为什么 Timer0IRQ 函数独立于 main 函数还能够运行，联系到在 PC 机的 C 语言的编程是根本不可能的事，因为所有的运行都必选在 main 函数体中运行。

不同的平台自然有所不同，它们之间的不同必然会有各自的优点，还有如 AVR、ARM 单片机编程同样是"主程序+中断服务函数"组合的架构，更何况是 8051 系列单片机编程。当然我们学会了 8051 系列单片机的编程，自然而然在 AVR、ARM 或者更多单片机的编程中得心应手，感觉就是以不变应万变。

深入重点：

✓ 不要拘泥于 PC 机的 C 编程，要为自己灌输单片机编程思想，"主程序+中断服务函数"组合的架构或称为前后台系统。

✓ 主函数与中断服务函数不但是互相独立，而且是相互共享的。

回归主题，软件延时 VS T/C0 定时操作。

分析完 T/C0 的流水灯实验，现在再次给出软件延时的运作流程和 T/C0 定时操作的运作流程进行性能对比，如图 6-4 所示。

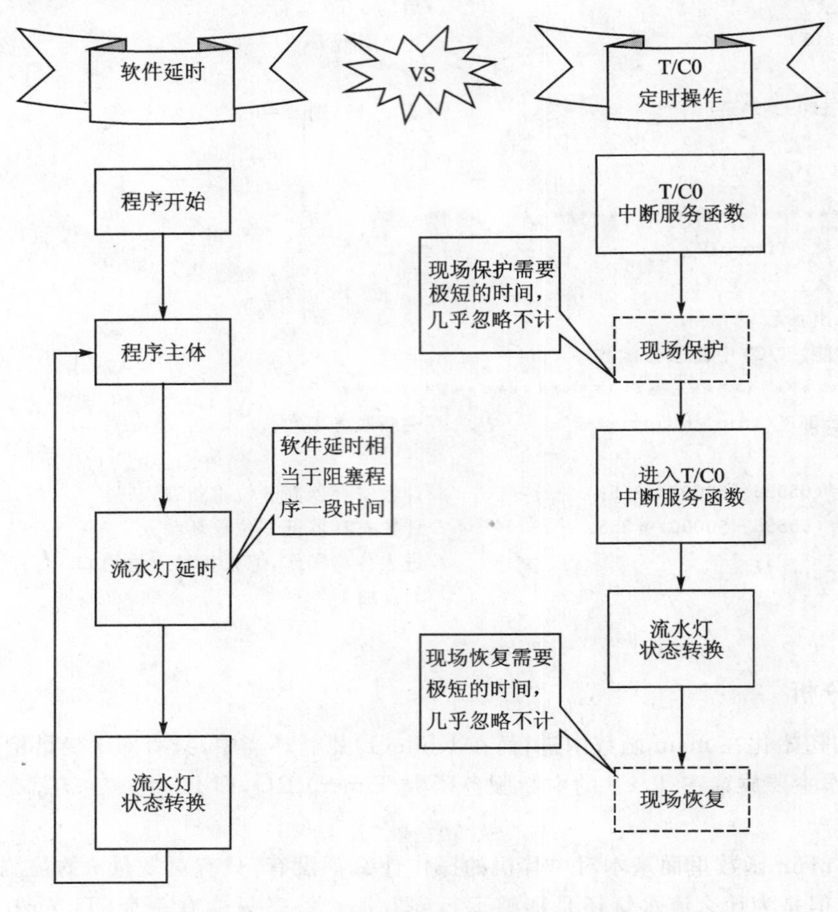

图 6-4　软件延时与 T/C0 定时操作运作流程对比图

从图 6-4 大概可以了解到，定时器中断服务函数根本上已脱离主函数，基本不对程序主体构成影响，还要强调的是，关于现场保护和现场恢复都是 Keil 编译后的代码默认做好的，在我们的“C 语言代码”中是不可见的，所以用虚线来表示，若使用汇编语言编写，必须要做好现场保护和现场恢复的操作，Keil 编译代码不对我们编写的代码作处理。

如果读者还不知道为什么定时器定时操作在系统性能方面具有优势，光是有理是说不清的，那么在此通过 Keil 调试仿真环境当中的性能分析器进行比较。

进入性能分析器流程：

(1) 单击【Start/Stop Start Session】，进入调试环境。

(2) 单击【Performance Analyzer Windows】，打开性能分析器窗口。

(3) 单击【Run】，启动调试程序运行。

进入性能分析器流程，如图 6-5 所示。

图 6－5　启动调试程序运行操作图

软件延时流水灯性能分析如图 6－6 所示。

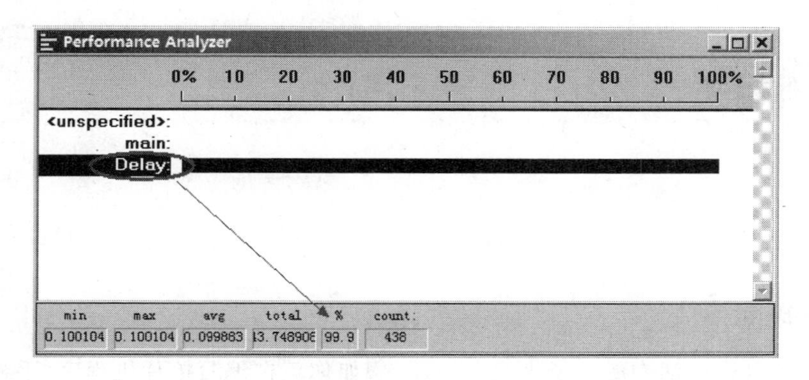

图 6－6　软件延时流水灯性能分析图

T/C0 定时操作流水灯性能分析图如图 6－7 所示。

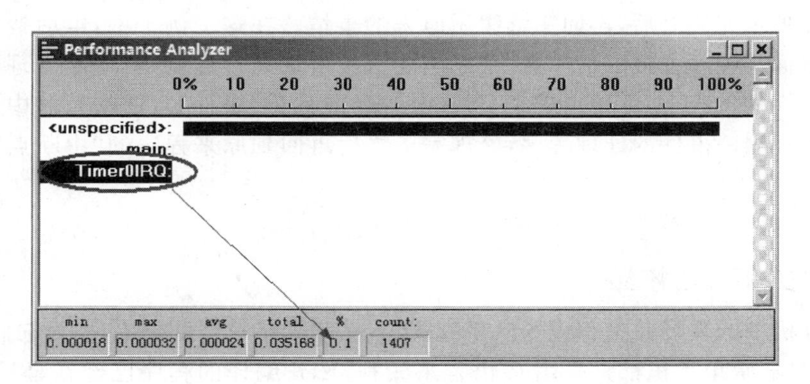

图 6－7　T/C0 定时操作流水灯性能分析图

以下就从精确度、CPU 占用率、硬件资源占用方面略作总结，打个分，如表 6－4 所列。

表 6－4　软件延时与定时操作性能对比

	软件延时	定时器定时操作
精确度	一般	精确
CPU 占用率	高(99.9%)	低(0.1%)
硬件资源	无	1 个定时器资源

深入重点：

✓ 软件延时过长严重影响程序的效率，而用定时器定时操作则不一样，在定时时间未到之前，单片机还在执行主函数的操作或其他操作，不是在空等待。

✓ 定时器定时操作占用硬件资源，同时在中断服务函数中不宜进行大量的操作，否则同样也对程序的效率造成影响，因为主程序要等待中断服务函数结束后才能进行下一步操作。

6.5 中断相关

6.5.1 中 断

1. 什么是中断

可以举一个日常生活中的例子来说明中断，假如你正在编写单片机程序，手机响了；这时，你放下手中的编序工作，去接电话；通话完毕，再继续编写程序。这个例子就表现了中断及其处理过程：电话铃声使你暂时中止当前的工作，而去处理更为急需处理的事情（接电话），把急需处理的事情处理完毕之后，再回头继续做原来的事情。在这个例子中，电话铃声称为“中断请求”，你暂停编写程序去接电话叫做“中断响应”，接电话的过程就是“中断处理”，相应地，在计算机执行程序的过程中，由于出现某个特殊情况（或称为“事件”），使得暂时中止现行程序，而转去执行处理这一事件的处理程序，处理完毕之后再回到原来程序的“中断点”继续向下执行，这个过程就是中断。

上述例子可以用如图 6－8 所示的方式来表达。

2. 现场保护和现场恢复

关于单片机中的现场保护和现场恢复的概念，在此简略地作以介绍，因为它们在汇编编程中要用到，而且通常单片机都是采用 C 语言来编程，Keil 编译的程序已经在幕后做好这些工作，所以，我们编写程序时只要专注实现的功能就够了。

现场保护：当出现中断时，把 CPU 现在的状态，也就是中断的入口地址保存在寄存器中，随后转去执行其他任务，当任务完成后，从寄存器中取出地址继续执行，保护现场其实就是保存中断前一时刻的状态以免被破坏。

现场恢复：当执行完中断时，要把保存中断前一时刻的状态恢复过来。

深入重点：

✓ 了解中断是什么、现场保护是什么、现场恢复是什么。

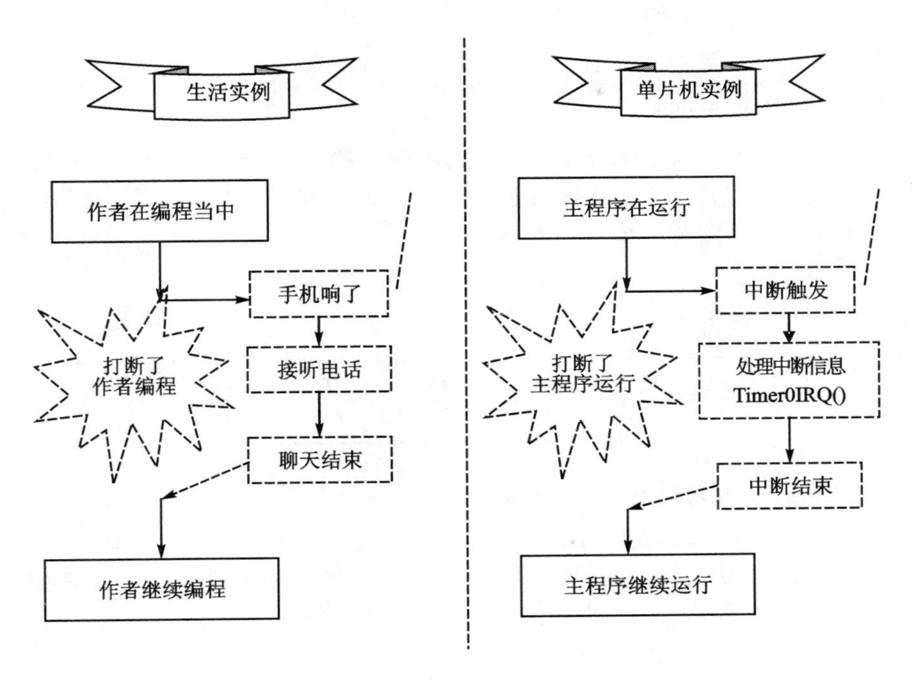

图 6-8　生活实例与单片机实例对比图

6.5.2　中断寄存器

中断系统是单片机的重要组成部分。实时控制、故障自动处理时往往都要用到中断系统，单片机与外围设备间传送数据及实现人机联系也常常采用中断方式，8051 的中断系统允许接收 5 个独立的中断源，即两个外部中断请求、两个 T/C 中断以及一个串行口中断；而 8052 的中断系统比 8051 多一个中断请求，那就是 T/C2 的中断。

1. 中断源

8051 系列单片机支持的 5 个中断源分别为外部中断 0、T/C0 中断、外部中断 1、T/C1 中断和串口中断，8052 单片机比 8051 系列单片机增加了 T/C2 中断，基于标准 Intel 8052 的 STC89C52RC 单片机同样支持 T/C2 中断，更增加了外部中断 2 和外部中断 3 的支持，如表 6-5 所列，虽然 STC89C52RC 单片机增加了 2 个外部中断源，但是对 PDIP-40 封装 STC89C52RC 单片机没有引出引脚，如果条件允许的话当然最好使用 PLCC-44、LQFP-44、PQFP-44 封装，因为其多出了 P4 口，其中两个引脚含有第二功能即提供外部中断 2、外部中断 3 的支持。

表 6-5　中断源与中断号

中断源	中断号
外部中断 0	0
T/C0 中断	1
外部中断 1	2
T/C1 中断	3
串口中断	4
T/C2 中断(仅 8052)	5
外部中断 2(STC89C52RC 单片机)	6
外部中断 3(STC89C52RC 单片机)	7

平时写中断服务函数的中断源与中断号一定要一一对应起来，否则不能正确地进入中断服务函数，例如

```
void Timer0IRQ(void) interrupt 1
```

在 8051 系列单片机的中断系统有多个中断请求触发器，并实现显示当前中断请求，显示的方式是用标志位来显示，并锁存在特殊功能寄存器 TCON 和 SCON。当某一个中断被触发时，同时为了了解哪一个中断源产生了中断请求，我们可以通过查询特殊功能寄存器 TCON 和 SCON 的相应位锁存。

1）定时器控制寄存器 TCON

D7	D6	D5	D4	D3	D2	D1	D0
TF1	TR1	TF0	TR0	IE1	IT1	IE0	IT0

由定时器控制寄存器可以知道，关于外部中断相关的内容也放到定时器控制寄存器当中，有点像“大杂烩”，不过从资源控制的角度来讲，这是没有办法的事情。TCON 的 D7～D4 位是与 T/C 相关联的，总共占用了 4b(位)，那么剩余 4b(位)不加以利用就会形成浪费，因此用来存放外部中断相关的内容也是合情合理的。

(1) TF0、TF1：T/C0、1 溢出中断标志位。

当 T/C0、1 计数溢出时，有硬件置位，即 TF0/TF1＝1；

当 CPU 响应中断时，由硬件清除，即 TF0/TF1＝0。

(2) IE0、IE1：外部中断 0、1 请求标志位。

当外部中断 0、1 依据触发方式满足条件产生中断请求时，由硬件置位，即 IE0/IE1＝1；

当 CPU 响应中断时，由硬件清除 IE0/IE1＝0。

(3) IT0/IT1：外部中断触发方式选择位，由软件设置。

IT0/IT1＝1：下降沿的触发方式；

IT0/IT1＝0：低电平的触发方式。

2）串行口控制寄存器 SCON

D7	D6	D5	D4	D3	D2	D1	D0
SM0	SM1	SM2	REN	TB8	RB8	TI	RI

(1) RI：串行口接收中断请求标志位。

当串行口接收完一个字节的数据后请求中断，由硬件置位，即 RI＝1。

注意：RI 必须软件清除，即 RI＝0。

程序清单 6－2　检测 RI 标志位示例

```
if(RI)
{
    RI = 0;//软件清零
    ……
}
```

(2) TI：串行口发送中断请求标志位。

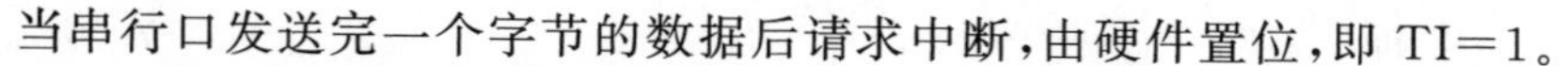

当串行口发送完一个字节的数据后请求中断，由硬件置位，即 TI=1。

注意：TI 必须软件清除，即 TI=0。

程序清单 6-3　检测 TI 标志位示例

```
if(TI)
{
    TI = 0; //软件清零
    ……
}
```

2. 中断的控制

中断的控制主要实现中断的开关管理和中断优先级的管理。这个管理主要通过对特殊功能寄存器 IE 和 IP 的编程来实现。

1）中断允许控制寄存器(IE)

D7	D6	D5	D4	D3	D2	D1	D0
EA	—	ET2	ES	ET1	EX1	ET0	EX0

从流水灯的实验代码可以发现，相关的中断控制开关在 IE 寄存器里设置。例如，流水灯中使用到的 EA=1 即允许全局中断，ET0=1 即允许 T/C0 的中断。

(1) EA：CPU 开/关全局中断控制位。

EA=1：CPU 开全局中断；

EA=0：CPU 关全局中断。

(2) ET0、ET1、ET2：T/C 中断允许位。

ET0/ET1/ET2=1：T/C0、1、2 中断允许；

ET0/ET1/ET2=0：T/C0、1、2 中断禁止。

(3) ES：串行口中断允许位。

ES=1：串行口中断允许；

ES=0：串行口中断禁止。

(4) EX0、EX1：外部中断 0、1 的中断允许位。

EX0、EX1=1：外部中断 0、1 中断允许；

EX0、EX1=0：外部中断 0、1 中断禁止。

2）扩展中断控制寄存器 XICON(STC89C52RC 单片机)

D7	D6	D5	D4	D3	D2	D1	D0
PX3	EX3	IE3	IT3	PX2	EX2	IE2	IT2

(1) PX3：外部中断 3 优先级控制位。

PX3=1：最终优先级由[PXH3,PX3]决定；

PX3=0：最终优先级由 PX3 来决定。

(2) EX3：外部中断 3 中断允许位。

EX3=1：允许外部中断 3 中断；

EX3＝0：禁止外部中断 3 中断。

(3) IE3：外部中断 3 中断请求标志。

IE3＝1：中断触发,可由硬件自动清零；

IE3＝0：中断未触发。

(4) IT3：外部中断 3 中断触发方式。

IT3＝1：下降沿触发中断；

IT3＝0：低电平中断。

(5) PX2：外部中断 2 优先级控制位。

PX2＝1：最终优先级由[PXH2,PX2]决定；

PX2＝0：最终优先级由 PX2 来决定。

(6) EX2：外部中断 2 中断允许位。

EX2＝1：允许外部中断 2 中断；

EX2＝0：禁止外部中断 2 中断。

(7) IE2：外部中断 2 中断请求标志。

IE2＝1：中断触发,可由硬件自动清零；

IE2＝0：中断未触发。

(8) IT2：外部中断 2 中断触发方式。

IT2＝1：下降沿触发中断；

IT2＝0：低电平中断。

3) 中断优先级

8051 系列单片机的中断还有优先级之分,即有 2 个中断优先级,每一个中断源的优先级可以编程控制。中断允许受到 CPU 开中断和中断源开中断的二级控制。

关于中断嵌套要遵守以下原则：一个正在执行的中断服务函数可以被较高级的中断请求中断,而不能被同级或者较低级的中断请求中断。两级中断可以通过使用中断优先级寄存器 IP 来编程设置。

D7	D6	D5	D4	D3	D2	D1	D0
—	—	PT2	PS	PT1	PX1	PT0	PX0

(1) PS：串行口优先级控制位。

PS＝1：高优先级；

PS＝0：低优先级。

(2) PT0、PT1：T/C0、1 中断优先级控制位。

PT0、PT1＝1：高优先级；

PT0、PT1＝0：低优先级。

(3) PX0、PX1：外部中断 0、1 中断优先级控制位。

PX0、PX1＝1：高优先级；

PX0、PX1＝0：低优先级。

(4) PT2：T/C2 中断优先级控制位(仅 8052)。

PT2＝1：高优先级；

PT2＝0：低优先级。

STC89C52RC 单片机完全兼容 8051 的中断优先级机制，在二级中断的基础上通过 IPH 寄存器(传统的 8051 系列单片机没有 IPH 寄存器)实现支持 4 个中断优先级，每一个中断源的优先级可以编程控制。

D7	D6	D5	D4	D3	D2	D1	D0
PX3H	PX2H	PT2H	PSH	PT1H	PX1H	PT0H	PX0H

最后，STC89C52RC 单片机通过 IP 寄存器和 IPH 寄存器进行组合得到 4 个中断优先级，如表 6－6 所列。

表 6－6　各中断源的优先级

中断源	中断优先级	中断优先级设置	优先级 0	优先级 1	优先级 2	优先级 3
外部中断 0 中断	0(最优先)	PX0H,PX0	0,0	0,1	1,0	1,1
T/C0 中断	1	PT0H,PT0	0,0	0,1	1,0	1,1
外部中断 1 中断	2	PX1H,PX1	0,0	0,1	1,0	1,1
T/C1 中断	3	PT1H,PT1	0,0	0,1	1,0	1,1
串口中断	4	PSH,PS	0,0	0,1	1,0	1,1
T/C2 中断(仅 8052)	5	PT2H,PT2	0,0	0,1	1,0	1,1
外部中断 2 中断(STC89C52RC 单片机)	6	PX2H,PX2	0,0	0,1	1,0	1,1
外部中断 3 中断(STC89C52RC 单片机)	7(最低)	PX3H,PX3	0,0	0,1	1,0	1,1

深入重点：

✓ 8051 系列单片机有 5 大中断源：外部中断 0 中断、T/C0 中断、外部中断 1 中断、T/C1 中断和串口中断。8052 单片机比 8051 系列单片机增加了 T/C2 中断，基于标准 Intel 8052 的 STC89C52RC 单片机同样支持 T/C2 中断，更增加了外部中断 2 和外部中断 3 的支持，并且通过扩展中断控制寄存器 XICON 来控制。

✓ 中断寄存器有 TCON、SCON、IE、IP，IPH(仅 STC 增强型 8051 系列单片机)，熟悉这 4 种寄存器的配置与运作。

✓ 关于中断标志位的硬件清除和软件清除。

谨记只有 RI、TI 置位后要软件清除，其他标志位都是硬件清除。

6.5.3　中断服务函数

中断服务函数：当有中断请求时，程序运行转移到标记有“interrupt”关键字的函数内进行相关中断的处理。

Keil 开发环境中，中断请求的处理过程是以函数的方式来实现的，即中断服务函数，它的格式如下。

程序清单 6-4　中断服务函数格式

```
void 函数名(void)  interrupt 中断号 using 工作组
{
    中断服务函数内容;
}
```

例如

```
void Timer0IRQ(void) interrupt 1 using 0        //中断服务函数
{
    TH0 = (65536 - 50000)/256;                  //计数寄存器高 8 位重新载入
    TL0 = (65536 - 50000) % 256;                //计数寄存器低 8 位重新载入
    P2 = 1<<i;                                  //进入位移操作,熄灭相对应位的 LED 灯
    i++;                                        //i 自加 1
}
```

注意：using 工作组可以忽略不写，而寄存器工作组有 4 组(0～3)。

默认情况下使用工作寄存器组 0。

即

```
void Timer0IRQ(void) interrupt 1
{
}
```

深入重点：

✓ 中断服务函数是什么，工作寄存器组、默认使用工作寄存器组又是什么。

✓ 中断服务函数格式

void 函数名(void) interrupt 中断号 using 工作组

{

}

using 工作组 可以不用添加。

即 void 函数名(void) interrupt 中断号。

✓ 8051 系列单片机的中断源与中断号的对应关系。

6.5.4　中断优先级与中断嵌套研究

1. 中断优先级与中断嵌套

中断是从系统中得到更好响应的一个重要手段，系统对每个中断的响应速度取决于以下 4 个因素：

(1) 中断被禁止的最长时间。

(2) 任一个优先级更高的中断的中断程序的执行时间。

(3) CPU 停止当前任务、保存必要的信息以及执行中断程序中的指令,这一过程所花费的时间。

(4) 从中断程序保存上下文(现场保护)到完成一次响应所需要的时间。

中断延迟就是系统响应一个中断所需要的时间。在某些系统中如果对中断进行处理不及时,系统可能会显得非常迟钝甚至出现崩溃的现象。

中断延迟时间=识别中断时间+现场保护时间+中断响应执行时间+现场恢复时间

通过软件处理程序来缩短中断延迟的方法有 2 种,它们分别是中断嵌套和优先级。

中断嵌套允许正在进行一个中断服务的同时,再次响应一个新的中断,而不是等待中断处理程序全部完成之后才允许新的中断产生,一旦嵌套的中断服务完成之后,则又回到前一个中断服务函数。高优先级就是利用中断优先级打断正在执行的低优先级的中断,如图 6-9 所示。

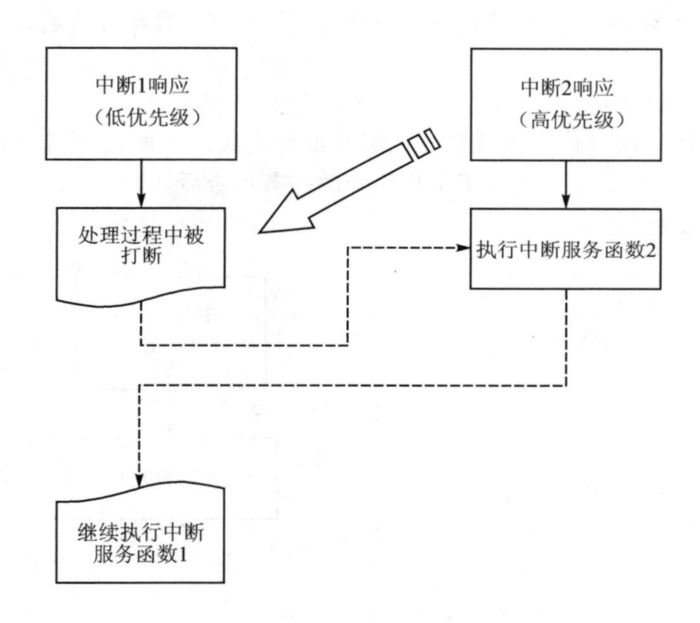

图 6-9 高优先级打断低优先级运行图

8051 系列单片机只能够允许发生 2 级嵌套,最主要的原因就是由中断优先级寄存器 IP 来控制。中断优先级寄存器 IP 中的每一位可以由软件置 1 或清零,置 1 表示高优先级,清零表示低优先级。

从中断优先级寄存器 IP 值为 0x00/0xFF 可以知道,同一优先级中的中断源优先级排队由中断源系统的硬件确定,用户无法自行安排,优先级排队顺序如表 6-7 所列。

在这里有必要强调中断优先级,中断的优先级大致分为两种:查询优先级和执行优先级。

那么什么是查询优先级呢？只要IP寄存器不被设置即保持0值，优先级将会如表6-7进行排队。当多个中断源同时产生中断请求时，单片机内部的中断仲裁器会根据当前中断源的查询优先级依次处理，并不代表高查询优先级能够打断正在执行的低查询优先级的中断服务。例如，当外部中断0中断和外部中断1中断同时被触发时，由于外部中断0的查询优先级高于外部中断1的查询优先级，所以CPU会优先处理外部中断0的中断请求，然后再执行外部中断1的中断请求。当外部中断1的中断请求正在被处理的过程当中，这时任何中断都不能将其打断，包括查询优先级比它高的外部中断0中断和T/C0中断。

表6-7　优先级排队顺序表

中断源	同级内优先级排列
外部中断0中断	最高
T/C0中断	↓
外部中断1中断	↓
T/C1中断	↓
串行口中断	最低
T/C2中断(8052)	

查询优先级不需要对IP寄存器进行任何设置，当IP寄存器被设置后，这样中断优先级成为执行优先级。

8051系列单片机的中断优先级有3条原则：

(1) 正在进行的中断过程不能被新的同级或低优先级的中断请求后中断，一直到该中断服务函数结束，返回了主程序且执行了主程序中的一条指令后，CPU才响应新的中断请求，如图6-10～图6-12所示。

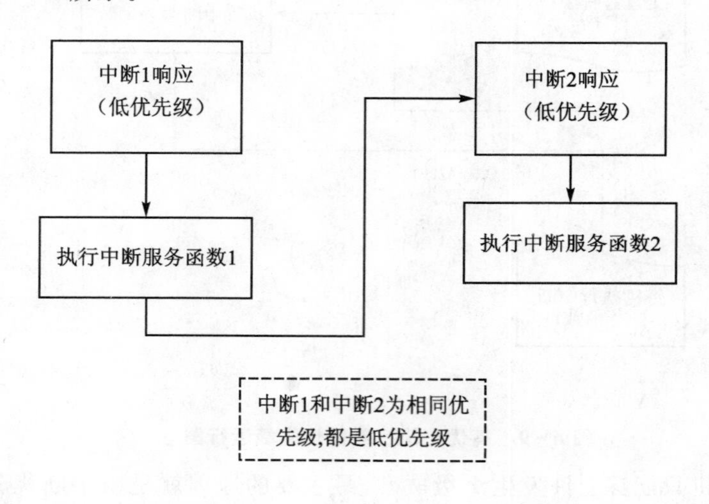

图6-10　低优先级不能被同级打断

(2) 正进行的低优先级中断服务函数能够被高优先级的中断请求所中断，实现二级中断嵌套，如图6-8所示。

为了实现上述两条规则，中断系统中有两个用户不能使用的优先级状态触发器。其中一个置“1”表示正在执行高优先级的中断服务函数，它将屏蔽后来的所有中断请求；另一个置“1”表示正在执行低优先级的中断服务函数，它将屏蔽同一优先级的后来的中断请求。

(3) CPU同时接收到几个中断请求时，首先响应优先权最高的中断请求。

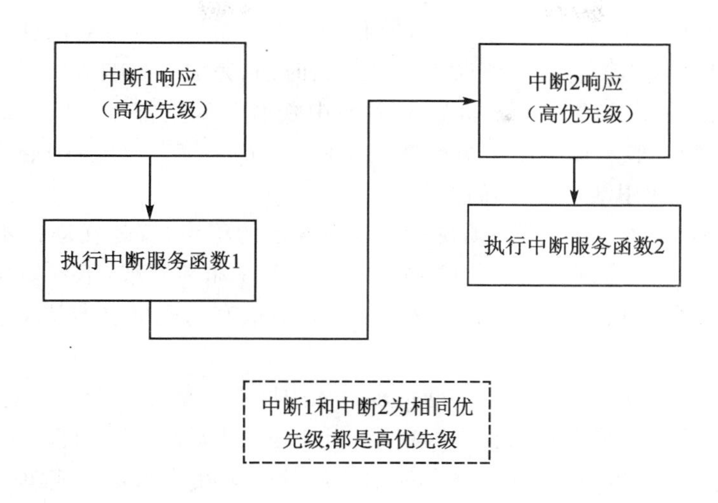

图 6-11　高优先级不能被同级打断

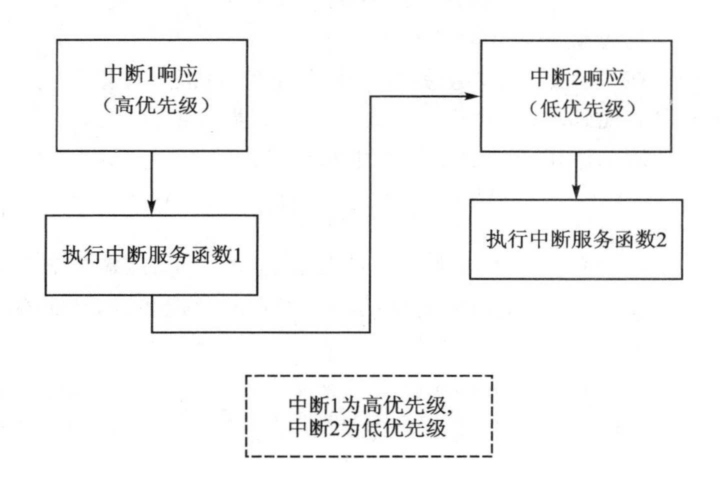

图 6-12　高优先级不能被低优先级打断

传统的 8051 系列单片机只能够实现二级中断服务嵌套，这个由中断优先级寄存器 IP 决定，现在很多拓展的 51 单片机已经有 4 个优先级和更多的中断源了。例如，宏晶科技公司开发的 STC89C52RC 增强型 51 单片机有 4 个中断优先级，通过 IP、IPH 进行组合，就可以形成 4 个中断优先级；更多的中断源表现为外部中断 2 和外部中断 3。

2. 中断嵌套的优点与缺点

当单片机正在执行一个中断服务时，有另一个优先级更高的中断提出中断请求时，这时就会暂停正在执行的级别较低的中断源的服务程序，去处理级别更高的中断源，待处理完毕后，再返回到被中断了的中断服务函数继续执行，这个过程就是中断嵌套。

中断过程中要占用堆栈空间来存放断点地址和现场信息。堆栈还用来存放子程序的返回地址。只要堆栈空间足够，中断嵌套的层数一般没有限制。

中断嵌套唯一的优点就是高优先级的中断能够得到及时响应，但是低优先级的中断的响应处理却延迟了。如果中断嵌套的层数越多,最低优先级中断请求处理时间就越长,那些时间浪费在每个高优先级中断打断低优先级时保存现场的时间、完成一次响应所需要的时间、恢复现场的时间。在使用 Keil 用 C 语言编写代码,并且中断服务函数都用了"using"关键字时就要注意了,"using"关键字表示该中断服务函数使用的是哪组寄存器组,两个不同执行优先级的中断服务函数不能够使用同一组寄存器组。

当程序允许中断嵌套时,程序员必须要精心设计自己的程序,倘若在堆栈不充裕的时候,中断嵌套层数过多,会导致堆栈溢出,而且这个出现的 BUG 非常隐蔽,不容易找到,因为单片机实际工作时不能够观察堆栈的变化,而且多个中断同时嵌套的概率也不是非常高,所以中断嵌套也不是我们所推崇的。

很多类型的单片机默认情况下处理中断请求进入中断服务函数时会自动地将全局中断关闭,即既不能中断嵌套,又不能允许其他中断打断,当处理该中断请求时,自动地将全局中断开启,允许其他中断请求。一般来说,这样不允许中断嵌套的单片机都是高速单片机,如 AVR、ARM 等单片机,由于它们都是高速类型的单片机,若要求这些高速单片机进行中断嵌套,必须在进入中断服务函数时开启全局中断,甚至还要通过汇编编写一些更高级的现场保护、现场恢复的程序进行高优先级与低优先级中断之间的切换。

为了将中断嵌套的影响降到最低,甚至不发生中断嵌套,可以遵守以下两条规则:

(1) 中断服务函数内的代码尽量简短,更不要存在延时操作的代码。

(2) 通过提高单片机的工作频率来尽快处理中断请求。

深入重点:

✓ 中断的优先级大致分为两种:查询优先级和执行优先级。当 IP 寄存器没有被设置即保持 0 值时,中断优先级这时为查询优先级;当 IP 寄存器被设置后,中断优先级为执行优先级。

✓ 正在进行的中断过程不能被新的同级或低优先级的中断请求后中断,一直到该中断服务函数结束,返回了主程序且执行了主程序中的一条指令后,CPU 才响应新的中断请求。

✓ 正在进行的低优先级中断服务函数能够被高优先级的中断请求所中断,实现二级中断嵌套。

✓ CPU 同时接收到几个中断请求时,首先响应优先权最高的中断请求。

✓ 中断嵌套的优点就是高优先级的中断请求能够得到最快的处理,缺点就是最低优先级的中断请求的处理时间却大大地延长了,倘若在堆栈不充裕的时候,中断嵌套层数过多,有可能导致堆栈溢出,而且这个出现的 BUG 非常隐蔽,不容易找到。

✓ 第一,中断服务函数内的代码尽量简短,更不要存在延时操作的代码;第二,通过提高单片机的工作频率来尽快处理中断请求。通过这两点来尽量减少中断延迟和中断嵌套的影响。

✓ 在使用 Keil 用 C 语言编写代码,并且中断服务函数都用了"using"关键字时就要注意了,"using"关键字表示该中断服务函数使用的是哪组寄存器组,两个不同执行优先级的中断服务函数不能够"using"同一组寄存器组。

第7章 串口

7.1 串口简介

7.1.1 串口基本概念

RS232 是目前最常用的一种串行通信接口。它是在 1970 年由美国电子工业协会(EIA)联合贝尔系统、调制解调器厂家及计算机终端生产厂家共同制定的用于串行通信的标准。它的全名是“数据终端设备(DTE)”和“数据通信设备(DCE)之间串行二进制数据交换接口技术标准”。传统的 RS-232 接口标准有 22 根线,采用标准 25 芯 D 型插座。后来的 PC 上使用简化了的 9 芯 D 型插座,25 芯插座已很少采用。现在的台式计算机一般有一个串行口——COM1,从设备管理器的端口列表中就可以看到。硬件表现为计算机后面的 9 针 D 型接口,由于其形状和针脚数量的原因,其接头又被称为 DB9 接头。现在有很多手机数据线或者物流接收器都采用 COM 口与计算机相连,很多投影机、液晶电视等设备都具有了此接口,厂家也常常会提供控制协议,便于在控制方面实现编程受控,现在越来越多的智能会议室和家居建设都采用了中央控制设备对多种受控设备的串口控制方式。图 7-1 和图 7-2 为串口实物图和原理图。

图 7-1　串口实物图

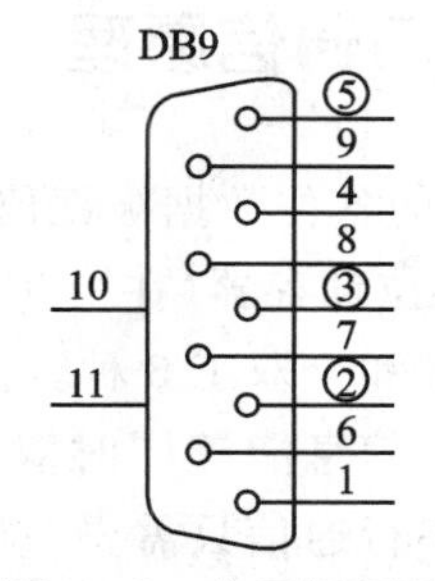

图 7-2　串口原理图

目前较为常用的串口有9针串口(DB9)和25针串口(DB25),通信距离较近时(<12 m),可以用电缆线直接连接标准RS-232端口(RS-422、RS-485较远),若距离较远,需附加调制解调器(MODEM)。最为简单且常用的是三线制接法,即地、接收数据和发送数据(2、3、5)脚相连,如图7-2所示。

1. 常用信号引脚说明(表7-1)

表7-1 RS-232 9针串口(DB9)常用信号引脚

针　口	功能性说明	缩　写
1	数据载波检测	DCD
2	接收数据	RXD
3	发送数据	TXD
4	数据终端准备	DTR
5	信号地	GND
6	数据设备准备好	DSR
7	请求发送	RTS
8	清除发送	CTS
9	振铃指示	DELL

2. 串口调试要点

- 线路焊接要牢固,不然程序没问题,却因为接线问题误事,特别是串口线有交叉串口线、直连串口线这两种类型。
- 串口调试时,准备一个好用的调试工具,如串口调试助手,有事半功倍的效果。
- 强烈建议不要带电插拔串口,插拔时至少有一端是断电的,否则串口易损坏。

深入重点:

✓ 单片机平时使用DB9(9针串口),实际用到的针口只有3个,分别是:2(接收数据)、3(发送数据)、5(信号地)。

✓ 谨记串口调试要点。

7.1.2 串口通信原理

一条信息的各位数据被逐位顺序传送的通信方式称为串行通信。串行通信可以通过串口或74LS164移位锁存器(在第9章中介绍)。根据信息的传送方向,串行通信可以进一步划分为单工、半双工和全双工3种。信息只能单方向传送为单工,信息能双向传送但不能同时双向传送为半双工,信息能够同时双向传送则称为全双工。8051系列单片机有一个全双工串行口,全双工的串行通信只需要一根输出线和输入线,如图7-3所示。

串行通信又有异步通信和同步通信这两种方式。

异步通信用起始位“0”表示字符的开始,然后从低位到高位逐位传送数据,最后用停止位

"1"表示字符结束。一个字符又称作一帧信息，一帧信息包括1位起始位、8位数据位、1位停止位，如图7-4所示。若数据位增加到第9位，在8051系列单片机中，第9位数据可以用作奇偶校验位，也可以用作地址/数据帧标志，如图7-5所示。

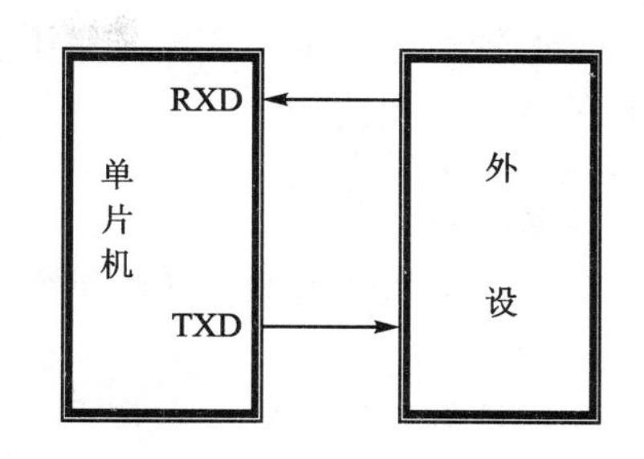

图7-3 单片机与外设串口通信原理图

在同步通信中，每一数据块开头时发送一个或两个同步字符，使发送与接收双方取得同步。数据块的各个字符间取消了起始位和停止位，所以通信速度得以提高，如图7-6所示。同步通信时，如果发送的数据块之间有间隔时间，则发送同步字符填充。

起始位（0）	D0	D1	D2	D3	D4	D5	D6	D7	停止位（1）

图7-4 帧信息（无奇偶校验位）

起始位（0）	D0	D1	D2	D3	D4	D5	D6	D7	D8	停止位（1）

图7-5 帧信息（含奇偶校验位）

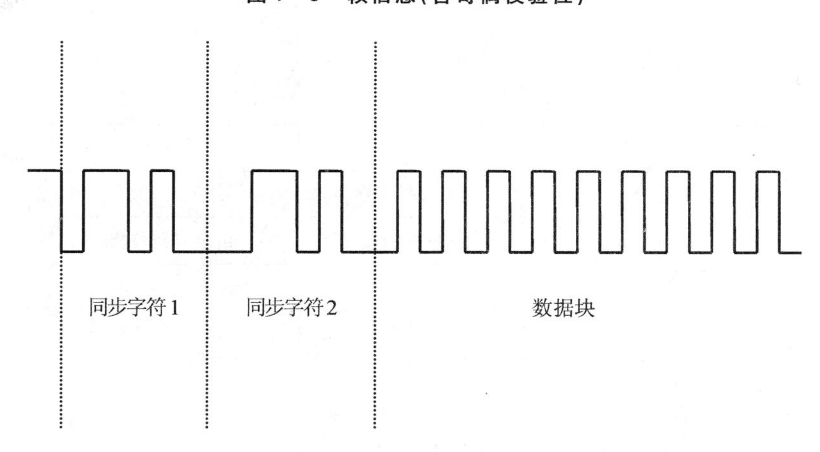

图7-6 同步通信中同步字符填充

8051系列单片机串行I/O接口的工作原理就是：当要发送数据时，单片机自动将SBUF内的8位并行数据转换为一定格式的串行数据，从TXD引脚按规定的波特率来输出；当要接收数据时，要监视RXD引脚，一旦出现起始位"0"，按规定的波特率将外围设备送来的一定格式的串行数据转换成8位并行数据，等待用户读取SBUF寄存器，若不及时读取，SBUF中的数据有可能被刷新。

8051系列单片机上有通用异步接收/发送器（universal asynchronous receiver/transimitter，UART）用于串行通信，发送时数据由TXD引脚输出，接收时数据从RXD引脚输入。有两个缓冲器（serial buffer），一个作为发送缓冲器，另外一个作为接收缓冲器。UART是可编程的全双工（full duplex）的串行口。短距离的机间通信可以使用UART的TTL电平，使用驱动芯片（MAX232或1488/1489）可与通用微机进行通信。波特率时钟必须从内部定时器1

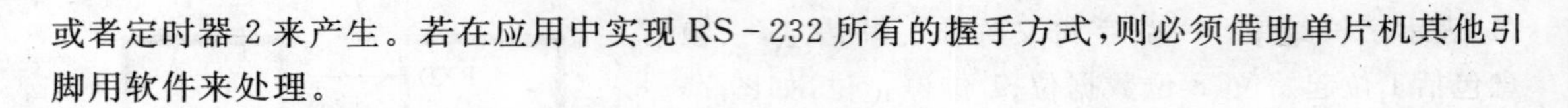

或者定时器 2 来产生。若在应用中实现 RS－232 所有的握手方式，则必须借助单片机其他引脚用软件来处理。

深入重点：

✓ 串行通信按传送方向可以划分为：单工、半双工、全双工。8051 系列单片机的串口是全双工的。

✓ 串行通信又可以划分为异步通信和同步通信方式。8051 系列单片机的串口是异步通信方式的。

7.2 串口相关寄存器

在串口初始化中涉及串口控制寄存器 SCON 和电源控制寄存器 PCON。

1. 串口控制寄存器 SCON

D7	D6	D5	D4	D3	D2	D1	D0
SM0	SM1	SM2	REN	TB8	RB8	TI	RI

SM0、SM1：串口工作方式控制位(表 7－2)。

表 7－2　串口工作方式

SM0	SM1	工作方式	说　明	波特率
0	0	0	同步移位寄存器	$F_{osc}/12$
0	1	1	10 位异步收发	由定时器控制
1	0	2	11 位异步收发	$F_{osc}/32$ 或 $F_{osc}/64$
1	1	3	11 位异步收发	由定时器控制

- SM2：多机通信控制位(方式 2、3)。

SM2＝1：只有接收到第 9 位(RB8)为 1，RI 才置位；

SM2＝0：接收到单个字节，RI 就置位。

- REN：串口接收允许位。

  REN＝1：允许串口接收；

  REN＝0：禁止串口接收。

- TB8：方式 2 和方式 3 时，为发送的第 9 位数据，也可以做奇偶校验位。
- RB8：方式 2 和方式 3 时，为接收到的第 9 位数据；方式 1 时，为接收到的停止位。
- TI：发送中断标志位，必须由软件清零。
- RI：接收中断标志位，必须由软件清零。

2. 电源控制寄存器 PCON

D7	D6	D5	D4	D3	D2	D1	D0
SMOD	—	—	—	GF1	GF0	PD	IDL

SMOD：串口波特率加倍位。

SMOD=1：方式 1 和方式 3 时，波特率=定时器 1 溢出率/16。

方式 2 波特率=$F_{osc}/32$

SMOD=0：方式 1 和方式 3 时，波特率=定时器 1 溢出率/32。

方式 2 波特率=$F_{osc}/64$

7.3 串口工作方式

通过编程串口控制寄存器 SCON，串口的工作方式可以有 4 种，分别是方式 0（同步移位寄存器）、方式 1（10 位异步收发）、方式 2（11 位异步收发）、方式 3（11 位异步收发）。

1. 方式 0

方式 0 为移位寄存器输入/输出方式。串行数据通过 RXD 输入，TXD 则用于输出移位时钟脉冲。方式 0 时，收发的数据为 8 位，低位在前（LSB），高位在后（MSB）。波特率固定为当前单片机工作频率/12。

发送是以写 SBUF 缓冲器的指令开始的，8 位输出完毕后 TI 被置位（TI=1）。

方式 0 接收是在 REN 被编程为 1 且 RI 接收完成标志位为 0 满足时开始的。当接收的数据装载到 SBUF 缓冲器时，RI 会被置位（RI=1）。

方式 0 为移位寄存器输入/输出方式，如果接上移位寄存器 74LS164 可以构成 8 位输出电路，不过这样做会浪费串口真正的实质作用，因为移位方式同样可以用 I/O 来模拟实现。

2. 方式 1

方式 1 是 10 位异步通信方式，有 1 位起始位（0）、8 位数据位和 1 位停止位（1）。其中的起始位和停止位是自动插入的。

任何一条以 SBUF 为目的的寄存器的指令都启动一次发送，发送的条件是 TI 要为 0，发送数据完毕后 TI 会被置位（TI=1）。

方式 1 接收的前提条件是 SCON 的 REN 被编程为 1，同时以下两个条件都必须被满足，即本次接收有效，将其装入 SBUF 和 RB8 位，否则放弃当前接收的数据。

3. 方式 2、3

方式 2 和方式 3 这两种方式都是 11 位异步接收/发送方式。它们的操作过程都是完全一样的，所不同的是波特率而已。

方式 3 波特率同方式 1（定时器 1 作为波特率时钟发生器）。

方式2和方式3的发送起始于任何一条SBUF数据装载指令。当第9位数据(TB8)输出之后,TI将被置位(TI=1)。

方式2和方式3的接收数据前提条件也是REN被编程为1。在第9位数据接收到后,如果下列条件同时满足,即RI=0且SM2=0或者接收到的第9位为1,则将已接收的数据装入SBUF缓冲器和RB8,并将RI置位(RI=1),否则接收数据无效。

8051串口的不同寻常的特征是包括第9位方式。它允许把在串口通信增加的第9位用于标志特殊字节的接收。用这种方式,一个单片机可以和大量的其他单片机对话而不打扰不寻址的单片机,这种多机通信方式必须工作在严格的主从方式,由软件进行分析。

7.4 串口实验

在介绍串口实验中,将会从串口应用的两大方面着手,即数据发送和数据接收。其前提是,要准备好串口调试助手工具,读者可以使用单片机全能助手的COM调试功能。

7.4.1 串口发送数据实验

【实验7-1】 单片机通过串口发送数据,每隔500 ms发送1字节,并要求循环发送0x00~0xFF范围的数值,如图7-7所示。

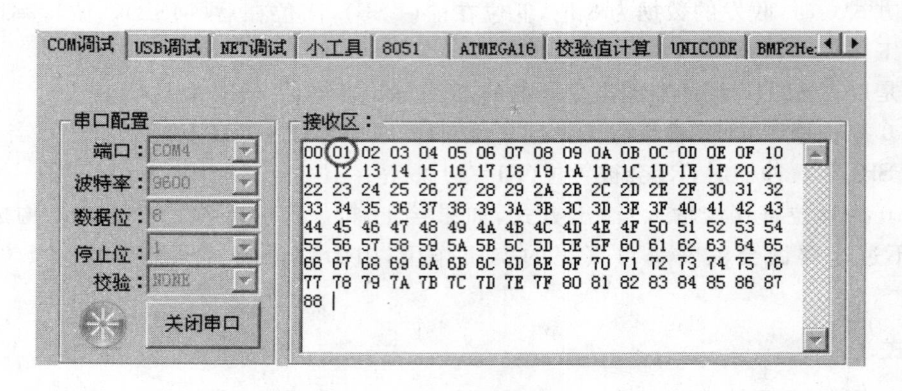

图7-7 串口调试助手显示接收到的数据

实验示意图如图7-8所示。

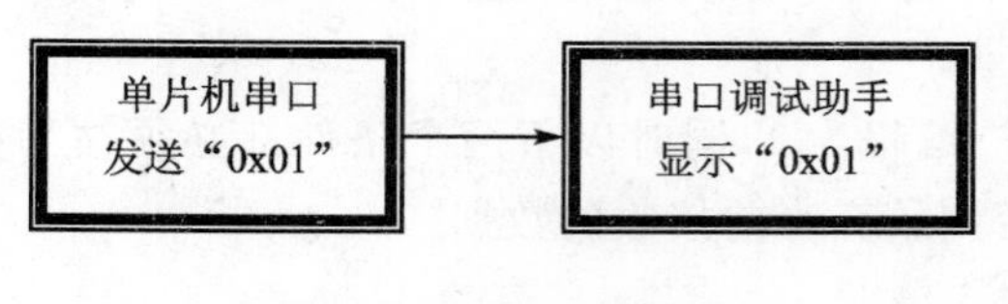

图7-8 实验示意图

1. 硬件设计

一般单片机的串口通信都需要通过MAX232进行电平转换然后进行数据通信,当然STC89C52RC单片机也不例外。图7-9中的连接方式是常用的一种零Modem方式的最简单连接即3线连接方式:只使用RXD、TXD和GND这3根连线,如图7-9所示。

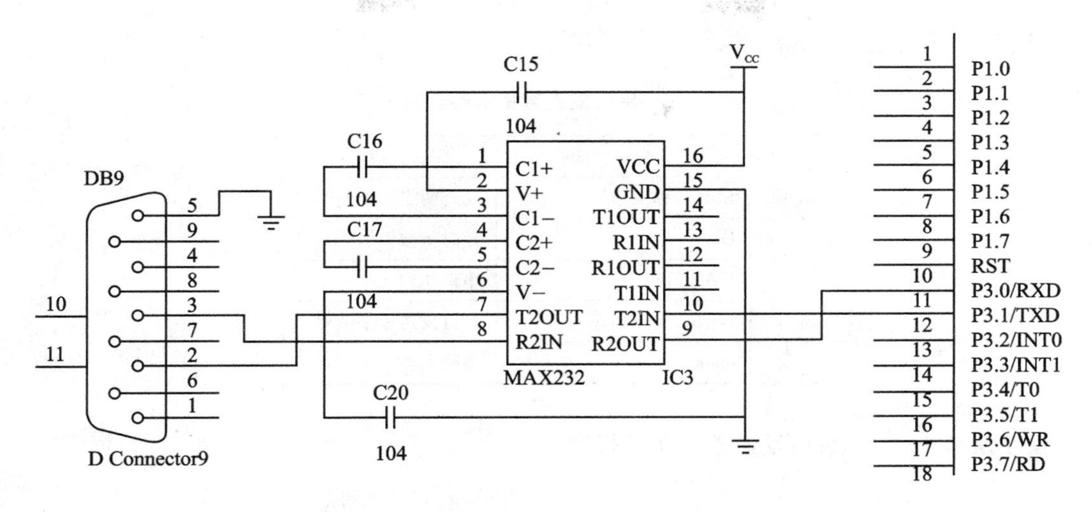

图 7-9 串口发送数据实验硬件设计图

由于 RS-232 的逻辑"0"电平规定为+5～+15 V,逻辑"1"电平规定为－15～－5 V,因此不能直接与 TTL/CMOS 电路连接,必须进行电平转换。

电平转换可以使用三极管等分离器件实现,也可以采用专用的电平转换芯片,MAX232 就是其中典型的一种。MAX232 不仅能够实现电平的转换,同时也实现了逻辑的相互转换即正逻辑转为负逻辑。

2. 软件设计

该实验实现过程比较简单,只要初始化好串口相关寄存器,就可以向串口发送数据了,如 SCON、PCON、T2CON 寄存器。

发送数据"0x00～0xFF",我们只需要使用 for 循环+串口发送数据函数组合就可以了。

3. 流程图(图 7-10)

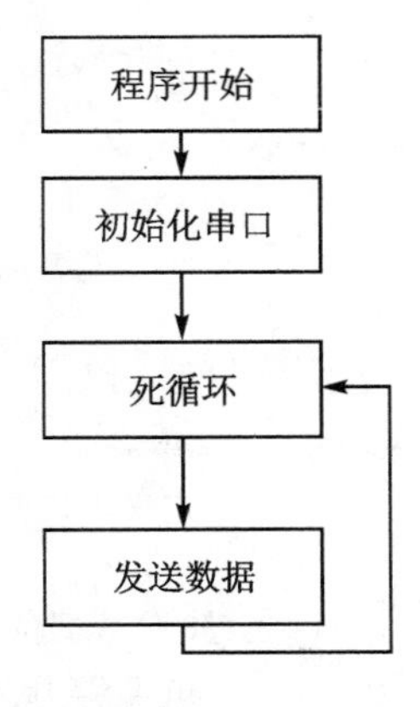

图 7-10 串口发送数据实验流程图

4. 实验代码(表 7-3)

表 7-3　串口发送数据实验函数列表

函数列表		
序　号	函数名称	说　明
1	Delay	延时函数
2	UARTInit	串口初始化
3	UARTSendByte	串口发送单字节
4	main	函数主体

程序清单 7-1　串口发送数据实验代码

```
#include "stc.h"                              //加载"stc.h"头文件
/****************************************
* 函数名称：Delay
* 输    入：无
* 输    出：无
* 功    能：延时一小段时间
****************************************/
void Delay(void)                              //定义 Delay 函数，延时 500 ms
{
    unsigned char i,j;                        //声明变量 i、j
    for(i = 0;i<255;i + +)                    //进行循环操作，以达到延时的效果
        for(j = 0;j<255;j + +);
    for(i = 0;i<255;i + +)                    //进行循环操作，以达到延时的效果
        for(j = 0;j<255;j + +);
    for(i = 0;i<255;i + +)                    //进行循环操作，以达到延时的效果
        for(j = 0;j<140;j + +);
}
/****************************************
* 函数名称：UARTInit
* 输    入：无
* 输    出：无
* 功    能：串口初始化
****************************************/
void UARTInit(void)                           //定义串口初始化函数
{
    SCON = 0x40;                              //8 位数据位
    T2CON = 0x34;                             //由 T/C2 作为波特率发生器
    RCAP2L = 0xD9;                            //波特率为 9 600 的低 8 位
    RCAP2H = 0xFF;                            //波特率为 9 600 的高 8 位
}
/****************************************
* 函数名称：UARTSendByte
```

```
* 输    入：byte 要发送的字节
* 输    出：无
* 功    能：串口发送单个字节
*******************************************/
void UARTSendByte(unsigned char byte)
{
    SBUF = byte;                        //缓冲区装载要发送的字节
    while(TI = = 0);                    //等待发送完毕,TI 标志位会置 1
    TI = 0;                             //清零发送中断标志位
}
/*******************************************
* 函数名称：main
* 输    入：无
* 输    出：无
* 功    能：函数主体
*******************************************/
void main(void)
{
    unsigned char i = 0;                //声明变量 i
    UARTInit();                         //串口初始化
    while(1)                            //进入死循环
    {
        UARTSendByte(i);                //串口发送单字节数据
        Delay();                        //延时 500 ms
        i + + ;                         //i 自加 1
        if(i>255)i = 0;                 //若 i>255,i = 0
    }
}
```

5. 代码分析

UARTInit 函数的初始化按照 SCON、PCON、T2CON 进行配置。

(1) SCON＝0x40 ：设置方式 1 来进行 10 位数据异步传输。

(2) T2CON＝0x34：设置使用 T/C2 进行接收和发送数据的时钟。

(3) RCAP2L＝0xD9,RCAP2H＝0xFF：设置当前波特率为 9 600 b/s。

单片机工作频率为 12 MHz,使用定时器 2 作为波特率时钟发生器,且波特率为 9 600 b/s,设定时器 2 的初值为 t。

根据波特率公式,波特率＝$F_{osc}/2\times16\times(65\ 536-t)$,得

$$9\ 600=12\ \text{MHz}/2\times16\times(65\ 536-t)$$

$$t=65\ 497=0\text{xFFD9}$$

所以 RCAP2L＝0xD9,RCAP2H＝0xFF。

(4) UARTSendByte 函数只涉及查询 TI(发送中断标志位)是否置 1。SBUF 是串口发送数据的缓冲区,只要将要发送的数据赋值给 SBUF 就可以了,然后查询是否发送完成才进行下一步操作,前提是记得要清零 TI(发送中断标志位)。

深入重点：

✓ 熟悉单片机串口相关寄存器的配置，如 SCON、T2CON、RCAP2L、RCAP2H。

✓ 波特率的计算公式要重点注意，同时波特率时钟发生器既可以由 T/C1 发生，又可以从 T/C2 发生。

✓ 串口数据发送是否完成，只要查看 TI(发送中断标志位)是否置 1 就可以了，最后要记得的是串口数据发送完成后要将 TI(发送中断标志位)清零。

7.4.2 串口接收数据实验

在串口接收数据实验当中，编写单片机接收串口数据程序既可以采用"查询法"，又可以采用"中断法"。该实验的主要操作步骤如下：

(1) 通过串口调试助手向单片机发送数据。

(2) 通过串口调试助手观察单片机是否将接收到的数据通过串口返发出去。

实验演示如图 7-11 所示，实验步骤如图 7-12 所示。

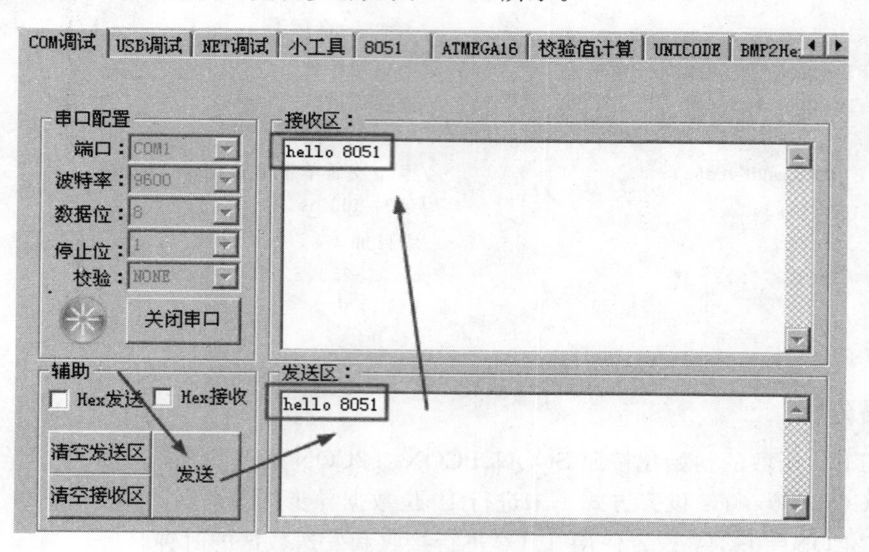

图 7-11 单片机串口接收数据实验操作图

【实验 7-2】 使用串口调试助手发送数据，然后单片机采用"查询法"将接收到的数据返发到 PC。

1. 硬件设计

参考实验 7-1。

2. 软件设计

"查询法"到底是查询什么就知道串口接收到数据呢？在串口数据发送实验当中都是采用查询 TI(发送中断标志位)来获知单片机发送数据完毕，反过来，接收数据是否完成都可以直接用查询的方法来获知，即查询 RI(接收中断标志位)。

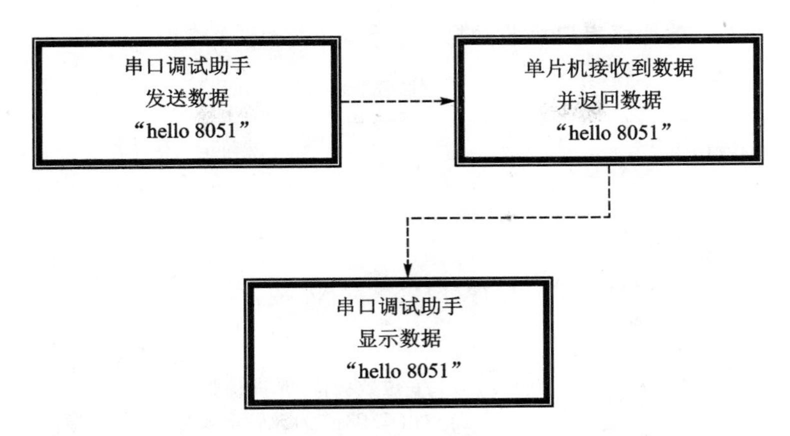

图 7-12 单片机串口接收数据实验示意图

3. 流程图(图 7-13)

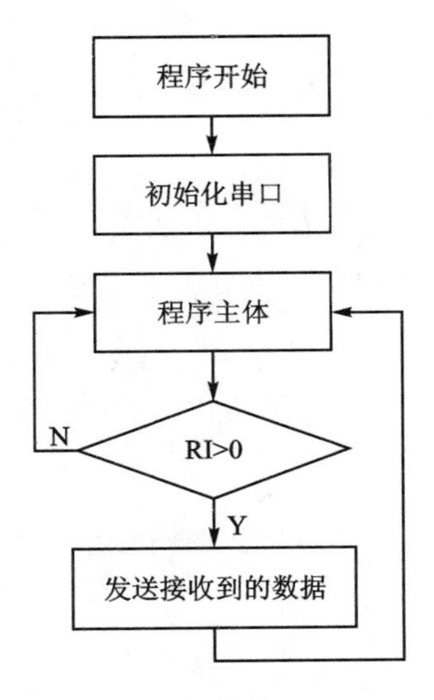

图 7-13 单片机串口接收数据实验流程图

4. 实验代码(表 7-4)

表 7-4 单片机串口接收数据实验函数列表

函数列表		
序 号	函数名称	说 明
1	UARTInit	串口初始化
2	UARTSendByte	串口发送单字节
3	main	函数主体

程序清单 7-2　单片机串口接收数据实验代码(查询法)

```
#include "stc.h"                              //加载"stc.h"
/*****************************************
* 函数名称：UARTInit
* 输    入：无
* 输    出：无
* 功    能：串口初始化
*****************************************/
void UARTInit(void)
{
    SCON = 0x50;                              //8 位数据位,允许接收
    T2CON = 0x34;                             //由 T/C2 作为波特率发生器
    RCAP2L = 0xD9;                            //波特率为 9 600 的低 8 位
    RCAP2H = 0xFF;                            //波特率为 9 600 的高 8 位
}
/*****************************************
* 函数名称：UARTSendByte
* 输    入：byte 要发送的字节
* 输    出：无
* 功    能：串口发送单个字节
*****************************************/
void UARTSendByte(unsigned char byte)
{
    SBUF = byte;                              //缓冲区装载要发送的字节
    while(TI = = 0);                          //等待发送完毕,TI 会置 1
    TI = 0;                                   //清零 TI
}
/*****************************************
* 函数名称：main
* 输    入：无
* 输    出：无
* 功    能：函数主体
*****************************************/
void main(void)
{
    unsigned char recv;                       //声明变量 recv
    UARTInit();                               //串口初始化
    while(1)                                  //进入死循环
    {
    if(RI)                                    //检测 RI 接收置 1
    {
      RI = 0;                                 //清零 RI
      recv = SBUF;                            //读取接收到的数据
      UARTSendByte(recv);                     //返回接收到的数据
    }
  }
}
```

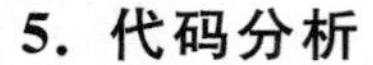

5. 代码分析

在 while(1)死循环当中，以检测 RI(接收中断标志位)是否置位为目的，只要 RI(接收中断标志位)被硬件置 1 即表示单片机通过串口接收到一字节数据。当进入 if(RI)语句当中时，要记得将 RI(接收中断标志位)清零，将 SBUF 接收缓冲区的数据赋给 recv 变量，最后通过 UARTSendByte 函数将接收到的数据返发到外设。

【实验 7-3】 使用串口调试助手发送数据，然后单片机采用"中断法"将接收到的数据返发到 PC 机。

1. 硬件设计

参考实验 7-1。

2. 软件设计

中断法，顾名思义，就是串口事件触发中断，请求单片机务必第一时间去处理该事件。定时器章节已详细阐述了中断的概念、中断服务函数的使用，如果读者对中断的概念还不熟悉，就转到定时器章节。

3. 流程图(图 7-4)

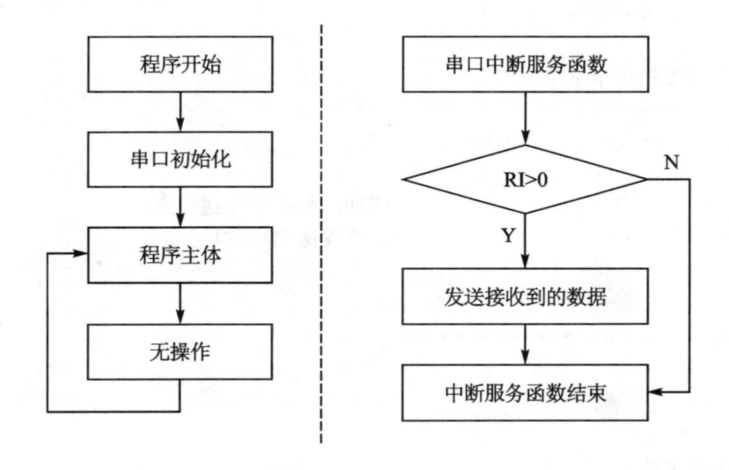

图 7-4　单片机串口接收数据实验流程图(中断法)

4. 实验代码(表 7-5)

表 7-5　单片机串口接收数据实验函数列表(中断法)

函数列表		
序　号	函数名称	说　明
1	UARTInit	串口初始化
2	UARTSendByte	串口发送单字节
3	main	函数主体
中断服务函数		
4	UartIRQ	串口中断服务函数

程序清单7-3　单片机串口接收数据实验代码(中断法)

```
#include "stc.h"                              //加载"stc.h"
/*****************************************
* 函数名称:UARTInit
* 输    入:无
* 输    出:无
* 功    能:串口初始化
*****************************************/
void UARTInit(void)                           //定义串口初始化函数
{
    SCON = 0x50;                              //8位数据位
    T2CON = 0x34;                             //由T/C2作为波特率发生器
    RCAP2L = 0xD9;                            //波特率为9 600的低8位
    RCAP2H = 0xFF;                            //波特率为9 600的高8位
    ES = 1;                                   //允许串口中断
    EA = 1;                                   //允许全局中断
}
/*****************************************
* 函数名称:UARTSendByte
* 输    入:byte要发送的字节
* 输    出:无
* 功    能:串口发送单个字节
*****************************************/
void UARTSendByte(unsigned char byte)
{
    SBUF = byte;                              //缓冲区装载要发送的字节
    while(TI == 0);                           //等待发送完毕,TI会置1
    TI = 0;                                   //清零TI
}
/*****************************************
* 函数名称:main
* 输    入:无
* 输    出:无
* 功    能:函数主体
*****************************************/
void main(void)                               //主函数
{
    UARTInit();                               //串口初始化
    while(1)                                  //进入死循环
    {;}                                       //无操作
}
/*****************************************
* 函数名称:UartIRQ
* 输    入:无
* 输    出:无
* 功    能:串口中断服务函数
*****************************************/
void UartIRQ(void) interrupt 4
```

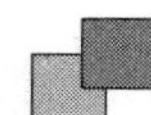

```
{
    unsigned char recv;                      //声明变量 recv
    if(RI)                                   //检测 RI 是否置 1
    {
        RI = 0;                              //清零 RI
        recv = SBUF;                         //读取接收到的数据
        UARTSendByte(recv);                  //返发接收到的数据
    }
}
```

5. 代码分析

main 函数只实现了串口的初始化，主程序的执行一直阻塞在 while(1)处，实现空操作。

在 UartIRQ 串口中断服务函数中，只需要对 RI(接收中断标志位)进行检测，不需要对 TI(发送中断标志位)进行检测。

在 if(RI)代码中，首先要对 RI(接收中断标志位)进行软件清零，硬件是不会对其进行清零的。然后从接收缓冲器 SBUF 中的数据读到 recv 变量，最后通过 UARTSendByte 函数将该数据返发到外设。

深入重点：

✓ 熟悉单片机串口相关寄存器的配置，如 SCON、T2CON、RCAP2L、RCAP2H。

✓ 串口数据接收是否完成，只要查看 RI(接收中断标志位)是否置 1 就可以了，最后要记得的是要将 RI(接收中断标志位)清零。

✓ 中断法：不但可以检测到数据接收完成，而且对程序的执行效率影响较小，实时性高。

✓ 中断法与查询法的区别(表 7-6)。

表 7-6 中断法与查询法的区别

	查询法	中断法
系统影响	高	低
实时性	低	高
执行方式	程序主体查询	中断查询

推荐读者使用中断法，效率高(中断服务函数代码尽量短，否则会对程序的执行效率同样造成影响)。

✓ 串口发送/接收数据这两个实验都是以 T/C2 为波特率发生器，要知道波特率发生器可以由定时器 1 和定时器 2 产生。如果将 T/C1 作为波特率发生器，只需将 UARTInit 代码作如下修改就可以了：

```
void UARTInit(void)
{
    TMOD = 0x20;                 //T/C1 工作在方式 2
    TH1 = 0xFC;                  //波特率 9 600
    TL1 = 0xFC;
```

```
    PCON| = 0x80;                    //波特率加倍
    TR1 = 0x01;                      //启动定时器
..............
    }
```

7.5 模拟串口实验

传统的 8051 系列单片机一般都配备一个串口，而 STC89C52RC 增强型单片机也不例外，只有一个串口可供使用，这样就出问题了，假如当前单片机系统要求两个串口或多个串口进行同时通信，单片机只有一个串口可供通信就显得十分尴尬，但是在实际应用中，有两种方法可以选择。

方法 1：使用能够支持多串口通信的单片机，不过通过更换其他单片机来代替 8051 系列单片机，这样就会直接导致成本的增加，其优点就是编程简单，而且通信稳定可靠。

方法 2：在 I/O 资源比较充足的情况下，可以通过 I/O 来模拟串口的通信，虽然这样会增加编程的难度，模拟串口的波特率会比真正的串口通信低一个层次，但是唯一优点就是成本上得到控制，而且通过不同的 I/O 组合可以实现更多的模拟串口，在实际应用中往往会采用模拟串口的方法来实现多串口通信。

普遍使用串口通信的数据流都是 1 位起始位、8 位数据位、1 位停止位的格式。

起始位	8 位数据位								停止位
0	Bit0	Bit1	Bit2	Bit3	Bit4	Bit5	Bit6	Bit7	1

需要注意的是，起始位用来识别是否有数据到来，停止位标志数据已经发送完毕。起始位固定值为 0，停止位固定值为 1，那么为什么起始位要是 0，停止位要是 1 呢？这个很好理解，假设停止位固定值为 1，为了更易识别数据的到来，电平的跳变最为简单也最容易识别，那么当有数据来的时候，只要在规定的时间内检测到发送过来的第一位的电平是否为 0 值，就可以确定是否有数据到来；另外停止位为 1 的作用就是当没有收发数据之后引脚置为高电平起到抗干扰的作用。

在平时使用红外无线收发数据时，一般都采用模拟串口来实现，但是有个问题要注意，波特率越高，传输距离越近；波特率越低，传输距离越远，这时模拟串口的波特率宜为 1 200 b/s。

【实验 7-4】 在使用单片机的串口接收数据实验当中，使用串口调试助手发送 16 字节数据，单片机采用模拟串口的方法将接收到的数据返发到 PC 机，如图 7-15 所示。

1，硬件设计

参考实验 7-1。

2. 软件设计

由于串口通信固定通信速度，为了在彼此之间能够通信，两者都必须置为相同的波特率才能够正常通信，波特率一般可以允许误差为 3%，这就为模拟串口成功实现提供了可能性。为

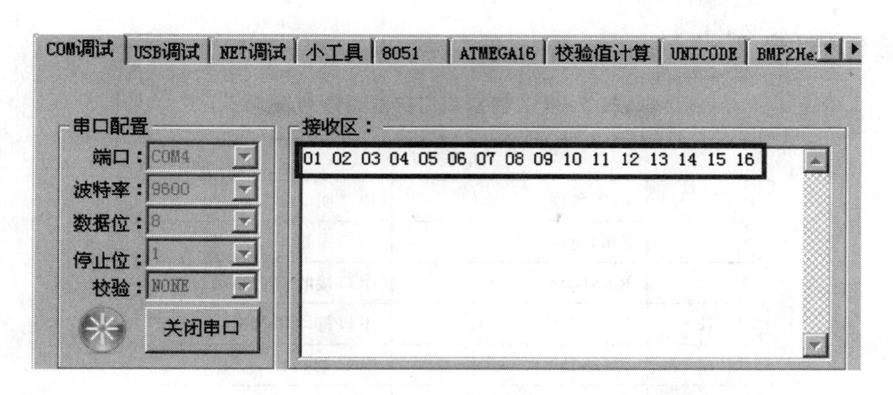

图 7-15 串口调试助手显示接收到的数据

了减少误差，必须使用定时器获取精确的时间定时。

模拟串口的引脚只要是具有输入、输出功能的引脚就可以胜任了，就8051系列单片机来说，选择范围可以是P0～P3任意两个引脚，一个引脚作为移位发送，另外一个引脚作为移位接收使用。为了方便模拟串口的实现，自定义移位发送的引脚为P3.1、移位接收的引脚为P3.0，刚好与硬件上的串口相连接。

无论是发送或者接收数据，都必须遵循1位起始位、8位数据位、1位停止位的格式来进行，否则收发数据很容易出现问题。

3. 流程图（图 7-16）

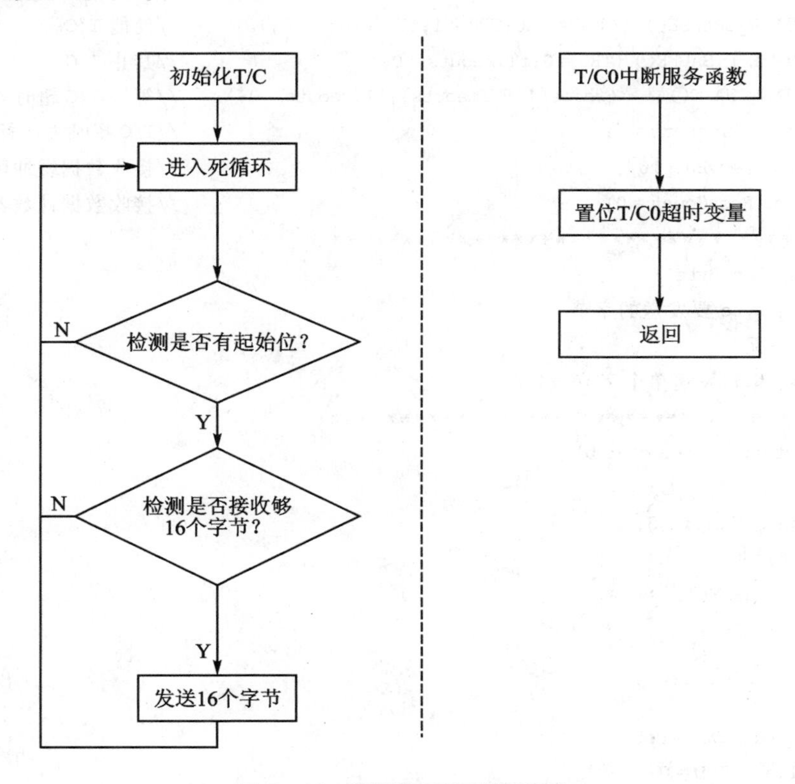

图 7-16 模拟串口实验流程图

4. 实验代码(表 7-7)

表 7-7　模拟串口实验函数列表

函数列表		
序　号	函数名称	说　明
1	SendByte	串口发送单个字节
2	RecvByte	串口接收单个字节
3	PrintfStr	串口打印字符串
4	TimerInit	T/C 初始化
5	StartBitCome	是否有起始位到达
6	main	函数主体
中断服务函数		
7	TimerIRQ	T/C0 中断服务函数

程序清单 7-4　模拟串口实验代码

```
#include "stc.h"
#define RXD P3_0                                                    //宏定义：接收数据的引脚
#define TXD P3_1                                                    //宏定义：发送数据的引脚
#define RECEIVE_MAX_BYTES 16                                        //宏定义：最大接收字节数
#define TIMER_ENABLE()  {TL0 = TH0;TR0 = 1;fTimeouts = 0;}          //使能 T/C
#define TIMER_DISABLE() {TR0 = 0;fTimeouts = 0;}                    //禁止 T/C
#define TIMER_WAIT()    {while(! fTimeouts);fTimeouts = 0;}         //等待 T/C 超时
unsigned char fTimeouts = 0;                                        //T/C 超时溢出标志位
unsigned char RecvBuf[16];                                          //接收数据缓冲区
unsigned char RecvCount = 0;                                        //接收数据计数器
/*****************************************
*函数名称：SendByte
*输    入：byte 要发送的字节
*输    出：无
*功    能：串口发送单个字节
*****************************************/
void SendByte(unsigned char b)
{
    unsigned char i = 8;
    TXD = 0;
    TIMER_ENABLE();
    TIMER_WAIT();
    while(i--)
    {
        if(b&1)TXD = 1;
        else    TXD = 0;
        TIMER_WAIT();
```

```
        b>>=1;
    }
    TXD = 1;
    TIMER_WAIT();
    TIMER_DISABLE();
}
/****************************************
* 函数名称：RecvByte
* 输    入：无
* 输    出：单个字节
* 功    能：串口接收单个字节
****************************************/
unsigned char RecvByte(void)
{
    unsigned char i;
    unsigned char b = 0;
    TIMER_ENABLE();
    TIMER_WAIT();
    for(i = 0;i<8;i++)
    {
        if(RXD)b| = (1<<i);
        TIMER_WAIT();
    }
    TIMER_WAIT();                                          //等待结束位
    TIMER_DISABLE();
    return b;
}
/****************************************
* 函数名称：PrintfStr
* 输    入：pstr 字符串
* 输    出：无
* 功    能：串口打印字符串
****************************************/
void PrintfStr(char * pstr)
{
    while(pstr && * pstr)
    {
        SendByte( * pstr++);
    }
}
/****************************************
* 函数名称：TimerInit
* 输    入：无
* 输    出：无
* 功    能：T/C 初始化
```

```
*****************************************/
void TimerInit(void)
{
     TMOD = 0x02;
     TR0 = 0;
     TF0 = 0;
     TH0 = (256 - 99);
     TL0 = TH0;
     ET0 = 1;
     EA = 1;
}
/****************************************
 * 函数名称：StartBitCome
 * 输      入：无
 * 输      出：0/1
 * 功      能：是否有起始位到达
*****************************************/
unsigned char StartBitCome(void)
{
        return (RXD = = 0);
}
/****************************************
 * 函数名称：main
 * 输      入：无
 * 输      出：无
 * 功      能：函数主体
*****************************************/
void main(void)
{
     unsigned char i;
     TimerInit();
    PrintfStr("Hello 8051\r\n");
    while(1)
    {
        if(StartBitCome())
        {
           RecvBuf[RecvCount + + ] = RecvByte();

           if(RecvCount> = RECEIVE_MAX_BYTES)
           {
              RecvCount = 0;
              for(i = 0;i<RECEIVE_MAX_BYTES;i + + )
              {
                  SendByte(RecvBuf[i]);
              }
```

```
            }
        }
    }
}
/***************************************
 * 函数名称：Timer0IRQ
 * 输    入：无
 * 输    出：无
 * 功    能：T/C0 中断服务函数
 ***************************************/
void Timer0IRQ(void) interrupt 1 using 0
{
    fTimeouts = 1;
}
```

5. 代码分析

在模拟串口实验代码中，宏的使用占用了相当的部分。

```
#define RXD P3_0                                                    //宏定义：接收数据的引脚
#define TXD P3_1                                                    //宏定义：发送数据的引脚
#define TIMER_ENABLE()  {TL0 = TH0;TR0 = 1;fTimeouts = 0;}          //使能 T/C
#define TIMER_DISABLE() {TR0 = 0;fTimeouts = 0;}                    //禁止 T/C
#define TIMER_WAIT()    {while(! fTimeouts);fTimeouts = 0;}         //等待 T/C 超时
```

模拟串口接收引脚为 P3.0，发送引脚为 P3.1。为了达到精确的定时，减少模拟串口时收发数据的累积误差，有必要通过对 T/C 进行频繁的使能和禁止等操作。例如，宏 TIMER_ENABLE 为使能 T/C，宏 TIMER_DISABLE 禁止 T/C，宏 TIMER_WAIT 等待 T/C 超时。

模拟串口的工作波特率为 9 600 b/s，在串口收发的数据流当中，每一位的时间为 1/9 600 ≈104 μs，若单片机工作频率在 12 MHz，使用 T/C0 工作在方式 2，那么为了达到 104 μs 的定时时间，TH0、TL0 的初值为 256−104=152，在实际的模拟串口中，往往出现收发数据不正确的现象。其原因就在于 TH0、TL0 的初值，或许很多人会疑惑，按道理来说，计算 T/C0 的初值是没有错的。对，是没有错，但是在 SendByte 和 Recv 的函数当中，执行每一行代码都要消耗一定的时间，这就是所谓的“累积误差”导致收发数据出现问题，因此我们必须通过实际测试得到 TH0、TL0 的初值，最佳值 256−99=157。在 T/C 初始化 TimerInit 函数中，TH0、TL0 的初值不能够按照常规来计算得到，实际初值在正常初值附近，可以通过实际测试得到。

模拟串口实现数据发送与数据接收的函数分别是 SendByte 和 RecvByte 函数，这两个函数必须要遵循“1 位起始位、8 位数据位、1 位停止位”的数据流格式。

SendByte 函数用于模拟串口发送数据，以起始位“0”作为移位传输的起始标志，然后将要发送的字节从低位到高位移位传输，最后以停止位“1”作为移位传输的结束标志。

RecvByte 函数用于模拟串口接收数据，一旦检测到起始位“0”，就立刻将接收到的每一位移位存储，最后以判断停止位“1”结束当前数据的接收。

main 函数完成 T/C 的初始化，while(1)死循环以检测起始位“0”为目的，当接收到的数据达到宏 RECEIVE_MAX_BYTES 的个数时，将接收到的数据返发到外设。

深入重点：

- ✓ 模拟串口实验可以令读者更加深刻地了解串口通信的实现过程。
- ✓ 模拟串口的优点就是在实现串口功能的前提下节省了成本，缺点就是直接增大了编程的复杂度，若代码设计不良，模拟串口通信的稳定性或效率就有可能大打折扣。
- ✓ 该模拟串口实验只是演示了常用的串口通信格式，更多的通信格式需要读者去探究。
- ✓ 通过模拟串口进行无线数据传输时，有必要使波特率有所降低，波特率适宜为1 200 b/s。
- ✓ 提醒：该模拟串口实验代码没有作抗干扰的处理，学有余力的读者可作深入的研究。

7.6 串口波特率研究

通常情况下，8051 系列单片机外接晶振频率一般是 12 MHz、24 MHz、48 MHz，如图 7－17 所示，为什么会这样选取呢？在前面的章节中已经介绍 8051 系列单片机的每 12 个时钟周期为一个机器周期，当 8051 系列单片机外接 12 MHz 晶振时，机器周期＝12/12 MHz＝1 μs；若外接 24 MHz 晶振时，机器周期＝12/24 MHz＝0.5 μs；若外接 48 MHz 晶振时，机器周期＝12/48 MHz＝0.25 μs。8051 系列单片机外接能够被除尽的晶振，同时单片机内部的 T/C 被设为定时计数器时，定时计数最精确；当使用汇编语言编程时，可以清楚地知道当前每一行代码执行的时间。

8051 系列单片机外接能够被除尽的晶振即 12 MHz、24 MHz、48 MHz 这些晶振时，反过来波特率的精确性就得不到保证。

假若现在单片机外接的晶振为 12MHz 时，以 T/C2 作波特率发生器，根据波特率公式，波特率＝$F_{osc}/2\times16\times(65\ 536-t)$，得

$$9\ 600=12\ \text{MHz}/2\times16\times(65\ 536-t)$$

$$t=65\ 496.937\ 5$$

“65 496.937 5”不是一个整数值，是一个带有小数点的数值。对于常用的 8 位、9 位、11 位一帧的数据接收与传输，最大的允许误差分别是 6.25％、5.56％、4.5％。虽然波特率允许有误差，但是这样通信时便会产生积累误差，进而影响数据的正确性。

其唯一的解决办法就是更改单片机外接的晶振频率，更改为常用于产生精确波特率的晶振频率，如 11.059 2 MHz、22.118 4 MHz，如图 7－18 所示。

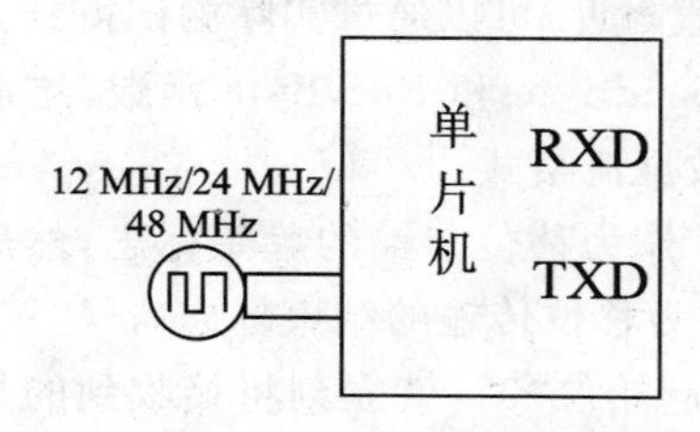

图 7－17　单片机外接普通晶振

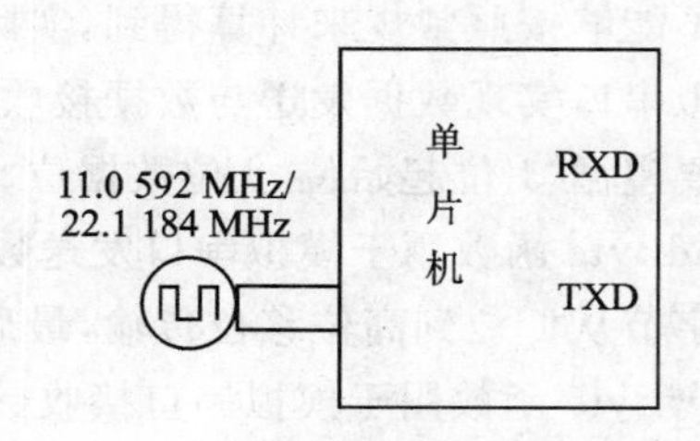

图 7－18　单片机外接特殊晶振

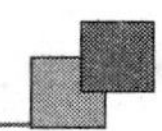

假如现在单片机外接的晶振为 11.059 2 MHz 时，以 T/C2 作为波特率发生器，根据波特率公式，波特率$=F_{osc}/2\times16\times(65\ 536-t)$，得

$$9\ 600=11.059\ 2\ \mathrm{MHz}/2\times16\times(65\ 536-t)$$

$$t=65\ 500=0xFFDC$$

虽然使用 11.059 2 MHz、22.118 4 MHz 的晶振频率能够产生精确的波特率，但是用于系统精确的定时服务不是十分理想。例如，单片机外接 11.059 2 MHz 晶振频率时，机器周期＝12/11.059 2 MHz≈1.085 μs，是一个无限循环的小数；当单片机外接 22.118 4 MHz 晶振时，机器周期＝12/22.118 4 MHz≈0.542 5 μs，也是一个无限循环的小数。

表 7-8、表 7-9 给出了串口工作在方式 1 时分别采用 T/C1 和 T/C2 产生的常用波特率初值表。

表 7-8 采用 T/C1 产生的常用波特率初值表

波特率(11.059 2 MHz)	初 值		波特率(12 MHz)	初 值	
	TH1、TL1 (SMOD=0)	TH1、TL1 (SMOD=1)		TH1、TL1 (SMOD=0)	TH1、TL1 (SMOD=1)
1 200	0xE7	0xD0	1 200	0xE5	0xCB
2 400	0xF3	0xE7	2 400	0xF2	0xE5
4 800	0xF9	0xF3	4 800	0xF9	0xF2
9 600	0xFC	0xF9	9 600	0xFC	0xF9
14 400	0xFD	0xFB	14 400	0xFD	0xFB
19 200	0xFE	0xFC	19 200	0xFE	0xFC

表 7-9 采用 T/C2 产生的常用波特率初值表

波特率(11.059 2 MHz)	初 值		波特率(12 MHz)	初 值	
	RCAL2H	RCAL2L		RCAL2H	RCAL2L
1 200	0xFE	0xE0	1 200	0xFE	0xC8
2 400	0xFF	0x70	2 400	0xFF	0x64
4 800	0xFF	0xD8	4 800	0xFF	0xB2
9 600	0xFF	0xDC	9 600	0xFF	0xD9
14 400	0xFF	0xE8	14 400	0xFF	0xE6
19 200	0xFF	0xEE	19 200	0xFF	0xED

深入重点：

✓ 8051 系列单片机外接 12 MHz、24 MHz、48 MHz 等晶振频率能够为定时应用提供精确的定时，但不能够产生较为精准的波特率。

✓ 8051 系列单片机外接 11.059 2 MHz、22.118 4 MHz 等晶振频率不能够为定时应用提供精确的定时，但能够产生较为精准的波特率。

7.7 串口多机通信研究

单片机构成的多机通信系统中常采用总线型主从式结构。在多个单片机组成的系统中，只允许存在一个主机，其他的就是从机，从机要服从主机的控制，这就是总线型主从式结构。

当 8051 系列单片机进行多机通信时，串口要工作在方式 2 和方式 3。假设当前多机通信系统有 1 个主机和 3 个从机，从机地址分别是 00H、01H、02H。如果距离很近，它们直接可以以 TTL 电平通信；一旦距离较远的时候，常采用 RS－485 串行标准总线进行数据传输，如图 7－19 所示。

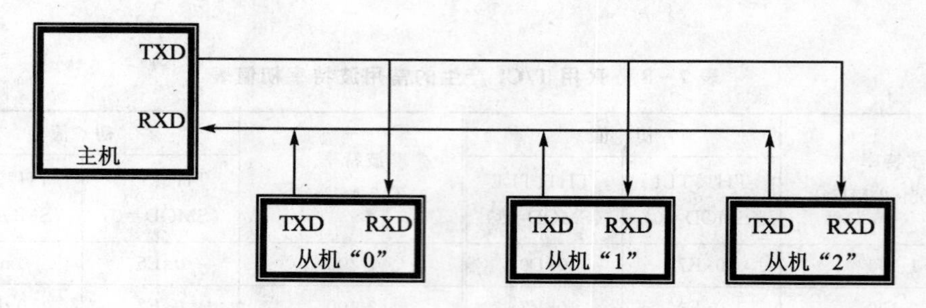

图 7－19 多机通信示意图

为了区分是数据信息还是地址信息，主机用第 9 位数据 TB8 作为地址/数据的识别位，地址帧的 TB8＝1，数据帧的 TB8＝0。各从机的 SM2 必须置 1。

在主机与某一从机通信前，先将该从机的地址发送给各从机。由于各从机 SM2＝1，接收到的地址帧 RB8＝1，所以各从机的接收信息都有效，送入各自的接收缓冲器 SBUF，并置 RI＝1。各从机 CPU 响应中断后，通过软件判断主机送来的是不是本从机地址，如是本从机地址，就使 SM2＝0，否则保持 SM2＝1。

接着主机发送数据帧，因数据帧的第 9 位数据 RB8＝0，只有地址相符的从机其 SM2＝0，才能将 8 位数据装入接收缓冲区 SBUF，其他从机因 SM2＝1，数据将丢失，从而实现主机与从机的一对一通信。

串口工作方式 2、3 也可以用于多机通信，此时第 9 位数据可作为奇偶校验位，但必须使 SM2＝0。

深入重点：

- ✓ 8051 系列单片机实现多机通信要置串口工作在方式 2 或方式 3。
- ✓ 为了区分是数据信息还是地址信息，主机用第 9 位数据 TB8 作为地址/数据的识别位，地址帧的 TB8＝1，数据帧的 TB8＝0。各从机的 SM2 必须置 1。
- ✓ 当从机要接收地址信息时，SM2＝1；当从机要接收数据信息时，SM2＝0。

第8章 外部中断

8.1 外部中断简介

外部中断一般是指由单片机外设发出的中断请求，如键盘中断、打印机中断、USB 中断、网络中断等。

8051 系列单片机的外部中断从功能上来说比较简单，只能由低电平触发和下降沿触发，而更加高级的单片机触发类型有很多，不仅包含低电平触发和下降沿触发，而且包含高电平触发和上升沿触发，只要设置相关的寄存器就可以实现想要的触发类型。

当单片机设置为电平触发时，单片机在每个机器周期检查中断源引脚，检测到低电平，即置位中断请求标志，向 CPU 请求中断；当单片机设置为边沿触发时，单片机在上一个机器周期检测到中断源引脚为高电平，下一个机器周期检测到低电平，即置位中断标志，向 CPU 请求中断。

外部中断可以实现的功能同样很多，如平时经常用到的有按键中断，按键中断的作用主要是用来唤醒在空闲模式或者是掉电模式状态下的 MCU，还有我们使用的手机，必须通过按下某一个特定的按键来启动手机，即可以这样说，平时我们的"关闭手机"并不是断掉手机电源，而是将手机的正常运作状态转变为掉电模式状态，可以通过外部中断来唤醒，重新恢复为开机状态，为我们服务。外部中断同样可以对脉冲进行计数，通过规定时间内对脉冲计数就可以成为一个简易的频率计。

8051 系列单片机上有外部中断(external interrupt)0 和外部中断 1 这两个中断源用于处理中断事件，触发引脚为 P3.2(INT0)、P3.3(INT1)。

STC89C52RC 单片机有 4 个外部中断源，分别是 INT0、INT1、INT2、INT3，比 8051 系列单片机多出 INT2、INT3 这两个中断源。虽然 STC89C52RC 单片机拥有 4 个外部中断源，但是 PDIP-40 封装并未提供这两个中断引脚，只有 PLCC-44、LQFP-44、FQFP-44 等封装才提供 INT2、INT3 这两个外部中断引脚。

8.2 外部中断实验

【例 8－1】 在开发板按下中断按键，只要中断按键一直按下未松开，就要一直往串口发送“KEY INT”信息，并通过串口调试助手进行观察打印信息，如图 8－1 所示。

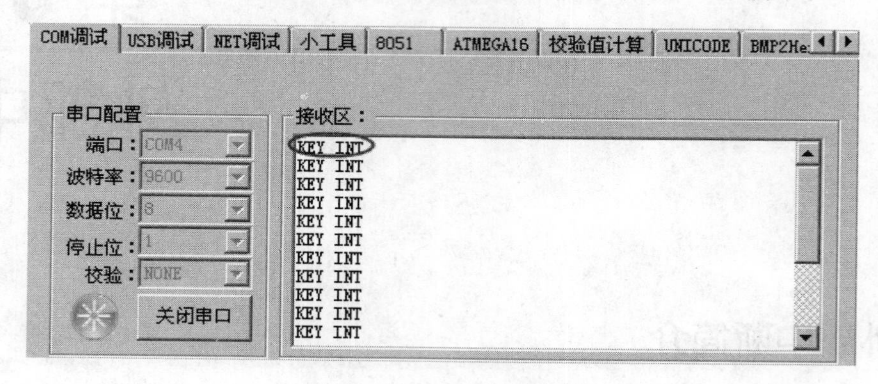

图 8－1 显示打印信息

1. 硬件设计

一般来说，检测按键是否有按下主要检测连接按键引脚的电平有没有被拉低。从图 8－2 可以看出，当按键（S5）没有被按下时，P3.3 引脚总保持高电平状态，一直被拉高。按键（S5）一旦被按下，P3.3 引脚的电平将会从高电平转变为低电平。

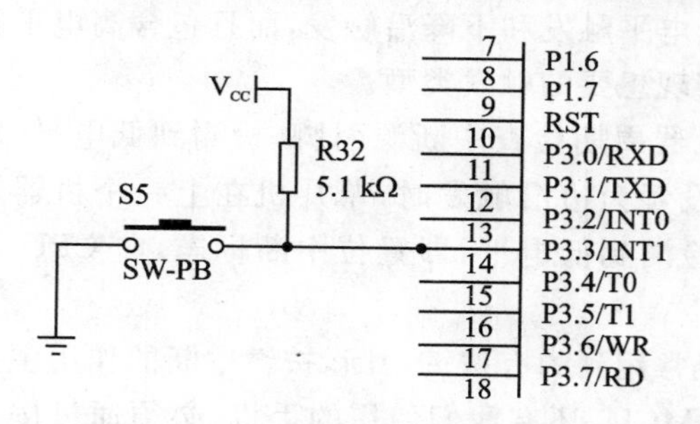

图 8－2 外部中断实验硬件设计图

2. 软件设计

外部中断的触发方式既可以是低电平触发，又可以是下降沿触发。按键被按下的过程中，中断引脚的电平的变化过程是从高电平转变为低电平，因此无论是低电平触发或者是下降沿触发都是可以实现的，在这里代码的编写以低电平触发为外部中断的触发方式，最后通过串口来显示是否按键按下了，实现流程如图 8－3 所示。

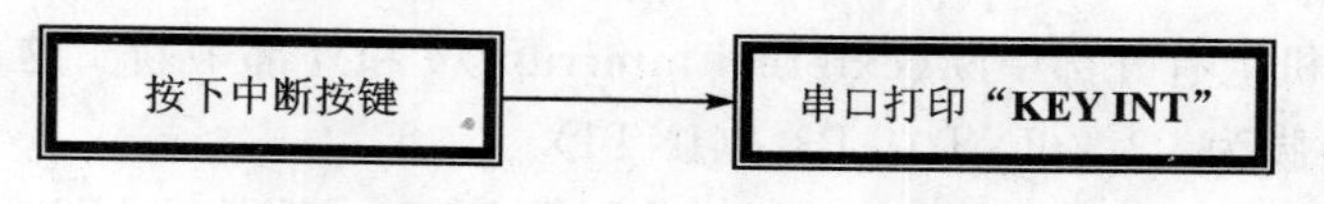

图 8－3 外部中断实验示意图

外部中断 0 的触发方式在 8051 系列单片机仅支持“低电平触发”和“下降沿触发”，同样外部中断 1 也是这样的情况，如表 8－1 所列。

表 8-1 外部中断触发方式

	外部中断0	外部中断1
低电平触发	IT0=0	IT1=0
下降沿触发	IT0=1	IT1=1

按键实验，将采用“低电平触发”方式来实现。对于采用“下降沿触发”的方式，读者可尝试更改程序来测试与“低电平触发”的方式有什么不同。

3. 流程图(图 8-4)

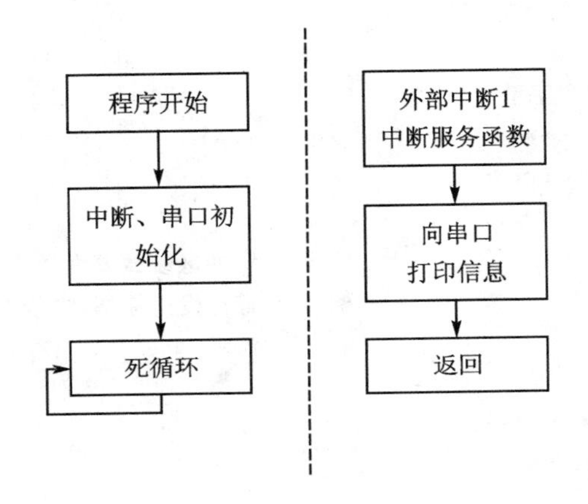

图 8-4 外部中断实验流程图

4. 实验代码(表 8-2)

表 8-2 外部中断实验函数列表

函数列表		
序　号	函数名称	说　明
1	UARTInit	串口初始化
2	UARTSendByte	串口发送单个字节
3	UARTPrintString	串口打印字符串
4	main	函数主体
中断服务函数		
5	ExInt1IRQ	外部中断1中断服务函数

程序清单 8-1 外部中断实验代码

```
#include "stc.h"
/******************************************
*函数名称：UARTInit
*输　　入：无
*输　　出：无
*功　　能：串口初始化
```

```
*****************************************/
void UARTInit(void)
{
    SCON = 0x50;                        //8位数据位
    T2CON = 0x34;                       //由T/C2作为波特率发生器
    RCAP2L = 0xD9;                      //波特率为9 600的低8位
    RCAP2H = 0xFF;                      //波特率为9 600的高8位
}
/****************************************
* 函数名称：UARTSendByte
* 输    入：byte 要发送的字节
* 输    出：无
* 功    能：串口发送单个字节
*****************************************/
void UARTSendByte(unsigned char byte)
{
    SBUF = byte;                        //缓冲区装载要发送的字节
    while(TI = = 0);                    //等待发送完毕,TI会置1
    TI = 0;                             //清零TI
}
/****************************************
* 函数名称：UARTPrintString
* 输    入：str 字符串
* 输    出：无
* 功    能：串口打印字符串
*****************************************/
void UARTPrintString(char * str)
{
    while(str && * str)                 //检测str是否有效
    {
        UARTSendByte( * str + + );      //发送数据
    }
}
/****************************************
* 函数名称：main
* 输    入：无
* 输    出：无
* 功    能：函数主体
*****************************************/
void main(void)
{
    UARTInit();                         //串口初始化
    P3 = 0xFF;                          //P3口引脚输出高电平
    IT1 = 0;                            //外部中断1为低电平触发
    EX1 = 1;                            //允许外部中断1中断
```

```
    EA = 1;                                 //开启全局中断
     while(1);                              //死循环
}
/****************************************
*函数名称：ExInt1IRQ
*输    入：无
*输    出：无
*功    能：外部中断1中断服务函数
****************************************/
void ExInt1IRQ(void)interrupt 2             //外部中断1中断服务函数
{
    UARTPrintString("KEY INT\r\n");         //打印信息
}
```

5. 实验代码

在 main 函数中，主要表现为初始化串口配置、初始化外部中断 1，并允许所有中断触发，最后通过 while(1)进行空操作。

当按键被按下时，外部中断 1 的触发事件响应会自动进入外部中断 1 中断服务函数 ExInt1IRQ 进行处理，并通过串口打印"KEY INT"信息。

关于外部中断的初始化详细说明在第 6 章中的相关章节已有说明。

深入重点：

✓ 8051 系列单片机外部中断触发方式只有两种：低电平触发和下降沿触发。

✓ 8051 系列单片机外部中断触发配置寄存器非常少。

例如

EX0＝1，IT0＝0，就是使能外部中断 0 低电平触发。

EX0＝1，IT0＝1，就是使能外部中断 0 下降沿触发。

EX1＝1，IT1＝0，就是使能外部中断 1 低电平触发。

EX1＝1，IT1＝1，就是使能外部中断 1 下降沿触发。

第 9 章

串行输入并行输出

9.1 74LS164 简介

在单片机系统中，如果并行口的 I/O 资源不够，那么我们就可以用 74LS164 来扩展并行 I/O 口，节约单片机 I/O 资源。74LS164 是一个串行输入并行输出的移位寄存器，并带有清除端。

74LS164 8 位移位锁存器只用 2 个 I/O 引脚就足以起到 8 个 I/O 引脚的作用，然而单片机都必须连接上很多外围设备，单单 P0、P1、P2、P3 这 4 组 I/O 口引脚数才 32 根，在实际应用上很容易出现引脚不够用的尴尬情况，为此有必要拓展 I/O 口的应用。

例 1：通过单片机的 P0 口直接连接到数码管的字型码口，即 a、b、c、d、e、f、g、dp 引脚，如图 9－1 所示。

例 2：通过单片机的 P0 口的两根引脚连接到 74LS164，74LS164 的 Q0～Q7 的 8 根引脚直接连接到数码管的字型码口，即 a、b、c、d、e、f、g、dp 引脚，如图 9－2 所示。

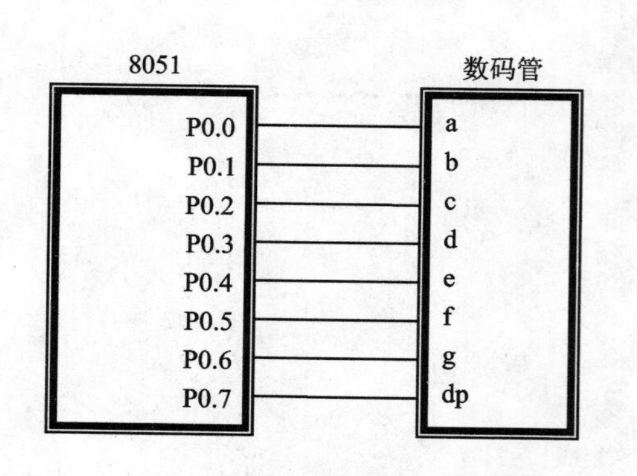

图 9－1 单片机并行连接数码管

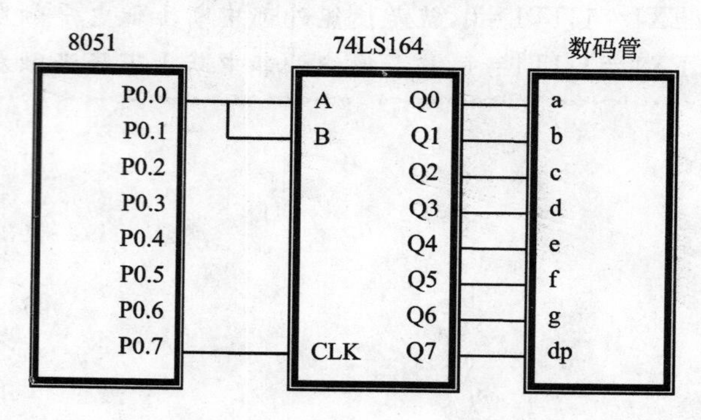

图 9－2 单片机串行连接数码管

从例 1 和例 2 之间的对比，可以清晰地知道用 74LS164 8 位移位锁存器只用了 2 个 I/O 引脚就可以轻松实现 8 个 I/O 引脚的功能，因而 74LS164 是一个很方便的器件，极大地减少了对单片机 I/O 资源的占用。若设计具有更为复杂功能的产品，74LS164 8 位移位锁存器优

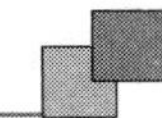

先选择是毋庸置疑的。

9.2　74LS164结构

74LS164 8位移位锁存器有14只引脚，如图9-3所示，引脚说明如表9-1所列。

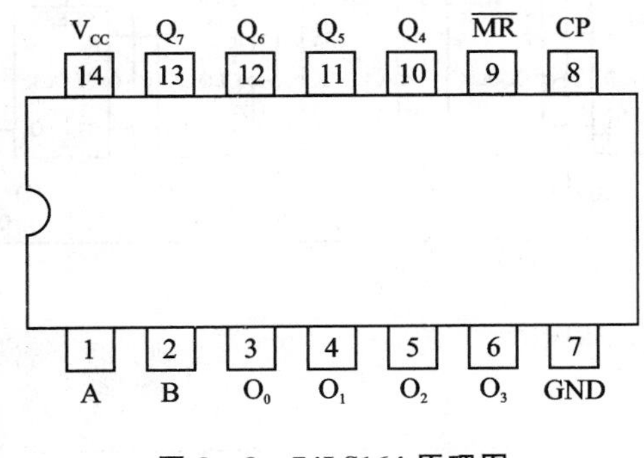

图9-3　74LS164原理图

表9-1　74LS164引脚功能

引　脚	功能说明
V_{CC}	接5 V
GND	接地
Q0～Q7	并行数据输出口
CLR	同步清除输入端
CLK	同步时钟输入端
A	串行数据输入口
B	串行数据输入口

当清除端（CLR）为低电平时，输出端（Q0～Q7）均为低电平。串行数据输入端（A，B）可控制数据。当A、B任意一个为低电平时，则禁止新数据的输入，在时钟端（CLK）脉冲上升沿作用下Q0为低电平；当A、B有一个高电平时，则另一个就允许输入数据，并在上升沿作用下确定串行数据输入口的状态。

表9-2　74LS164工作方式

输　入					输　出			
方式	CLR	CLK	A	B	Q0	Q1	…	Q7
1	L	X	X	X	L	L		L
2	H	L	X	X	q0	q1	…	q7
3	H	↑	H	H	H	q0n	…	q6n
4	H	↑	L	X	L	q0n	…	q6n
5	H	↑	X	L	L	q0n	…	q6n

注：H表示高电平，L表示低电平，X表示任意电平，↑表示上升沿有效。

74LS164 8位移位锁存器是通过内部门电路的使能与禁能实现串行输入的，数据可以异步清除，内部典型时钟频率为36 MHz，典型功耗为80 mW。由于74LS164 8位移位锁存器的内部时钟频率为36 MHz，速度已经非常快了，那么性能上的瓶颈就有可能发生在单片机身上，如传统的8051系列单片机，当其工作在12 MHz时，I/O的跳变极限时间就是1 μs而已，要知道74LS164 8位移位锁存器的内部时钟频率为36 MHz，即每检测一位数据的时间约为0.03 μs，这样74LS164 8位移位锁存器从移位输入到并行输出I/O跳变花费的时间就可能是1 μs×8+0.03 μs×8=8.24 μs，再加上多余的指令浪费的时间约10 μs，那么通过74LS164 8位移位锁存器实现移位输入转并行输出总共浪费的时间就接近20 μs了。虽然可以节约I/O资源，但是对于性能越差的单片机浪费的时间就越多，这仅仅适用于对时间要求不严格的场合。

关于74LS164 8位移位锁存器更加详细的内部处理可在下面的逻辑表和时序表中看到，如图9-4、图9-5所示。

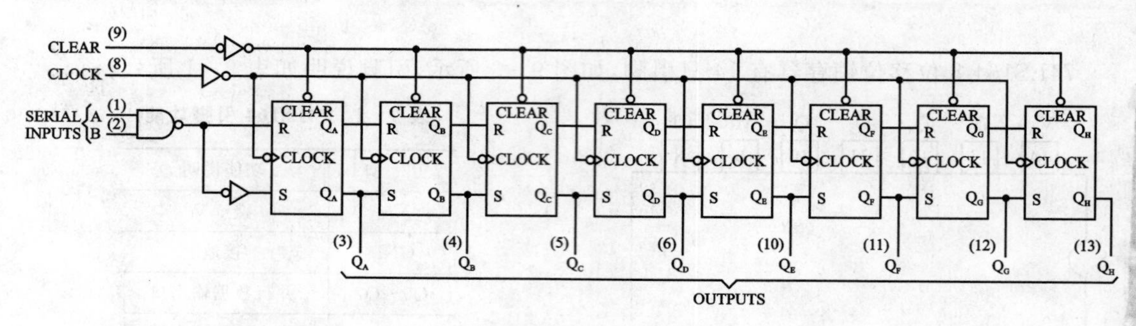

图9-4 74LS164逻辑图

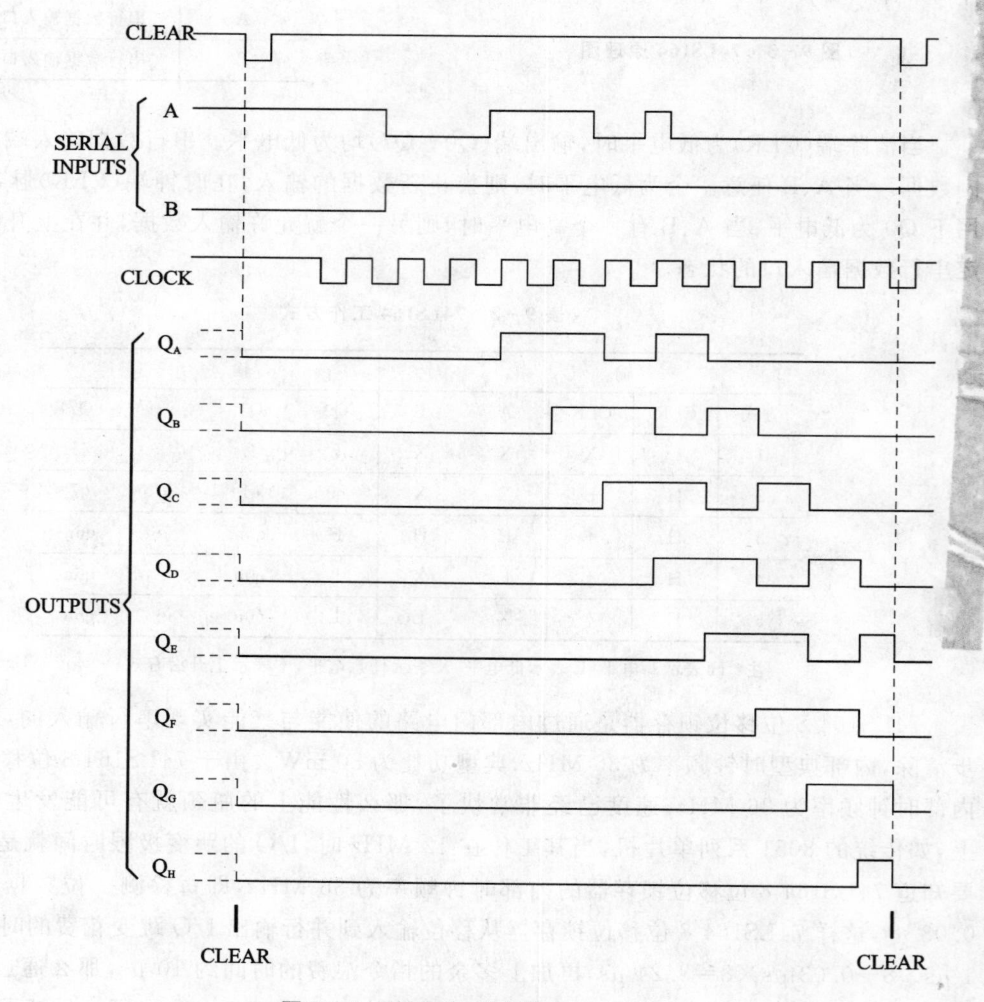

图9-5 74LS164时序图

9.3　74LS164函数

说明：在这里只介绍74LS164的发送代码函数，关于其实验的演示将会在数码管实验当中来进行。

程序清单9-1　74LS164发送数据函数

```
#define HIGH                    1
#define LOW                     0
#define LS164_DATA(x)      {if((x))P0_4 = 1;else P0_4 = 0;}
#define LS164_CLK(x)       {if((x))P0_5 = 1;else P0_5 = 0;}
/****************************************
*函数名称：LS164Send
*输    入：byte 单个字节
*输    出：无
*功    能：74LS164 发送单个字节
*****************************************/
void LS164Send(unsigned char byte)
{
   unsigned char j;
   for(j = 0;j< = 7;j + + )                    //对输入数据进行移位检测
   {
     if(byte&(1<<(7 - j)))                     //检测字节当前位
     {
           LS164_DATA(HIGH);                   //串行数据输入引脚为高电平
     }
     else
     {
           LS164_DATA(LOW);                    //串行数据输入引脚为低电平
     }
     LS164_CLK(LOW);
     LS164_CLK(HIGH);

   }
}
```

平时使用74LS164 8位移位锁存器进行数据发送时，只要调用LS164Send函数就可以了。例如，发送数据0x74，调用LS164Send(0x74)就可以了，实现过程非常简单。

深入重点：

✓ 74LS164 8位移位锁存器是怎样运作的，如何达到节省I/O资源占用的目的？

✓ 控制74LS164 8位移位锁存器的单片机性能越差，浪费的时间就越多，这仅仅适用于对时间要求不严格的场合。

✓ 74LS164 8位移位锁存器发送数据的函数是如何编写的，即LS164Send函数？

第 10 章 数码管

10.1 数码管简介

数码管是一种半导体发光器件，其基本单元是发光二极管，即 8 个 LED 灯做成的数码管，如图 10－1 所示。

图 10－1 数码管

数码管的分类：

数码管按段数分为七段数码管和八段数码管，八段数码管比七段数码管多一个发光二极管单元(多一个小数点显示)；按能显示多少个“8”可分为 1 位、2 位、4 位等数码管；按发光二极管单元连接方式分为共阳极数码管和共阴极数码管。共阳极数码管是指将所有发光二极管的阳极接到一起形成公共阳极的数码管。共阳极数码管在应用时应将公共极(COM)接到＋5 V，当某一字段发光二极管的阴极为低电平时，相应字段就点亮；当某一字段的阴极为高电平时，相应字段就不亮。共阴极数码管是指将所有发光二极管的阴极接到一起形成公共阴极(COM)的数码管。共阴极数码管在应用时应将公共极(COM)接到地线(GND)上，当某一字段发光二极管的阳极为高电平时，相应字段就点亮；当某一字段的阳极为低电平时，相应字段就不亮。

10.2 字型码

共阴极和共阳极都有相应的字型码，字型码是根据数码管的 a、b、c、d、e、f、g、h 引脚来进行操作的，同时共阴极和共阳极数码管的字型码是相对的，共阴极的字型码引脚是需要高电平点亮的，共阴极的字型码引脚是需要低电平点亮的。

共阴极字型码如表 10－1 所列。

表 10－1　共阴极字型码

显示字型	h	g	f	e	d	c	b	a	共阴极字型码
0	0	0	1	1	1	1	1	1	0x3F
1	0	0	0	0	0	1	1	0	0x06
2	0	1	0	1	1	0	1	1	0x5B
3	0	1	0	0	1	1	1	1	0x4F
4	0	1	1	0	0	1	1	0	0x66
5	0	1	1	0	1	1	0	1	0x6D
6	0	1	1	1	1	1	0	1	0x7D
7	0	0	0	0	0	1	1	1	0x07
8	0	1	1	1	1	1	1	1	0x7F
9	0	1	1	0	1	1	1	1	0x6F
A	0	1	1	1	0	1	1	1	0x77
B	0	1	1	1	1	1	0	0	0x7C
C	0	0	1	1	1	0	0	1	0x39
D	0	1	0	1	1	1	1	0	0x5E
E	0	1	1	1	1	0	0	1	0x79
F	0	1	1	1	0	0	0	1	0x71

共阳极字型码如表 10－2 所列。

表 10－2　共阳极字型码

显示字型	h	g	f	e	d	c	b	a	共阳极字型码
0	1	1	0	0	0	0	0	0	0xC0
1	1	1	1	1	1	0	0	1	0xF9
2	1	0	1	0	0	1	0	0	0xA4
3	1	0	1	1	0	0	0	0	0xB0
4	1	0	0	1	1	0	0	1	0x99
5	1	0	0	1	0	0	1	0	0x92
6	1	0	0	0	0	0	1	0	0x82
7	1	1	1	1	1	0	0	0	0xF8
8	1	0	0	0	0	0	0	0	0x80
9	1	0	0	1	0	0	0	0	0x90
A	1	0	0	0	1	0	0	0	0x88
B	1	0	0	0	0	0	1	1	0x83
C	1	1	0	0	0	1	1	0	0xC6
D	1	0	1	0	0	0	0	1	0xA1
E	1	0	0	0	0	1	1	0	0x86
F	1	0	0	0	1	1	1	0	0x8E

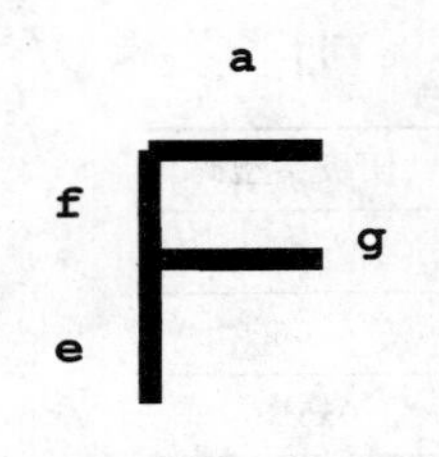

图 10-2　字型码“F”

以数码管显示“F”来说(图 10-2),点亮数码管显示“F”,共阴极的字型码为 0x71(0111 0001),共阳极的字型码为 0x8E(1000 1110),两个字型码之和为 0x71+0x8E=0xFF,或者反过来说,0x8E 为 0x71 的反码。开发时要注意字型码的问题。

10.3　驱动方式

数码管驱动方式:

用驱动电路来驱动数码管的各个段码,从而显示出我们需要的数字,因此根据数码管的驱动方式的不同,可以分为静态式和动态式两类,如表 10-3 所列。

表 10-3　静态驱动与动态驱动数码管的区别

	静态驱动	动态驱动
硬件复杂度	复杂	**简单**
编程复杂度	**简单**	复杂
占用硬件资源	多	**少**
功耗	高	**低**

使用静态驱动方式,不仅占用了大量的 I/O 资源,同时造成板子的功耗高。为了减少占用过多的 I/O 资源,实际应用的时候必须增加译码驱动器进行驱动,与此同时增加了硬件电路的复杂性。

动态驱动:

轮流选中某一位数码管,才能使各位数码管显示不同的数字或符号,利用人眼睛天生的弱点,即对 24 Hz 以上的光的闪烁不敏感,因此,对 4 个数码管的扫描时间为 40ms(对 4 位数码管来说,相邻位选中间隔不超过 10 ms),我们就感觉数码管是在持续发光显示,一般来说,每一个数码管点亮时间为 1～2 ms 就可以了,如表 10-4 所列。

表 10-4　动态驱动数码管过程

	数码管 3	数码管 2	数码管 1	数码管 0
$N\times1$ ms	熄灭	熄灭	熄灭	点亮
$(N+1)\times1$ ms	熄灭	熄灭	点亮	熄灭
$(N+2)\times1$ ms	熄灭	点亮	熄灭	熄灭
$(N+3)\times1$ ms	点亮	熄灭	熄灭	熄灭

深入重点:

✓ 共阴极和共阳极数码管字型码有什么区别?

✓ 静态驱动和动态驱动数码管有什么区别?

✓ 动态驱动数码管:利用人眼“视觉暂留”的特性。

10.4 数码管实验

【例 10-1】 动态驱动数码管,并要求数码管从 0～9 999 循环显示。

1. 硬件设计

数码管实验硬件设计中使用到的数码管是共阳极类型的。因为数码管的片选引脚“1/2/3/4”都通过 PNP 三极管来提供高电平,为什么要选用 PNP 三极管和共阳极数码管的组合呢?因为共阳极数码管共阳端直接接电源,不用接上拉电阻,而共阴的则要,如此一来共阳极数码管亮度较高。再者用单片机控制时,单片机上电和复位后所有的 I/O 口都是高电平,只要单片机一上电,电路经过数码管的位流向共阴至地,耗电大,不节能,所以每次编写代码时又都得把位控制端赋予低电平,太过麻烦,这样共阳极数码管就表现出了其优势,因为共阳极端要接电源,而位控制口又是高电平,则数码管不会亮,省去了每次编程赋值的麻烦。

P0.0～P0.3 作为共阳极数码管的为控制口,P0.4 和 P0.5 作为共阳极数码管的字型码输入口。为了更清晰地显示硬件设计图,图 10-3 省去了 P0 口上拉电阻,实际应用中务必为 P0 口外接上拉电阻。

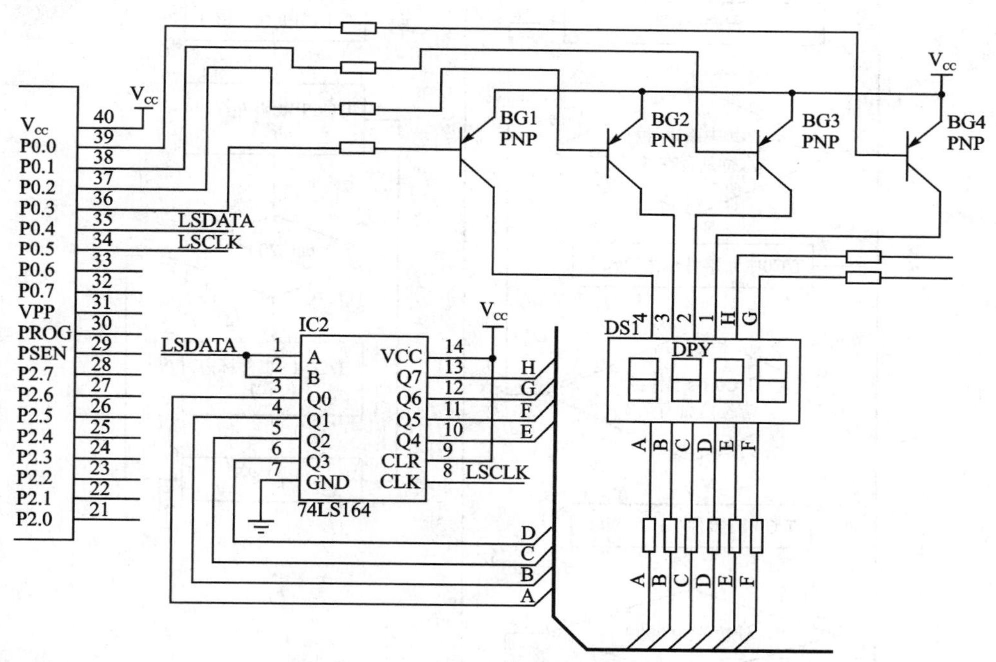

图 10-3 数码管实验硬件设计图

2. 软件设计

(1) 数码管软件设计要点。

根据硬件电路可以看出,在单片机运行的每一个时刻,P0.0～P0.3 中只能有一个 I/O 口输出低电平,即只能有一个数码管是亮的,而且单片机必须轮流地控制 P0.0～P0.3 其中的一个 I/O 口的输出“0”值。

软件设计方面使用动态驱动数码管的方式,即要保证当数码管显示时没有闪烁的现象出现,亮度一致,没有拖尾现象。由于人眼对频率大于 24 Hz 的光的闪烁不敏感,这是利用了人眼视觉暂留的特点。一般来说,每一个数码管点亮时间为 1～2 ms 就可以了。如果某一个数码管点亮时间过长,则这个数码管的亮度过高;如果某一个数码管的点亮时间过短,则这个数码管的亮度过低。因此我们必须设计一个定时器来定时点亮数码管,在该例子中,定时器的定时为 5 ms,即每个数码管点亮时间为 5 ms,扫描 4 个数码管的时间为 20 ms。

(2) 计数方式设计要点。

计数值是每秒自加 1,那么在定时器的资源占用方面可以与数码管占用的定时器资源进行共享。由于数码管的定时扫描时间为 5 ms,我们可以在 Timer0IRQ 中断服务函数中定义一个静态变量,该变量用于记录程序进入 Timer0IRQ 中断服务函数的次数,一旦进入次数累计为 200 次时,5 ms×200＝1 000 ms 代表 1 s 定时的到达,那么计数值就自加 1,最后通过数码管来显示。

3. 流程图(图 10－4)

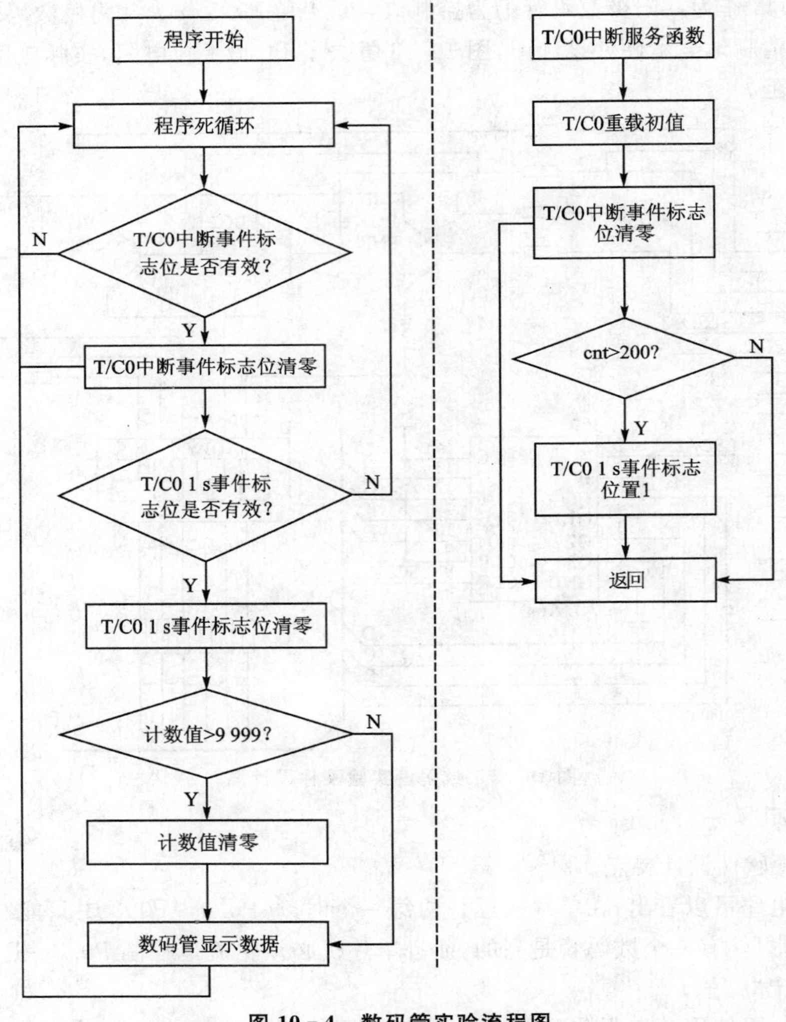

图 10－4 数码管实验流程图

4. 实验代码(表10-5)

表10-5 数码管实验函数列表

函数列表		
序 号	函数名称	说 明
1	LS164Send	74LS164发送单个字节
2	RefreshDisplayBuf	刷新数码管显示缓存
3	SegDisplay	数码管显示数据
4	TimerInit	T/C初始化
5	Timer0Start	T/C0启动
6	PortInit	端口初始化
7	main	函数主体
中断服务函数		
8	Timer0IRQ	T/C0中断服务函数

程序清单10-1 数码管实验代码

```
#include "stc.h"
/*****************************************************
*            大量宏定义,便于代码移植和阅读
*****************************************************/
#define HIGH                  1
#define LOW                   0
#define LS164_DATA(x)      {if((x))P0_4 = 1;else P0_4 = 0;}
#define LS164_CLK(x)       {if((x))P0_5 = 1;else P0_5 = 0;}
#define SEG_PORT              P0                    //控制数码管字型码端口
unsigned char    Timer0IRQEvent = 0;                //T/C0中断事件
unsigned char    Time1SecEvent = 0;                 //定时1 s事件
unsigned int     TimeCount = 0;                     //时间计数值
unsigned char    SegCurPosition = 0;                //当前点亮的数码管
//为了验证共阳极的字型码是共阴极的反码,共阳极字型码为共阴极的反码
//共阳极字型码存储在代码区,用关键字"code"声明
code unsigned char SegCode[10] = {~0x3F,~0x06,~0x5B,~0x4F,~0x66,~0x6D,~0x7D,~0x07,~
0x7F,~0x6F};
//片选数码管数组,存储在代码区,用关键字"code"声明
code unsigned char   SegPosition[4] = {0xf7,0xfb,0xfd,0xfe};
//数码管显示数据缓冲区
  unsigned char   SegBuf[4]   = {0};
/****************************************
*函数名称:LS164Send
*输    入:byte 单个字节
*输    出:无
*功    能:74LS164 发送单个字节
```

```
*******************************************/
void LS164Send(unsigned char byte)
{
    unsigned char j;
    for(j = 0;j< = 7;j + + )                          //对输入数据进行移位检测
    {
      if(byte&(1<<(7 - j)))                           //检测字节当前位
      {
            LS164_DATA(HIGH);                         //串行数据输入引脚为高电平
      }
      else
      {
            LS164_DATA(LOW);                          //串行数据输入引脚为低电平
      }
      LS164_CLK(LOW);
      LS164_CLK(HIGH);

    }
}
/******************************************
 * 函数名称:SegRefreshDisplayBuf
 * 输    入:无
 * 输    出:无
 * 功    能:数码管刷新显示缓存
*******************************************/
void SegRefreshDisplayBuf(void)
{

    SegBuf[0] = TimeCount % 10;                       //个位
    SegBuf[1] = TimeCount/10 % 10;                    //十位
    SegBuf[2] = TimeCount/100 % 10;                   //百位
    SegBuf[3] = TimeCount/1000 % 10;                  //千位
}
/******************************************
 * 函数名称:SegDisplay
 * 输    入:无
 * 输    出:无
 * 功    能:数码管显示数据
*******************************************/
void SegDisplay(void)
{
    unsigned char   t;
    SEG_PORT = 0x0F;                                  //熄灭所有数码管

    t = SegCode[SegBuf[SegCurPosition]];              //确定当前的字型码
```

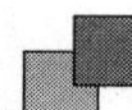

```
    LS164Send(t);
    SEG_PORT = SegPosition[SegCurPosition];         //选中一个数码管显示

    if( + + SegCurPosition> = 4)                    //下次要点亮的数码管
    {
        SegCurPosition = 0;
    }

}
/****************************************
* 函数名称:TimerInit
* 输    入:无
* 输    出:无
* 功    能:T/C 初始化
*****************************************/
void TimerInit(void)
{
    TH0 = (65536 - 5000)/256;
    TL0 = (65536 - 5000) % 256;                    //定时 5 ms
    TMOD = 0x01;                                   //T/C0 模式 1
}
/****************************************
* 函数名称:Timer0Start
* 输    入:无
* 输    出:无
* 功    能:T/C0 启动
*****************************************/
void Timer0Start(void)
{
    TR0 = 1;
    ET0 = 1;
}
/****************************************
* 函数名称:PortInit
* 输    入:无
* 输    出:无
* 功    能:I/O 口初始化
*****************************************/
void PortInit(void)
{
    P0 = P1 = P2 = P3 = 0xFF;
}
/****************************************
* 函数名称:main
* 输    入:无
```

```
* 输    出：无
* 功    能：函数主体
*******************************************/
void main(void)
{
    PortInit();
    TimerInit();
    Timer0Start();
    SegRefreshDisplayBuf();
    EA = 1;
    while(1)
    {
        if(Timer0IRQEvent)                      //检测 T/C0 中断事件是否产生
        {
            Timer0IRQEvent = 0;
            if(Time1SecEvent)                   //检测 1 s 事件是否产生
            {
                Time1SecEvent = 0;
                if(++TimeCount >= 9999)         //计数值自加
                {
                    TimeCount = 0;
                }
                SegRefreshDisplayBuf();         //刷新缓冲区
            }
            SegDisplay();                       //点亮选中的数码管
        }

    }
}
/******************************************
* 函数名称：Timer0IRQ
* 输    入：无
* 输    出：无
* 功    能：T/C0 中断服务函数
*******************************************/
void Timer0IRQ(void) interrupt 1
{
    static unsigned int cnt = 0;
    TH0 = (65536 - 5000)/256;
    TL0 = (65536 - 5000) % 256;                 //重载初值
    Timer0IRQEvent = 1;                         //T/C0 中断事件标志位置 1
    if(++cnt >= 200)
    {
        cnt = 0;
        Time1SecEvent = 1;                      //定时 1 s 事件置 1
    }
```

```
}
```

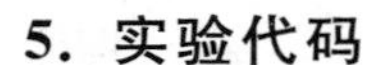

5. 实验代码

LS164Send 函数与模拟串口章节的 SendByte 函数类似，都是移位传输的，LS164Send 函数是最高有效位优先(MSB)，模拟串口章节的 SendByte 函数是最低有效位优先(LSB)。

与数码管显示相关的函数有 2 个，分别是数码管刷新显示缓存函数 SegRefreshDisplayBuf 和数码管显示数据函数 SegDisplay。SegRefreshDisplayBuf 函数刷新下一次要显示数据的千位、百位、十位、个位，起到暂存数据的作用，即所谓的“缓冲区”。SegDisplay 函数显示缓冲区数据，SegSegDisplay 函数最重要的一个操作就是动态显示下一个数码管的值时要首先熄灭所有数码管即 SEG_PORT＝0x0F，然后进入下一步操作，否则数码管显示时会有拖影。

与 T/C 相关的函数有 2 个，分别是 T/C 初始化函数 TimerInit 和 T/C0 使能函数 Timer0Start。

在 main 函数当中，首先正确配置好 T/C，启动 T/C0，然后 EA＝1 允许所有中断。有一点需要注意的是，一定在进入 while(1)之前调用 SegRefreshDisplayBuf 函数来刷新当前数码管的显示缓存，否则第一次显示的数据并不是我们想要见到的值。在进入 while(1)死循环之后，不断检测 T/C0 中断事件标志位、T/C0 1 s 事件标志位、计数值是否大于 9 999，接着就进行对应的操作。当计数值变化时，需要通过 SegRefreshDisplayBuf 函数来刷新当前数码管的显示缓存，最后通过 SegDisplay 函数来显示当前数码管的数值。

深入重点：

✓ 数码管实现代码要认真琢磨，特别是 SegDisplay 函数中的数组嵌套，即 t＝SegCode[SegBuf[SegCurPosition]]，实现了精简代码的目的。RefreshDisplayBuf 函数用于刷新计数值。

✓ 动态驱动数码管，即每 5 ms 轮流点亮一个数码管，利用人眼的“视觉暂留”的特性。

✓ 动态显示下一个数码管的值时要首先熄灭所有数码管即 SEG_PORT＝0x0F，然后进入下一步操作，否则数码管显示时会有拖影。

第11章 LCD

11.1 液晶简介

液晶随处可见，如手机屏幕、电视屏幕、电子手表等都使用到液晶显示。液晶体积小、功耗低、环保而且显示操作简单。由于液晶显示器的显示原理是通过电流刺激液晶分子，使其生成点、线、面，同时必须配合背光灯使显示内容更加清晰，否则难以看清。为了方便说明，在此将液晶直接称为 LCD。

市面上很多产品主要以 LCD1602、LCD12864 为主，为什么叫做 LCD1602 呢？因为各种型号的液晶通常是按照显示字符的行数或液晶点阵的行、列数来命名的。例如，LCD1602 的意思就是每行显示 16 个字符，总共可以显示两行。为什么叫做 LCD12864 呢？因为 LCD12864 属于图形类液晶，即 LCD12864 由 128 列、64 行组成，显示点总数＝128×64＝8 192，那么我们既可以显示图案又可以显示文字，LCD1602 既不能显示汉字又不能显示图案，只能显示 ASCII 码；LCD12864 既可以显示图案，同时支持显示汉字和 ASCII 码。

本章主要详细讲解 LCD1602 和 LCD12864(图 11－1)，它们两者是具有代表性的液晶，生活上很多时候都要用到它们，同时易于掌握，因此可以作为初学者学习液晶编程的首选。

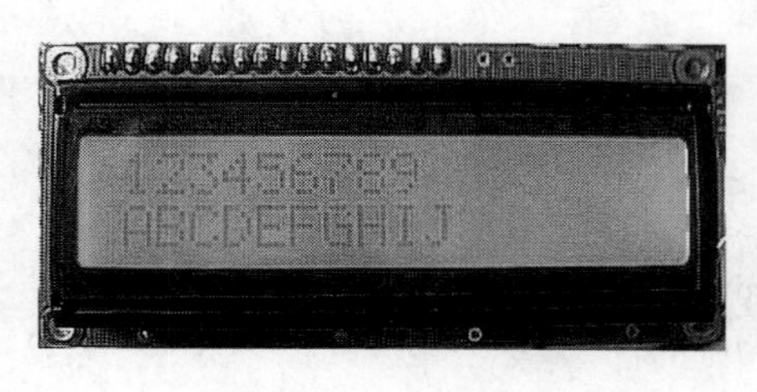

LCD1602

LCD12864

图 11－1　LCD1602 与 LCD12864 液晶

11.2 LCD1602

LCD1602 液晶每行显示 16 个字符，总共可以显示 2 行。

1. 引脚说明

LCD1602 引脚说明如表 11-1 所列。

表 11-1 LCD1602 引脚说明

编 号	符 号	引脚说明
1	V_{SS}	电源地
2	V_{DD}	电源正极
3	VO	液晶显示对比度调节器
4	RS	数据/命令选择端(H,数据模式;L,命令模式)
5	R/W	读/写选择端(H,读;L,写)
6	E	使能端
7	D0	数据 0
8	D1	数据 1
9	D2	数据 2
10	D3	数据 3
11	D4	数据 4
12	D5	数据 5
13	D6	数据 6
14	D7	数据 7
15	BLA	背光电源正极
16	BLK	背光电源负极

注：H 表示高电平，L 表示低电平。

2. 电气特性(表 11-2)

表 11-2 LCD1602 电气特性

显示字符数	16×2=32 个字符
正常工作电压	4.5～5.5 V
正常工作电流	2.0 mA(5.0 V)
最佳工作电压	5.0 V

3. RAM 地址映射

LCD1602 的控制器内部带有 80×8 位(80 字节)的 RAM 缓冲区，LCD1602 内部 RAM 地址映射表如表 11-3 所列。

表 11－3　LCD1602RAM 地址映射表

第一行	00H	01H	02H	03H	04H	05H	06H	07H	08H	…	27H
第二行	40H	41H	42H	43H	44H	45H	46H	47H	48H	…	67H

当我们向 00～0FH、40～4FH 地址中的任何一个地址写入数据时，LCD1602 可以立刻显示出来，但是当我们将数据写到 10～27H 或者 50～67H 地址时，必须通过特别的指令即移屏指令将它们移到正常的区域显示。

4. 字符表(02H～7FH)(图 11－2)

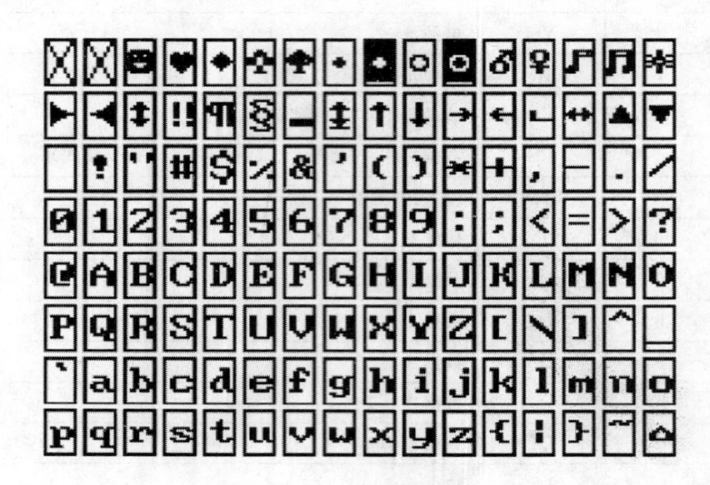

图 11－2　LCD1602 字符表

5. 基本操作(表 11－4)

表 11－4　LCD1602 基本操作

基本操作	输　入	输　出
读状态	RS＝L，R/W＝H，E＝H	D0～D7 即状态字
读数据	RS＝H，R/W＝H，E＝H	无
写指令	RS＝L，R/W＝L，E＝H，D0～D7＝指令	D0～D7 即数据
写数据	RS＝H，R/W＝L，E＝H，D0～D7＝数据	无

6. 状态字说明(表 11－5)

表 11－5　LCD1602 状态字

状态字							
D7	D6	D5	D4	D3	D2	D1	D0
1：禁止 0：允许	当前地址指针的数值						

注意：

由于8051系列单片机的运行速度比LCD1602控制的反应速度慢，原本需要每次对LCD1602的控制器进行读/写检测(或称作忙检测)，即保证D7为0才能对LCD1602进行下一步操作，为此，我们可以不对该状态字进行检测，而直接进行下一步操作。

7. 数据指针

从LCD1602的RAM映射表可以知道，每个显示的数据对应一个地址，同时控制器内部设有一个数据地址指针，要显示数据就需要设置好数据指针，如表11-6所列。

表11-6 LCD1602数据指针

指针设置	说明
80H+地址码(00～27H)	显示第一行数据
80H+地址码(40～67H)	显示第二行数据

8. 显示模式设置(表11-7)

表11-7 LCD1602模式设置

指令码								功能
0	0	1	1	1	0	0	0	设置16×2显示，5×7点阵，8位数据接口

9. 显示开/关及光标设置(表11-8)

表11-8 LCD1602显示开/关及光标设置

指令码								功能
0	0	1	1	1	0	0	0	设置16×2显示，5×7点阵，8位数据接口
0	0	0	0	1	D	C	B	D=1，开始显示；D=0，关显示 C=1，显示光标；C=0，不显示光标 B=1，光标闪烁；B=0，光标不闪烁
0	0	0	0	0	1	N	S	N=1，当读或写一个字符后地址指针加1，且光标加一 N=0，当读或写一个字符后地址指针减一，且光标减一 S=1，当写一个字符，正屏显示左移(N=1)或右移(N=0)，以得到光标不移动或屏幕移动的结果 S=0，当写一个字符时，屏幕显示不移动

10. 其他设置(表11-9)

表11-9 LCD1602其他设置

指令码	功能
01H	显示清屏：① 数据指针清零；② 所有显示清零
02H	显示回车：数据指针清零

【实验 11－1】 通过 LCD1602 显示如下字符。

第一行：0123456789；

第二行：ABCDEFGHIJ。

1. 硬件设计(图 11－3)

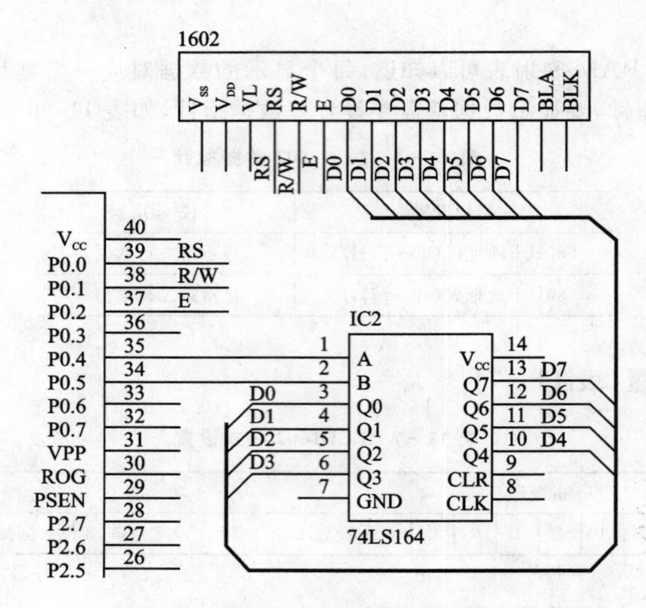

图 11－3 LCD1602 显示实验硬件设计图

由于 STC89C52RC 的 I/O 资源有限，LCD1602 不得不靠 74LS164 进行拓展来节省 I/O 资源。LCD1602 的主要控制引脚为 RS、R/W、E 引脚，数据引脚为 D0～D7。

2. 软件设计

从实验的要求来说，该实验没有多大的难度，不过要对 LCD1602 的基本操作很熟悉，如怎样对 LCD1602 发送命令、怎样让 LCD1602 显示字符、怎样设置字符显示的位置等。所以，在代码当中，有必要将这些功能独立成一个函数，方便其他函数调用。

3. 流程图(图 11－4)

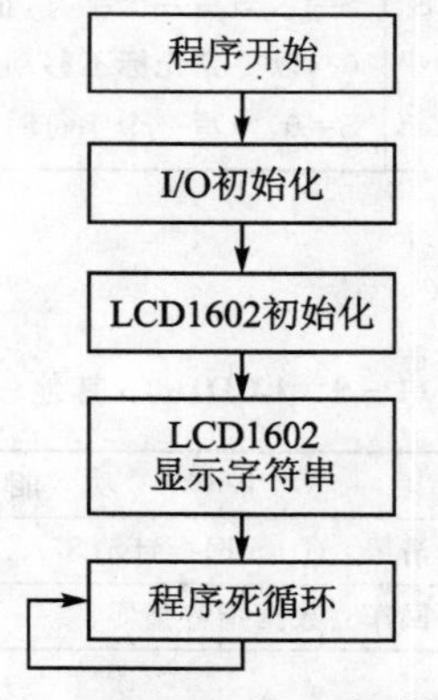

图 11－1 LCD1602 显示实验流程图

4. 实验代码(表 11-10)

表 11-10 LCD1602 显示实验函数列表

函数列表		
序 号	函数名称	说 明
1	DelayNus	微秒级延时
2	LS164Send	74LS164 串行输入并行输出函数
3	LCD1602WriteByte	LCD1602 写字节
4	LCD1602WriteCommand	LCD1602 写命令
5	LCD1602SetXY	LCD1602 设置坐标
6	LCD1602PrintfString	LCD1602 打印字符串
7	LCD1602ClearScreen	LCD1602 清屏
8	PortInit	I/O 端口初始化
9	main	函数主体

程序清单 11-1 LCD1602 显示实验代码

```
#include "stc.h"
#include <intrins.h>
/**************************************************
*           大量宏定义,便于代码移植和阅读
**************************************************/
#define NOP()                  _nop_()
#define HIGH                    1
#define LOW                     0
#define LS164_DATA(x)          {if((x))P0_4 = 1;else P0_4 = 0;}
#define LS164_CLK(x)           {if((x))P0_5 = 1;else P0_5 = 0;}
#define LCD1602_LINE1            0
#define LCD1602_LINE2            1
#define LCD1602_LINE1_HEAD      0x80
#define LCD1602_LINE2_HEAD      0xC0
#define LCD1602_DATA_MODE       0x38
#define LCD1602_OPEN_SCREEN     0x0C
#define LCD1602_DISP_ADDRESS 0x80
#define LCD1602_RS(x)          {if((x))P0_0 = 1;else P0_0 = 0;}  //RS 引脚控制
#define LCD1602_RW(x)          {if((x))P0_1 = 1;else P0_1 = 0;}  //RW 引脚控制
#define LCD1602_EN(x)          {if((x))P0_2 = 1;else P0_2 = 0;}  //EN 引脚控制
#define LCD1602_PORT             LS164Send                      //发送数据
/*******************************************
* 函数名称:DelayNus
* 输    入:t 延时时间
* 输    出:无
* 说    明:微秒级延时
```

```
********************************************/
void DelayNus(unsigned int t)
{
    unsigned int d = 0;
    d = t;
    do
    {
        NOP();
    }while(- - d >0);
}
/********************************************
* 函数名称：LS164Send
* 输    入：byte 要发送的字节
* 输    出：无
* 说    明：74LS164 发送数据
********************************************/
void LS164Send(unsigned char byte)
{
   unsigned char j;
   for(j = 0;j< = 7;j + +)
   {
     if(byte&(1<<(7 - j)))
     {
        LS164_DATA(HIGH);
     }
     else
     {
        LS164_DATA(LOW);
     }
     LS164_CLK(LOW);
     LS164_CLK(HIGH);

   }
}
/********************************************
* 函数名称：LCD1602WriteByte
* 输    入：byte 要写入的字节
* 输    出：无
* 说    明：LCD1602 写字节
********************************************/
void LCD1602WriteByte(unsigned char byte)
{
    LCD1602_PORT(byte);
    LCD1602_RS(HIGH);
    LCD1602_RW(LOW);
```

```
    LCD1602_EN(LOW);
    DelayNus(50);
    LCD1602_EN(HIGH);
}
/*********************************************
* 函数名称：LCD1602WriteCommand
* 输    入：command 要写入的命令
* 输    出：无
* 说    明：LCD1602 写命令
*********************************************/
void LCD1602WriteCommand(unsigned char command)
{
    LCD1602_PORT(command);
    LCD1602_RS(LOW);
    LCD1602_RW(LOW);
    LCD1602_EN(LOW);
    DelayNus(50);
    LCD1602_EN(HIGH);
}
/*********************************************
* 函数名称：LCD1602SetXY
* 输    入：x 横坐标 y 纵坐标
* 输    出：无
* 说    明：LCD1602 设置坐标
*********************************************/
void LCD1602SetXY(unsigned char x,unsigned char y)
{
    unsigned char address;
    if(y = = LCD1602_LINE1)
    {
        address = LCD1602_LINE1_HEAD + x;
    }
    else
    {
        address = LCD1602_LINE2_HEAD + x;
    }
  LCD1602WriteCommand(address);
}
/*********************************************
* 函数名称：LCD1602PrintfString
* 输    入：x 横坐标 y 纵坐标 s 字符串
* 输    出：无
* 说    明：LCD1602 打印字符串
*********************************************/
void LCD1602PrintfString(unsigned char x,
```

```
                    unsigned char y,
                    unsigned char * s)
{
    LCD1602SetXY(x,y);

     while(s && * s)
     {
        LCD1602WriteByte( * s);
        s++;

     }
}
/*******************************************
* 函数名称：LCD1602ClearScreen
* 输    入：无
* 输    出：无
* 说    明：LCD1602 清屏
*******************************************/
void LCD1602ClearScreen(void)
{
    LCD1602WriteCommand(0x01);
     DelayNus(50);
}
/*******************************************
* 函数名称：LCD1602Init
* 输    入：无
* 输    出：无
* 说    明：LCD1602 初始化
*******************************************/
void LCD1602Init(void)
{
     LCD1602ClearScreen();
     LCD1602WriteCommand(LCD1602_DATA_MODE);      //显示模式设置,设置 16×2 显示,5×7 点阵
                                                  //8 位数据接口
     LCD1602WriteCommand(LCD1602_OPEN_SCREEN);    //开显示
     LCD1602WriteCommand(LCD1602_DISP_ADDRESS);   //起始显示地址
     LCD1602ClearScreen();
}
/*******************************************
* 函数名称：PortInit
* 输    入：无
* 输    出：无
* 说    明：I/O 口初始化
*******************************************/
void PortInit(void)
```

```
{
    P0 = P1 = P2 = P3 = 0xFF;
}
/******************************************
* 函数名称:main
* 输    入:无
* 输    出:无
* 说    明:函数主体
******************************************/
void main(void)
{
    PortInit();
    LCD1602Init();
   LCD1602PrintfString(0,LCD1602_LINE1,"0123456789");
    LCD1602PrintfString(0,LCD1602_LINE2,"ABCDEFGHIJ");
    while(1)
    {
        ;                                       //空操作
    }
}
```

5. 代码分析

LS164Send 函数与模拟串口章节的 SendByte 函数类似,都是移位传输的,LS164Send 函数是最高有效位优先(MSB),模拟串口章节的 SendByte 函数是最低有效位优先(LSB)。

要对 LCD1602 进行多种操作,都要通过 RS、RW、EN 引脚进行控制,其中 RS、RW 引脚最为频繁。为了方便控制这些引脚,同时为了提高可读性,对这些引脚的控制都用宏进行封装,具体如下:

```
#define LCD1602_RS(x)      {if((x))P0_0 = 1;else P0_0 = 0;}     //RS 引脚控制
#define LCD1602_RW(x)      {if((x))P0_1 = 1;else P0_1 = 0;}     //RW 引脚控制
#define LCD1602_EN(x)      {if((x))P0_2 = 1;else P0_2 = 0;}     //EN 引脚控制
```

对 LCD1602 进行多种操作如写命令、写字节、设备显示坐标等,当然为了方便使用,它们同样都独立于一个函数,分别是 LCD1602WriteCommand 函数、LCD1602WriteByte 函数和 LCD1602SetXY 函数,最后将这 3 个基本函数装成可以在特定的位置显示字符串的 LCD1602PrintfString 函数。

在 main 函数中,主要进行 I/O 口初始化、LCD1602 初始化,然后通过 LCD1602PrintfString 函数显示相对应的字符串,最后通过 while(1)进入死循环,不进行其他操作。

11.3 LCD12864

LCD12864 显示模块是 128×64 点阵的汉字图形型液晶显示模块,可显示汉字及图形,内置国标 GB2312 码简体中文字库(16×16 点阵)、128 个字符(8×16 点阵)及 64×256 点阵显示 RAM(GDRAM);可与 CPU 直接接口,提供两种接口方式来连接单片机,分别是 8 位并行及串行两种连接方式;具有多种功能,如光标显示画面移位、睡眠模式等。

1. 引脚说明(表 11－11)

表 11－11 LCD12864 引脚说明

编 号	符 号	引脚说明
1	Vss	电源地
2	VDD	电源正极
3	VO	液晶显示对比度调节器
4	RS	数据/命令选择端(H 表示数据模式,L 表示命令模式)
5	R/W	读/写选择端(H 表示读,L 表示写)
6	E	使能端
7	D0	数据 0
8	D1	数据 1
9	D2	数据 2
10	D3	数据 3
11	D4	数据 4
12	D5	数据 5
13	D6	数据 6
14	D7	数据 7
15	PSB	发送数据模式(H 表示并行模式,L 表示串行模式)
16	NC	空脚
17	RST	复位引脚(低电平复位)
18	NC	空脚
19	LEDA	背光电源正极
20	LEDK	背光电源负极

2. 特点(表 11－12)

表 11－12 LCD12864 电气特性

工作电压	4.5～5.5 V
最大字符数	128 个字符(8×16 点阵)
显示内容	128 列×64 行
LCD 类型	STN
与 MCU 接口	8 位或 4 位并行/3 位串行
软件功能	光标显示、画面移动、自定义字符、睡眠模式

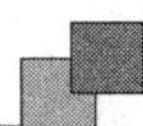

3. 汉字显示坐标(表 11－13)

表 11－3 LCD12864 汉字显示坐标

	X 坐标							
第一行	80H	81H	82H	83H	84H	85H	86H	87H
第二行	90H	91H	92H	93H	94H	95H	96H	97H
第三行	88H	89H	8AH	8BH	8CH	8DH	8EH	8FH
第四行	98H	99H	9AH	9BH	9CH	9DH	9EH	9FH

4. 字符表

1) ASCII 码(图 11－5)

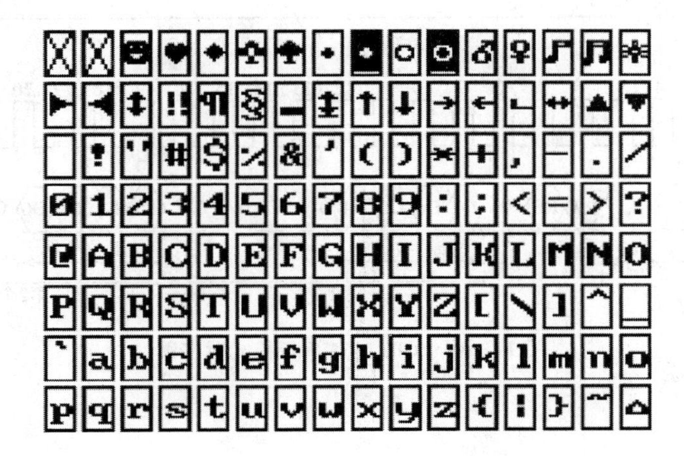

图 11－5 LCD12864 ACSII 码表

2) 中文字符表

由于篇幅有限,在此只显示部分中文字符表,如图 11－6 所示。

B9B0 拱 贡 共 钩 勾 沟 苟 狗 垢 构 购 够 辜 菇 咕 箍
B9C0 估 沽 孤 姑 鼓 古 蛊 骨 谷 股 故 顾 固 雇 刮 瓜
B9D0 剐 寡 挂 褂 乖 拐 怪 棺 关 官 冠 观 管 馆 罐 惯
B9E0 灌 贯 光 广 逛 瑰 规 圭 硅 归 龟 闺 轨 鬼 诡 癸
B9F0 桂 柜 跪 贵 刽 辊 滚 棍 锅 郭 国 果 裹 过 哈
BAA0 骸 孩 海 氦 亥 害 骇 酣 憨 邯 韩 含 涵 寒 函
BAB0 喊 罕 翰 撼 捍 旱 憾 悍 焊 汗 汉 夯 杭 航 壕 嚎

图 11－6 LCD12864 中文字符表

5. 数据发送模式

1) 并行模式时序图(图 11－7)

2) 串行模式时序图(图 11－8)

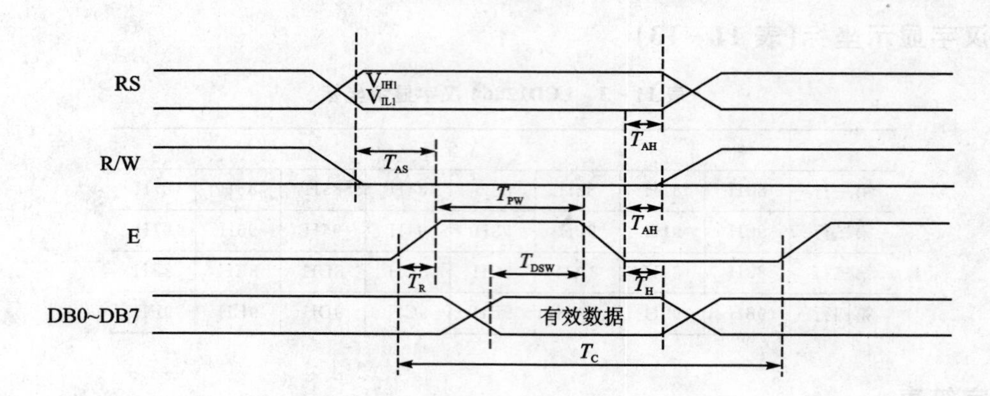

图 11－7　LCD12864 并行模式时序图

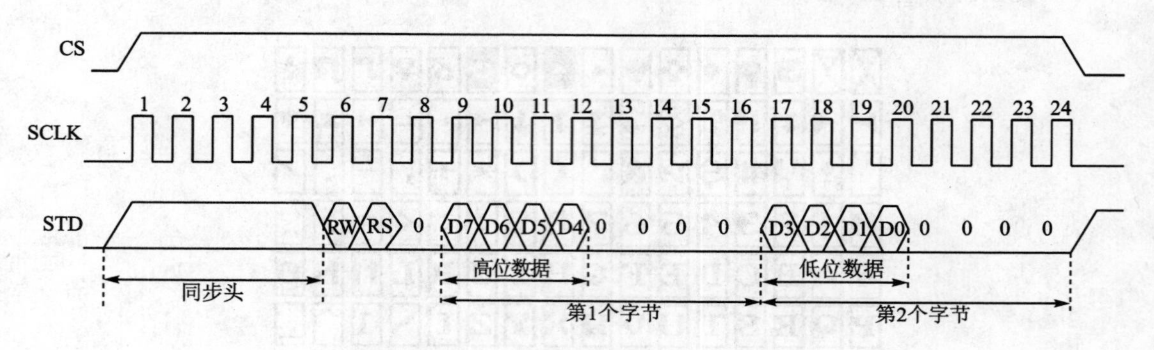

图 11－8　LCD12864 串行模式时序图

6. 指令集

1）清除显示(01H)

RW	RS	DB7	DB6	DB5	DB4	DB3	DB2	DB1	DB0
0	0	0	0	0	0	0	0	0	1

功能：清除显示屏幕，把 DDRAM 位址计数器调整为"00H"。

2）位址归位(02H)

RW	RS	DB7	DB6	DB5	DB4	DB3	DB2	DB1	DB0
0	0	0	0	0	0	0	0	1	0

功能：把 DDRAM 位址计数器调整为"00H"，游标回原点，该功能不影响显示 DDRAM。

3）点设定(07H/04H/05H/06H)

RW	RS	DB7	DB6	DB5	DB4	DB3	DB2	DB1	DB0
0	0	0	0	0	0	0	1	I/D	S

功能：设定光标移动方向并指定整体显示是否移动。

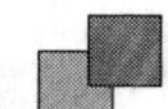

I/D=1，光标右移；I/D=0，光标左移。

SH=1 且 DDRAM 为写状态：整体显示移动，方向由 I/D 决定。

SH=0 或 DDRAM 为读状态：整体显示不移动。

4）显示状态开关(10H/14H/18H/1CH)

RW	RS	DB7	DB6	DB5	DB4	DB3	DB2	DB1	DB0
0	0	0	0	0	0	1	D	C	B

功能：D=1，整体显示 ON；C=1，游标 ON；B=1，游标位置 ON。

5）游标或显示移位控制(10H/14H/18H/1CH)

RW	RS	DB7	DB6	DB5	DB4	DB3	DB2	DB1	DB0
0	0	0	0	0	H	S/C	R/L	X	X

功能：设定游标的移动与显示的移动控制位。

6）功能设定(36H/30H/34H)

RW	RS	DB7	DB6	DB5	DB4	DB3	DB2	DB1	DB0
0	0	0	0	1	DL	X	RE	X	X

功能：DL=1(必须设为 1)；RE=1，扩充指令集动作；RE=0，基本指令集动作。

7）设定 CGRAM 地址(40H～7FH)

RW	RS	DB7	DB6	DB5	DB4	DB3	DB2	DB1	DB0
0	0	0	1	AC5	AC4	AC3	AC2	AC1	AC0

功能：设定 CGRAM 位址到位址计数器(AC)。

8）设定 DDRAM 位址(80H～9FH)

RW	RS	DB7	DB6	DB5	DB4	DB3	DB2	DB1	DB0
0	0	0	AC6	AC5	AC4	AC3	AC2	AC1	AC0

功能：设定 DDRAM 位址到位址计数器(AC)。

9）读取忙碌状态(BF=1，状态忙)和位址

RW	RS	DB7	DB6	DB5	DB4	DB3	DB2	DB1	DB0
0	1	BF	AC6	AC5	AC4	AC3	AC2	AC1	AC0

功能：读取忙碌状态(BF)可以确定内部动作是否完成，同时可以读出位址计数器(AC)的值。

10）写数据到 RAM

RW	RS	DB7	DB6	DB5	DB4	DB3	DB2	DB1	DB0
1	0	D7	D6	D5	D4	D3	D2	D1	D0

功能：写入数据(D7～D0)到内部的 RAM(DDRAM/CGRAM/TRAM/GDRAM)。

11）读出 RAM 的值

RW	RS	DB7	DB6	DB5	DB4	DB3	DB2	DB1	DB0
1	1	D7	D6	D5	D4	D3	D2	D1	D0

功能：从内部 RAM(DDRAM/CGRAM/TRAM/GDRAM)读取数据。

12）待命模式(01H)

RW	RS	DB7	DB6	DB5	DB4	DB3	DB2	DB1	DB0
0	0	0	0	0	0	0	0	0	1

功能：进入待命模式,执行其他命令都可终止待命模式。

13）反白选择(04H/05H)

RW	RS	DB7	DB6	DB5	DB4	DB3	DB2	DB1	DB0
0	0	0	0	0	0	0	1	R1	R0

功能：选择 4 行中的任一行(设置 R0、R1 的值)做反白显示,并可决定反白与否。

14）卷动位址或 IRAM 位址选择(02H/03H)

RW	RS	DB7	DB6	DB5	DB4	DB3	DB2	DB1	DB0
0	0	0	0	0	0	0	0	1	SR

功能：SR=1,允许输入卷动位址；SR=0,允许输入 IRAM 位址。

15）设定 IRAM 位址或卷动位址(40H～7FH)

RW	RS	DB7	DB6	DB5	DB4	DB3	DB2	DB1	DB0
0	0	0	1	AC5	AC4	AC3	AC2	AC1	AC0

功能：必选从 14)的命令中设置好 SR=1,AC5～AC0 为垂直卷动位址；
SR=0,AC3～AC0 写 ICONRAM 位址。

16）睡眠模式(08H/0CH)

RW	RS	DB7	DB6	DB5	DB4	DB3	DB2	DB1	DB0
0	0	0	0	0	0	1	SL	X	X

功能：SL=1,脱离睡眠模式；SL=0,进入睡眠模式。

17）设定绘图 RAM 地址（80H-FFH）

RW	RS	DB7	DB6	DB5	DB4	DB3	DB2	DB1	DB0
0	0	1	AC6	AC5	AC4	AC3	AC2	AC1	AC0

功能：设定 GDRAM 位址到位址计数器（AC）。

【实验 11－2】 通过 LCD12864 显示 4 行文字，显示内容如下所示。

第一行：1234567890ABCDEF；

第二行：——————————————————；

第三行：学好电子成就自己；

第四行：——————————————————。

1. 硬件设计（图 11－9）

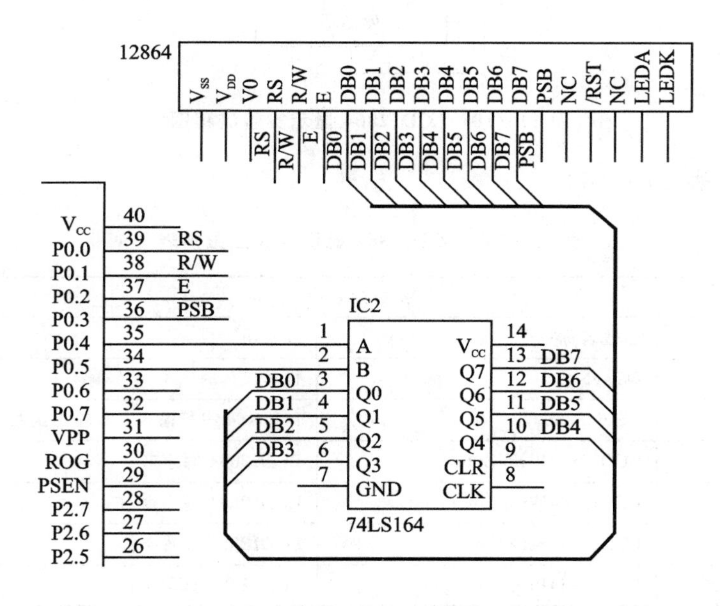

图 11－9　LCD12864 显示实验硬件设计图

由于 STC89C52RC 的 I/O 资源有限，LCD12864 不得不靠 74LS164 进行拓展来节省 I/O 资源。LCD12864 的主要控制引脚为 RS、R/W、E 引脚，数据引脚为 D0～D7，完全与 LCD1602 的引脚一样，只是部分多出的引脚略有不同。

2. 软件设计

从实验的要求来说，该实验没有多大的难度，不过要对 LCD12864 的基本操作很熟悉，如怎样对 LCD12864 发送命令、怎样让 LCD12864 显示字符、怎样设置字符显示的位置等。所以，在代码当中，有必要这些功能独立成一个函数，方便其他函数调用。

3. 流程图(图 11-10)

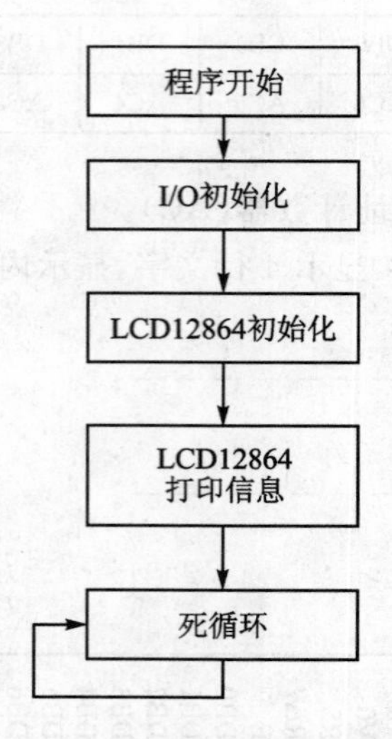

图 11-10　LCD12864 显示实验流程图

4. 实验代码(表 11-14)

表 11-14　LCD12864 显示实验函数列表

函数列表		
序　号	函数名称	说　明
1	DelayNus	微秒级延时
2	LS164Send	74LS164 串行输入并行输出函数
3	LCD12864WriteByte	LCD12864 写字节
4	LCD12864WriteCommand	LCD12864 写命令
5	LCD12864SetXY	LCD12864 设置坐标
6	LCD12864PrintfString	LCD12864 打印字符串
7	LCD12864ClearScreen	LCD12864 清屏
8	PortInit	I/O 端口初始化
9	main	函数主体

程序清单 11-2　LCD12864 显示实验代码

```
#include "stc.h"
#include <intrins.h>
/*******************************************************
*           大量宏定义,便于代码移植和阅读
*******************************************************/
#define NOP()                    _nop_()
#define HIGH                     1
#define LOW                      0
```

```
#define LS164_DATA(x)        {if((x))P0_4 = 1;else P0_4 = 0;}
#define LS164_CLK(x)         {if((x))P0_5 = 1;else P0_5 = 0;}
#define LCD12864_RS(x)       {if((x))P0_0 = 1;else P0_0 = 0;}    //RS引脚控制
#define LCD12864_RW(x)       {if((x))P0_1 = 1;else P0_1 = 0;}    //R/W引脚控制
#define LCD12864_EN(x)       {if((x))P0_2 = 1;else P0_2 = 0;}    //E引脚控制
#define LCD12864_MD(x)       {if((x))P0_3 = 1;else P0_3 = 0;}    //PSB引脚控制
#define LCD12864_PORT        LS164Send                          //发送数据
/*****************************************
*函数名称:DelayNus
*输    入:t 延时时间
*输    出:无
*说    明:微秒级延时
*****************************************/
void DelayNus(unsigned int t)
{
    unsigned int d = 0;
    d = t;
    do
    {
        NOP();
    }while(--d >0);
}
/*****************************************
*函数名称:LS164Send
*输    入:byte 要发送的字节
*输    出:无
*说    明:74LS164 发送数据
*****************************************/
void LS164Send(unsigned char byte)
{
   unsigned char j;
   for(j = 0;j<= 7;j++)
   {
     if(byte&(1<<(7-j)))
     {
        LS164_DATA(HIGH);
     }
    else
    {
        LS164_DATA(LOW);
    }
    LS164_CLK(LOW);
    LS164_CLK(HIGH);

   }
```

```
}
/*******************************************
* 函数名称：LCD12864WriteByte
* 输    入：byte 要写入的字节
* 输    出：无
* 说    明：LCD12864 写字节
*******************************************/
void LCD12864WriteByte(unsigned char byte)
{
    LCD12864_PORT(byte);
    LCD12864_RS(HIGH);
    LCD12864_RW(LOW);
    LCD12864_EN(LOW);
    DelayNus(5);
    LCD12864_EN(HIGH);
}
/*******************************************
* 函数名称：LCD12864WriteCommand
* 输    入：command 要写入的命令
* 输    出：无
* 说    明：LCD12864 写命令
*******************************************/
void LCD12864WriteCommand(unsigned char command)
{
    LCD12864_PORT(command);
    LCD12864_RS(LOW);
    LCD12864_RW(LOW);
    LCD12864_EN(LOW);
    DelayNus(5);
    LCD12864_EN(HIGH);
}
/*******************************************
* 函数名称：LCD12864SetXY
* 输    入：x 横坐标 y 纵坐标
* 输    出：无
* 说    明：LCD12864 设置坐标
*******************************************/
void LCD12864SetXY(unsigned char x,unsigned char y)
{
    switch(y)
    {
      case 1:
      {
          LCD12864WriteCommand(0x80|x);
      }
```

```
            break;
            case 2:
            {
                LCD12864WriteCommand(0x90|x);
            }
            break;
            case 3:
            {
                LCD12864WriteCommand(0x88|x);
            }
            break;
            case 4:
            {
                LCD12864WriteCommand(0x98|x);
            }
            break;
            default: break;
        }
}
/*******************************************
* 函数名称:LCD12864PrintfString
* 输    入:x 横坐标 y 纵坐标 s 字符串
* 输    出:无
* 说    明:LCD12864 打印字符串
*******************************************/
void LCD12864PrintfString(unsigned char x,
                          unsigned char y,
                          unsigned char *s)
{
    LCD12864SetXY(x,y);

     while(s && *s)
     {
        LCD12864WriteByte(*s);
        s++;

     }
}
/*******************************************
* 函数名称:LCD12864ClearScreen
* 输    入:无
* 输    出:无
* 说    明:LCD12864 清屏
*******************************************/
void LCD12864ClearScreen(void)
```

```
{
    LCD12864WriteCommand(0x01);
     DelayNus(20);
}
/******************************************
 * 函数名称：LCD12864Init
 * 输    入：无
 * 输    出：无
 * 说    明：LCD12864 初始化
 ******************************************/
void LCD12864Init(void)
{
    LCD12864_MD(HIGH);
    LCD12864WriteCommand(0x30);          //功能设置,一次送 8 位数据,基本指令集
    LCD12864WriteCommand(0x0C);          //整体显示,游标 off,游标位置 off
    LCD12864WriteCommand(0x01);          //清 DDRAM
    LCD12864WriteCommand(0x02);          //DDRAM 地址归位
    LCD12864WriteCommand(0x80);          //设定 DDRAM 7 位地址 000,0000 到地址计数器 AC
    LCD12864ClearScreen();
}
/******************************************
 * 函数名称：PortInit
 * 输    入：无
 * 输    出：无
 * 说    明：I/O 初始化
 ******************************************/
void PortInit(void)
{
    P0 = P1 = P2 = P3 = 0xFF;
}
/******************************************
 * 函数名称：main
 * 输    入：无
 * 输    出：无
 * 说    明：函数主体
 ******************************************/
void main(void)
{
    unsigned char i = 0;
    PortInit();
    LCD12864Init();                                          //初始化
    LCD12864PrintfString(0,1,"1234567890ABCDEF");            //第一行打印
    LCD12864PrintfString(0,2,"----------------");            //第二行打印
    LCD12864PrintfString(0,3,"学好电子成就自己");            //第三行打印
    LCD12864PrintfString(0,4,"----------------");            //第四行打印
```

```
    while(1)
    {

        ;
    }
}
```

5. 代码分析

LS164Send 函数与模拟串口章节的 SendByte 函数类似，都是移位传输的，LS164Send 函数是最高有效位优先(MSB)，模拟串口章节的 SendByte 函数是最低有效位优先(LSB)。

由于控制 LCD12864 进行多种操作，都要对 RS、R/W、E、PSB 引脚进行控制，其中 RS、RW 引脚最为频繁。

为了方便控制这些引脚，同时为了提高可读性，对这些引脚的控制都用宏进行封装，具体如下：

```
#define LCD12864_RS(x)      {if((x))P0_0 = 1;else P0_0 = 0;}      //RS 引脚控制
#define LCD12864_RW(x)      {if((x))P0_1 = 1;else P0_1 = 0;}      //R/W 引脚控制
#define LCD12864_EN(x)      {if((x))P0_2 = 1;else P0_2 = 0;}      //E 引脚控制
#define LCD12864_MD(x)      {if((x))P0_3 = 1;else P0_3 = 0;}      //PSB 引脚控制
```

PSB 引脚的主要作用就是与 LCD12864 通信时串行通行还是并行通信。

对 LCD12864 进行多种操作如写命令、写字节、设置显示位置等，当然为了方便使用，它们同样都是独立于一个函数，分别是 LCD12864WriteCommand 函数、LCD12864WriteByte 函数和 LCD12864SetXY 函数，最后将这 3 个基本函数装成可以在特定的位置显示字符串的 LCD12864PrintfString 函数。

在 main 函数中，主要进行 I/O 口初始化、LCD12864 初始化，然后通过 LCD12864PrintfString 函数显示相对应的字符串，最后通过 while(1)进入死循环，不进行其他操作。

第 12 章

EEPROM

12.1 EEPROM 简介

EEPROM (electrically erasable programmable read-only memory)即电可擦可编程只读存储,是一种掉电后数据不丢失的存储芯片,如图 12-1 所示。DRAM 断电后存在其中的数据会丢失,而 EEPROM 断电后存在其中的数据不会丢失。另外,EEPROM 可以清除存储数据和再编程。相比于 EPROM,EEPROM 不需要用紫外线照射,也不需取下,就可以用特定的电压来擦除芯片上的信息,以便写入新的数据。

图 12-1　EEPROM 器件

EEPROM 有 4 种工作模式:读取模式、写入模式、擦除模式、校验模式。读取时,芯片只需要 V_{CC} 低电压(一般+5 V)供电;编程写入时,芯片通过 V_{PP}(一般+25 V)获得编程电压,并通过 PGM 编程脉冲(一般 50 ms)写入数据;擦除时,只需使用 V_{PP} 高电压,不需要紫外线,便可以擦除指定地址的内容;为保证编程写入正确,在每写入一块数据后,都需要进行类似于读取的校验步骤,若错误就重新写入。

由于 EEPROM 性能优良,以及在线操作便利,它被广泛用于需要经常擦除的 ROM 芯片以及闪存芯片,并逐步替代部分有断电保留需要的 RAM 芯片。它可以直接利用电气信号来更新程序,所以比 EPROM 更方便。

12.2 STC89C52RC 内部 EEPROM

12.2.1 内部 EEPROM 简介

单片机运行时的数据都存于 RAM(随机存储器)中,在掉电后 RAM 中的数据是无法保留的，那么怎样使数据在掉电后不丢失呢？这就需要使用 EEPROM 或 FLASHROM 等存储器来实现。在传统的单片机系统中，一般是在片外扩展存储器，单片机与存储器之间通过 IIC 或 SPI 等接口来进行数据通信。这样不光会增加开发成本，同时在程序开发上也要花更多的心思。在 STC 单片机中内置了 EEPROM（其实是采用 ISP/IAP 技术读/写内部 Flash 来实现 EEPROM），这样就节省了片外资源，使用起来也更加方便。下面将详细介绍 STC 单片机内置 EEPROM 及其使用方法。

STC89 型号单片机内置的 EEPROM 的容量各有不同，如表 12-1 所列。

表 12-1　STC89 型号单片机内置的 EEPROM 的容量

产品编号	EEPROM/KB	产品编号	EEPROM/KB
STC89C51RC	2	STC89C54RD+	16
STC89C52RC	2	STC89C55RD+	16
STC89C53RC	0	STC89C58RD+	16

STC89 型号单片机（除了 STC89C53RC）内置的 EEPROM 的容量最小有 2 KB，最大有 16 KB，基本上能很好地满足项目的需要，更方便之处就是节省了周边的 EEPROM 器件，达到了节省成本的目的，而且内部 EEPROM 的速度比外部的 EEPROM 的速度快很多。

STC89 型号单片机内置的 EEPROM 是以 512 字节为一个扇区，EEPROM 的起始地址＝Flash 容量值＋1，那么 STC89C52RC 的起始地址为 0x2000，第一扇区的起始地址和结束地址为 0x2000～0x21FF，第二扇区的起始地址和结束地址为 0x2200～0x23FF，其他扇区依次类推。

深入重点：

- ✓ 传统的 EEPROM 即电可擦可编程只读存储，是一种掉电后数据不丢失的存储芯片。
- ✓ STC89C52RC 的 EEPROM 是通过 ISP/IAP 技术读/写内部 Flash 来实现 EEPROM 的。
- ✓ STC89C52RC 的 EEPROM 起始地址为 0x2000，以 512 字节为一个扇区，EERPOM 的大小为 2 KB。

12.2.2　EEPROM 寄存器

STC89C52RC 与 EEPORM 实现相关的寄存器有 6 个，分别是 ISP_DATA、ISP_ADDRH、ISP_ADDRL、ISP_TRIG、ISP_CMD、ISP_CONTR。

1. ISP_DATA 寄存器

ISP_DATA 寄存器：ISP/IAP 操作时的数据寄存器。

ISP/IAP 从 Flash 读的数据在此处，向 Flash 写的数据也须放在此处。

程序清单 12-1　EERPOM 读单个字节

```
UINT8 EEPROMRead(UINT16 addr)
```

```
{
    ……
    return ISP_DATA;
}
```

程序清单 12 - 2　EERPOM 写单个字节

```
void EEPROMWrite(UINT8 byte)
{
    ……
    ISP_DATA = byte;
}
```

2. ISP_ADDRH、ISP_ADDRL 寄存器

ISP_ADDRH：ISP/IAP 操作时的地址寄存器高 8 位。

ISP_ADDRL：ISP/IAP 操作时的地址寄存器低 8 位。

程序清单 12 - 3　EERPOM 设置地址

```
void EEPROMSetAddress(UINT16 Addr)
{
    ……
    ISP_ADDRH = (UINT8)(Addr>>8);
    ISP_ADDRL = (UINT8) Addr;
}
```

3. ISP_CMD 寄存器

ISP_CMD：ISP/IAP 操作时的命令模式寄存器，需要通过 ISP_TRIG 命令触发寄存器才能生效，如表 12 - 2 所列。

表 12 - 2　ISP_CMD 命令模式寄存器

B7	B6	B5	B4	B3	B2	B1	B0	模式选择
保留					命令			
—	—	—	—	—	0	0	0	无 ISP 操作
—	—	—	—	—	0	0	1	字节读
—	—	—	—	—	0	1	0	字节写
—	—	—	—	—	0	1	1	扇区擦除

4. ISP_TRIG 寄存器

ISP/IAP 命令要生效即 ISP_CMD 设置的命令要生效，必须通过 ISP_TRIG 命令触发寄存器进行触发。触发过程很特别，只需要连续两次对 ISP_TRIG 寄存器赋值就可以了，对 ISP_TRIG 寄存器先写入 0x46，再写入 0xB9 就完成了命令触发的过程。

程序清单 12 - 4　命令触发

```
void EEPROMCmdTrig(void)
```

```
{
    ……
    ISP_TRIG = 0x46;
    ISP_TRIG = 0xB9;
}
```

5. ISP_CONTR寄存器

ISP_CONTR：ISP/IAP控制寄存器。

B7	B6	B5	B4	B3	B2	B1	B0
ISPEN	SWBS	SWRST	—	—	WT2	WT1	WT0

ISPEN：0表示禁止ISP/IAP编程改变Flash，1表示允许ISP/IAP编程改变Flash。

SWBS：0表示软件选择从用户主程序区启动，1表示ISP程序区启动。

SWRST：0表示不操作，1表示产生软件系统复位，硬件自动清零。

WT2、WT1、WT0：设置等待时间，如表12-3所列。

表12-3 设置等待时间

设置等待时间			MCU等待时间(机器周期)			
WT2	WT1	WT0	读字节	写字节	扇区擦除	工作频率/MHz
0	1	1	6	30	5471	5
0	1	0	11	60	10942	10
0	0	1	22	120	21885	20
0	0	0	43	240	43769	40

假如STC89C52RC的工作频率为12 MHz，那么机器周期为1 μs，参照表12-3，EEPROM的读单个字节、写单个字节、扇区擦除所需要的时间大致如下。

读单字节：11×1 μs=11 μs；

写单字节：60×1 μs=60 μs；

扇区擦除：10 942×1 μs=10.942 ms。

无论单片机运行在什么工作频率下，EEPROM的读、写、擦除操作所需要的时间分别约为10 μs、60 μs、10 ms。

深入重点：

✓ STC89C52RC与EEPORM实现的寄存器有6个，分别是ISP_DATA、ISP_ADDRH、ISP_ADDRL、ISP_TRIG、ISP_CMD、ISP_CONTR。

✓ EEPROM的命令触发必须对ISP_TRIG寄存器先写入0x46，再写入0xB9。

✓ 无论单片机运行在什么工作频率下，EEPROM的读、写、擦除操作所需要的时间分别约为10 μs、60 μs、10 ms，因而要对ISP_CONTR设置好等待时间，否则数据容易出现问题。

12.3 EEPROM实验

【实验12-1】 从EEPROM的0x2000地址写入数据为0x88,然后从EEPROM的0x2000地址读取数据,从8个LED灯显示出来,判断写入与读取的数据是否正确。

1. 硬件设计

参考GPIO实验硬件设计。

2. 软件设计

实验要求十分简单,只需要包含EEPROM的写入操作和读取操作,不过需要注意的是,EEPROM读/写操作之前要首先初始化好EERPOM的相关寄存器才允许读/写操作,而在写操作之前必须扇区擦除。

写入数据软件设计:扇区擦除→写入数据。

读取数据软件设计:直接读取。

显示数据软件设计:直接赋值给LED所占的I/O口。

3. 流程图(图12-2)

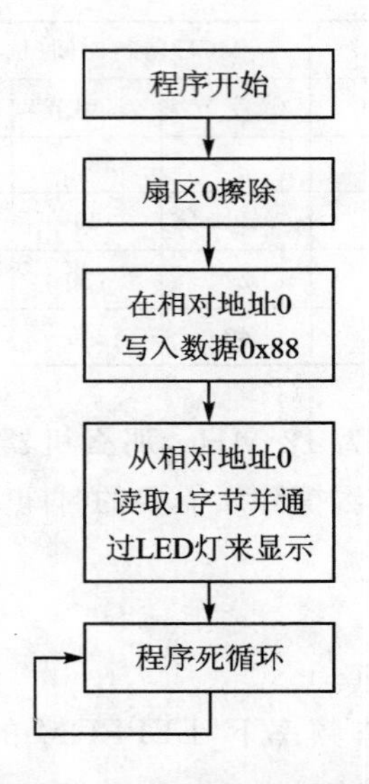

图12-2 EEPROM实验流程图

4. 实验代码(表12-4)

表12-4 EEPROM实验函数列表

函数列表		
序 号	函数名称	说 明
1	DelayNus	微秒级延时
2	DelayNms	毫秒级延时

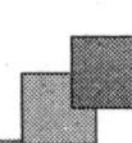

续表 12－4

函数列表		
序　号	函数名称	说　明
3	EEPROMEnable	EEPROM 使能
4	EEPROMDisable	EEPROM 禁止
5	EEPROMSetAddress	设置 EEPROM 地址
6	EEPROMStart	EEPROM 启动触发
7	EEPROMReadByte	EEPROM 读取单个字节
8	EEPROMWriteByte	EEPROM 写入单个字节
9	EEPROMSectorErase	EEPROM 擦除扇区
10	PortInit	I/O 端口初始化
11	main	函数主体

程序清单 12－5　EEPROM 实验代码

```
#include "stc.h"
#include <intrins.h>
/*************************************************
*            类型定义,方便代码移植
*************************************************/
typedef unsigned char    UINT8;
typedef unsigned int     UINT16;
typedef unsigned long    UINT32;
typedef char                 INT8;
typedef int                  INT16;
typedef long                 INT32;
#define NOP()                        _nop_()
#define EEPROM_START_ADDRESS 0x2000
#define LED_PORT                  P2
/*************************************************
* 函数名称:DelayNus
*输      入:t 延时时间
*输      出:无
* 功能描述:微秒级延时
*************************************************/
void DelayNus(UINT16 t)
{
    UINT16 d = 0;
    d = t;
    do
    {
        NOP();
    }while(--d >0);
```

```
}
/********************************************************
* 函数名称：DelayNms
*输    入：t 延时时间
*输    出：无
* 功能描述：毫秒延时
********************************************************/
void DelayNms(UINT16 t)
{
    do
    {
        DelayNus(1000);
    }while(--t >0);
}
/********************************************************
* 函数名称：EEPROMEnable
*输    入：无
*输    出：无
* 功能描述：EEPROM 使能
********************************************************/
void EEPROMEnable(void)
{
    ISP_CONTR = 0x81;                          //使能并设置好等待时间
}
/********************************************************
* 函数名称：EEPROMDisable
*输    入：无
*输    出：无
* 功能描述：EEPROM 禁用
********************************************************/
void EEPROMDisable(void)
{
    ISP_CONTR = 0x00;                          //禁止 EEPROM
    ISP_CMD = 0x00;                            //无 ISP 操作
    ISP_TRIG = 0x00;                           //清零
    ISP_ADDRH = 0x00;                          //清零
    ISP_ADDRL = 0x00;                          //清零
}
/********************************************************
* 函数名称：EEPROMSetAddress
*输    入：addr 16 位地址
*输    出：无
* 功能描述：EEPROM 设置读/写地址(相对地址)
********************************************************/
void EEPROMSetAddress(UINT16 addr)
```

```
{
    addr + = EEPROM_START_ADDRESS;                  //初始化地址为 0x2000
    ISP_ADDRH = (UINT8)(addr>>8);                   //设置读/写地址高字节
    ISP_ADDRL = (UINT8) addr;                       //设置读/写地址低字节
}
/ ****************************************************
* 函数名称：EEPROMStart
*输      入：无
*输      出：无
* 功能描述：EEPROM 启动
*****************************************************/
void EEPROMStart(void)
{
    ISP_TRIG = 0x46;                                //首先写入 0x46
    ISP_TRIG = 0xB9;                                //然后写入 0xB9
}
/ ****************************************************
* 函数名称：EEPROMReadByte
*输      入：addr 16 位 地址
*输      出：单个字节
* 功能描述：EEPROM 读取单个字节
*****************************************************/
UINT8 EEPROMReadByte(UINT16 addr)
{
ISP_DATA = 0x00;                                    //清空 ISP_DATA
    ISP_CMD = 0x01;                                 //读模式

    EEPROMEnable();                                 //EEPROM 使能
EEPROMSetAddress(addr);                             //设置 EEPROM 地址
    EEPROMStart();                                  //EEPROM 启动
    DelayNus(10);                                   //读取一个字节要 10 μs
    EEPROMDisable();                                //禁止 EEPROM

    return (ISP_DATA);                              //返回读取到的数据
}
/ ****************************************************
* 函数名称：EEPROMWriteByte
*输      入：addr 16 位 地址
             byte 单个字节
*输      出：无
* 功能描述：EEPROM 写入单个字节
*****************************************************/
void EEPROMWriteByte(UINT16 addr,UINT8 byte)
{
EEPROMEnable();                                     //EERPOM 使能
```

```
    ISP_CMD = 0x02;                                    //写模式

EEPROMSetAddress(addr);                                //设置 EEPROM 地址
    ISP_DATA = byte;                                   //写入数据
    EEPROMStart();                                     //EEPROM 启动
    DelayNus(60);                                      //写一个字节需要 60 μs
    EEPROMDisable();                                   //禁止 EEPROM
}
/**********************************************************
* 函数名称：EEPROMSectorErase
*输    入：addr 16 位 地址
*输    出：无
* 功能描述：EEPROM 扇区擦除
**********************************************************/
void EEPROMSectorErase(UINT16 addr)
{
    ISP_CMD = 0x03;                                    //扇区擦除模式

    EEPROMEnable();                                    //EEPROM 使能
EEPROMSetAddress(addr);                                //设置 EEPROM 地址
    EEPROMStart();                                     //EEPROM 启动
    DelayNms(10);                                      //擦除一个扇区要 10 ms
    EEPROMDisable();                                   //禁止 EEPROM
}
/**********************************************************
* 函数名称：main
*输    入：无
*输    出：无
* 功能描述：函数主体
**********************************************************/
void main(void)
{
    UINT8 i = 0;
    EEPROMSectorErase(0);                              //从 EEPROM 的相对 0 地址扇区擦除
    EEPROMWriteByte(0,0x88);                           //从 EEPROM 的相对 0 地址写入 0x88
    i = EEPROMReadByte(0);                             //从 EERPOM 的相对 0 地址读取数据
    LED_PORT = ~i;                                     //读取的数据从 I/O 口显示
    while(1);                                          //死循环
}
```

5. 代码分析

从 main()函数可以清晰地了解到程序的流程：

(1) 扇区擦除；

(2) 写入数据；

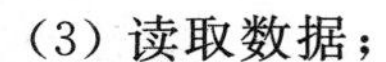

（3）读取数据；

（4）显示数据。

EEPROM 要写入数据，首先要对当前地址的扇区进行擦除，然后才能对当前地址写入数据。为了方便读取数据、写入数据、扇区擦除等操作，地址均为相对地址，即相对地址 0 为绝对地址 0x2000，地址设置在 EEPROMSetAddress 函数中有所体现。

EEPROM 扇区擦除的原因：STC89C52RC 单片机内的 EERPOM 具有 Flash 的特性，只能在擦除了扇区后进行写字节，写过的字节不能重复写，只有待扇区擦除后才能重新写，而且没有字节擦除功能，只能扇区擦除。

深入重点：

✓ EEPROM 的实现代码很简单，掌握 EEPROMReadByte、EEPROMWriteByte、EEPROMSectorErase 函数就可以了。

✓ 扇区擦除的作用要了解清楚，因为写过的字节不能重复写，只有待扇区擦除后才能重新写。

✓ 同一次修改的数据放在同一扇区中，单独修改的数据放在另外的扇区，就不需读出保护。

✓ STC 单片机的 Flash 比外部 EEPROM 快很多。

✓ 如果同一个扇区中存放一个以上的字节，某次只需要修改其中的一个字节或一部分字节时，则另外不需要修改的数据须先读出放在 STC 单片机的 RAM 当中，然后擦除整个扇区，再将需要保留的数据一并写回该扇区中。这时每个扇区使用的字节数据越少越方便。

第13章 看门狗

13.1 看门狗简介

在由单片机构成的微型计算机系统中，由于单片机的工作常常会受到来自外界电磁场的干扰，造成程序的跑飞，而陷入死循环，程序的正常运行被打断，由单片机控制的系统无法继续工作，会造成整个系统陷入停滞状态，发生不可预料的后果，所以出于对单片机运行状态进行实时监测的考虑，便产生了一种专门用于监测单片机程序运行状态的芯片，俗称“看门狗”(watchdog)，如图 13－1 所示。

图 13－1 看门狗

看门狗电路的应用，使单片机可以在无人状态下实现连续工作，其工作原理是：看门狗芯片和单片机的一个 I/O 引脚相连，该 I/O 引脚通过程序控制其定时地往看门狗的这个引脚上送入高电平(或低电平)，这一程序语句是分散地放在单片机其他控制语句中间的，一旦单片机由于干扰造成程序跑飞后而陷入某一程序段进入死循环状态时，写看门狗引脚的程序便不能被执行，这个时候，看门狗电路由于得不到单片机送来的信号，便在它和单片机复位引脚相连的引脚上送出一个复位信号，使单片机发生复位，即程序从程序存储器的起始位置开始执行，这样便实现了单片机的自动复位。

以前传统的 8051 系列单片机往往没有内置看门狗，都是需要外置看门狗的，常用的看门狗芯片有 Max813、5045、IMP706、DS1232。例如，芯片 DS1232 在系统工作时如图 13－2 所示，必须不间断地给引脚$\overline{ST}$输入一个脉冲系列，这个脉冲的时间间隔由引脚 TD 设定，如果脉冲间隔大于引脚 TD 的设定值，芯片将输出一个复位脉冲使单片机复位。一般将这个功能称为看门狗，将输入给看门狗的一系列脉冲称为“喂狗”。这个功能可以防止单片机系统死机。

虽然看门狗的好处很多，但是其成本制约着是否使用外置看门狗。不过幸运的是，现在很多单片机都内置了看门狗，如 AVR、PIC、ARM，当然现在的 8051 系列单片机也不例外，

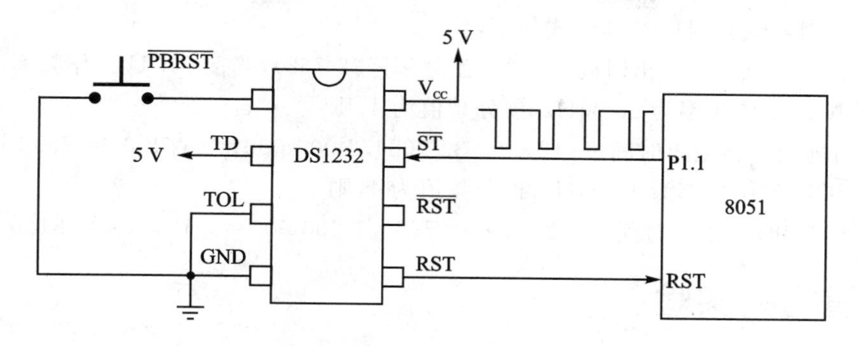

图 13-2　DS1232 看门狗电路

STC89C52RC 单片机内部已经内置了看门狗，而且基本上满足了项目的需要。

13.2　看门狗寄存器

在 STC89C52RC 单片机的内置看门狗中，只需要配置好 WDT_CONTR 寄存器就可以了，无论是配置看门狗或者是喂狗操作都十分简便。

WDT_CONTR 看门狗定时器特殊功能寄存器如下：

D7	D6	D5	D4	D3	D2	D1	D0	复位值
—	—	EN_WDT	CLR_WDT	IDLE_WDT	PS2	PS1	PS0	xx00 0000

(1) EN_WDT ：看门狗允许位，当设置为"1"时，看门狗启动。

(2) CLR_WDT：看门狗清"0"位，当设置为"1"时，看门狗将重新计数。硬件将自动清"0"此位。

(3) IDLE_WDT：看门狗空闲模式位，当设置为"1"时，看门狗定时器在空闲模式时计数；当设置为"0"时，看门狗定时器不在空闲模式时计数。

(4) PS2、PS1、PS0：用于配置看门狗定时器的预分频值，由于这 3 个位用于配置预分频值，因此单片机工作在不同的频率下看门狗的溢出时间会有所不同，于是就给出 2 个表格来作比较：第一个表格是单片机工作在 20 MHz 频率下(表 13-1)，第二个表格是单片机工作在 12 MHz 频率下(表 13-2)。

表 13-1　20 MHz 频率下看门狗溢出时间参考

工作频率 20 MHz				
PS2	PS1	PS0	预分频	溢出时间
0	0	0	2	39.3 ms
0	0	1	4	78.6 ms
0	1	0	8	157.3 ms
0	1	1	16	314.6 ms
1	0	0	32	629.1 ms
1	0	1	64	1.25 s
1	1	0	128	2.5 s
1	1	1	256	5 s

表 13-2　12 MHz 频率下看门狗溢出时间参考

工作频率 12 MHz				
PS2	PS1	PS0	预分频	溢出时间
0	0	0	2	65.5 ms
0	0	1	4	131.0 ms
0	1	0	8	262.1 ms
0	1	1	16	524.2 ms
1	0	0	32	1.048 5 s
1	0	1	64	2.097 1 s
1	1	0	128	4.194 3 s
1	1	1	256	8.388 6 s

看门狗定时器溢出时间计算公式如下：

看门狗定时器溢出时间＝(12×预分频×32 768)/当前 MCU 工作频率

例 1：MCU 工作频率为 20 MHz，预分频值为 4，则

看门狗定时器溢出时间＝(12×4×32 768)/2 000 000＝0.078 6 s＝78.6 ms

例 2：MCU 工作频率为 12 MHz，预分频值为 4，则

看门狗定时器溢出时间＝(12×4×32 768)/1 200 000＝0.131 0 s＝131.0 ms

13.3 看门狗实验

【例 13－1】 使能 STC89C52RC 单片机内置看门狗，在不喂狗的情况下，每隔一段时间实现 LED 灯闪烁。一旦进行喂狗操作，LED 灯状态保持不变，喂狗操作通过外部中断按键实现。

1. 硬件设计

参考 GPIO 实验硬件设计。

2. 软件设计

我们使用看门狗的目的就是当单片机程序跑飞时，通过看门狗复位单片机使其重新正常工作。看门狗主要的功能就是复位单片机，因此每一次看门狗复位单片机时，单片机就使 LED 灯闪烁一段时间。那么怎样令看门狗复位单片机呢？很简单，只要初始化看门狗后不喂狗就可以了。如果不想 LED 灯闪烁即 LED 状态保持不变，就必须在看门狗定时器溢出时间范围内喂狗，即通过按键触发的外部中断进行喂狗操作。

3. 流程图(图 13－3)

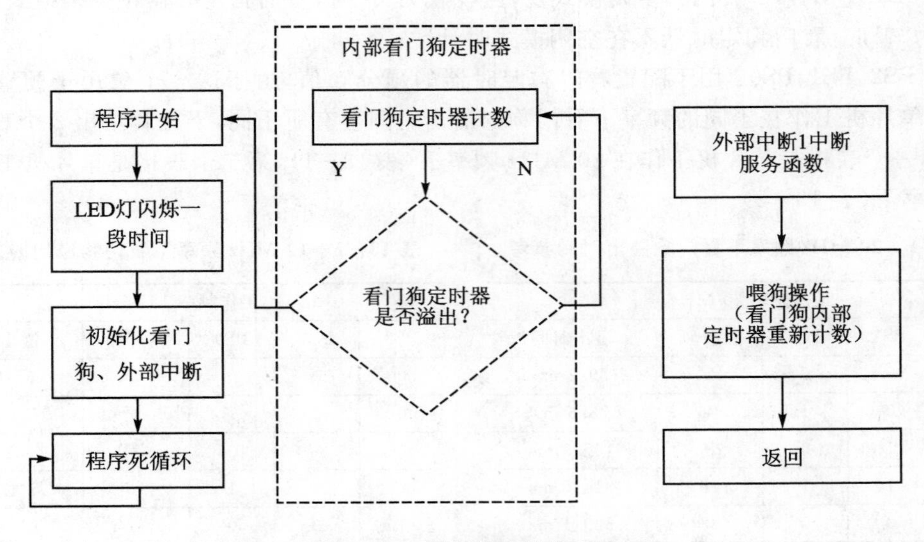

图 13－3 看门狗实验流程图

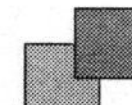

4. 实验代码(表13-3)

表13-3　看门狗实验函数列表

函数列表		
序　号	函数名称	说　明
1	Delay	延时一段时间
2	WDTInit	看门狗初始化
3	WDTFeed	喂狗操作
4	EXTInit	外部中断初始化
5	main	函数主体
中断服务函数		
6	EXT1IRQ	外部中断1中断服务函数

程序清单13-1　看门狗实验代码

```
#include "stc.h"
#define LED_PORT      P2  //定义LED控制端口为P2口
/*********************************************
* 函数名称：Delay
* 输    入：无
* 输    出：无
* 说    明：延时一段时间
*********************************************/
void Delay(void)
{
    unsigned char i,j;
    for(i = 0;i<130;i + + )
        for(j = 0;j<255;j + + );
}
/*********************************************
* 函数名称：WDTInit
* 输    入：无
* 输    出：无
* 说    明：看门狗初始化
*********************************************/
void WDTInit(void)
{
     WDT_CONTR = 0x35;                          //使能看门狗,预分频64
}

/*********************************************
* 函数名称：WDTFeed
* 输    入：无
* 输    出：无
```

```
*说    明：喂狗操作
*******************************************/
void WDTFeed(void)
{
    WDT_CONTR = 0x35;
}
/*******************************************
*函数名称：EXTInit
*输    入：无
*输    出：无
*说    明：外部中断初始化
*******************************************/
void EXTInit(void)
{
    EX1 = 1;                                 //允许外部中断 1 中断
    IT1 = 0;                                 //低电平触发
    EA = 1;                                  //开启全局中断
}
/*******************************************
*函数名称：main
*输    入：无
*输    出：无
*说    明：函数
*******************************************/
void main(void)
{
   unsigned char i;

   for(i = 0;i<20;i + + )                    //循环闪烁 LED 灯
   {
     LED_PORT = ~LED_PORT;
     Delay();


   }
   WDTInit();                                //初始化看门狗
    EXTInit();                               //外部中断初始化
   while(1);                                 //让看门狗定时器溢出复位
}
/*******************************************
*函数名称：EXT1IRQ
*输    入：无
*输    出：无
*说    明：外部中断 1 中断服务函数 喂狗
*******************************************/
void EXT1IRQ(void)interrupt 2
```

```
{
    WDTFeed();                                          //喂狗
}
```

5. 代码分析

涉及看门狗功能的函数分别是看门狗初始化函数 WDTInit 和喂狗操作函数 WDTFeed。在 WDTInit 函数中只有一个赋值操作，就是要对 WDT_CONTR 看门狗定时器特殊功能寄存器赋值为 0x35，即启动看门狗、看门狗将重新计数并且预分频值为 64。当单片机工作在 12 MHz 频率下且看门狗定时器预分频值为 64，这时看门狗定时器溢出时间为 2.097 1 s，可以由以下公式计算得到：

溢出时间＝(12×预分频×32 768)/当前 MCU 工作频率
＝12×64×32 768/12 000 000
＝2.097 152 s

喂狗操作函数 WDTFeed 实质就是将 WDT_CONTR 初值重载，让看门狗定时器重新计数。这个重载操作类似于 T/C 重载初值的操作。

在 main 函数中，第一步就要进行 LED 灯的闪烁操作，以表明程序已经复位；第二步就是看门狗初始化和外部中断初始化，然后以 while(1)的死循环进行空操作。当没有在规定的时间内喂狗时，单片机将会复位并且执行第一步与第二步的操作，如此重复相同的操作，否则将不会出现 LED 灯继续闪烁的操作，即倘若在规定的时间内喂狗，我们可以一直按着中断按键以达到一直进行喂狗操作的目的，这时可以看见 LED 灯保持着当前的状态，没有任何变化。

深入重点：

✓ 看门狗的使用只是提供一种辅助工具，以防止单片机系统死机。编写程序时在没有加进看门狗的前提下，确保程序稳定地执行。

✓ 看门狗的喂狗操作要及时，否则会造成单片机复位。喂狗操作实质就是将 WDT_CONTR 初值重载，让看门狗定时器重新计数。这个重载操作类似于 T/C 重载初值的操作。

✓ 造成单片机工作不稳定的原因有很多，如工作环境温度过冷、过热，电磁辐射干扰严重，程序不稳定等。

✓ 在其他类型的单片机中，看门狗定时器能够作为真正的定时器来使用，很显然，STC89C52RC 单片机内部的看门狗的功能就显得有些单一。

第14章 单片机补遗

14.1 功耗控制

日常生活中有很多东西都搭载着单片机而进行工作，而且有相当一部分设备、仪器、产品都是靠蓄电池来提供电源的，往往这些靠蓄电池供电的设备、仪器、产品都能够用上一大段时间。例如，我们经常接触到的遥控器，假若 MCU 一直不停地运行，不用多长时间，电池的能量会很快耗光。当然在 8051 系列单片机搭载的系统中，不光有单片机需要耗电，同时还有其他外围部件耗电，因此，我们在适当的时候关闭设备的运行同时使 8051 系列单片机的运行模式进入空闲模式或者掉电模式，以节省不必要的能源损耗，达到降低功耗的目的。

平时 8051 系列单片机正常工作的电流为 4～7 mA；当 8051 系列单片机进入掉电模式时，它的工作电流小于 1 μA。由此可见，对于低功耗设备的功耗控制，很有必要在适当的时候使 8051 系列单片机运行在掉电模式。

14.1.1 PCON 电源管理寄存器

PCON 主要是为 CHMOS 型单片机的电源控制而设置的专用寄存器。

D7	D6	D5	D4	D3	D2	D1	D0	复位值
SMOD	SMOD0	—	P0F	GF1	GF0	PD	IDL	00x1 0000

(1) P0F：上电复位标志位，单片机停电后，上电复位标志位为 1，可以由软件清 0。实际应用时要判断上电复位(冷启动)，是外部复位脚输入复位信号产生的复位，还是内部看门狗内部产生的复位，可以通过如图 14－1 所示的方法来判断。

(2) PD：将其置 1 时，进入 Power Down 模式(即掉电模式)，可由外部中断低电平触发或下降沿触发中断模式唤醒。进入掉电模式时，外部时钟停振，MCU、定时器、串行口全部停止工作，只有外部中断继续工作。

(3) IDL：将其置 1 时，进入 IDLE 模式(即空闲模式)，除 MCU 不工作外，其余继续工作，可以由任何一个中断模式唤醒。

(4) GF1、GF0：PCON 中的通用标志位 GF1、GF0 可用来指示中断发生在正常运行期间还是在空闲模式期间。例如，置空闲模式的那条指令可以同时置 GF1 为 1(平时为 0)，当有中断请求时，在中断服务程序中检查 GF1，以决定执行退出等待方式的程序还是执行服务性质的程序。

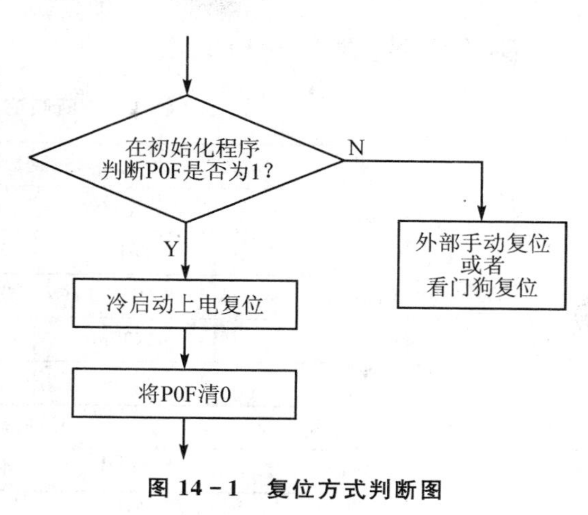

图 14 - 1　复位方式判断图

14.1.2　中断唤醒 MCU 实验

【实验 14 - 1】　要求 MCU 默认情况下进入掉电模式，通过按键中断来唤醒 MCU，闪烁 LED 灯一段时间，然后 MCU 重新进入掉电模式。

1. 硬件设计

参考 GPIO 实验和外部中断实验的硬件设计。

2. 软件设计

由于要求按键中断唤醒 MCU，那么外部中断服务函数可以什么也不做。在函数主体的死循环必须加上闪烁 LED 灯的代码和 MCU 进入空闲模式的代码，这样才能保证 LED 灯闪烁可以通过唤醒来实现，而 MCU 又重新可以进入掉电模式。

3. 流程图(图 14 - 2)

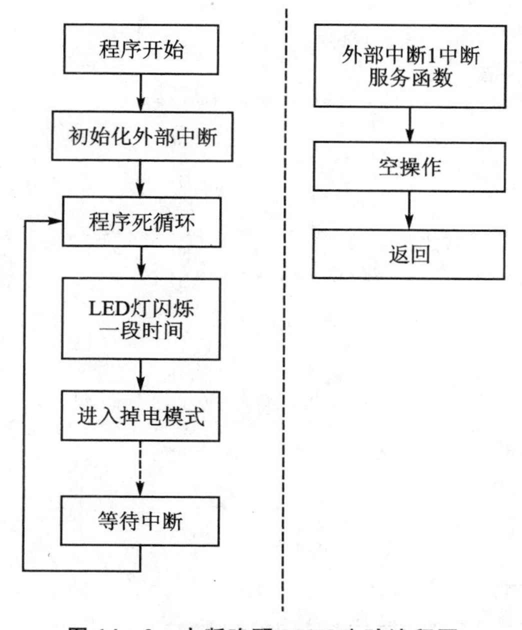

图 14 - 2　中断唤醒 MCU 实验流程图

4. 实验代码(表14-1)

表14-1 中断唤醒MCU实验函数列表

序 号	函数名称	说 明
函数列表		
1	Delay	延时一小段时间
2	PCONToPD	设置MCU模式为掉电模式
3	EXTInit	EXTInit
4	main	函数主体
中断服务函数		
5	EXT1IRQ	外部中断1中断服务函数

程序清单14-1 中断唤醒MCU实验代码

```
#include "stc.h"
#define LED_PORT      P2                          //定义LED控制端口为P2口
/******************************************************
*函数名称:Delay
*输    入:无
*输    出:无
*说    明:延时一段时间
******************************************************/
void Delay(void)
{
    unsigned char i,j;
    for(i=0;i<130;i++)
        for(j=0;j<255;j++);
}
/******************************************************
*函数名称:PCONToPD
*输    入:无
*输    出:无
*说    明:设置MCU工作模式为掉电模式
******************************************************/
void PCONToPD(void)
{
     PCON=0x02;
}
/******************************************************
*函数名称:EXTInit
*输    入:无
*输    出:无
*说    明:外部中断初始化
******************************************************/
```

```
void EXTInit(void)
{
    EX1 = 1;                                    //允许外部中断1中断
    IT1 = 0;                                    //低电平触发
    EA = 1;                                     //开启全局中断
}
/********************************************
 * 函数名称:main
 * 输    入:无
 * 输    出:无
 * 说    明:函数主体
********************************************/
void main(void)
{
   unsigned char i;

   EXTInit();                                   //外部中断初始化

   while(1)
   {
     for(i = 0;i<20;i++)                        //循环闪烁 LED 灯
     {
       LED_PORT = ~LED_PORT;
       Delay();
     }
     PCONToPD();                                //进入掉电模式
   }
}
/********************************************
 * 函数名称:EXT1IRQ
 * 输    入:无
 * 输    出:无
 * 说    明:外部中断1中断服务函数
********************************************/
void EXT1IRQ(void)interrupt 2
{
                                                //空操作,用于中断唤醒 MCU
}
```

5. 代码分析

PCONToPD 函数主要将当前单片机正常工作模式转换为掉电模式,节省能耗。

在 main 函数中,进入 while(1)死循环之前首先要对外部中断进行初始化,当进入 while(1)后第一步首先进行 LED 灯闪烁操作,第二步就是将单片机正常工作模式转换为掉电模式,那么这时 LED 灯保持当前状态,直到单片机的工作方式为正常方式才会发生变化,即通过中断来唤醒单片机，从掉电模式转换为正常工作模式。

外部中断 1 中断服务函数 EXT1IRQ 中是空操作，其实这个函数是可有可无的，为什么这样说呢？因为当外部中断 1 被触发时，单片机的内部机制会将其唤醒，从掉电模式转换为正常工作模式。所以，外部中断 1 中断服务函数属于软件处理部分，在进入该函数之前，单片机模式已经变更了。

深入重点：

✓ STC89C52RC 运作模式有 3 种，即正常运作模式、空闲模式、掉电模式，可以通过 PCON 寄存器来设置。

✓ 平时 8051 系列单片机正常工作的电流为 4～7 mA；当 8051 系列单片机进入掉电模式时，它的工作电流小于 1 μA。由此可见，对于低功耗设备的功耗控制，很有必要在适当的时候使 8051 系列单片机运行在掉电模式。

✓ 如何判断单片机是否上电复位？

14.2 EMI 管理

EMI 的管理也不容忽视，因为现在有很大一部分电子设备都需要通过“3C”认证。

所谓“3C”认证，就是中国强制性产品认证制度，英文名称为“China Compulsory Certification”，英文缩写“CCC”(3C)。“3C”认证的全称为“强制性产品认证制度”，它是中国政府为保护消费者人身安全和国家安全、加强产品质量管理、依照法律法规实施的一种产品合格评定制度。需要注意的是，“3C”标志并不是质量标志，而只是一种最基础的安全认证。

目前的“CCC”认证标志分为四类，分别如下。

- CCC＋S：安全认证标志。
- CCC＋EMC：电磁兼容类认证标志。
- CCC＋S&E：安全与电磁兼容认证标志。
- CCC＋F：消防认证标志。

那么什么是 EMC 呢？EMC 是电磁兼容性(electromagnetic compatibility)英文名称的缩写，就是指某电子设备既不干扰其他设备，同时也不受其他设备的影响。电磁兼容性和我们所熟悉的安全性一样，是产品质量最重要的指标之一。安全性涉及人身和财产，而电磁兼容性则涉及人身和环境保护。

在“CCC＋EMC”的电磁兼容类认证标志中，我们必须对电磁辐射严格把关，因为辐射有可能影响到其他设备的正常工作，而且同时会危害到人体健康，特别对儿童、老人、孕妇危害比较大。如果要使产品通过“3C”认证，甚至产品要出口欧美，我们必须将单片机系统的电磁辐射降到最低。

在 STC89C52RC 单片机中，EMI 管理可以由以下 3 部分进行控制：ALE 脉冲控制、外部晶振控制、内部时钟振动器增益控制。

下面介绍 AUXR 特殊功能寄存器。

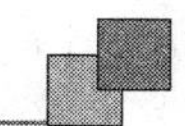

1. 禁止 ALE 信号输出

AUXR 单片机拓展 RAM 管理及禁止 ALE 输出特殊功能寄存器如下：

D7	D6	D5	D4	D3	D2	D1	D0	复位值
—	—	—	—	—	—	EXTRAM	ALEOFF	xxxx,xx00

ALEOFF：当设置为“1”时，禁止 ALE 信号输出，提升系统的 EMI 性能，不过复位后，ALEOFF 的值为“0”，ALE 信号正常输出。

2. 外部时钟频率降一半，6T 模式

传统的 8051 系列单片机为每个机器周期 12 时钟，如将 STC 的增强型 8051 系列单片机在 ISP 烧录程序时设置为双倍速（即 6T 模式，每个机器周期为 6 时钟），则可以将单片机外部时钟频率降低一半，有效地降低单片机时钟对外界的干扰。

STC-ISP 烧写软件设置如图 14－3 所示。

图 14－3　倍速设置

3. 单片机内部时钟振荡器增益降低一半

在 ISP 烧录程序时将 OSCDN 设置为 1/2，可以有效地降低单片机时钟高频部分对外界的辐射，但此时外部晶振频率尽量不要高于 16 MHz。

STC－ISP 烧写软件设置如图 14－4 所示。

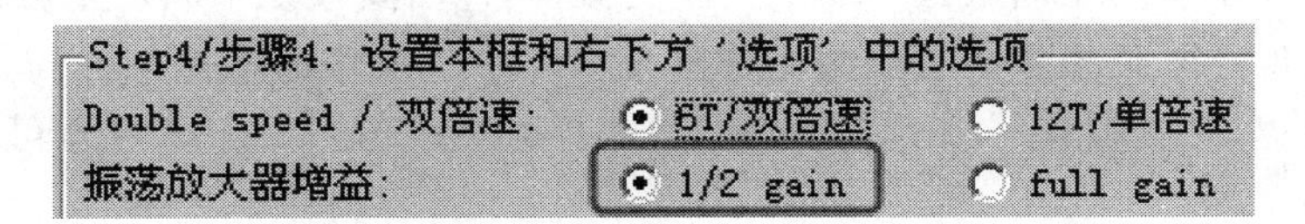

图 14－4　增益设置

深入重点：

✓ 什么是“3C”认证？

✓ EMI 管理可以由以下 3 部分进行控制：ALE 脉冲控制、外部晶振控制、内部时钟振荡器增益控制。

14.3　软件复位

用户应用程序在运行过程当中有时会有特殊需求，需要实现单片机系统软复位（热启动之一），传统的 8051 系列单片机由于硬件上未支持此功能，用户必选用软件模拟实现，实现起来比较麻烦。STC89C52RC 单片机实现了此功能，用户只需简单地控制 ISP_CONTR 特殊功能寄存器的其中两位 SWBS/SWRST 就可以系统复位了。

14.3.1　ISP/IAP 控制寄存器 ISP_CONTR

ISP_CONTR：ISP/IAP 控制寄存器。

D7	D6	D5	D4	D3	D2	D1	D0	复位值
ISPEN	SWBS	SWRST	—	—	WT2	WT1	WT0	000x,0000

(1) SWBS：当设置为“0”时，软件复位后从用户应用程序区启动；当设置为“1”时，软件复位从 ISP 程序区启动，要与 SWRST 直接配合才可以实现。

(2) SWRST：当设置为“0”时，不执行软件复位；当设置为“1”时，产生软件系统复位，硬件自动清零。

该复位是整个系统复位，所有的特殊功能寄存器都会复位到初始值，I/O 口也会初始化。

14.3.2　软件复位实验

【实验 14－2】 通过按键中断来使单片机进行软件复位，复位后 LED 灯闪烁一段时间，然后单片机保持当前状态，无操作。若要继续使 LED 灯重新闪烁，必须使单片机重新复位。

1. 硬件设计

参考 GPIO 实验和外部中断实验的硬件设计。

2. 软件设计

软件复位实验要求与中断唤醒 MCU 实验类似，同样需要按键中断产生触发事件，外部中断服务函数可以加上复位操作。在函数主体的死循环中空操作即不加上任何代码，LED 灯闪烁只要在进入死循环之前就可以达到要求了，这样才能保证 LED 灯闪烁可以通过复位来实现。

3. 流程图(图 14－5)

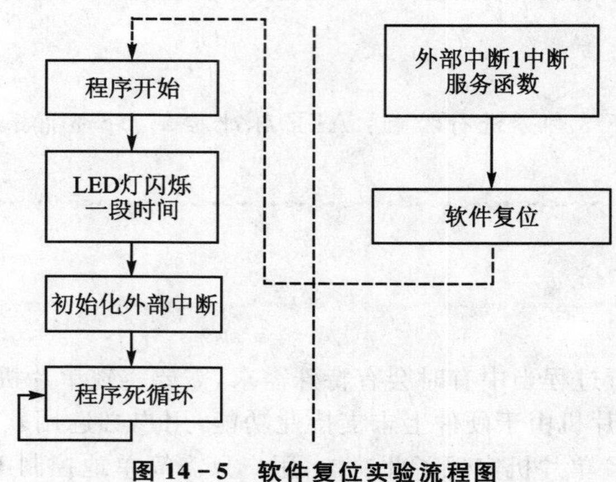

图 14－5　软件复位实验流程图

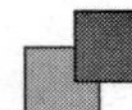

4. 实验代码(表14-2)

表14-2　软件复位实验函数列表

函数列表		
序　号	函数名称	说　明
1	Delay	延时一段时间
2	SoftReset	软件复位MCU
3	EXTInit	外部中断初始化
4	main	函数主体
中断服务函数		
5	EXT1IRQ	外部中断1中断服务函数

程序清单14-2　软件复位实验代码

```
#include "stc.h"
#define LED_PORT       P2                              //定义LED控制端口为P2口
/******************************************************
*函数名称:Delay
*输    入:无
*输    出:无
*说    明:延时一段时间
******************************************************/
void Delay(void)
{
    unsigned char i,j;
    for(i=0;i<130;i++)
        for(j=0;j<255;j++);
}
/******************************************************
*函数名称:SoftReset
*输    入:无
*输    出:无
*说    明:软件复位MCU
******************************************************/
void SoftReset(void)
{
    ISP_CONTR=0x20;
}
/******************************************************
*函数名称:EXTInit
*输    入:无
*输    出:无
*说    明:外部中断初始化
******************************************************/
void EXTInit(void)
{
```

```
    EX1 = 1;                                //允许外部中断 1 中断
    IT1 = 0;                                //低电平触发
    EA = 1;                                 //开启全局中断
}
/*********************************************
*函数名称:main
*输    入:无
*输    出:无
*说    明:函数主体
*********************************************/
void main(void)
{
    unsigned char i;

    EXTInit();                              //外部中断初始化
    for(i = 0;i<20;i++)                     //循环闪烁 LED 灯
    {
        LED_PORT = ~LED_PORT;
        Delay();
    }
    while(1)
    {
       ;//空操作
    }
}
/*********************************************
*函数名称:EXT1IRQ
*输    入:无
*输    出:无
*说    明:外部中断 1 中断服务函数 复位操作
*********************************************/
void EXT1IRQ(void)interrupt 2
{
    SoftReset();
}
```

5. 代码分析

SoftReset 是复位操作函数,对 ISP/IAP 控制寄存器 ISP_CONTR 赋值为 0x20,即将ISP_CONTR 中"SWRST"置 1 来进行软件复位。需要说明的是,这里的软件复位是真正意义上的复位,同上电复位的效果一模一样。

在 main 函数中,初始化外部中断后使 LED 灯闪烁一段时间,然后进入 while(1)死循环进行空操作。

软件复位操作放在外部中断 1 中断服务函数当中,只要外部中断 1 被触发,单片机就进行复位。

【实验 14-3】 不使用 STC89C52RC 单片机内建的软件复位功能,要求通过代码进行模拟软件复位,当单片机复位后 LED 灯闪烁一段时间,然后 MCU 保持当前状态,无操作。若要

继续使 LED 灯重新闪烁，必须使单片机重新复位。

1. 硬件设计

参考 GPIO 实验和外部中断实验的硬件设计。

2. 软件设计

用户应用程序在运行过程当中有时会有特殊需求，需要实现单片机系统软复位(热启动之一)，传统的 8051 系列单片机硬件上未支持此功能；不过我们可以通过代码来实现，可以通过函数指针的作用将执行程序指到 ROM 的“0”地址处，实质上就是将程序计数器 PC 指到“0”地址处。这样就可以做到模拟复位了。

3. 流程图(图 14－6)

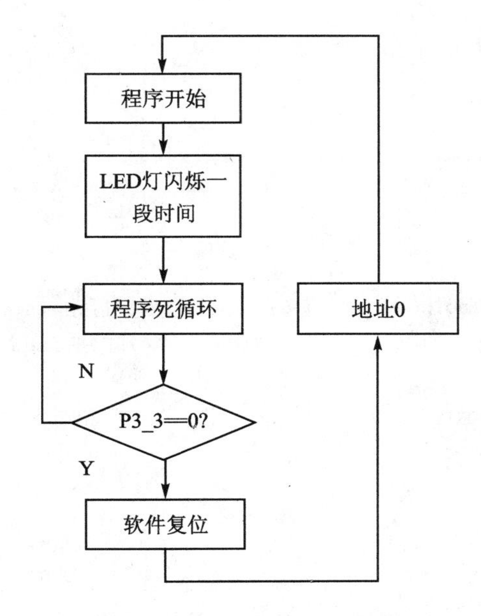

图 14－6　模拟软件复位实验流程图

4. 实验代码(表 14－3)

表 14－3　模拟软件复位实验函数列表

函数列表		
序　号	函数名称	说　明
1	Delay	延时一段时间
2	main	函数主体

程序清单 14－3　模拟软件复位实验代码

```
#include "stc.h"
#define LED_PORT      P2                          //定义 LED 控制端口为 P2 口
/************************************************
* 函数名称：Delay
```

```
* 输    入：无
* 输    出：无
* 说    明：延时一段时间
*******************************************/
void Delay(void)
{
  unsigned char i,j;
  for(i = 0;i<130;i + +)
      for(j = 0;j<255;j + +);
}
/*******************************************
* 函数名称：main
* 输    入：无
* 输    出：无
* 说    明：函数主体
*******************************************/
void main(void)
{
    unsigned char i;
    void( * reset)(void) = (void( * )(void))0;           //函数指针 reset 指向地址“0”
    for(i = 0;i<20;i + +)                                //循环闪烁 LED 灯
    {
        LED_PORT = ~LED_PORT;
        Delay();
    }

    while(1)
    {
       if(P3_3 = = 0)
       {
          reset();                                       //执行复位操作
       }
    }
}
```

5. 代码分析

在 main 函数中，有一个比较重要的操作就是函数指针的定义与赋值操作。

void(* reset)(void)=(void(*)(void))0

void(* reset)(void)就是函数指针定义，(void(*)(void))0 是强制类型转换操作，将数值“0”强制转换为函数指针地址“0”。在进入 while(1)死循环之前进行 LED 灯闪烁操作，当进入 while(1)死循环之后，一直检测 P3.3 引脚电平是否为低电平。一旦 P3.3 引脚被拉低时，执行 reset 函数进行模拟复位操作，如图 14－7 所示。

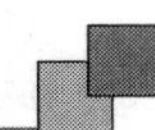

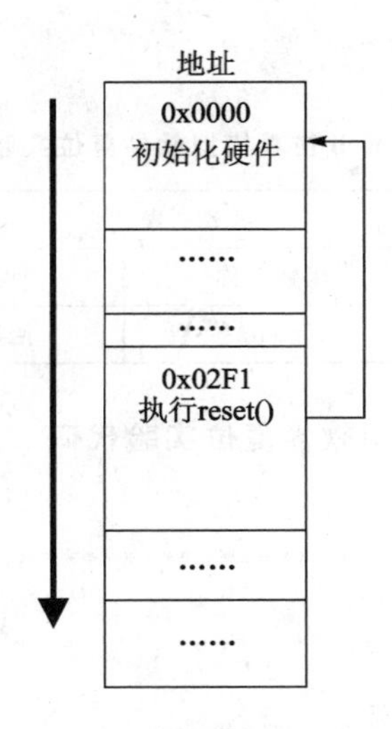

图 14-7 模拟软件复位实验示意图

深入重点：

✓ STC89C52RC 单片机内建软件复位功能，通过对 ISP_CONTR 寄存器进行设置就可以实现，而且复位后既可以选择从 ISP 程序区启动又可以选择从 IAP 程序区启动。

✓ 没有软件复位功能的单片机可以通过函数指针指向 ROM 的"0"地址处。

14.3.3 Keil 仿真模拟软件复位

【实验 14-4】 通过 Keil 内建的调试平台观察软件复位程序的执行。

1. 硬件设计

参考 GPIO 实验和外部中断实验的硬件设计。

2. 软件设计

在实验 14-3 的代码基础上进行删减，为了方便仿真，可以删除 LED 灯闪烁操作、删除 Delay 函数、删除检测 P3.3 引脚的变化等。

3. 流程图(图 14-8)

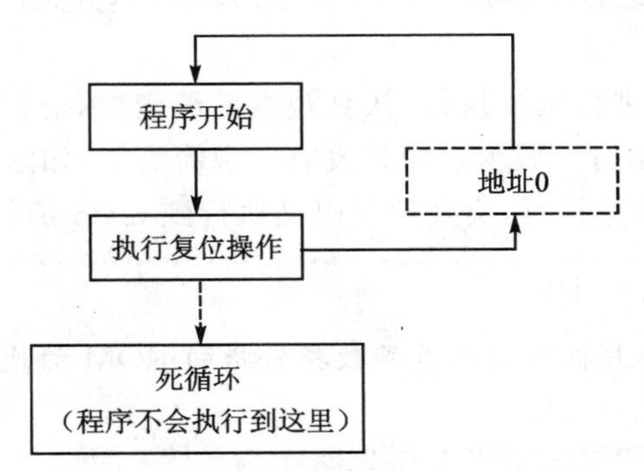

图 14-8 Keil 仿真模拟软件复位流程图

4. 实验代码(表 14-4)

表 14-4　Keil 仿真模拟软件复位实验函数列表

函数列表		
序　号	函数名称	说　明
1	main	函数主体

程序清单 14-4　Keil 仿真模拟软件复位实验代码

```
#include "stc.h"
/***********************************************
*函数名称：main
*输　　入：无
*输　　出：无
*说　　明：函数主体
***********************************************/
void main(void)
{
    void(*reset)(void)=(void(*)(void))0;          //函数指针 reset 指向地址"0"
    reset();                                       //执行复位操作
    while(1)                                       //程序不会执行到这里
    {
        ;
    }
}
```

5. 代码分析

在 main 函数中只有函数指针的定义、赋值与复位操作。需要重点注意的是，程序是不会执行到 while(1)处的，因为当执行 reset 函数时，程序已经跳转到地址"0"处。

6. 仿　真

第 1 步：单击按钮进入 Keil 内建的调试环境，并单击按钮弹出汇编代码窗口，如图 14-9 所示。

第 2 步：在汇编窗口的地址"0"处加上断点，如图 14-10 所示。

第 3 步：单击按钮，进行单步执行，并执行到 reset()，并且注意当前箭头指向的代码位置，如图 14-11 所示。

第 4 步：单击按钮，进行单步执行，认真观察汇编窗口，会发现当前箭头指向的代码位置为地址"0"，并且在 C 语言代码窗口中并没有发现箭头，如图 14-12 所示。

第 5 步：单击按钮全速执行，会发现代码又执行到 main 函数处，如图 14-13 所示。

深入重点：

✓ 没有软件复位功能的单片机可以通过函数指针指向 ROM 的地址"0"处，并且可以通过 Keil 内建的调试平台进行跟踪。

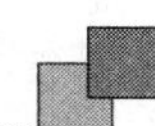

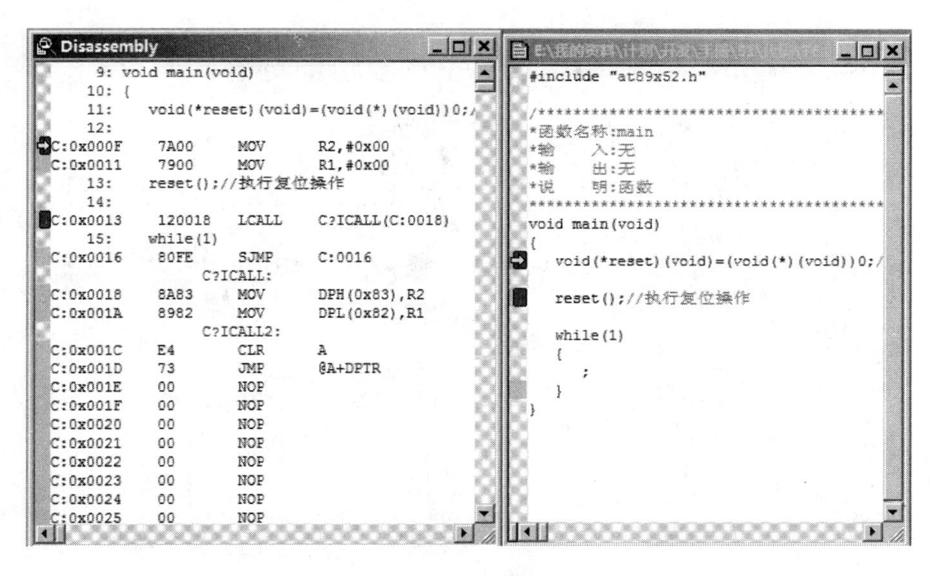

图 14-9　进入调试环境

```
Disassembly
C:0x0000    020003    LJMP    C:0003
C:0x0003    787F      MOV     R0,#0x7F
C:0x0005    E4        CLR     A
C:0x0006    F6        MOV     @R0,A
C:0x0007    D8FD      DJNZ    R0,C:0006
C:0x0009    758107    MOV     SP(0x81),#0x07
C:0x000C    02000F    LJMP    main(C:000F)
     9: void main(void)
    10: {
    11:     void(*reset)(void)=(void(*)(void))0;
    12:
C:0x000F    7A00      MOV     R2,#0x00
C:0x0011    7900      MOV     R1,#0x00
    13:     reset();//执行复位操作
    14:
C:0x0013    120018    LCALL   C?ICALL(C:0018)
    15:     while(1)
C:0x0016    80FE      SJMP    C:0016
            C?ICALL:
C:0x0018    8A83      MOV     DPH(0x83),R2
C:0x001A    8982      MOV     DPL(0x82),R1
            C?ICALL2:
C:0x001C    E4        CLR     A
C:0x001D    73        JMP     @A+DPTR
C:0x001E    00        NOP
```

图 14-10　地址"0"处添加断点

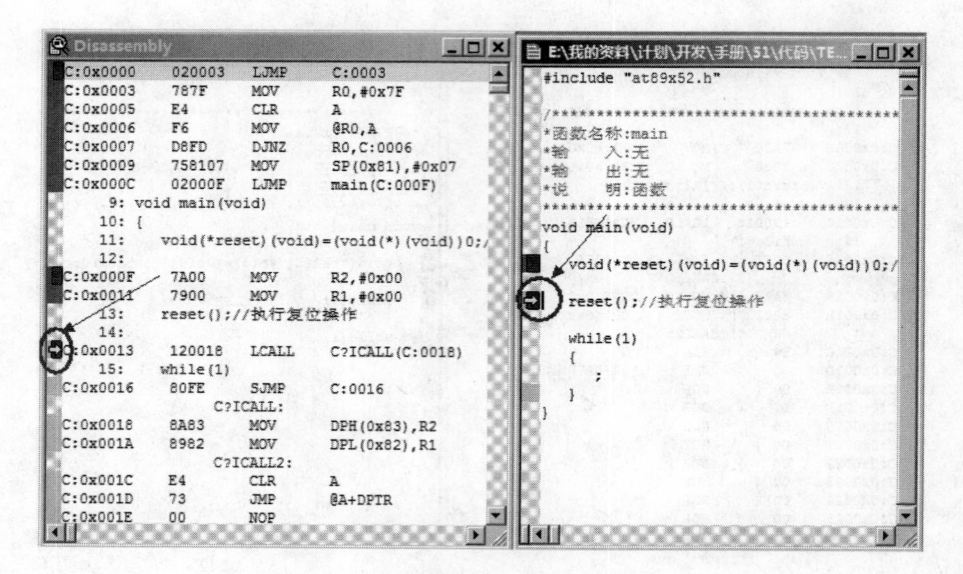

图 14－11　执行到 reset 函数

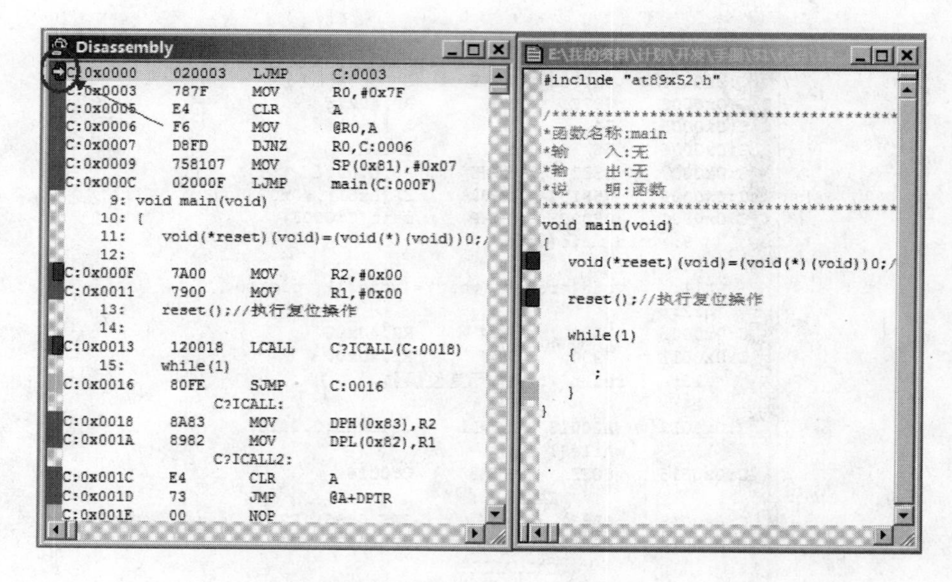

图 14－12　跳转到地址“0”

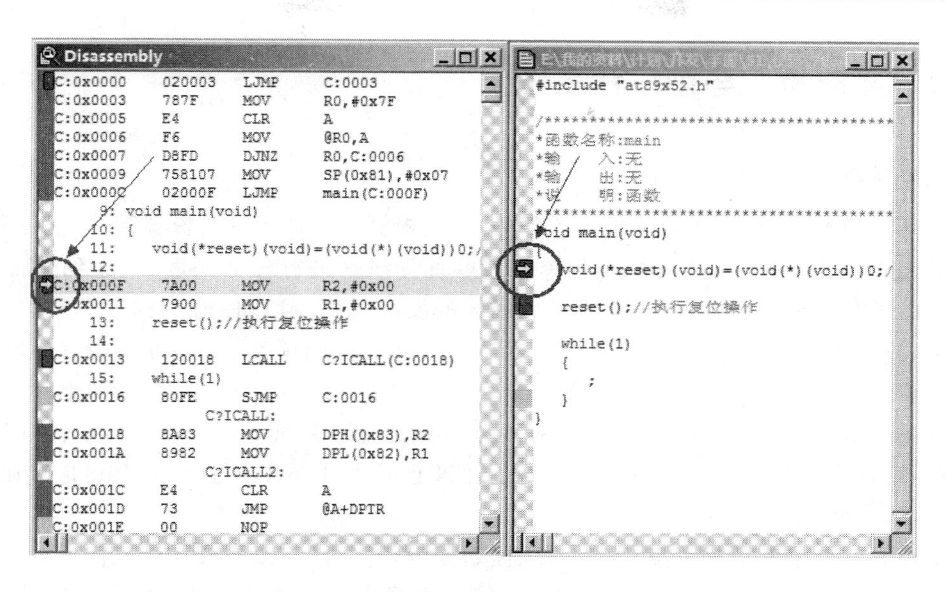

图 14-13　程序重新执行到 main 函数

14.4　RTX-51 实时系统

在 4.4.2 小节中介绍到 Keil 编译器提供给用户的配置选项，其中有一项涉及是否让当前的程序搭载实时系统，Keil 为用户提供了 2 个实时系统，分别是“RTX-51 Tiny”与“RTX-51 Full”实时系统，详细设置在配置目标设备的选项卡中，如图 14-14 所示。

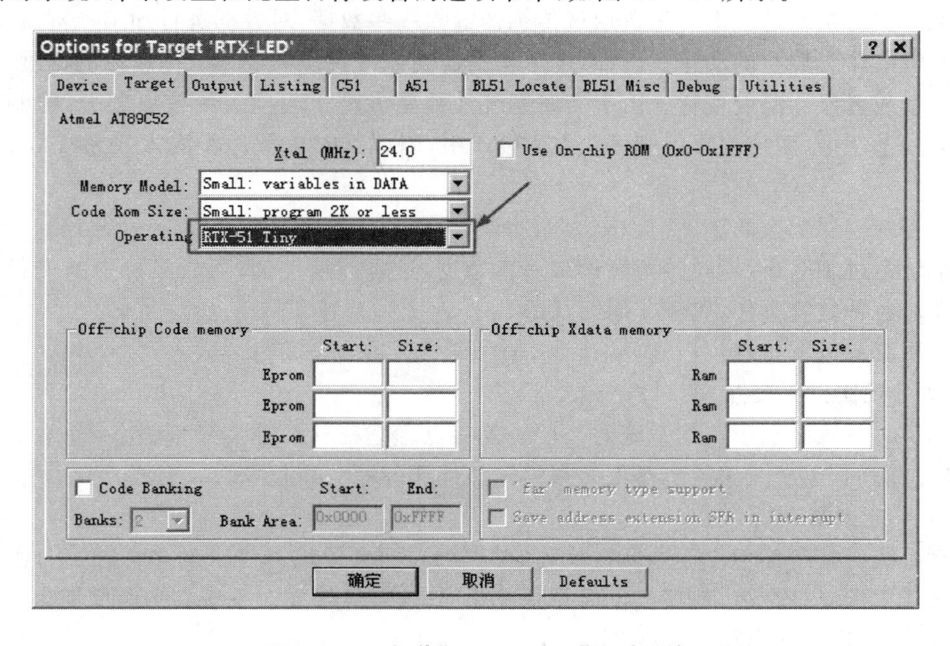

图 14-14　加载“RTX-51 Tiny”实时系统

14.4.1 实时系统与前后台系统

1. 实时系统

实时系统简称RTOS,能够运行多个任务,并且根据不同任务进行资源管理、任务调度、消息管理等工作,同时RTOS能够根据各个任务的优先级来进行任务调度,以达到保证实时性的要求。RTOS能够使CPU的利用率得到最大的发挥,并且可以使应用程序模块化,而在实时应用中,开发人员可以将复杂的应用程序层次化,这样代码更加容易设计与维护,比较常见的RTOS如ucos、VxWorks、freertos等。

实时系统是任何必须在指定的有限时间内给出响应的系统。在这种系统中,时间起到重要的作用,系统成功与否不仅要看是否输出了逻辑上正确的结果,而且还要看它是否在指定时间内给出了这个结果。

按照对时间要求的严格程度,实时系统被划分为硬实时(hard real time)、固实时(firm real time)和软实时(soft real time)。硬实时系统是指系统响应绝对要求在指定的时间范围内。软实时系统中,及时响应也很重要,但是偶尔响应慢了也可以接受。而在固实时系统中,不能及时响应会造成服务质量的下降。

飞机的飞行控制系统是硬实时系统,因为一次不能及时响应很可能会造成严重后果。数据采集系统往往是软实时系统,偶尔不能及时响应可能会造成采集数据不准确,但是没有什么严重后果。VCD机控制器如果不及时播放画面,不会造成什么大的损失,但是可能用户会对产品质量失去信心,这样的系统可以算作固实时系统。

常见的实时系统通常由计算机通过传感器输入一些数据,对数据进行加工处理后,再控制一些物理设备作出响应的动作。例如,电冰箱的温度控制系统需要读入冰箱内的温度,决定是否需要继续或者停止温度变化。由于实时系统往往是大型工程项目的核心部分,控制部件通常嵌入大的系统中,而控制程序则固化在ROM中,因此有时也被称作嵌入式系统(embedded system)。

实时系统需要响应的事件可以分为周期性(periodic)和非周期性(aperiodic)的。例如,空气检测系统每过100 ms通过传感器读取一次数据,这是周期性的;而战斗机中的飞行控制系统需要面对各种突发事件,属于非周期性的。

实时系统有以下特点:

1) 要和现实世界交互

这是实时系统区别于其他系统的一个显著特点。它往往要控制外部设备,使之及时响应外部事件。例如,生产车间的机器人必须把零部件准确地组装起来。

2) 系统庞大复杂

实时系统的复杂性不仅仅体现在代码的行数上,而且体现在需求的多样性上。由于实时系统要和现实世界打交道,而现实世界总是变化的,这会导致实时系统在生命周期里时常面对需求的变化,不得不作出相应的变化。

3) 对可靠性和安全性的要求非常高

很多实时系统应用在十分重要的地方,有些甚至关系到生命安全。系统的失败会导致生

命和财产的损失，这就要求实时系统有很高的可靠性和安全性。

4）并发性强

实时系统常常需要同时控制许多外围设备。例如，系统需要同时控制传感器、传送带和传感器等设备。多数情况下，利用微处理器时间片分配给不同的进程，可以模拟并行。但是在系统对响应时间要求十分严格的情况下，分配时间片模拟的方法可能无法满足要求。这时，就得考虑使用多处理机系统。这就是为什么多处理机系统最早是在实时系统领域里繁荣起来的原因所在。

使用实时系统可以简化应用程序的设计：

(1) 操作系统的多任务和任务间通信的机制允许复杂的应用程序被分成一系列更小的和更多的可以管理的任务。

(2) 程序的划分让软件测试更容易，团队工作分解也有利于代码复用。

(3) 复杂的定时和程序先后顺序的细节，可以从应用程序代码中删除。

2. 前后台系统

不搭载实时系统的称作前后台系统架构。例如，前面已做过的实验，如 GPIO、定时器、数码管实验等都是前后台系统架构，任务顺序地执行，而前台指的是中断级，后台指的是 main 函数里的程序即任务级，前后台系统又叫做超级大循环系统，这个从“while(1)”关键字眼就可以得知。在前后台系统当中，关键的时间操作必须通过中断操作来保证实时性，由于前后台系统中的任务是顺序执行的，中断服务函数提供的信息需要后台程序走到该处理此信息这一步时才能得到处理，倘若任务数越多，实时性越得不到保证，因为循环的执行时间不是常数，程序经过某一特定部分的准确时间也是不能确定的。进而，如果程序修改了，循环的时序也会受到影响。很多基于微处理器的产品采用前后台系统设计，如微波炉、电话机、玩具等。在另外一些基于微处理器的应用中，从省电的角度出发，通常微处理器处在停机状态(halt)，所有的事都靠中断服务来完成。

3. 实时系统与前后台系统比较

实行系统与前后台系统最明显的区别就是任务是否具有并发性，图 14－15 表示实时系统任务执行的状态，图 14－16 表示前后台系统任务执行的状态。

从图 14－15 可以看出，传统的处理器同时只能执行一个任务，只是通过快速的任务切换，使得实时系统的所有任务(任务 1、任务 2 和任务 3)执行看起来像是同时执行的。

从图 14－16 可以看出，前后台系统默认情况下遵守了传统的处理器只能同时执行一个任务的特性，顺序地执行任务 1、任务 2 和任务 3。

深入重点：

✓ 实时系统虽然代码复杂，但是可靠性、实时性、安全性能够得到保证。

✓ 前后台系统虽然代码简短，但是可靠性、实时性、安全性不如实时系统。

✓ 常用的实时系统有 ucos、VxWorks、freertos。

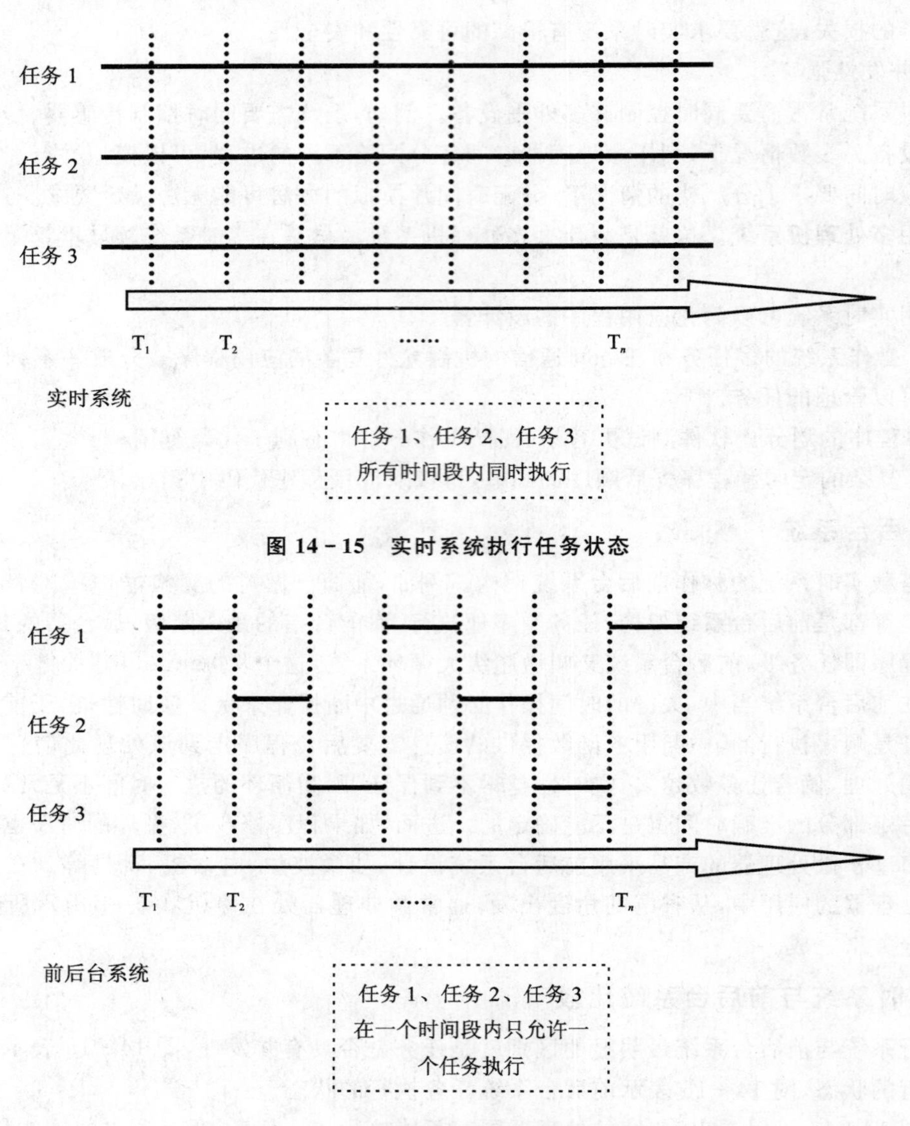

图 14-15　实时系统执行任务状态

图 14-16　前后台系统执行任务状态

14.4.2　RTX-51 实时系统技术参数

RTX-51 是一个适用于 8051 系列单片机的实时多任务操作系统。RTX-51 使复杂的系统和软件设计以及有时间限制的工程开发变得简单。RTX-51 是一个强大的工具，它可以在单个 CPU 上管理多个任务。RTX-51 实时系统有两个版本，分别是 RTX-51 Full 和 RTX-51 Tiny 实时系统。

RTX-51 Full 允许 4 个优先权任务的循环和切换，并且还能并行地利用中断功能。RTX-51 支持信号传递，以及与邮箱系统和信号量进行消息传递。RTX-51 的 os_wait 函数可以等待以下事件：中断、时间到、来自任务或中断的信号、来自任务或中断的消息、信号量。

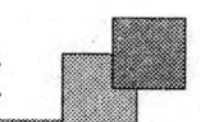

RTX-51 Tiny 是 RTX-51 Full 的一个子集。RTX-51 Tiny 可以很容易地在没有外部拓展 RAM 的情况下运行，需求内存非常小，但是使用 RTX-51 Tiny 只能够进行消息传递，不支持信号量、邮箱系统，而且任务不支持优先级，只能够循环任务切换。

RTX-51 实时系统版本参数对比如表 14－5 所列。

表 14－5　RTX-51 实时系统版本参数对比

	RTX-51 Full	RTX-51 Tiny
任务数量	最多 256 个，可同时激活 19 个	16 个
RAM 占用	40～46 字节 DATA 空间，20～200 字节 IDATA 空间，最小 650 字节 XDATA 空间	7 字节 DATA 空间，3 倍于任务数量的 IDATA 空间
空间占用	6～8 KB	900 字节
硬件资源占用	定时器 0 或定时器 1	定时器 0
系统时钟	1 000～40 000 个周期	1 000～65 536 个周期
中断请求时间	小于 50 周期	小于 20 周期
任务切换时间	70～100 个周期(快速任务)；180～700 个周期(标准任务)；取决于堆栈的负载	100～700 个周期，取决于堆栈的负载
邮箱系统	8 个分别带有整数入口的邮箱	不支持
内存池	最多 16 个内存池	不支持
信号量	8×1 位	不支持

RTX-51 系统函数，以 RTX-51 Full 为例，如表 14－6 所列。

表 14－6　RTX-51 系统函数

函　数	描　述	CPU 周期
isr_recv_message(Full)	收到消息(来自中断调用)	71(具有消息)
isr_send_message(Full)	发送消息(来自中断调用)	53
isr_send_singal	给任务发去信号(来自中断调用)	46
os_attach_interrupt(Full)	分配中断资源给任务	119
os_clear_signal	删除以前发送的一个信号	57
os_create_task	将一个任务放入执行队列中	302
os_create_pool(Full)	定义一个内存池	644
os_delete_task	从执行队列中移走一个任务	172
os_detach_interrupt(Full)	移走一个分配的中断	96
os_disable_isr(Full)	禁止 8051 硬件中断	81
os_enable_isr(Full)	允许 8051 硬件中断	81
os_free_block(Full)	归还 存储空间给内存池	160
os_get_block(Full)	从内存池获得一块存储空间	148
os_send_message(Full)	发送一条消息(从任务中调用)	443(具有任务切换)

续表 14－6

函 数	描 述	CPU 周期
os_send_signal	向任务发送一个信号(从任务中调用)	408(具有任务切换) 306(具有快速任务切换) 71 (没有任务切换)
os_send_token(Full)	发送一个信号量(从任务中调用)	343(具有快速任务切换) 94 (没有任务切换)
os_set_slice(Full)	设置 RTX-51 系统时钟时间片	67
os_wait	等待事件	68 (用于等待信号) 100(用于等待消息)

注意：用"(Full)"进行标识的函数只能在 RTX－51 Full 实时系统中使用，不支持在 RTX－51 Tiny 实时系统中使用。

在 RTX-51 Full 实时系统中，还附加了一些用于调试的函数，如表 14－7 所列。

表 14－7 RTX-51 系统函数调试函数

函 数	描 述
oi_reset_int_mask	禁止 RTX-51 的外部中断资源
oi_set_int_mask	允许 RTX-51 的外部中断资源
os_check_mailbox	返回指定信箱的状态信息
os_check_mailboxes	返回所有的系统信箱的状态信息
os_check_pool	返回内存池的块信息
os_check_semaphore	返回指定信号量的状态信息
os_check_semaphores	返回所有的系统信号量信息
os_check_task	返回指定任务的状态信息
os_check_tasks	返回所有的系统任务的状态信息

14.4.3 深入 RTX-51 Tiny 实时系统

1. 定时器滴答中断

RTX-51 Tiny 实时系统用标准 8051 的定时器 0 (模式 1)产生一个周期性的中断。该中断就是 RTX-51 Tiny 的定时滴答(timer tick)。库函数中的超时和事件间隔就是基于该定时滴答来测量的。

默认情况下，RTX-51 每 10 000 个机器周期产生一个滴答中断，因此，对于运行在 12 MHz 的标准 8051 系列单片机来说，滴答的周期是 10 ms，频率是 100 Hz(12 MHz/12/10 000)。该值可以在 CONF_TNY. A51 配置文件中修改。

2. 任 务

RTX51-Tiny 实时系统本质上就是一个任务切换器，建立一个 RTX－51 Tiny 程序，就是

建立一个或多个任务函数的应用程序。

可以使用关键字"_task_"来创建任务。每个任务都有正确的状态,如运行、就绪、等待、删除、超时等状态,需要注意的是,某个时刻只有一个任务处于运行状态。

RTX-51 Tiny 支持最多16个任务,而每一个任务的格式一定要是如下格式。

程序清单 14-5　任务编写格式

```
void function(void) _task_ TASKID
{
        while(1)
        {
              //其他代码
        }
}
```

每一个任务必须加上"_task_"关键字,TASKID 的有效取值范围是0～15。所有的任务必须是循环重复的,任务不能够返回。

3. 消息机制

RTX-51 Tiny 实时系统由于是 RTX-51 Full 的一个子集,因此不具有邮箱系统、信号量等操作,只具备消息机制方式给任务发消息。通过内核提供的服务,任务或中断服务子程序可以将一条消息放入消息队列。同样,一个或多个任务可以通过内核服务从消息队列中得到消息。

4. os_wait 函数

os_wait 函数可以使一个任务等待一个或多个事件。通过对 os_wait 函数输入不同的参数,可以让 os_wait 函数等待指定的时间超时、等待消息、等待制定的时间,参数分别为 K_TMO、K_SIG、K_IVL,os_wait 可以返回时,返回值表明了发生什么事件,RDY_EVENT 表示任务的就绪标志被置位,SIG_EVENT 表示收到一个信号,TMO_EVENT 表示超时完成或时间间隔到达。

5. 编写规则

(1) 确保加载了 RTX51TNY. H 头文件。

(2) 不要建立 main 函数,RTX-51 Tiny 有自己的 main 函数。

(3) 程序里必须至少包含一个任务函数。

(4) 中断必须有效(EA＝1),在临界区如果要禁止中断时一定要小心。

(5) 程序必须至少调用一个 RTX-51 Tiny 库函数(如 os_wait),否则不能够连接到 RTX51-Tiny 库函数。

(6) Task 0 是程序中首先要执行的函数,必须在任务0中调用 os_create_task 函数以运行剩余任务。

(7) 任务函数必须是从不退出或返回的。任务必须用一个 while(1)或类似的结构进行循环。用 os_delete_task 函数可以停止某一个运行的任务。

(8) 必须在 Keil 中指定 RTX51－Tiny,或者在连接器中指定。

14.4.4 RTX-51 Tiny 实时系统实验

【例 14-1】 调用 Keil 自带的 RTX-51 Tiny 实时系统执行 4 种不同的流水灯操作，每种流水灯的控制 LED 灯时间间隔为 100 ms。

1. 硬件设计

参考 GPIO 实验硬件设计。

2. 软件设计

实验要求重复 4 种不同的流水灯，那么可以创建 4 个不同的任务来管理流水灯操作，分别是 LEDCtrlTask1、LEDCtrlTask2、LEDCtrlTask3、LEDCtrlTask4 这 4 个函数。

每 100 ms 对 LED 进行操作，可以调用 os_wait 函数进行指定时间超时，这时要注意的是 RTX-51 Tiny 实时系统每一个时钟滴答是 10 000 个机器周期，如果单片机工作在 12 MHz 时，那么每一个滴答是 10 ms，如果要修改系统时钟滴答，可以在"\Keil\C51\RTX_TINY\Conf_TNY.A51"中修改"INT_CLOCK"的值，如图 14-17 所示。

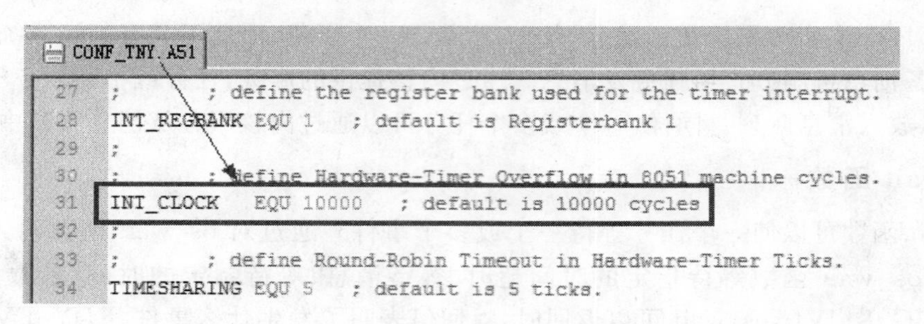

图 14-17 修改"INT_CLOCK"值

然后执行"GENRTX.BAT"文件生成新的"RTX51TNY.LIB"复制到"\Keil\C51\LIB"目录下，最后重新编译整个工程，该过程如图 14-18～图 14-20 所示。

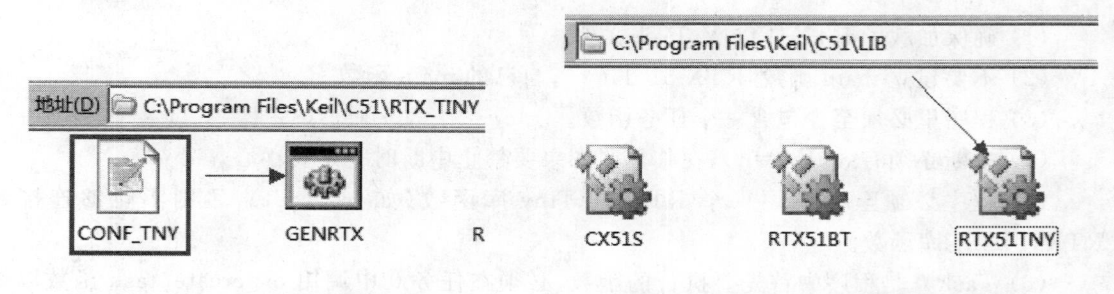

图 14-18 执行"GENRTX"文件

图 14-19 复制 RTX51TNY.lib 文件

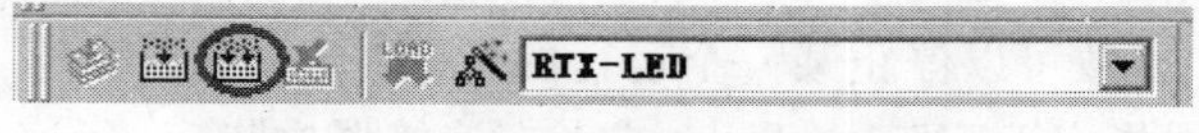

图 14-20 生成"RTX51TNY"文件

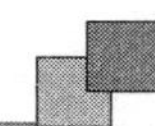

3. 流程图(图 14-21)

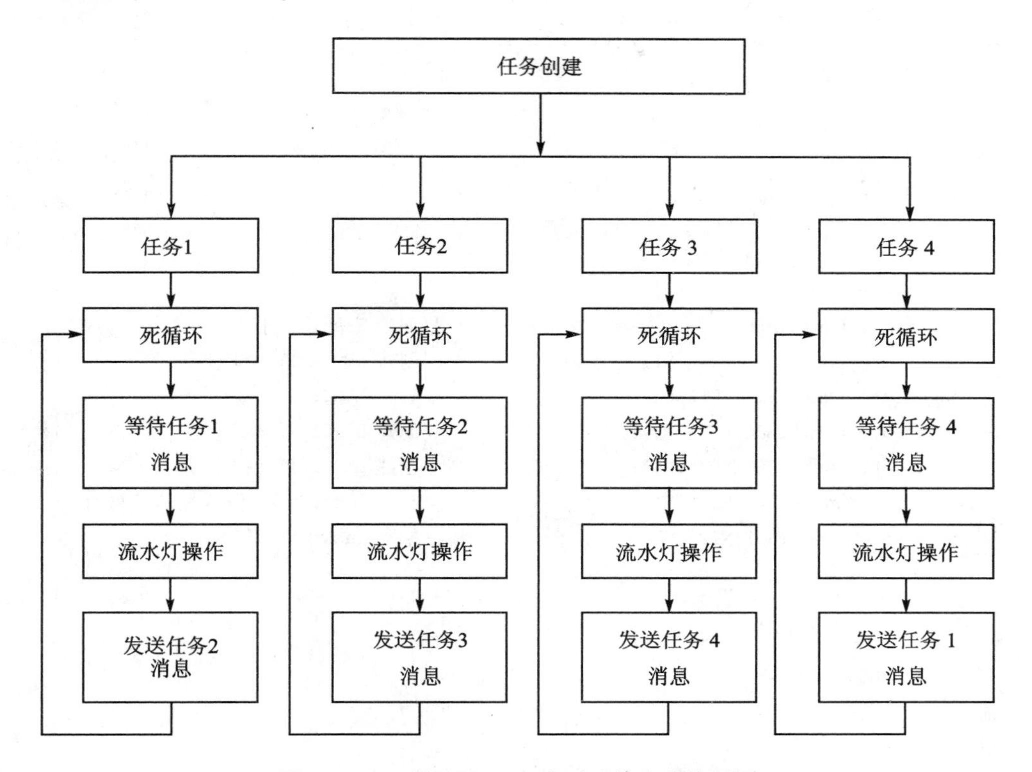

图 14-21　RTX-51 Tiny 实时系统实验流程图

4. 实验代码(表 14-8)

表 14-8　RTX-51 Tiny 实时系统实验函数列表

函数列表		
序　号	函数名称	说　明
1	Taskinit	任务初始化
2	LEDCtrlTask1	流水灯任务 1
3	LEDCtrlTask2	流水灯任务 2
4	LEDCtrlTask3	流水灯任务 3
5	LEDCtrlTask4	流水灯任务 4

程序清单 14-6　RTX-51 Tiny 实时系统实验代码

```
#include "stc.h"
#include "rtx51tny.h"
#define TASKINIT         0                                    //任务 ID
#define LEDCTRLTASK1     1
#define LEDCTRLTASK2     2
#define LEDCTRLTASK3     3
```

```
#define LEDCTRLTASK4    4
#define LED_PORT        P2
/******************************************
* 函数名称：Taskinit
* 输    入：无
* 输    出：无
* 功    能：初始化任务
******************************************/
void Taskinit(void) _task_ TASKINIT
{
    os_create_task(TASKINIT);                    //创建 Taskinit 任务
    os_create_task(LEDCTRLTASK1);                //创建 LEDCtrlTask1 任务
    os_create_task(LEDCTRLTASK2);                //创建 LEDCtrlTask2 任务
    os_create_task(LEDCTRLTASK3);                //创建 LEDCtrlTask3 任务
    os_create_task(LEDCTRLTASK4);                //创建 LEDCtrlTask4 任务
    os_send_signal(LEDCTRLTASK1);                //向 LEDCtrlTask1 任务发送信号
    os_delete_task(TASKINIT);                    //删除 Taskinit 任务

}
/******************************************
* 函数名称：LEDCtrlTask1
* 输    入：无
* 输    出：无
* 功    能：流水灯任务 1
******************************************/
void LEDCtrlTask1(void) _task_ LEDCTRLTASK1
{
    unsigned char i = 0;
    while(1)
    {
        os_wait(K_SIG,LEDCTRLTASK1,0);           //等待 LEDCtrlTask1 任务信号

        for(i = 0;i<= 7;i++)
        {
            LED_PORT|= 1<<i;
            os_wait (K_TMO,10,0);                //延时 100 ms
        }
        os_send_signal(LEDCTRLTASK2);            //向 LEDCtrlTask2 任务发送信号
    }
}
/******************************************
* 函数名称：LEDCtrlTask2
* 输    入：无
* 输    出：无
* 功    能：流水灯任务 2
```

```
*******************************************/
void LEDCtrlTask2(void) _task_ LEDCTRLTASK2
{
    unsigned char i = 0;
    while(1)
    {

        os_wait(K_SIG,LEDCTRLTASK2,0);              //等待 LEDCtrlTask2 任务信号
        for(i = 0;i< = 7;i+ + )
        {
            LED_PORT& = ~(1<<i);
            os_wait (K_TMO,10,0);                   //延时 100 ms
        }

        os_send_signal(LEDCTRLTASK3);               //向 LEDCtrlTask3 任务发送信号
    }
}
/******************************************
 * 函数名称：LEDCtrlTask3
 * 输      入：无
 * 输      出：无
 * 功      能：流水灯任务 3
*******************************************/
void LEDCtrlTask3(void) _task_ LEDCTRLTASK3
{
    unsigned char i = 0;
    while(1)
    {
         os_wait(K_SIG,LEDCTRLTASK3,0);             //等待 LEDCtrlTask3 任务信号
        for(i = 0;i< = 7;i+ + )
        {
            LED_PORT| = 1<<(7 - i);
            os_wait (K_TMO,10,0);                   //延时 100 ms
        }
        os_send_signal(LEDCTRLTASK4);               //向 LEDCtrlTask4 任务发送信号
    }
}
/******************************************
 * 函数名称：LEDCtrlTask4
 * 输      入：无
 * 输      出：无
 * 功      能：流水灯任务 4
*******************************************/
void LEDCtrlTask4(void) _task_ LEDCTRLTASK4
{
```

```
    unsigned char i = 0;
    while(1)
    {

        os_wait(K_SIG,LEDCTRLTASK4,0);           //等待 LEDCtrlTask4 任务信号
        for(i = 0;i< = 7;i + + )
        {
            LED_PORT& = ~(1<<(7 - i));
            os_wait (K_TMO,10,0);                 //延时 100 ms
        }
        os_send_signal(LEDCTRLTASK1);            //向 LEDCtrlTask1 任务发送信号
    }
}
```

5. 代码分析

在 RTX - LED 实验代码中存在 5 个任务，分别是 TaskInit、LEDCtrlTask1、LEDCtrlTask2、LEDCtrlTask3、LEDCtrlTask4。

TaskInit 任务负责任务的创建，创建 LEDCtrlTask1、LEDCtrlTask2、LEDCtrlTask3、LEDCtrlTask4 这 4 个控制 LED 灯的任务。当创建这 4 个任务成功后，在 TaskInit 任务中删除 TaskInit 任务。

LEDCtrlTask1 任务中的 while(1)死循环第一步等待 LEDCtrlTask1 任务消息，调用 os_wait(K_SIG,LEDCTRLTASK1,0)来执行。当接收到 LEDCtrlTask1 任务消息时，则通过 for 循环进行 LED 灯操作，并通过调用 os_wait (K_TMO,10,0)进行 100 ms 延时。最后执行发送 LEDCtrlTask2 任务消息。

LEDCtrlTask2、LEDCtrlTask3、LEDCtrlTask4 任务内部函数操作都与 LEDCtrlTask1 雷同，没有多大区别。

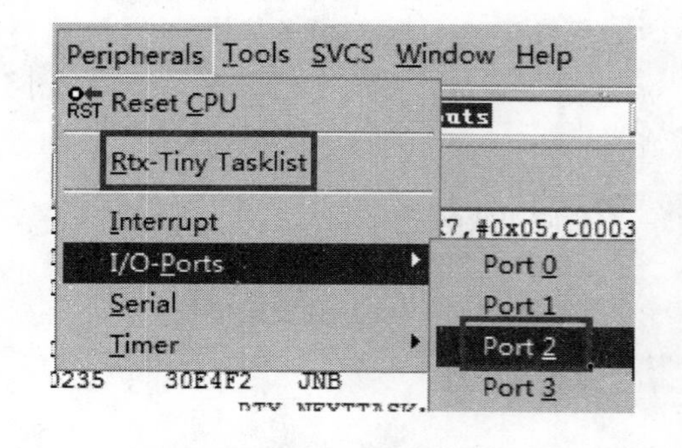

图 14 - 22　选择"Port 2"

6. 软件仿真

第 1 步：单击【Start /Stop Debug Session】按钮进入 Keil 的调试环境，然后单击菜单项中的【Peripherals】，选择"Rtx-Tiny Tasklist"和"Port 2"，如图 14 - 22 所示，最后弹出"Parallel Port 2"和"RTX-Tiny Tasklist"仿真窗口，如图 14 - 23 所示。

第 2 步：单击【Run】按钮，让仿真全速执行，会发现"Parallel Port 2"和"RTX-Tiny-Tasklist"仿真窗口出现不同的变化，P2 口的改变会映射到"Parallel Port 2"仿真窗口中，如图 14 - 24 所示，在所有任务中只有 TaskInit 任务被删除，其余 LEDCtrlTask1、LEDCtrlTask2、LEDCtrlTask3、LEDCtrlTask4 互相切换，如图 14 - 25 所示。

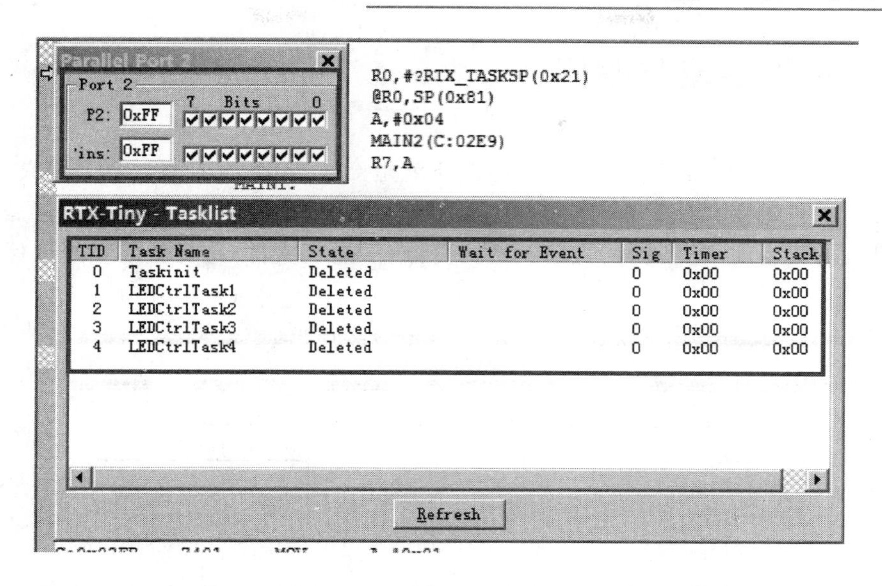

图 14－23　选择“RTX-Tiny List”

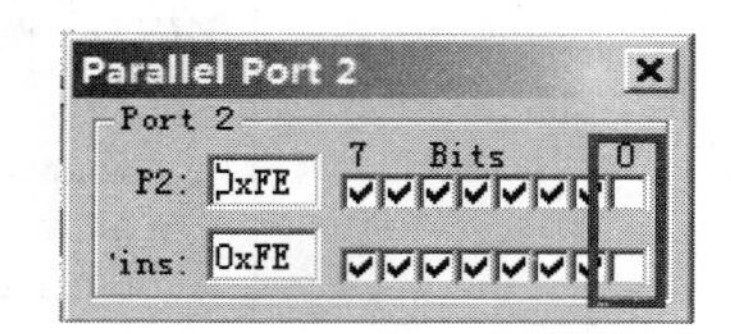

图 14－24　监视 P2

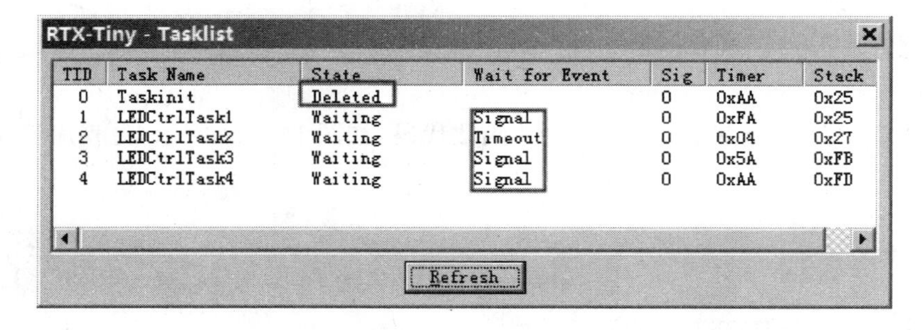

图 14－25　监视 RTX-Tiny List

深入重点：

✓ 实时系统虽然代码复杂，但是可靠性、实时性、安全性能够得到保证。

✓ 前后台系统虽然代码简短，但是可靠性、实时性、安全性不如实时系统。

✓ 常用的实时系统有 ucos、VxWorks、freertos。

✓ 若想修改 RTX-51 Tiny 配置，可以对“\Keil\C51\RTX_TINY\Conf_TNY. A51”进行修改，然后执行“GENRTX. BAT”文件，生成新的“RTX51TNY. LIB”复制到“\Keil\C51\LIB”目录下，最后重新编译整个工程。

✓ Keil 调试环境同样支持 RTX-51 Tiny 实时系统进行仿真。

14.5 LIB 的生成与使用

什么是 LIB 文件呢？LIB 文件(*.lib)实质就是 C 文件(*.c)的另一面，不具可见性，却能够在编译时提供调用，如图 14-26 所示。LIB 文件在实际应用中很大的作用就是当集成商使用自身开发的设备时，向其提供的是 LIB 文件，而不是 C 文件，这样就能很好地保护自身的知识产权。

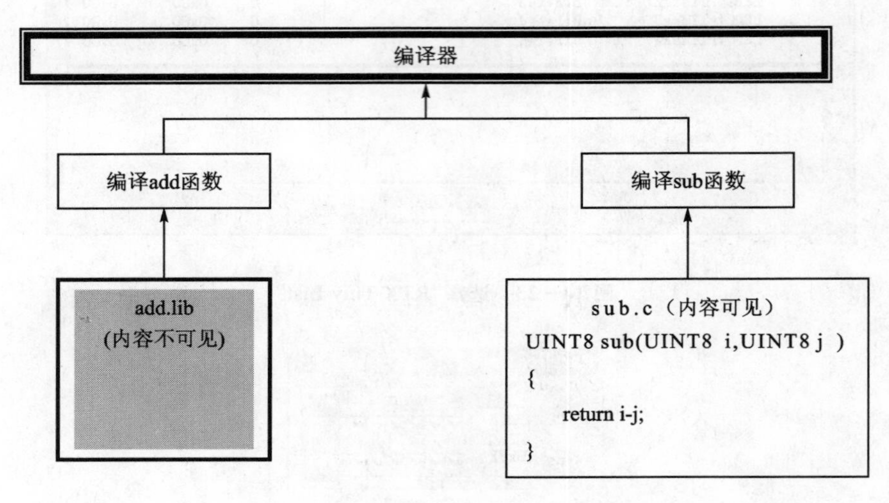

图 14-26 LIB 与 C 文件的区别

14.5.1 LIB 文件的创建

第 1 步：新建 MyLib 工程，并编写 add 函数代码，如图 14-27 所示，见程序清单 14-7、程序清单 14-8。

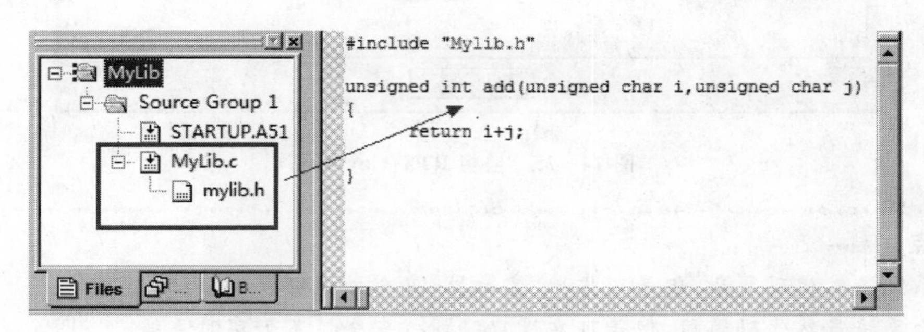

图 14-27 新建 LIB

Mylib.c 代码如下：

程序清单 14-7 MyLib.c 代码

```
#include "Mylib.h"
unsigned int add(unsigned char i,unsigned char j)
```

```
{
        return i + j;
}
```

Mylib. h 代码如下：

程序清单 14－8　MyLib. h 代码

```
extern unsigned int add(unsigned char i,unsigned char j);
```

第 2 步：进入【Options for Target】对话框中，在“Output”选项卡中选中“Create Library”，如图 14－28 所示。

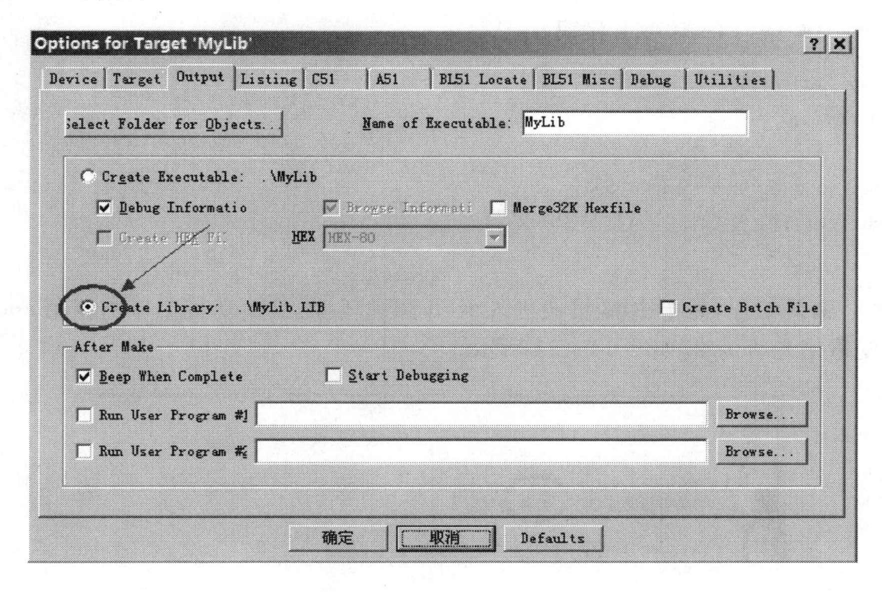

图 14－28　勾选“Create Library”

第 3 步：编译工程，并在输出窗口显示编译信息，如图 14－29 所示。

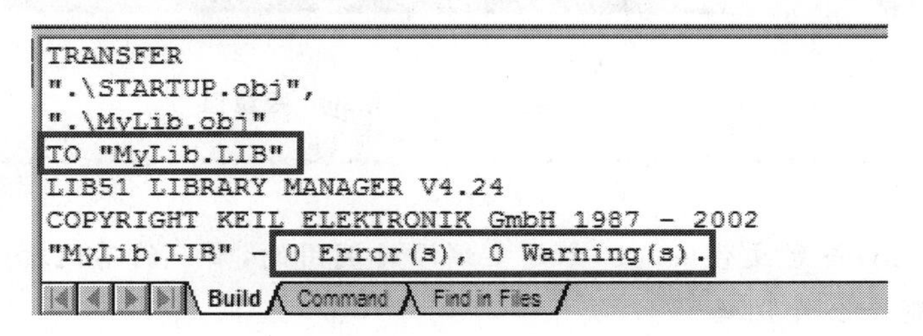

图 14－29　编译信息

14. 5. 2　LIB 文件的使用

第 1 步：新建“TestLib”工程，将之前生成的 LIB 添加到工程中去，并为 TestLib. c 文件编写代码，如图 14－30、程序清单 14－9 所示。

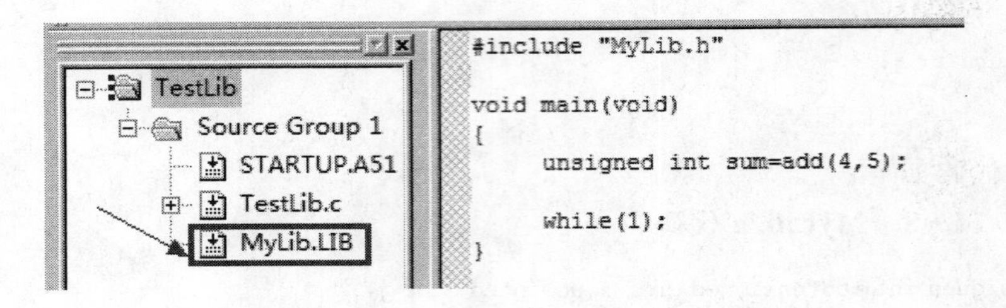

图 14-30　添加 MyLib. LIB

TestLib. c 代码如下：

程序清单 14-9　TestLib. c 代码

```
#include "MyLib.h"
void main(void)
{
      unsigned int sum = add(4,5);
      while(1);
}
```

第 2 步：编译工程，并单击 按钮进入 Keil 调试环境，且在观察窗口中调用 add(4,5)后，观察 sum 变量值是否为 9，如图 14-31 所示。

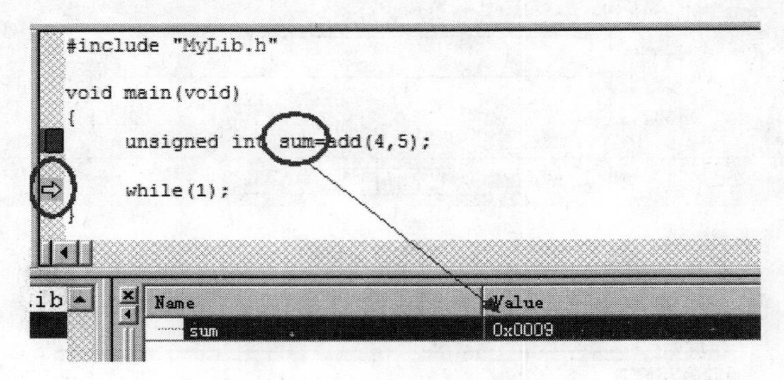

图 14-31　监视窗口观察 sum 变量值

深入重点：

- ✓ LIB 文件(*.lib)与 C 文件(*.c)都是在编译时调用的，唯一的不同就是 LIB 文件隐藏代码，C 文件则是公开代码。
- ✓ LIB 文件能够很好地保护自身的知识产权。

实战篇

实战篇是基础入门篇的一个整合，不仅使当前开发板的硬件资源得到充分的应用，同时也是对自身编程能力的一个提高。

实战篇实验包括计数器实验、交通灯实验、频率计实验。例如，计数器实验用到的外部器件有按键、74LS164、数码管，交通灯实验用到的外部器件有 74LS164、数码管、串口，频率计实验用到的外部器件有 74LS164、LCD1602、函数发生器。

读者通过学习计数器实验、交通灯实验、频率计实验这 3 个实验，将会养成良好的编程习惯，对单片机的理解将会更加深刻。

良好的编程习惯：实验采用到宏定义、变量类型、清晰的程序结构，代码将具有良好的移植性和阅读性。

对单片机的理解：如何对各个器件进行恰当的处理而不相互影响，最后实现完整的实验。

第 15 章

按键计数器

15.1　按键计数器简介

按键计数器顾名思义就是以计数为目的，在计数的过程中既可以停止当前计数，又可以调整当前计数值，然后重新开启计数的功能，如图 15－1 所示。虽然该实验看似实现的功能比较简单，但是其涉及的技巧比较多，因而有必要以按键计数器作为实战篇的第一环，为后面对单片机的理解与编程的进阶打好基础。

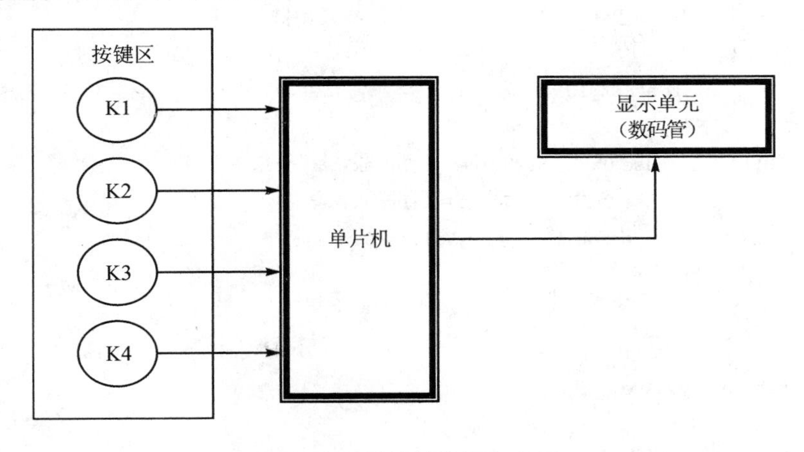

图 15－1　按键计数器示意图

15.2　按键检测

15.2.1　传统的按键检测

在单片机的应用中，利用按键实现与用户的交互功能是相当常见的，同时按键的检测也是很讲究的，众所周知，在有键按下后，数据线上的信号出现一段时间的抖动，然后为低；当按键释放时，信号抖动一段时间后变高，然而这段抖动时间要维持 10～50 ms，这个与按键本身的材质有一定的关系，在这个范围内基本上都可以确定(图 15－2)。如果按键检测不好，单片机的运行效率将会大打折扣，严重影响到系统的性能，导致系统的运行出现异常，在教科书中，我们见到的按键处理程序都是以下这样的结构：

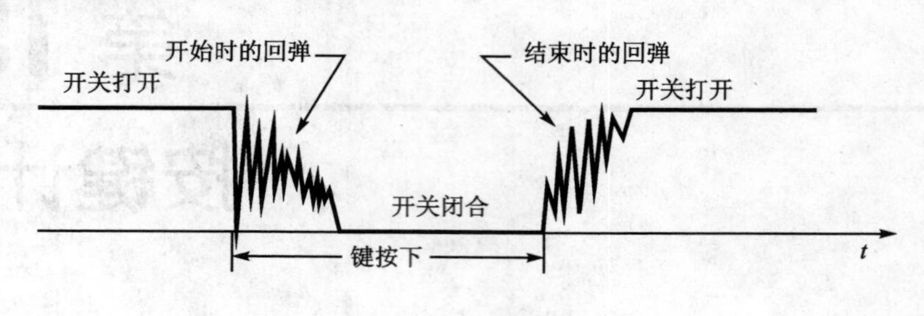

图 15－2 击键过程

程序清单 15－1 传统的按键检测代码

```
unsinged char KeyScan(void)
{
        unsigned char KeyValue = 0;
        if(KEY_IO ! = 0xFF)                          //检测到有按键按下
        {
          DelayNms(20);                              //延时 20 ms(严重影响单片机的运行效率)
            if(KEY_IO ! = 0xFF)                      //确认按键按下
            {
              switch(KEY_IO)
              {
                  case 0xFE: KeyValue = 1;break;
                  case 0xFD: KeyValue = 2;break;
                    default   : KeyValue = 0;break;
              }
            }
        }
        return KeyValue;
}
```

像这样的程序经常出现在大学的教科书中，在按键的扫描中，单片机的资源全部用来作按键的扫描，特别是当中的延时程序，对单片机来说，这是一个漫长的过程。例如，我们需要用动态扫描数码管来做一个电子时钟，如果在按键持续按下的过程中，由于延时程序对单片机资源的占用，单片机这个时候就不能作动态扫描，数码管的显示就会有问题，除非当前程序搭载了实时系统，一旦当前任务要进行延时操作，系统会自动进行任务调度，执行其他任务，当之前的任务延时完毕，系统会自动执行之前的任务。遗憾的是传统 8051 系列单片机不推荐搭载实时系统，毕竟其资源有限，而且又增加额外的成本。例如，搭载 μC/OS 实时系统，传统的 8051 系列单片机完全不能满足该系统的要求，必须拓展外部存储器才能满足，这样就间接增加了成本，同时 μC/OS 用于商业上要收费，成本大大增加了。因此，当没有搭载实时系统做按键检测时使用软件延时是不现实的，严重影响性能。

这样的教科书的按键处理程序是不实用的，在实际应用中是不可取的，我们的头脑要重新清醒过来，有必要认真研究新的按键检测方法，在该章节介绍的按键扫面采用“状态机”的思想进行按键检测，不仅可以正确地检测到按键，而且不会影响其他周边外设器件的运作。

深入重点：

✓ 击键过程必然存在信号抖动，持续时间 10 ms～50 ms，与按键材质有一定的关系。

✓ 传统的按键检测有什么弊端？由于软件延时的原因，单片机运行效率将大打折扣，周边外设器件可能运作异常，特别是对时间要求比较严格的器件产生严重的影响。

✓ 如果不想通过延时去抖而影响系统性能，最理想的办法就是搭载实时系统，因为在实时系统中，一旦任务进行延时，就会产生任务调度，不会影响系统性能。不过搭载实时系统要耗用相当一部分 ROM 和 RAM 资源。

15.2.2　状态机按键检测

状态机是软件编程中的一个重要概念，比这个概念更重要的是对它的灵活应用。在一个思路清晰而且高效的程序中，必然有状态机的身影浮现。

例如，一个按键命令解析程序就可以被看作状态机：本来在 A 状态下，触发一个按键后切换到了 B 状态；再触发另一个键后切换到 C 状态，或者返回到 A 状态。这就是最简单的按键状态机例子。实际的按键解析程序会比这更复杂些，但这不影响我们对状态机的认识。

进一步看，击键动作本身也可以看作一个状态机。一个细小的击键动作包含按下、抖动、释放等状态。其实状态机思想不单只用在按键方面，数码管显示动态扫描、LED 灯亮灭都存在状态机的思想(如亮与灭的状态)。

使用状态机思想去进行单片机编程，比较通用的方法就是用 swtich 的选择性分支语句来进行状态跳转，既然可以 switch 来判断，那么使用 if 同样可以，但是使用 switch 来判断状态可以使代码更加清晰。

按键检测运用状态机思想使用 switch 实现状态跳转的编程代码流程大致如图 15－3 所示。

由于击键的过程必会有按下、抖动、释放的过程，因而状态机的实现代码必然要对这 3 个状态进行检测。总之，状态机思想就是将该器件所有的状态一一罗列出来，然后根据当前所处的状态进行相应的处理。

深入重点：

✓ 什么是状态机？

✓ 运用状态机思想，击键状态有按下、抖动、释放这 3 个状态。

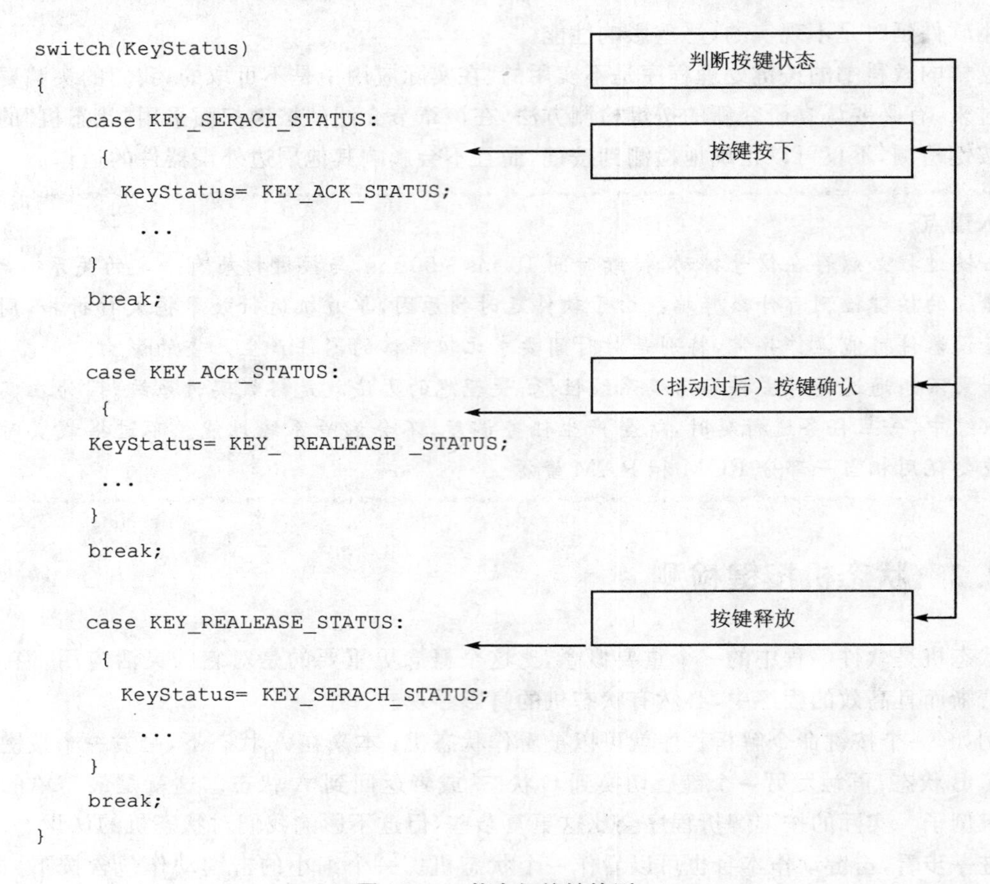
switch(KeyStatus)
{
case KEY_SERACH_STATUS:
{
KeyStatus= KEY_ACK_STATUS;
...
}
break;
case KEY_ACK_STATUS:
{
KeyStatus= KEY_ REALEASE _STATUS;
...
}
break;
case KEY_REALEASE_STATUS:
{
KeyStatus= KEY_SERACH_STATUS;
...
}
break;
}
判断按键状态
按键按下
（抖动过后）按键确认
按键释放

图 15－3　状态机按键检测

15.3　按键计数器实验

【实验 15－1】　时间每过 1 s，计数值自动加 1(若超过 9 999，那么计数值重新计数)，然后通过数码管来显示。如果想修改计数值，可以通过按键来进行操作，同时当前位会以小数点来标识。

1. 硬件设计(图 15－4)

计数器实验硬件设计就是数码管实验的硬件设计上的拓展，在 P1 口的 P1.0～P1.3 加上按键电路。

2. 软件设计

计数器实验重点就是数码管显示和按键的检测。数码管显示采用动态驱动的方式来实现，按键的检测需要采用动态扫描的方式来实现，它们两者可以共用一个定时器。硬件设计总共有 5 个按键，我们取其中 4 个按键就可以满足实验的要求，按键的功能分配如表 15－1 所列。

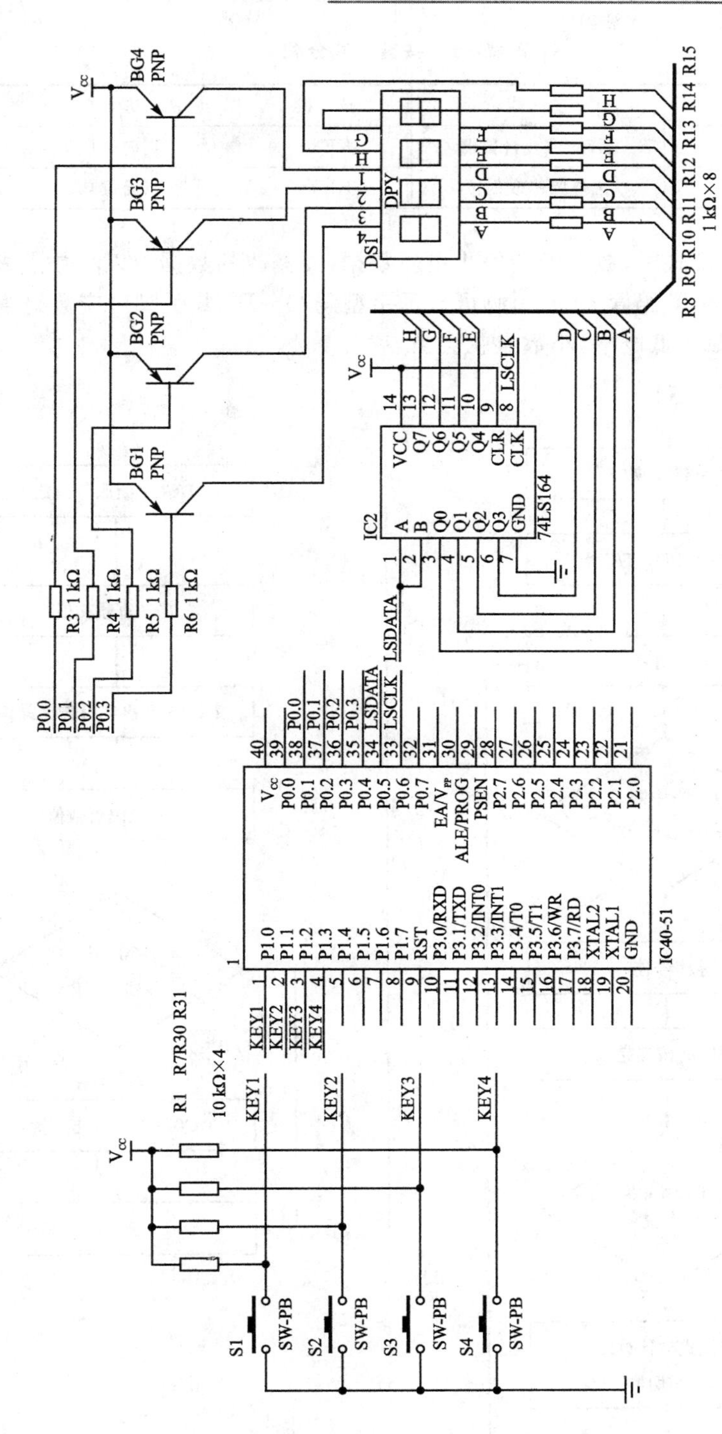

图 15 - 4　按键计数器实验硬件设计图

表 15－1　按键功能分配

按　键	功　能	按　键	功　能
KEY1	启动/停止计数器	KEY3	当前位加 1
KEY2	选择要修改的位	KEY4	当前位减 1

当进入修改时间模式时，数码管会停止更新数据，要修改的数据位以小数点来标识。在数码管实验章节已经介绍数码管 a～g 引脚可显示字型码“0～F”，h 引脚对应数码管右下角的小数点，只要对 h 引脚赋予低电平，小数点就会被点亮。

3. 流程图（图 15－5）

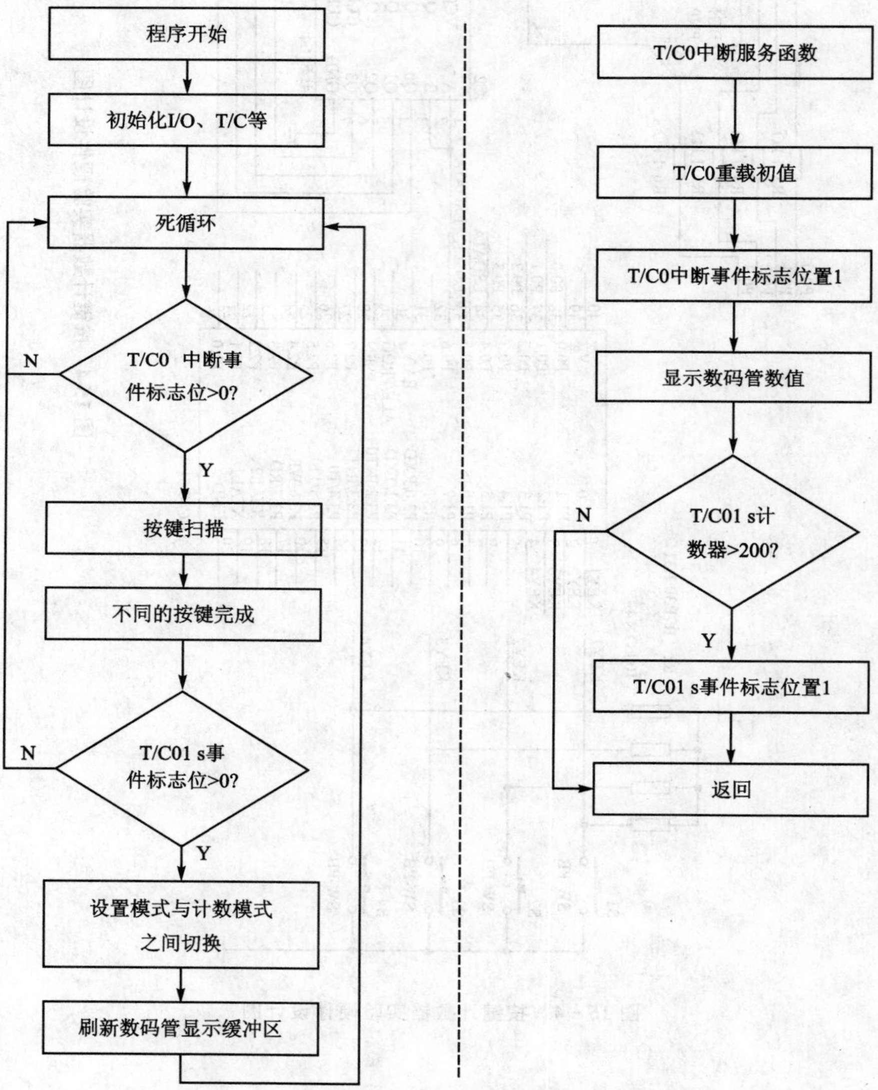

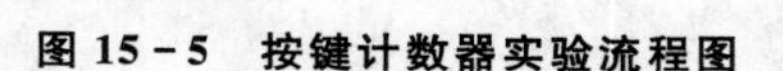

图 15－5　按键计数器实验流程图

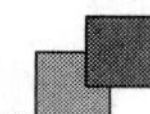

4. 实验代码(表 15-2)

表 15-2 按键计数器实验函数列表

序 号	函数名称	说 明
函数列表		
1	LS164Send	74LS164 串行输入并行输出函数
2	RefreshDisplayBuf	刷新数码管显示缓存
3	SegDisplay	数码管显示数据
4	TimerInit	T/C 初始化
5	Timer0Start	T/C0 启动
6	Timer0Stop	T/C0 停止
7	PortInit	I/O 口初始化
8	KeyRead	按键值读取
9	main	函数主体
中断服务函数		
10	Timer0IRQ	T/C0 中断服务函数

程序清单 15-2 按键计数器实验代码

```
#include "stc.h"
/*****************************************************
*           类型定义,方便代码移植
*****************************************************/
typedef unsigned char   UINT8;
typedef unsigned int    UINT16;
typedef unsigned long   UINT32;
typedef char            INT8;
typedef int             INT16;
typedef long            INT32;
/*****************************************************
*           大量宏定义,便于代码移植和阅读
*****************************************************/
#define TIMER0_INITIAL_VALUE 5000                   //5 ms 定时
#define SEG_PORT            P0                      //数码管占用的 I/O 口
#define KEY_PORT            P1                      //按键占用的 I/O 口
#define KEY_MASK            0x0F                    //按键掩码
#define KEY_SEARCH_STATUS   0                       //查询按键状态
#define KEY_ACK_STATUS      1                       //确认按键状态
#define KEY_REALEASE_STATUS 2                       //释放按键状态
#define KEY1                1                       //按键 1 键值
#define KEY2                2                       //按键 2 键值
#define KEY3                3                       //按键 3 键值
#define KEY4                4                       //按键 4 键值
```

```
#define HIGH                1
#define LOW                 0
#define ON                  1
#define OFF                 0
#define LS164_DATA(x)       {if((x))P0_4 = 1;else P0_4 = 0;}
#define LS164_CLK(x)        {if((x))P0_5 = 1;else P0_5 = 0;}
UINT8   Timer0IRQEvent = 0;                     //T/C0 中断事件
UINT8   Time1SecEvent = 0;                      //1 s 定时事件
UINT8   TimeCount = 0;                          //T/C0 计数器,用于计数产生 1 s 定时事件
UINT8   SegCurPosMark = 0;                      //被选中的数码管
UINT16 CounterValue = 0;                        //计数器
    UINT8   SegCurSel   = 0 ;                   //当前选中的数码管
    UINT8   SegBuf[4]   = {0};                  //数码管显示缓冲区
//共阳极数码管字型码,并且保存在程序存储区,节省 RAM 资源
code UINT8   SegCode[10] = {0xC0,0xF9,0xA4,0xB0,0x99,0x92,0x82,0xF8,0x80,0x90};
//共阳极数码管片选数组,并且保存在程序存储区,节省 RAM 资源
code UINT8   SegSelTbl[4] = {0x07,0x0b,0x0d,0x0e};
UINT8   bSetTime = 0;                           //标志位:是否要设置计数值
/*****************************************************
* 函数名称:LS164Send
*输     入:byte 要发送的字节
*输     出:无
* 功能描述:74LS164 发送数据函数
*****************************************************/
void LS164Send(UINT8 byte)
{
   UINT8 j;
   for(j = 0;j< = 7;j + + )
   {
     if(byte&(1<<(7 - j)))
     {
        LS164_DATA(HIGH);
     }
    else
     {
        LS164_DATA(LOW);
     }
     LS164_CLK(LOW);
     LS164_CLK(HIGH);
   }
}
/*****************************************************
* 函数名称:SegRefreshDisplayBuf
*输     入:无
*输     出:无
```

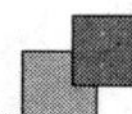

```
* 功能描述：刷新显示缓存
***************************************************/
void SegRefreshDisplayBuf(void)
{

    SegBuf[0] = CounterValue % 10;              //个位
    SegBuf[1] = CounterValue/10 % 10;           //十位
    SegBuf[2] = CounterValue/100 % 10;          //百位
    SegBuf[3] = CounterValue/1000 % 10;         //千位
}
/***************************************************
* 函数名称：SegDisplay
* 输    入：无
* 输    出：无
* 功能描述：显示数据
***************************************************/
void SegDisplay(void)
{

   UINT8   t;

   SEG_PORT = 0x0F;                            //熄灭所有数码管

   if(bSetTime)                                //检测是否设置计数值
   {
        if(SegCurSel = = SegCurPosMark)
         {

              t = SegCode[SegBuf[SegCurSel]]&0x7F;  //加上小数点标识

         }
         else
         {
             t = SegCode[SegBuf[SegCurSel]];        //正常显示当前数值
         }
   }
   else
   {
        t = SegCode[SegBuf[SegCurSel]];             //正常显示当前数值
   }


   LS164Send(t);
   SEG_PORT = SegSelTbl[SegCurSel];            //点亮当前要显示的数码管
```

```
    if( + + SegCurSel> = 4)
    {
        SegCurSel = 0;
    }
}
/*****************************************************
* 函数名称：TimerInit
*输    入：无
*输    出：无
* 功能描述：定时器初始化
*****************************************************/
void TimerInit(void)
{
    TH0 = (65536 - TIMER0_INITIAL_VALUE)/256;
    TL0 = (65536 - TIMER0_INITIAL_VALUE) % 256;        //定时 5 ms
    TMOD = 0x01;

}
/*****************************************************
* 函数名称：Timer0Start
*输    入：无
*输    出：无
* 功能描述：T/C0 启用
*****************************************************/
void Timer0Start(void)
{
      TR0 = 1;
    ET0 = 1;
}
/*****************************************************
* 函数名称：Timer0Stop
*输    入：无
*输    出：无
* 功能描述：T/C0 停止
*****************************************************/
void Timer0Stop(void)
{
      TR0 = 0;
      ET0 = 0;
}
/*****************************************************
* 函数名称：PortInit
*输    入：无
*输    出：无
* 功能描述：单片机 I/O 口初始化
```

```
******************************************************/
void PortInit(void)
{
    P0 = P1 = P2 = P3 = 0xFF;
}
/******************************************************
 * 函数名称：KeyRead
 *输　　入：无
 *输　　出：当前按下的按键
 * 功能描述：读取按键值
******************************************************/
UINT8 KeyRead(void)
{
//KeyStatus：静态变量，保存按键状态
//KeyCurPress：静态变量，保存当前按键的键值
static UINT8 KeyStatus = KEY_SEARCH_STATUS,KeyCurPress = 0;
        UINT8 KeyValue;
        UINT8 i = 0;

    KeyValue = (~KEY_PORT)&KEY_MASK;                //检测哪一个按键按下

    switch(KeyStatus)
    {
        case KEY_SEARCH_STATUS:                     //按键查询状态
        {
            if(KeyValue)
            {
                KeyStatus = KEY_ACK_STATUS;         //按键下一个状态为确认状态
            }

            return 0;

        }
        break;
        case KEY_ACK_STATUS:                        //按键确认状态
        {
            if(! KeyValue)                          //没有按键按下
            {
                KeyStatus = KEY_SEARCH_STATUS;;     //按键下一个状态为查询状态
            }
            else
            {
          for(i = 0;i<4;i++)                        //搜索哪个按键按下
            {
                if(KeyValue & (1<<i))
```

```
                    {
                    KeyCurPress = KEY1 + i;
                        break;
                    }

                }
                KeyStatus = KEY_REALEASE_STATUS;      //按键下一个状态为释放状态
            }
            return 0;
        }
        break;
        case KEY_REALEASE_STATUS:                     //按键释放状态
        {
            if(! KeyValue)                            //按键释放
            {
                KeyStatus = KEY_SEARCH_STATUS;        //按键下一个状态为释放状态
                    return KeyCurPress;               //返回当前按键
            }

            return 0;

        }
        default: break;
    }
}
/ ****************************************************
 * 函数名称:main
 *输    入:无
 *输    出:无
 * 功能描述:函数主体
*****************************************************/
void main(void)
{
PortInit();
TimerInit();
    Timer0Start();
    SegRefreshDisplayBuf();
    EA = 1;
    while(1)
    {
        SegRefreshDisplayBuf();                       //刷新显示缓冲区
        if(Timer0IRQEvent)                            //定时器中断事件
        {
            Timer0IRQEvent = 0;
           switch(KeyRead())                          //扫描按键,获取键值
```

```
    {
      case KEY1:                        //按键 1
        {
          bSetTime = ～bSetTime;         //标志位：是否设置计数值
             SegCurPosMark = 0;
        }
        break;
        case KEY2:                      //按键 2
        {
              if( + + SegCurPosMark> = 4)  //选择哪一个位要修改
              {
                   SegCurPosMark = 0;
              }
        }
        break;
        case KEY3:                      //按键 3
        {
              if(! bSetTime)break;      //不是设置计数模式,跳出 switch
              //根据被选择的位进行自加操作
              if(CounterValue> = 9999)CounterValue = 0;
              if      (SegCurPosMark = = 0)CounterValue + = 1;
              else if(SegCurPosMark = = 1)CounterValue + = 10;
              else if(SegCurPosMark = = 2)CounterValue + = 100;
              else                         CounterValue + = 1000;

        }
        break;
        case KEY4:                      //按键 4
        {
              if(! bSetTime)break;      //不是设置计数模式,跳出 switch
              //根据被选择的位进行自减操作
              if(CounterValue< = 0)CounterValue = 9999;
              if      (SegCurPosMark = = 0)CounterValue - = 1;
              else if(SegCurPosMark = = 1)CounterValue - = 10;
              else if(SegCurPosMark = = 2)CounterValue - = 100;
              else                         CounterValue - = 1000;

        }
        break;
        default: break;
    }

}
else if(Time1SecEvent)                  //1 s 定时事件产生
{
```

```
            Time1SecEvent = 0;

            if(! bSetTime)                          //不是设置计数值模式
            {
                if( + + CounterValue> = 9999)       //计数值自加 1,同时计数值不能大于 9 999
                {
                    CounterValue = 0;
                }
            }
        }
    }
}
/ ***********************************************************
* * 函数名称:Timer0IRQ
* * 输    入:无
* * 输    出:无
* * 功能描述:T/C0 中断服务函数
***********************************************************/
void Timer0IRQ(void) interrupt 1
{
    TH0 = (65536 - TIMER0_INITIAL_VALUE)/256;
    TL0 = (65536 - TIMER0_INITIAL_VALUE) % 256;  //重载初值
    Timer0IRQEvent = 1;

    SegDisplay();                               //数码管显示

    if( + + TimeCount> = 200)
    {
        TimeCount = 0;
        Time1SecEvent = 1;
    }
}
```

5. 代码分析

在该程序清单当中,要将计数模式转换为设置计数值模式,必须通过按键 KEY1 将 bSetTime 标志位置 1。如果想对某一位即个位、十位、百位、千位进行修改,可以通过按键 KEY2 修改变量 SegCurPosMark 值,同时相应的位在数码管显示方面会添加上小数点来标识。按键 KEY3、KEY4 分别对当前位进行自加或者自减操作。

捕获按键通过 KeyRead 函数来获知,中断服务函数产生定时 5 ms 的中断事件,使 Timer0IRQEvent 置 1。1 s 事件的产生通过计数对 5 ms 的中断事件进行计数,当计数累加到 200 次时,立刻将 Time1SecEvent 置 1。

深入重点：

- ✓ 学会使用标志位，标志位表示当前操作是否有效，如 bSetTime、Timer0IRQEvent、Time1SecEvent 等标志位。
- ✓ 运用状态机思想，击键状态有按下、抖动、释放这 3 个状态，实现函数为 KeyRead。
- ✓ 当数码管要显示小数点时，要将当前字型码位和 0x7F 进行“与”操作，即将最高位(第 7 位)清零，数码管最高位代表小数点，低电平点亮小数点。

第16章 交通灯

16.1 交通灯简介

19世纪初，在英国中部的约克城，红、绿装分别代表女性的不同身份。其中，着红装的女人表示已结婚，而着绿装的女人则是未婚者。后来，英国伦敦议会大厦前经常发生马车轧人的事故，于是人们受到红绿装启发，1868年12月10日，信号灯家族的第一个成员就在伦敦议会大厦的广场上诞生了，由当时英国机械师德·哈特设计、制造的灯柱高7 m，身上挂着一盏红、绿两色的提灯——煤气交通信号灯，这是城市街道的第一盏信号灯。在灯的脚下，一名手持长杆的警察随心所欲地牵动皮带转换提灯的颜色。后来在信号灯的中心装上煤气灯罩，它的前面有两块红、绿玻璃交替遮挡。不幸的是只面世23天的煤气灯突然爆炸自灭，使一位正在值勤的警察也因此断送了性命。从此，城市的交通信号灯被取缔了。直到1914年，在美国的克利夫兰市才率先恢复了红绿灯，不过，这时已是"电气信号灯"。稍后又在纽约和芝加哥等城市，相继重新出现了交通信号灯，到最后发展成为"红、黄、绿"三色的交通灯(图16-1)。

当我们每天在走斑马线之前，必须首先察看交通灯的状态。对于平时见到的交通灯，我们会看到其计数值不断地进行递减操作，提示灯只有三种颜色，分别是红、绿、黄，红灯表示禁止通行，绿灯表示允许通行，黄灯表示状态切换，如图16-2所示。

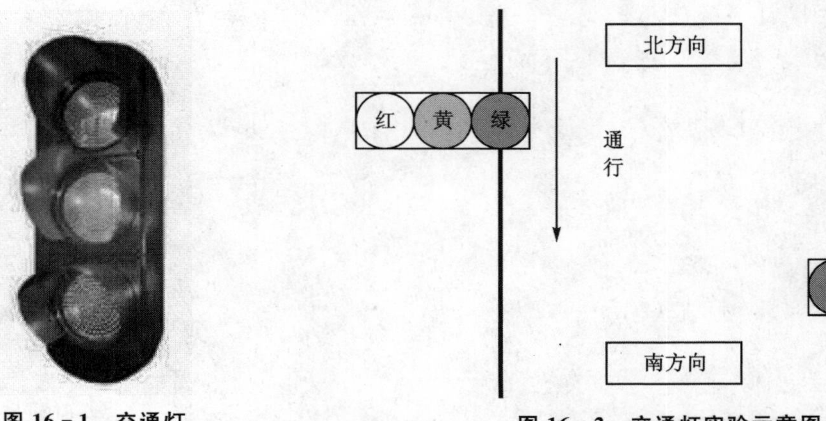

图16-1 交通灯

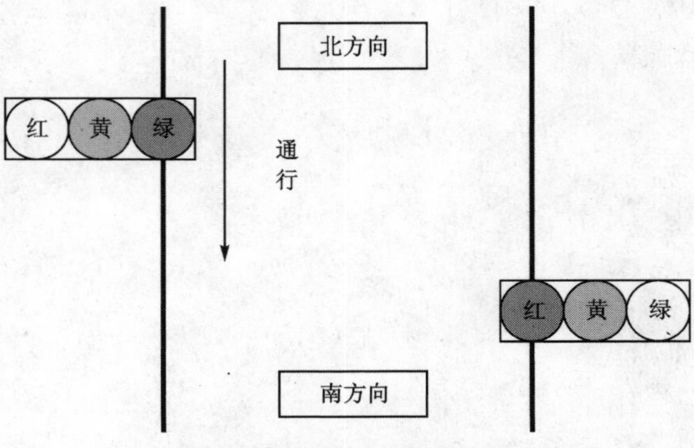

图16-2 交通灯实验示意图

16.2 交通灯实验

【实验16-1】 交通灯实验要求红灯亮15 s,绿灯亮10 s,黄灯亮5 s,当红灯切换为绿灯或者绿灯切换为红灯时,要实现灯闪烁,并以黄灯亮表示当前为状态切换。红灯、绿灯、黄灯的点亮持续时间可以通过串口来修改,并在下一个循环中更新数值。

1. 硬件设计

参考数码管实验、串口实验、GPIO实验硬件设计。

2. 软件设计

该交通灯实验数值修改是通过串口发送数据来实现的,为了使数据安全可靠,有必要使用帧格式。帧格式如图16-3所示。

帧头部	数值1	数值2	数值3	数值4
0xEE	15	5	10	5

图16-3 帧格式

根据帧格式的结构,我们接收数据时要首先正确识别帧头部才能继续接收其他数据,否则一律弃掉当前接收到的数据,直到识别到正确的帧头部为止。

当正确接收到数据后,下一步就要将那些数据作为当前红、绿、黄灯各点亮的持续时间。例如,红灯亮的持续时间为15 s,绿灯亮的持续时间为10 s,黄灯亮的持续时间为5 s。

为了使数据的结构更加清晰和使代码更加易于阅读,定义一个数据帧结构体是必然的,结构体的使用往往就是一个封装的过程,对数据帧格式的封装可为如下结构:

程序清单16-1 LIGHT_VAL结构体定义

```
typedef struct _LIGHT_VAL
{
    UINT8 Head;
    UINT8 val[4];
}LIGHT_VAL;
```

数据包结构定义好后,只完成了接收步骤的第一步,第二步就是代码复杂度的降低和阅读性增强的考虑。于是共用体的使用就能够大派用场,最终数据帧格式的封装可为如下结构:

程序清单16-2 LIGHT_VAL_EX共用体定义

```
typedef union _LIGHT_VAL_EX
{
     LIGHT_VAL lv;
     UINT8     p[5];
}LIGHT_VAL_EX;
```

3. 流程图(图16-4～图16-6)

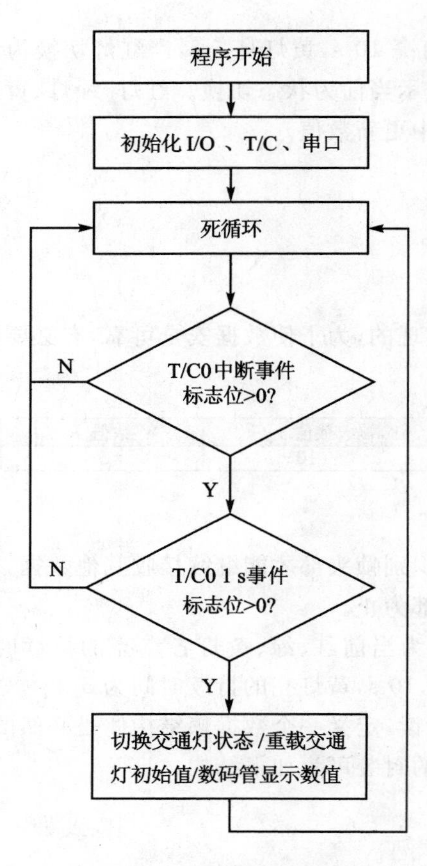

图16-4　交通灯实验主程序流程图

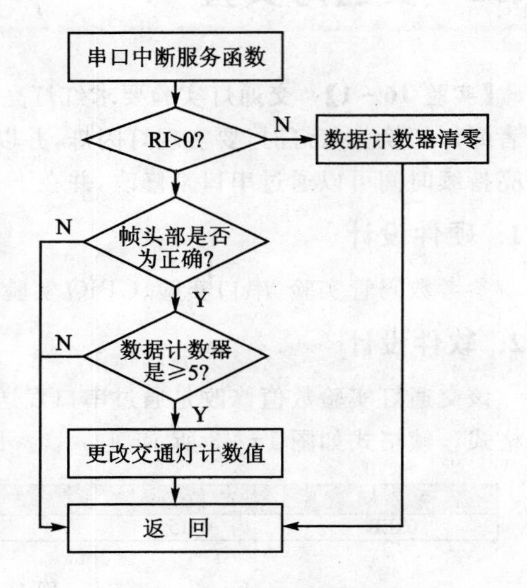

图16-5　交通灯实验串口中断服务函数流程图

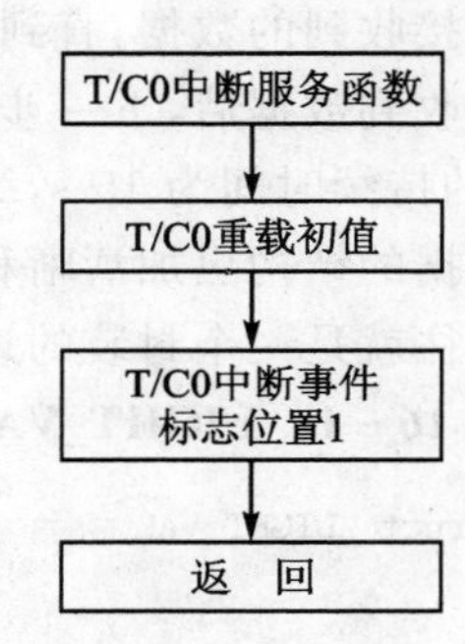

图16-6　交通灯实验T/C0中断服务函数流程图

4. 实验代码(表16-1)

表16-1　交通灯实验函数列表

函数列表		
序　号	函数名称	说　明
1	LS164Send	74LS164串行输入并行输出函数
2	RefreshDisplayBuf	刷新数码管显示缓存
3	SegDisplay	数码管显示数据
4	TimerInit	T/C初始化
5	Timer0Start	T/C0启动
6	PortInit	I/O口初始化

续表 16-1

函数列表		
序　号	函数名称	说　明
7	UartInit	串口初始化
8	UartSendByte	串口发送单个字节
9	UartPrintfString	串口打印字符串
10	main	函数主体
中断服务函数		
11	UartIRQ	串口中断服务函数
12	Timer0IRQ	T/C0 中断服务函数

程序清单 16-3　交通灯实验代码

```
#include "stc.h"
/**************************************************
*           类型定义,方便代码移植
**************************************************/
typedef unsigned char    UINT8;
typedef unsigned int     UINT16;
typedef unsigned long    UINT32;
typedef char                 INT8;
typedef int                  INT16;
typedef long                 INT32;
/**************************************************
*           大量宏定义,便于代码移植和阅读
**************************************************/
#define TIMER0_INITIAL_VALUE 5000
#define HIGH                  1
#define LOW                   0
#define ON                    1
#define OFF                   0
#define SEG_PORT              P0
/****************************************
74LS164 操作宏函数
****************************************/
#define LS164_DATA(x)        {if((x))P0_4 = 1;else P0_4 = 0;}
#define LS164_CLK(x)         {if((x))P0_5 = 1;else P0_5 = 0;}
//--------------------------------------------------------
/****************************************
*                交通灯操作宏函数
*NORTH: 北方向
*SOUTH: 南方向
****************************************/
#define NORTH_R_LIGHT(x)     {if((x))P2_0 = 0;else P2_0 = 1;}
```

```
#define NORTH_Y_LIGHT(x)    {if((x))P2_1 = 0;else P2_1 = 1;}
#define NORTH_G_LIGHT(x)    {if((x))P2_2 = 0;else P2_2 = 1;}
#define SOUTH_R_LIGHT(x)    {if((x))P2_3 = 0;else P2_3 = 1;}
#define SOUTH_Y_LIGHT(x)    {if((x))P2_4 = 0;else P2_4 = 1;}
#define SOUTH_G_LIGHT(x)    {if((x))P2_5 = 0;else P2_5 = 1;}
//----------------------------------------------------------------
#define UART_MARKER          0xEE                          //数据帧头部标识
UINT8   Timer0IRQEvent = 0;                                //T/C0 中断事件
UINT8   Time1SecEvent = 0;                                 //定时 1 s 事件
UINT8   Time500MsEvent = 0;                                //定时 500 ms 事件
UINT8   TimeCount = 0;                                     //计数器
UINT8   SegCurPosition = 0;                                //数码管
UINT8   LightOrgCount[4] = {15,5,15,5};                    //交通灯计数初始值
UINT8   LightCurCount[4] = {15,5,15,5};                    //交通灯计数当前值
UINT8   TrafficLightStatus = 0;                            //当前交通灯状态
//共阳极数码管字型码,并且保存在程序存储区,节省 RAM 资源
code UINT8    SegCode[10] = {0xC0,0xF9,0xA4,0xB0,0x99,0x92,0x82,0xF8,0x80,0x90};
//共阳极数码管片选数组,并且保存在程序存储区,节省 RAM 资源
code UINT8    SegSelTbl[4] = {0x07,0x0b,0x0d,0x0e};
UINT8 SegBuf[4]     = {0};                                 //数码管显示缓冲区
/****************************************
 *                 交通灯数据帧格式
 ****************************************/
typedef struct _LIGHT_VAL
{
   UINT8 Head;
   UINT8 val[4];
}LIGHT_VAL;
typedef union _LIGHT_VAL_EX
{
    LIGHT_VAL lv;
    UINT8      p[5];
}LIGHT_VAL_EX;
//----------------------------------------------------------------
/*****************************************************
 * 函数名称:LS164Send
 * 输    入:byte 要发送的字节
 * 输    出:无
 * 功能描述:74LS164 发送数据函数
 *****************************************************/
void LS164Send(UINT8 byte)
{
   UINT8 j;
   for(j = 0;j< = 7;j+ + )
   {
```

```
      if(byte&(1<<(7 - j)))
      {
         LS164_DATA(HIGH);
      }
      else
      {
         LS164_DATA(LOW);
      }
      LS164_CLK(LOW);
      LS164_CLK(HIGH);
   }
}
/****************************************************
 * 函数名称：SegRefreshDisplayBuf
 * 输    入：s1 计数值
 * 输    出：无
 * 功能描述：刷新显示缓存
****************************************************/
void SegRefreshDisplayBuf(UINT8 s1)
{
    SegBuf[0] = s1 % 10;
    SegBuf[1] = s1/10;
    SegBuf[2] = s1 % 10;
    SegBuf[3] = s1/10;
}
/****************************************************
 * 函数名称：SegDisplay
 * 输    入：无
 * 输    出：无
 * 功能描述：显示数据
****************************************************/
void SegDisplay(void)
{
   unsigned char  t;
   SEG_PORT = 0x0F;                              //熄灭所有数码管

   t = SegCode[SegBuf[SegCurPosition]];          //确定当前的字型码
   LS164Send(t);
   SEG_PORT = SegSelTbl[SegCurPosition];         //选中一个数码管来显示

   if(++SegCurPosition >= 4)
   {
      SegCurPosition = 0;
   }
}
```

```
/*****************************************************
 * 函数名称：TimerInit
 *输    入：无
 *输    出：无
 * 功能描述：T/C 初始化
*****************************************************/
void TimerInit(void)
{
    TH0 = (65536 - TIMER0_INITIAL_VALUE)/256;
    TL0 = (65536 - TIMER0_INITIAL_VALUE) % 256;          //定时 5 ms
    TMOD = 0x01;

}
/*****************************************************
 * 函数名称：Timer0Start
 *输    入：无
 *输    出：无
 * 功能描述：T/C0 启用
*****************************************************/
void Timer0Start(void)
{
     TR0 = 1;
    ET0 = 1;
}
/*****************************************************
 * 函数名称：PortInit
 *输    入：无
 *输    出：无
 * 功能描述：单片机 I/O 口初始化
*****************************************************/
void PortInit(void)
{
    P0 = P1 = P2 = P3 = 0xFF;
}
/*****************************************************
 * 函数名称：UartInit
 *输    入：无
 *输    出：无
 * 功能描述：串口初始化
*****************************************************/
void UartInit(void)
{
    SCON = 0x40;                                         //10 位异步收发
    T2CON = 0x34;                                        //使用 T/C2 为波特率发生器
    RCAP2L = 0xD9;                                       //9 600 波特率
```

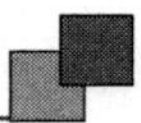

```
    RCAP2H = 0xFF;
    REN = 1;                                    //允许串口接收
    ES = 1;                                     //允许串口中断
}
/*****************************************************
* 函数名称：UartSendByte
* 输    入：byte 单个字节
* 输    出：无
* 功能描述：串口发送单个字节
*****************************************************/
void UartSendByte(UINT8 byte)
{
    SBUF = byte;
    while(TI = = 0);
    TI = 0;
}
/*****************************************************
* 函数名称：UartPrintfString
* 输    入：str 字符串
* 输    出：无
* 功能描述：串口打印字符串
*****************************************************/
void UartPrintfString(INT8 * str)
{
    while(str && * str)
    {
        UartSendByte( * str+ + );
    }
}
/*****************************************************
* 函数名称：main
* 输    入：无
* 输    出：无
* 功能描述：函数主体
*****************************************************/
void main(void)
{
    UINT8 i = 0;
    PortInit();
    TimerInit();
    Timer0Start();
    UartInit();
    SegRefreshDisplayBuf (LightCurCount[0]);
    EA = 1;
    NORTH_R_LIGHT(ON);
```

```
SOUTH_G_LIGHT(ON);
while(1)
{
    if(Timer0IRQEvent)//T/C0 中断事件
    {
        Timer0IRQEvent = 0;
        TimeCount++;

        if(TimeCount>=200)                        //计数到 1 s
        {
          TimeCount = 0;

          if(LightCurCount[0])
           {
              TrafficLightStatus = 0;             //状态 0
           }
          else if(LightCurCount[1])
           {
              TrafficLightStatus = 1;             //状态 1
           }
          else if(LightCurCount[2])
           {
              TrafficLightStatus = 2;             //状态 2
           }
          else if(LightCurCount[3])
          {
            TrafficLightStatus = 3;               //状态 3
          }
          else                                    //所有计数值为 0 时,交通灯当前计数
                                                  //值重载初值
          {
            for(i=0;i<4;i++)
            {
              LightCurCount[i] = LightOrgCount[i];
            }
            TrafficLightStatus = 0;
          }

          switch(TrafficLightStatus)              //根据不同的交通灯状态进行相对应的
                                                  //亮灯操作
          {
            case 0:
              {
                  NORTH_R_LIGHT(ON);
                  SOUTH_R_LIGHT(OFF);
```

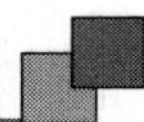

```
        NORTH_G_LIGHT(OFF);
        SOUTH_G_LIGHT(ON);
    NORTH_Y_LIGHT(OFF);
        SOUTH_Y_LIGHT(OFF);
    }
    break;

    case 1:
    {
        if(LightCurCount[1] % 2)        //状态切换,闪烁操作
        {
        NORTH_R_LIGHT(ON);
           SOUTH_G_LIGHT(ON);
        }
        else
        {
        NORTH_R_LIGHT(OFF);
           SOUTH_G_LIGHT(OFF);
        }
        NORTH_Y_LIGHT(ON);
        SOUTH_Y_LIGHT(ON);
    }
    break;
    case 2:
    {
        NORTH_R_LIGHT(OFF);
        SOUTH_R_LIGHT(ON);
        NORTH_G_LIGHT(ON);
        SOUTH_G_LIGHT(OFF);
        NORTH_Y_LIGHT(OFF);
        SOUTH_Y_LIGHT(OFF);
    }
    break;

    case 3:
    {
        if(LightCurCount[3] % 2)        //状态切换,闪烁操作
        {
           NORTH_G_LIGHT(ON);
           SOUTH_R_LIGHT(ON);
        }
        else
        {
           NORTH_G_LIGHT(OFF);
           SOUTH_R_LIGHT(OFF);
```

```
                    }
                    NORTH_Y_LIGHT(ON);
                    SOUTH_Y_LIGHT(ON);
                  }
                 break;

               default: break;
            }
         SegRefreshDisplayBuf (LightCurCount[TrafficLightStatus]);
         LightCurCount[TrafficLightStatus] - - ;    //按照不同的状态,进行当前计数值自减
        }

        SegDisplay();                               //显示数码管数值
      }



   }
}
/**************************************************
* 函数名称:UartIRQ
*输    入:无
*输    出:无
* 功能描述:串口中断服务函数
**************************************************/
void UartIRQ(void)interrupt 4
{
  static UINT8 cnt = 0;                     //接收数据计数器
  static LIGHT_VAL_EX LightValEx;           //定义交通灯数据帧类型变量,并且为静
                                            //态变量
  if(RI)
  {
    RI = 0;
   LightValEx.p[cnt + + ] = SBUF;           //获取数据
    if(LightValEx.lv.Head = = UART_MARKER)  //检测帧头部是否匹配
    {
       if(cnt> = 5)
       {
         for(cnt = 0;cnt<4;cnt + + )        //当接收正确且接收字节数为 5 字节时,
                                            //进行数码管初值、计数值重新赋值
          {
            LightOrgCount[cnt] = LightValEx.lv.val[cnt];
              LightCurCount[cnt] = LightValEx.lv.val[cnt];

          }
          cnt = 0;
          UartPrintfString("设置交通灯完成\r\n");   //设置成功后,打印信息
       }
    }
```

```
        else
        {
            cnt = 0;
        }

    }
}
/*****************************************************
 * 函数名称：Timer0IRQ
 *输    入：无
 *输    出：无
 * 功能描述：T/C0 中断服务函数
*****************************************************/
void Timer0IRQ(void) interrupt 1
{

    TH0 = (65536 - TIMER0_INITIAL_VALUE)/256;           //T/C 初值重载
      TL0 = (65536 - TIMER0_INITIAL_VALUE) % 256;
    Timer0IRQEvent = 1;

}
```

5. 代码分析

在 main 函数中，每隔 1 s 都要对 LightCurCount 变量作自减操作。交通灯代码的实现运用了“状态机”思想，当红灯亮时，定义为状态 0；从红灯切换到绿灯时黄灯亮，定义为状态 1；绿灯亮时，定义为状态 2；从绿灯切换到红灯时黄灯亮，定义为状态 3。那些状态通过 TrafficLightStatus 变量来保存，交通灯的状态切换如图 16－7 所示。

在串口中断服务函数 UartIRQ 要处理的是接收交通灯数据的握手，最引人注意的一个变量是 LightValEx，该变量的实体如下：

程序清单 16－4　LIGHT_VAL 与 LIGHT_VAL_EX

```
typedef struct _LIGHT_VAL
{
    UINT8 Head;
    UINT8 val[4];
}LIGHT_VAL;
typedef union _LIGHT_VAL_EX
{
     LIGHT_VAL lv;
     UINT8      p[5];
}LIGHT_VAL_EX;
```

第 1 步定义 LIGHT_VAL 变量类型，主要封装好数据帧结构，可以用图 16－8 来表示。

第 2 步定义 LIGHT_VAL_EX 变量类型，主要是为了方便数据的接收，可以用图 16－9 来表示。

当正确识别到帧头部时，就要开始连续接收后面 4 字节数据，接收完毕后，将接收的数据赋给 LightOrgCount 与 LightCurCount 变量。LightOrgCount 变量主要作用就是保存交通灯每个灯

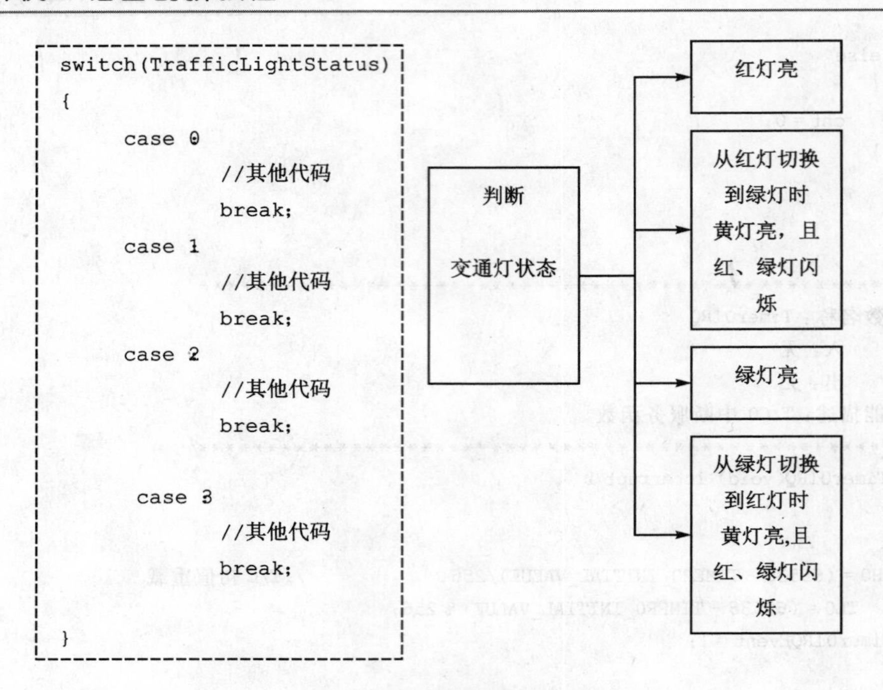

图 16-7　交通灯状态切换

帧头部	数值 1	数值 2	数值 3	数值 4
Head	val [0]	val [1]	val [2]	val [3]

图 16-8　LIGHT_VAL 结构体

地址 1	地址 2	地址 3	地址 4	地址 5
Head	val [0]	val [1]	val [2]	val [3]
p[0]	p[1]	p[2]	p[3]	p[4]

图 16-9　LIGHT_VAL_EX 共用体

在各个状态下要亮的时间，当 LightCurCount 内的所有数值为 0 时，LightCurCount 变量就需要 LightOrgCount 变量起到重载初值的作用，这个实现过程类似于 T/C 的重载初值操作。

在 T/C0 中断服务函数中，实现的操作就是 T/C0 初值重载和 T/C0 中断事件标志位置 1。

深入重点：

✓ 学会使用结构体与共用体，结构体起到封装的作用，共用体起到共享内存的作用，恰当地使用结构体与共用体能够使代码更加清晰和简练。

✓ 交通灯的状态切换用到“状态机”思想，不同的状态对应不同的操作，使程序处理流程更为清晰。

✓ 从串口进行数据捕获时，要注意帧头部的识别，这样会大大增强数据的安全性，同时也可以知道当前接收到的数据的用途。

第17章 频率计

17.1 频率计简介

频率的测量实际上就是在 1 s 时间内对信号进行计数，计数值就是信号频率，如图 17－1 所示。

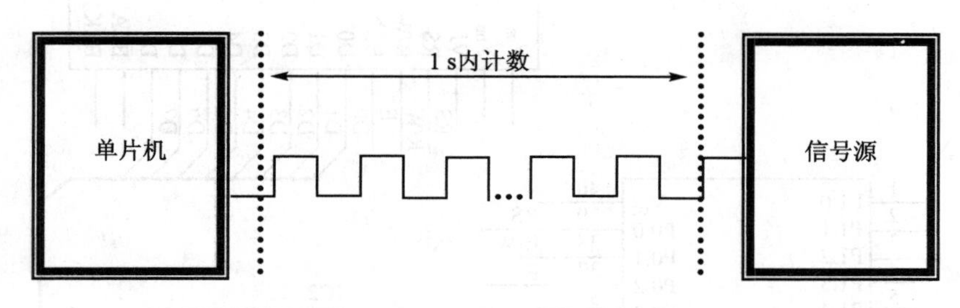

图 17－1 频率计

用单片机设计频率计通常采用 2 种方法：第 1 种方法是使用单片机自带的计数器对输入脉冲进行计数；第 2 种方法是单片机外部使用计数器对脉冲信号进行计数，计数值再由单片机读取。

第 1 种方法的好处是设计出的频率计系统结构和程序编写简单，成本低廉，不需要外部计数器，直接利用所给的单片机最小系统就可以实现。这种方法的缺陷是受限于单片机计数的晶振频率，输入的时钟频率通常是单片机晶振频率的几分之一甚至是几十分之一，对于本次设计使用的 STC89C52RC 单片机，由于检测一个由“1”到“0”的跳变需要两个机器周期，前一个机器周期测出“1”，后一个周期测出“0”，故输入时钟信号的最高频率不得超过单片机晶振频率的 1/24。

第 2 种方法的好处是输入的时钟信号频率可以不受单片机晶振频率的限制，可以对相对较高的频率进行测量；但缺点是成本比第一种方法高，设计出来的系统结构和程序也比较复杂。

由于成本有限，本次设计中采用第一种方法，因此输入的时钟信号最高频率不得高于 12 MHz/24＝500 kHz。

频率计对外部脉冲的占空比无特殊要求。根据频率检测的原理，很容易想到利用8051系列单片机的T/C0、T/C1两个T/C，一个用来定时，另一个用来计数，两者均应该工作在中断方式下，一个中断用于1 s时间的中断处理，另一个中断用于对频率脉冲的计数溢出处理（对另一个计数单元加一），此方法可以弥补计数器最多只能计数65 536的不足。在该频率计实验当中，T/C0用于定时1 s，T/C1用于计数，实验过程如图17-2所示。

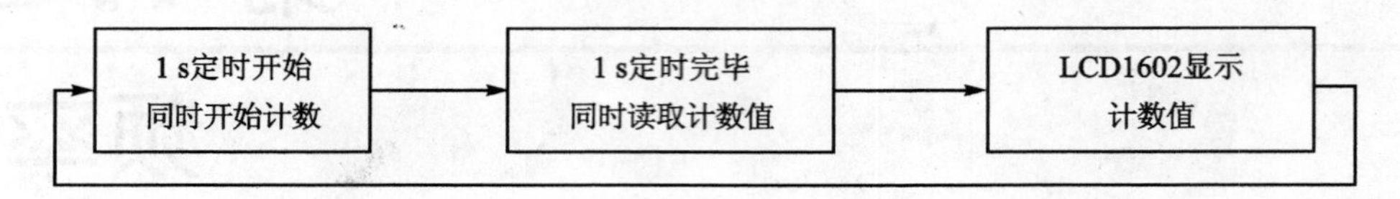

图17-2 频率计实验示意图

17.2 频率计实验

1. 硬件设计(图17-3)

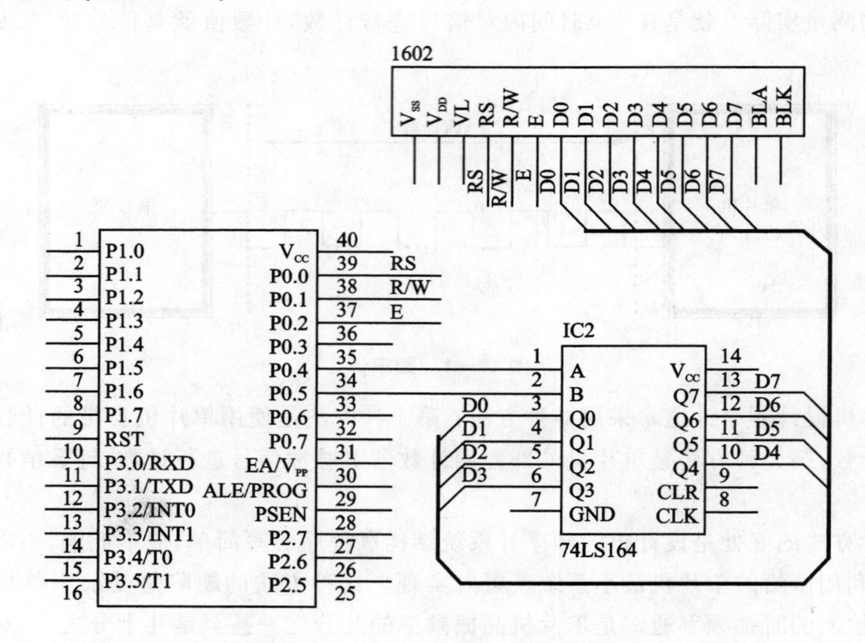

图17-3 频率计实验硬件设计图

频率计实验的硬件设计基本上就是LCD1602实验的硬件设计，有一点不同的是P3.4引脚与P3.5引脚要用杜邦线/跳线帽连接在一起，形成一个最小型的频率计测试系统，即P3.4引脚输出电平让P3.5引脚进行捕捉。

2. 软件设计

由于频率计实验代码涉及代码量比较大，因而将代码分成4大功能模块，分别是Main功能模块、LCD1602功能模块、74LS164功能模块、GLOBAL功能模块，如图17-4所示。C语言编程本来提倡的就是结构化模块化编程,所以从该章节开始使用结构化模块化编程,为接触该抽象的概念打下基础。

Main 功能模块:执行函数主体;

74LS164 功能模块:实现器件写操作;

LCD1602 功能模块:实现器件的显示;

GLOBAL 功能模块:辅助变量与函数。

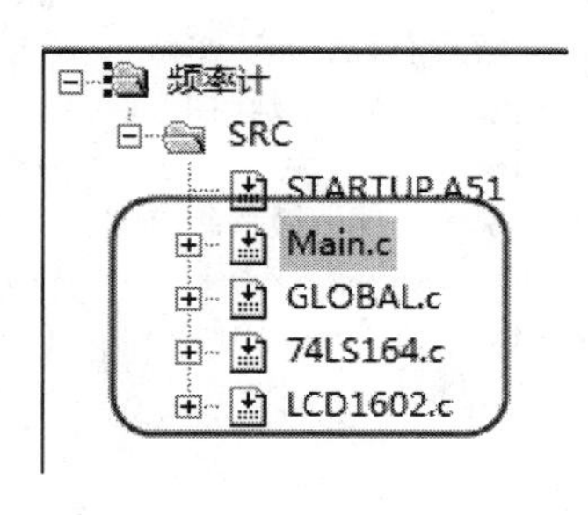

图 17-4 频率计实验功能模块

3. 流程图(图 17-5、图 17-6)

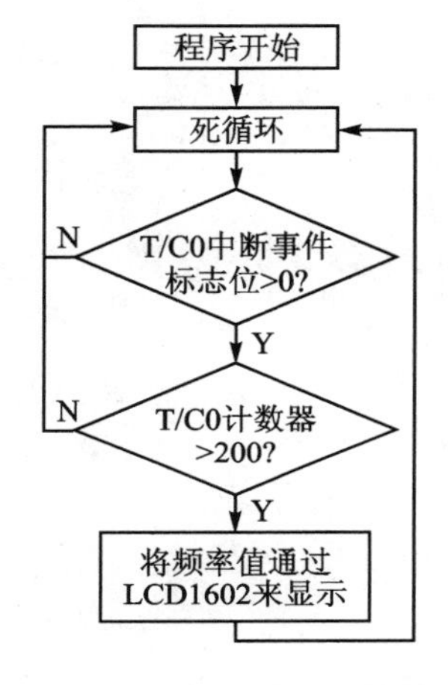

图 17-5 频率计实验主程序流程图

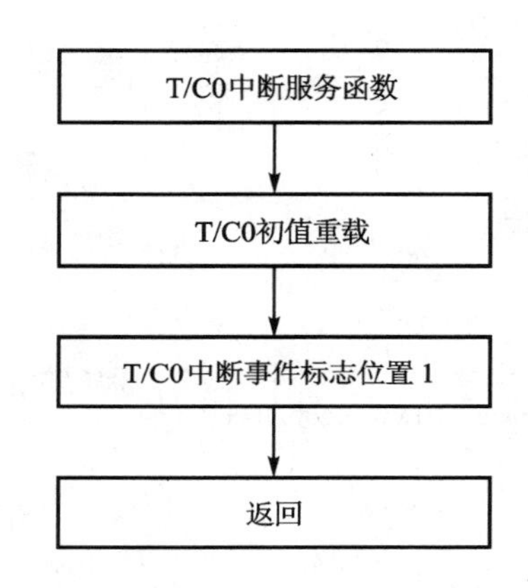

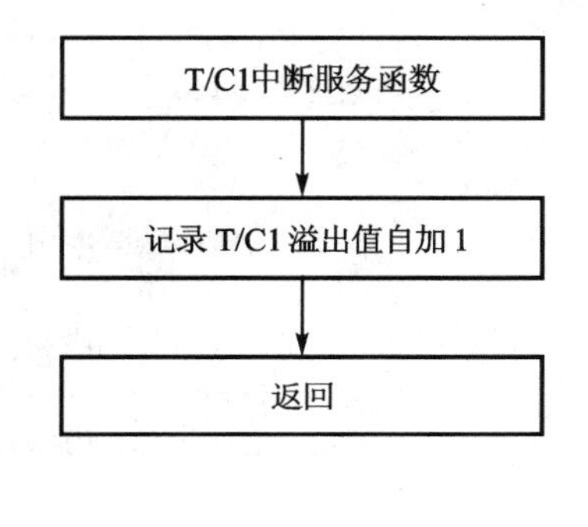

图 17-6 频率计实验 T/C0 与 T/C1 中断服务函数流程图

4. 实验代码

(1) GLOBAL 功能模块。

GLOBAL 功能模块主要提供辅助变量与函数,让其他模块可以调用实现更多的功能,如表 17-1 所列。

表 17-1 频率计实验 GLOBAL 功能模块函数列表

GLOBAL 功能模块		
序 号	函数名称	说 明
1	DelayNus	微秒级延时函数
2	itoa	数值按进制类型变为字符串

程序清单 17-1 频率计实验 GLOBAL 功能模块代码

```
#include "stc.h"
#include "global.h"
//十六进制数表格
CODE INT8 HexTable[16]
={'0','1','2','3','4','5','6','7','8','9','A','B','C','D','E','F'};
/*****************************************************************
```

```
 *  函数名称：DelayNus
 * 输     入：t 延时时间
 * 输     出：无
 * 说     明：微秒级延时
***********************************************************************/
void DelayNus(UINT16 t)
{
    do
    {
        NOP();
    }while(--t>0);
}
/***********************************************************************
 *  函数名称：itoa
 * 输     入：val 数值
              str 字符串
              DecOrHex 进制
 * 输     出：无
 * 说     明：数值按进制类型变为字符串
***********************************************************************/
void itoa(UINT32 val,UINT8 *str,UINT8 DecOrHex)
{
     UINT8 i;
     UINT8 buf[10];
     if(10 == DecOrHex)
     {
         for(i=0;i<10 ;i++)
         {
             buf[9-i]=(UINT8)('0'+val%10);
             val/=10;
         }
         for(i=0;i<=9;)
         {
             if('0'==buf[i])
             {
                 i++;
             }
             else
             {
                 break;
             }
         }
         BufCpy(str,&buf[i],10-i);
     }
     if(16 == DecOrHex)
     {
         *str++='0';
         *str++='x';
```

```
        i = 28;
        while(i)
        {
            if(0   = = ((val>>i) &0x0f))
            {
                i = i - 4;
            }
            else
            {
                break;
            }
        }
        while(1)
        {
            * str + + = (HexTable[(val>>i) &0x0f]);
            if(i< = 0)
            {
                break;
            }
            i = i - 4;
        }
    }
}
```

(2) 74LS164 功能模块(表 17－2)。

表 17－2　频率计实验 74LS164 功能模块函数列表

74LS164 功能模块		
序　号	函数名称	说　明
1	LS164Send	74LS164 串行输入并行输出函数

其代码参考第 9 章中的 74LS164 实例代码。

(3) LCD1602 功能模块(表 17－3)。

表 17－3　频率计实验 LCD1602 功能模块函数列表

LCD1602 功能模块		
序　号	函数名称	说　明
1	LCD1602WriteByte	LCD1602 写单个字节数据
2	LCD1602WriteCommand	LCD1602 写单个字节命令
3	LCD1602SetXY	LCD1602 设置 x、y 坐标
4	LCD1602PrintfString	LCD1602 打印字符串
5	LCD1602ClearScreen	LCD1602 清屏
6	LCD1602Init	LCD1602 初始化

其代码参考第 11 章节中的 LCD1602 显示实验代码。

(4) Main 功能模块(表 17-4)。

表 17-4　频率计实验 Main 功能模块函数列表

Main 功能模块		
序　号	函数名称	说　明
1	TimerInit	T/C 初始化
2	Timer0Start	T/C0 启动
3	Timer0Stop	T/C0 停止
4	Timer1Start	T/C1 启动
5	Timer1Stop	T/C1 停止
6	PortInit	I/O 口初始化
7	main	函数主体
中断服务函数		
8	Timer0IRQ	T/C0 中断服务函数
9	Timer1IRQ	T/C1 中断服务函数

程序清单 17-2　频率计实验 Main 功能模块代码

```
#include "stc.h"
#include "global.h"
#include "74LS164.h"
#include "LCD1602.h"
#define TIMER0_INITIAL_VALUE 5000                         //5 ms 定时
UINT8     TimeCount = 0;                                  //定时计数
UINT8     Timer0IRQEvent = 0;                             //T/C0 定时中断事件
UINT8     Timer1OverFlowCnt = 0;                          //T/C1 计数溢出计数
UINT8     Time1SecEvent = 0;                              //定时 1 s 事件
UINT16    FreqCount = 0;
UINT8     LCDString[16];                                  //LCD 字符串缓冲区
UINT8     LCDPrintfLength;                                //LCD 显示数据长度
/*************************************************************
* 函数名称:TimerInit
*输    入:无
*输    出:无
* 说    明:T/C 初始化
*************************************************************/
void TimerInit(void)
{
    TH1 = 0;
    TL1 = 0;
    TH0 = (65536 - TIMER0_INITIAL_VALUE)/256;
    TL0 = (65536 - TIMER0_INITIAL_VALUE) % 256;           //定时 5 ms
    TMOD = 0x51;
}
```

```
/*************************************************************
* 函数名称：Timer0Start
*输      入：无
*输      出：无
* 说      明：T/C0 启动
*************************************************************/
void Timer0Start(void)
{
      TR0 = 1;
    ET0 = 1;
}
/*************************************************************
* 函数名称：Timer0Stop
*输      入：无
*输      出：无
* 说      明：T/C0 停止
*************************************************************/
void Timer0Stop(void)
{
      TR0 = 0;
      ET0 = 0;
}
/*************************************************************
* 函数名称：Timer1Start
*输      入：无
*输      出：无
* 说      明：T/C1 启动
*************************************************************/
void Timer1Start(void)
{
      TR1 = 1;
    ET1 = 1;
      TH1 = TL1 = 0;
}
/*************************************************************
* 函数名称：Timer1Stop
*输      入：无
*输      出：无
* 说      明：T/C1 停止
*************************************************************/
void Timer1Stop(void)
{
      TR1 = 0;
        ET1 = 0;
}
```

```
/*************************************************************
 * 函数名称：PortInit
 *输    入：无
 *输    出：无
 * 说    明：I/O口初始化
*************************************************************/
void PortInit(void)
{
    P0 = P1 = P2 = P3 = 0xFF;
}
/*************************************************************
 * 函数名称：main
 *输    入：无
 *输    出：无
 * 说    明：函数主体
*************************************************************/
void main(void)
{
    PortInit();
    TimerInit();
    Timer0Start();
    Timer1Start();
    LCD1602Init();
    EA = 1;                                                   //开启全局中断
    while(1)
    {
        if(Timer0IRQEvent)                                    //T/C0 中断事件
        {
            Timer0IRQEvent = 0;
            TimeCount + + ;

            if(TimeCount> = 200)                              //定时 1 s 到达
            {
              TimeCount = 0;
              Timer0Stop();                                   //停止 T/C0
              Timer1Stop();                                   //停止 T/C1
              FreqCount = ((TH1<<8)|TL1) + Timer1OverFlowCnt * 65536;  //计算总计数值
             Timer1OverFlowCnt = 0;
             itoa(FreqCount,LCDString,10);                    //计数值变为字符串
            LCD1602ClearScreen();                             //LCD1602 清屏
             LCD1602PrintfString(2,0,"Now Frequency");        //LCD1602 打印字符串
             LCDPrintfLength = LCD1602PrintfString(3,1,LCDString);  //LCD1602 打印字符串
             LCD1602PrintfString(LCDPrintfLength + 3,1,"HZ");  //LCD1602 打印字符串

             Timer0Start();                                   //启动 T/C0
```

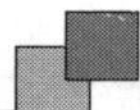

```
                Timer1Start();                              //启动 T/C1
            }
        }
    }
}
/*************************************************************
 * 函数名称：Timer0IRQ
 *输    入：无
 *输    出：无
 * 说    明：T/C0 中断服务函数
*************************************************************/
void Timer0IRQ(void) interrupt 1
{
    ET0     =  0;
    TH0 = (65536 - TIMER0_INITIAL_VALUE)/256;
       TL0 = (65536 - TIMER0_INITIAL_VALUE) % 256;          //定时 1 ms
    Timer0IRQEvent = 1;
    ET0     =  1;
    P3_4 = ~P3_4;
}
/*************************************************************
 * 函数名称：Timer1IRQ
 *输    入：无
 *输    出：无
 * 说    明：T/C1 中断服务函数
*************************************************************/
void Timer1IRQ(void) interrupt 3
{
    ET1 = 0;
    Timer1OverFlowCnt + + ;                                  //计数溢出自加 1
    ET1 = 1;
}
```

5. 代码分析

总体来说，频率计的实验代码看似复杂，其实实现的功能比较简单，逻辑上的处理比按键计数器和交通灯实验简单得多，这个从 Main 功能模块可以看出，特别是在 main 函数中，只是将捕获得到的频率值通过 LCD1602 来显示。

在 main 函数中，有些小细节一定要注意。当进入 if(TimeCount>=200)程序处，务必要将 T/C0 和 T/C1 停止，否则得出的频率值会不准确。还有一个最为重要的处理就是计算总计数值。

FreqCount=((TH1<<8)|TL1)+Timer1OverFlowCnt * 65536;

此方法可以弥补计数器最多只能计数 65536 的不足，因而 T/C0 用于定时 1 s，T/C1 用于计数，无论是初学者还是较有基础的技术人员都很容易忽略这一点。

当将频率值通过 LCD1602 显示时，记得将 T/C0 和 T/C1 重新启动，进入下一轮的脉冲捕获操作。

深入重点：

✓ 频率的测量实际上就是在 1 s 时间内对信号进行计数，计数值就是信号频率。

✓ 若单片机工作在 12 MHz 频率下，最大测量频率为 12 MHz/24=500 kHz。由于检测一个由“1”到“0”的跳变需要两个机器周期，前一个机器周期测出“1”，后一个周期测出“0”，故输入时钟信号的最高频率不得超过单片机晶振频率的 1/24。

✓ 该频率计实验代码基于 C 语言的结构化模块化编程。

✓ 该频率计实验代码分为 4 大功能模块，分别为 GLOBAL 功能模块、LCD1602 功能模块、74LS164 功能模块、Main 功能模块，而最终程序的执行在 Main 功能模块。

✓ 根据频率检测的原理，利用 8051 系列单片机的 T/C0、T/C1 两个 T/C，一个用来定时，另一个用来计数，两者均应该工作在中断方式下，一个中断用于 1 s 时间的中断处理，另一个中断用于对脉冲的计数溢出处理，此方法可以弥补计数器最多只能计数 65 536 的不足。在该频率计实验当中，T/C0 用于定时 1 s，T/C1 用于计数。特别注意的代码如下：

```
FreqCount=((TH1<<8)|TL1)+Timer1OverFlowCnt*65536;
```

高级通信接口开发篇

高级通信接口开发篇涉及USB、网络的通信。高级通信接口开发篇与基础入门篇、实战篇最大的不同之处就是，前者需要对通信协议有深刻的理解，通信方式都涉及PC机，人机交互方式以界面为主，后者主要是板载资源的操作。

能够支持USB通信协议的芯片有很多，如CH372、PDIUSBD12、UPD720114GA等，有些单片机为了使用方便，节约成本，自身都内置了USB协议处理模块，如比较常见的C8051F340单片机虽然是51内核，但是比较吸引人的是其内建了USB协议处理模块，为单片机实现USB通信提供了便利。

由于USB协议本身就比较复杂，对于初学者来说是比较难以上手的，更有甚者迫切地要知道USB通信的效果是怎样的，那么在众多支持USB协议处理的芯片当中，CH372 USB芯片就是最适合不过的了。CH372内置了USB通信中的底层协议，具有省事的内置固件模式和灵活的外部固件模式。在内置固件模式下，CH372自动处理默认端点0的所有事务，本地端单片机只要负责数据交换，所以单片机程序非常简洁。在外部固件模式下，由外部单片机根据需要自行处理各种USB请求，从而可以实现符合各种USB类规范的设备。因此，当CH372内置固件模式时，它在默认情况下已经处理好了USB通信协议的握手，用户只需要专注在软件代码的设计，从而提高了开发效率。若用户想对USB协议探个究竟，必须将CH372的固件模式设置为外部固件模式，这样所有的USB协议处理都交给单片机来处理。

因此，如果用户想尽快成功实现USB通信，可以将CH372设置为内置固件模式；如果用户想深入了解USB协议，可以将CH372设置为外部固件模式。

高级通信接口开发篇除了介绍USB实验还有一个比较重要的实验就是网络实验。网络实验与USB实验相同的是两者都需要处理各自的通信协议。在网络实验中，通信协议为TCP/IP协议。芯片选型为Microchip公司开发的ENC28J60以太网控制芯片，在此之前，嵌入式系统开发可选的独立以太网控制器都是为个人计算机系统设计的，如RTL8019、AX88796L、DM9008、CS8900A、LAN91C111等。这些器件不仅结构复杂，体积庞大，且价格比较高。目前市场上大部分以太网控制器的封装均超过80引脚，而符合IEEE 802.3协议的ENC28J60只有28引脚，既能提供相应的功能，又可以大大简化相关设计，减小空间。ENC28J60以太网控制芯片便于用户快速评估MCU接入Ethernet方案及应用。相对于其他方案，该模块极为精简。对于没有开放总线的单片机，虽然有可能采用模拟并行总线的方式连接其他以太网控制器，但不管从效率还是性能上，都不如用SPI接口或采用通用I/O口模拟SPI接口连接ENC28J60的方案。

USB通信和网络通信的实验都需要用到界面来收发数据，这对于传统的单片机程序员可是一个新鲜事物，毕竟传统的单片机程序员只专注于单片机软件的编写，比较少接触到PC机界面的编写。如果界面只作为简单的调试使用，界面编写也不是十分难，反过来说可能比编写单片机程序更加简单，要想更加深入地了解这方面知识就请参阅第22章。

第18章 USB通信

18.1 USB简介

1. USB的定义与应用

USB是英文“Universal Serial BUS(通用串行总线)”的缩写，而其中文简称为通串线，是一个外部总线标准，用于规范计算机与外部设备的连接和通信，是应用在PC领域的通信接口技术。USB接口支持设备的即插即用和热插拔功能(图18－1)。USB是在1994年底由Intel、康柏、IBM、Microsoft等多家公司联合推出的。

USB具有传输速度快(USB1.1是12 Mb/s，USB2.0是480 Mb/s，USB3.0是5 Gb/s)，使用方便，支持热插拔，连接灵活，独立供电等优点，可以连接鼠标、键盘、打印机、扫描仪、摄像头、闪存盘、MP3机、手机、数码相机、移动硬盘、外置光软驱、USB网卡、ADSL Modem、Cable Modem等几乎所有的外部设备。

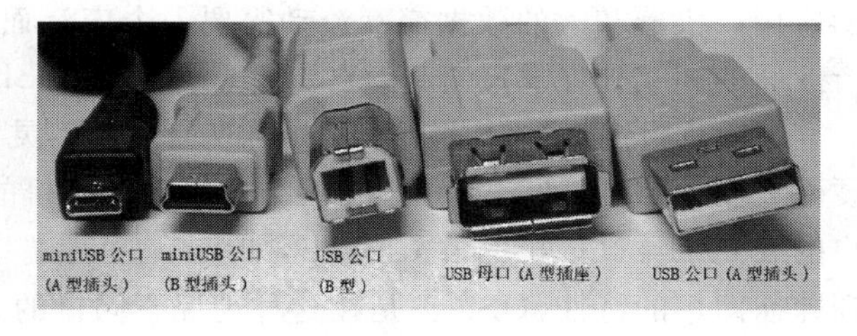

图18－1 USB接口

USB接口可用于连接多达127种外设，如鼠标、调制解调器和键盘等。USB自从1996年推出后，已成功替代串口和并口，并成为当今个人计算机和大量智能设备的必配接口之一。

2. USB的版本

(1) USB1.0

第一版USB 1.0是在1996年出现的，速度只有1.5 Mb/s；两年后升级为USB 1.1，速度也大大提升到12 Mb/s，至今在部分旧设备上还能看到这种标准的接口。可惜速度方面有点尴尬，举个例子说，当你用USB1.1的扫描仪扫一张大小为40M的图片时，需要4 min之久。这样的速度，让用户觉得非常不方便，如果有好几张图片要扫描的话，就得要有很好的耐心来等待了。

(2) USB2.0

USB 2.0将设备之间的数据传输速度增加到了480 Mb/s,比USB 1.1标准快40倍左右,速度的提高对用户的最大好处就是意味着用户可以使用到更高效的外部设备,而且具有多种速度的周边设备都可以被连接到USB 2.0的线路上,而且无须担心数据传输时发生瓶颈效应。所以,如果你用USB 2.0的扫描仪,就完全不同了,扫一张40M的图片只需0.5 min左右的时间,一眨眼就过去了,效率大大提高。而且,USB2.0可以使用原来USB定义中同样规格的电缆,接头的规格也完全相同,在高速的前提下一样保持了USB 1.1的优秀特色,并且,USB 2.0的设备不会和USB 1.X设备在共同使用的时候发生任何冲突。

市面上USB 2.0的规格有全速(full-speed)和高速(high-speed)两种。其中,高速理论传输速率是480 Mb/s,即60 MB/s。

(3) USB3.0

USB 3.0在实际设备应用中将被称为"USB SuperSpeed",顺应此前的USB 1.1"Full-Speed"和USB 2.0"HighSpeed"。预计支持新规范的商用控制器将在2009年下半年面世,消费级产品则有望在2010年上市。USB 3.0具有后向兼容标准,并兼具传统USB技术的易用性和即插即用功能。该技术的目标是推出比目前连接水平快10倍以上的产品,采用与有线USB相同的架构。除对USB 3.0规格进行优化以实现更低的能耗和更高的协议效率之外,USB 3.0的端口和线缆能够实现向后兼容,以及支持未来的光纤传输。

3. USB诞生原因

Intel公司开发通用串行总线架构(USB)的目的主要基于以下三方面考虑。

(1) 计算机与电话之间的连接:显然用计算机来进行计算机通信将是下一代计算机基本的应用。机器和人的数据交互流动需要一个广泛而又价格低廉的连通网络。然而,由于目前产业间的相互独立发展,尚未建立统一标准,而USB则可以广泛地连接计算机和电话。

(2) 易用性:众所周知,PC机的改装是极不灵活的。对用户友好的图形化接口和一些软硬件机制的结合,加上新一代总线结构使得计算机的冲突大量减少,且易于改装。但以终端用户的眼光来看,PC机的输入/输出,如串行/并行端口、键盘、鼠标、操纵杆接口等,均还没有达到即插即用的特性,USB正是在这种情况下问世的。

(3) 端口扩充:外围设备的添加总是被相当有限的端口数目限制着。缺少一个双向、价廉、与外设连接的中低速的总线,限制了外围设备(诸如电话/电传/调制解调器的适配器、扫描仪、键盘、PDA)的开发。现有的连接只可对极少设备进行优化,对于PC机的新的功能部件的添加需定义一个新的接口来满足上述需要,USB就应运而生了。它是快速、双向、同步、动态连接且价格低廉的串行接口,可以满足PC机发展的现在和未来的需要。

由于能够支持USB协议的芯片比较多,如PDIUSBD12、CH372、CH375等,现在基本上比较高级的MCU都内置了USB的功能,如C8051、MSP430、LPC2142。在众多的选择当中,编写USB章节使用的USB芯片是CH372。

深入重点：

✓ USB接口支持设备的即插即用和热插拔功能。

✓ USB有3个版本，分别是USB1.0、USB2.0，USB3.0(表18-1)。

表18-1 USB1.0、USB2.0、USB3.0

	类 型	速 度
USB1.0	FULL SPEED	1.5 Mb/s
USB2.0	HIGH SPEED	480 Mb/s
USB3.0	SUPER SPEED	5.0 Gb/s

18.2 USB的电气特性与传输方式

18.2.1 电气特性

USB传送信号和电源是通过一种四线的电缆(图18-2)，两根线(D+、D-)用于发送信号。存在两种数据传输速率，以USB1.1为例：

USB的高速信号的比特率定为12 Mb/s；

USB的低速信号的比特率定为1.5 Mb/s。

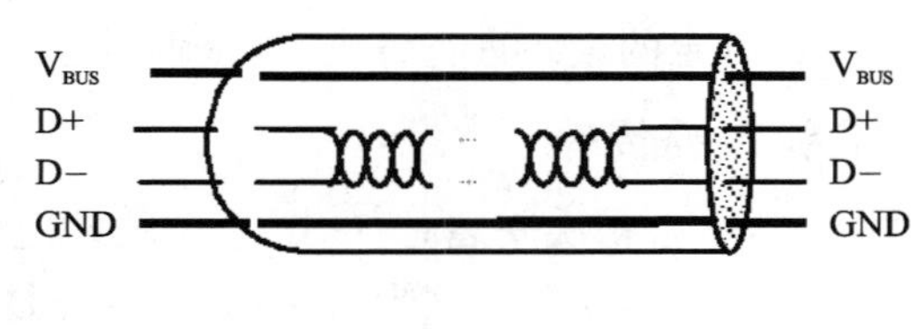

图18-2 USB电缆

低速模式需要更少的EMI保护。两种模式可在用同一USB总线传输的情况下自动地动态切换。因为过多的低速模式的使用将降低总线的利用率，所以该模式只支持有限个低带宽的设备(如鼠标)。时钟被调制后与差分数据一同被传送出去，时钟信号被转换成NRZI码，并填充了比特以保证转换的连续性，每一数据包中附有同步信号以使得收方可还原出原时钟信号。

电缆中包括V_{BUS}、GND两条线，向设备提供电源。V_{BUS}使用+5 V电源。USB对电缆长度的要求不高，最长可为几米。通过选择合适的导线长度以匹配指定的IR drop和其他一些特性，如设备能源预算和电缆适应度。为了保证足够的输入电压和终端阻抗，重要的终端设备应位于电缆的尾部。在每个端口都可检测终端是否连接或分离，并区分出高速或低速设备。

D+、D-信号线是差分信号的，那么使用差分信号进行数据通信有什么好处呢？

好处1：当在控制“基准”电压时，能够很容易地识别小信号。在一个以“地”做基准，单端信号方案的系统里，测量信号的精确值依赖系统内“地”的一致性。信号源和信号接收器距离越远，它们局部地的电压值之间有差异的可能性就越大。从差分信号恢复的信号值在很大程度上与“地”的精确值无关，而在某一范围内。

好处2：它对外部电磁干扰(EMI)是高度免疫的。一个干扰源几乎相同程度地影响差分信号对的每一端。既然电压差异决定信号值，这样将忽视在两个导体上出现的任何同样的干扰。除了对干扰不大灵敏外，差分信号比单端信号生成的EMI还要少。

好处3：在一个单电源系统，能够从容精确地处理“双极”信号。为了处理单电源系统的双极信号，我们必须在地和电源干线之间某任意电压处(通常是中点)建立一个“虚地”。用高于“虚地”的电压来表示正极信号，低于“虚地”的电压来表示负极信号。接下来，必须把“虚地”正确地分布到整个系统里。而对于差分信号，不需要这样一个“虚地”，这就使我们处理和传播双极信号有一个高真度，而无须依赖“虚地”的稳定性。

18.2.2 传输方式

数据和控制信号在主机和USB设备间的交换存在两种通道：单向和双向。USB的数据传送是在主机软件和一个USB设备的指定端口之间。这种主机软件和USB设备的端口间的联系称作通道。总的来说，各通道之间的数据流动是相互独立的。一个指定的USB设备可有许多通道。例如，一个USB设备存在一个端口，可建立一个向其他USB设备的端口发送数据的通道，它可建立一个从其他USB设备的端口接收数据的通道。

USB的结构包含4种基本的数据传输类型。

(1) 控制数据传送：在设备连接时用来对设备进行设置，还可对指定设备进行控制，如通道控制。

(2) 批量数据传送：大批量产生并使用的数据，在传输约束下，具有很广的动态范围。

(3) 中断数据的传送：用来描述对特征反应的回馈。

(4) 同步数据的传送：由预先确定的传送延迟来填满预定的USB带宽。

对任何特定的设备进行设置时，一种通道只能支持上述一种方式的数据传输。

1. 控制数据传输

当USB设备初次安装时，USB系统软件使用控制数据对设备进行设置，设备驱动程序通过特定的方式使用控制数据来传送，数据传送是无损性的。

2. 批量数据传输

批量数据由大量的数据组成，如使用打印机和扫描仪时，批量数据是连续的。在硬件级上可使用错误检测以保证可靠的数据传输，并在硬件级上引入了数据的多次传送。此外，根据其他一些总线动作，被大量数据占用的带宽可以相应地进行改变。

3. 中断数据传输

中断数据是少量的，且其数据延迟时间也是在有限范围的。这种数据可由设备在任何时刻发送，并且以不慢于设备指定的速度在USB上传送。

中断数据一般由事件通告、特征及坐标号组成，只有一个或几个字节。匹配定点设备的坐标即为一例，虽然没必要精确指定传输率，但USB必须对交互数据提供一个反应时间的最低界限。

4. 同步数据传输

同步数据建立、传送和使用时是连续且实时的，同步数据以稳定的速率发送和接收实时的信息，同步数据要使接收者与发送者保持相同的时间安排，除了传输速率，同步数据对传送延迟非常敏感。所以同步通道带宽的确定，必须满足对相关功能部件的取样特性。不可避免的信号延迟与每个端口的可用缓冲区数有关。

一个典型的同步数据的例子是语音，如果数据流的传送速率不能保持，数据流是否丢失将取决于缓冲区的大小和损坏的程度。即使数据在USB硬件上以合适的速率传送，软件造成的传送延迟将对那些如电话会议等实时系统的应用造成损害。

实时地传送同步数据肯定会发生潜在瞬时的数据流丢失现象，换句话说，即使许多硬件机制如重传的引入也不能避免错误的产生。实际应用中，USB的数据出错率小到几乎可以忽略不计。从USB的带宽中，给USB同步数据流分配了专有的一部分以满足所想得到的传送速率，USB还为同步数据的传送设计了最少延迟时间。

一般来说，USB通信默认情况下通过端点0进行数据传输控制，端点1作为中断数据传输，端点2作为批量数据传输。

18.2.3 总线协议

USB总线属一种轮讯方式的总线，主机控制端口初始化所有的数据传输。

每一总线执行动作最多传送3个数据包。按照传输前制定好的原则，在每次传送开始时，主机控制器发送一个描述传输运作的种类、方向，以及USB设备地址和终端号的USB数据包，这个数据包通常称为标志包(token packet)。USB设备从解码后的数据包的适当位置取出属于自己的数据。数据传输方向不是从主机到设备就是从设备到主机。在传输开始时，由标志包来标记数据的传输方向，然后发送端开始发送包含信息的数据包或表明没有数据传送。接收端也要相应发送一个握手的数据包表明是否传送成功。发送端和接收端之间的USB数据传输，在主机和设备的端口之间可视为一个通道。存在两种类型的通道，即流和消息。流的数据不像消息的数据，它没有USB所定义的结构，而且通道与数据带宽、传送服务类型、端口特性(如方向和缓冲区大小)有关。多数通道在USB设备设置完成后即存在。USB中有一个特殊的通道——缺省控制通道，它属于消息通道，设备一启动即存在，从而为设备的设置、查询状况和输入控制信息提供了一个入口。

事务预处理允许对一些数据流的通道进行控制，从而在硬件级上防止了对缓冲区的高估或低估，通过发送不确认握手信号从而阻塞了数据的传输速度。当不确认信号发过后，若总线有空闲，数据传输将再做一次。这种流控制机制允许灵活的任务安排，可使不同性质的流通道同时正常工作，这样多种流通常可在不同间隔进行工作，传送不同大小的数据包。

深入重点:

- ✓ USB 硬件设计是四线电缆式的,分别是 VBUS、GND、D+、D-。VBUS、GND 主要用于设备供电,D+、D-是数据信号线,而且是差分信号的,使用差分信号作为载体,能够保证数据的完整性。
- ✓ USB 传输主要有 4 种方式,分别是控制数据传输、批量数据传输、中断数据传输、同步数据传输。
- ✓ USB 通信默认情况下通过端点 0 进行数据传输控制,端点 1 作为中断数据传输,端点 2 作为批量数据传输。
- ✓ USB 总线属一种轮讯方式的总线,主机控制端口初始化所有的数据传输。

18.3 USB 总线接口芯片 CH372

1. CH372 介绍

CH372 是一个 USB 总线的通用设备接口芯片,是 CH371 的升级产品,是 CH375 芯片的功能简化版,如图 18-3 所示。

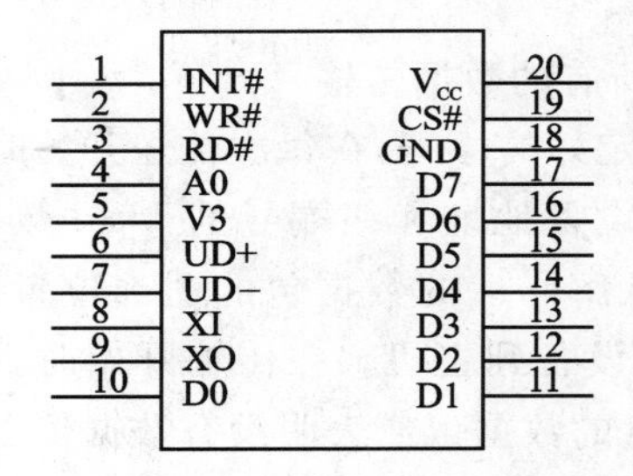

图 18-3 CH372 原理图

在本地端,CH372 具有 8 位数据总线和读、写、片选控制线以及中断输出,可以方便地挂接到单片机/DSP/MPU 等控制器的系统总线上;在计算机系统中,CH372 的配套软件提供了简洁易用的操作接口,与本地端的单片机通信就如同读/写文件。

CH372 内置了 USB 通信中的底层协议,具有省事的内置固件模式和灵活的外部固件模式。在内置固件模式下,CH372 自动处理默认端点 0 的所有事务,本地端单片机只要负责数据交换,所以单片机程序非常简洁。在外部固件模式下,由外部单片机根据需要自行处理各种 USB 请求,从而可以实现符合各种 USB 类规范的设备。

CH372引脚功能如表 18-2 所列。

表 18-2 CH372 引脚功能

引脚号	引脚名称	类 型	说 明
20	V_{CC}	电源	正电源输入端
19	CS#	输入	片选控制输入,低电平有效
18	GND	电源	公共接地端
17~10	D7~D0	双向三态	8 位双向数据总线
9	X0	输出	晶体振荡的反相输出端
8	XI	输入	晶振振荡的输入端
7	UD-	USB 信号	USB 总线的 D-数据线

续表 18-2

引脚号	引脚名称	类　型	说　明
6	UD＋	USB 信号	USB 总线的 D＋数据线
5	V3	电源	3.3 V 或者 5 V
4	A0	输入	地址线输入，区分命令口与数据口，当 A0＝1 时可以写命令，当 A0＝0 时可以读/写数据
3	RD＃	输入	读选通输入，低电平有效
2	WR＃	输入	写选通输入，低电平有效
1	INT＃	输出	中断请求输入，低电平有效

2. CH372 通信示意图(图 18-4)

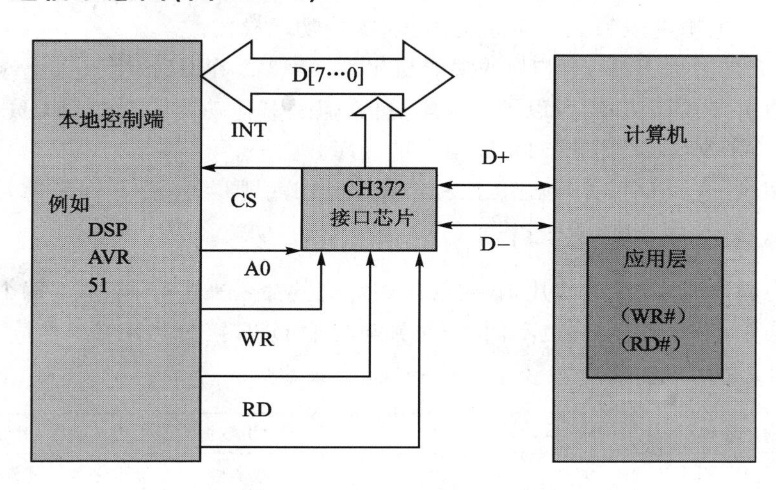

图 18-4　CH372 通信示意图

3. CH372 的 I/O 真值表

从 CH372 的引脚描述和通信示意图中可以知道，CS、A0、WR、RD 引脚充当着控制 CH372 是否选中、是否命令操作、是否读数据、是否写数据的重要角色。它们之间是如何组合成各种操作的，请参考表 18-3，关于 CH372 的写命令、读数据、写数据等基本函数都必须参考该表。

表 18-3　CH372 的 I/O 真值表

CS＃	WR＃	RD＃	A0	D7～D0	实际操作
1	X	X	X	X/Z	未选中 CH372，不进行任何操作
0	1	1	X	X/Z	虽然选中但无操作，不进行任何操作
0	0	1/X	1	输入	向 CH372 的命令端口写入命令码
0	0	1/X	0	输入	向 CH372 的数据端口写入数据
0	1	0	0	输出	从 CH372 的数据端口读出数据
0	1	0	1	输出	从 CH372 的命令端口读取中断标志，位 7 相当于 INT＃脚

注：X 表示不关心此位，Z 代表 CH372 三态禁止，1/0 表示高电平/低电平。

4. CH372 特点

(1) 全速 USB 设备接口，兼容 USB V2.0，即插即用，外围元器件只需要晶体和电容。

(2) 提供一对主端点和一对辅助端点，支持控制传输、批量传输、中断传输。

(3) 具有省事的内置固件模式和灵活的外部固件模式。

(4) 内置固件模式下屏蔽了相关的 USB 协议，自动完成标准的 USB 枚举配置过程，完全不需要本地端控制器作任何处理，简化了单片机的固件编程。

(5) 通用 Windows 驱动程序提供设备级接口，通过 DLL 提供 API 应用层接口。

(6) 产品制造商可以自定义厂商标识(vendor ID)和产品标识 (product ID)。

(7) 通用的本地 8 位数据总线，四线控制：读选通、写选通、片选输入、中断输出。

(8) 主端点上传、下传缓冲区各 64 字节，辅助端点上传、下传缓冲区各 8 字节。

(9) 支持 5 V 电源电压和 3.3 V 电源电压，支持功耗模式。

(10) CH372 芯片是 CH375 芯片的功能简化版，CH372 在 CH375 基础上减少了 USB 主机方式和串口通信方式等功能，所以硬件成本更低，但是其他功能完全兼容 CH375，可以直接使用 CH375 的 WDM 驱动程序和 DLL 动态链接库。

(11) 采用小型的 SSOP-20 无铅封装，兼容 RoHS，引脚兼容 CH374T 芯片。

5. CH372 基本命令(表 18-4)

要了解如何操作 USB 接口芯片，必须依赖相对应的命令来进行，基本上每个 USB 芯片都有自己的命令操作，当然 CH372 也不例外，而且与其他 USB 接口芯片有异曲同工之妙。

表 18-4　CH372 基本命令

代　码	命令名称	输入数据	输出数据	用　途
01H	GET_IC_VER		版本号	获取芯片及固件版本
03H	ENTER_SLEEP			进入低功耗睡眠状态
05H	RESET_ALL		(等 40 ms)	执行硬件复位
06H	CHECK_EXIST	任意数据	按位取反	测试工作状态
0BH	CHK_SUSPEND	数据 10H 检查方式		设置 USB 总线的挂起状态方式
12H	SET_USB_ID	VID 低字节 VID 高字节 PID 低字节 PID 高字节		设置 USB 的厂商识别码和产品识别码
15H	SET_USB_MODE	模式代码		内置固件/外部固件
18H	SET_ENDP2	位 7 为 1 则位 6 为同步触发位，否则同步触发位不变；位 3～位 0 为事务响应方式：0000 表示就绪 ACK，1110 表示正忙 NAK，1111 表示错误 STALL		设置 USB 端点 0 的接收器

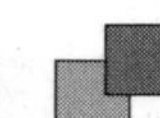

续表 18 - 4

代　码	命令名称	输入数据	输出数据	用　途
19H	SET_ENDP3	位 7 为 1 则位 6 为同步触发位，否则同步触发位不变；位 3～位 0 为事务响应方式：0000～1000 表示就绪 ACK，1110 表示正忙 NAK，1111 表示错误 STALL		设置 USB 端点 0 的发送器
1AH	SET_ENDP4	位 7 为 1 则位 6 为同步触发位，否则同步触发位不变；位 3～位 0 为事务响应方式：0000 表示就绪 ACK，1110 表示正忙 NAK，1111 表示错误 STALL		设置 USB 端点 1 的接收器
1BH	SET_ENDP5	位 7 为 1 则位 6 为同步触发位，否则同步触发位不变；位 3～位 0 为事务响应方式：0000～1000 表示就绪 ACK，1110 表示正忙 NAK，1111 表示错误 STALL		设置 USB 端点 1 的发送器
1CH	SET_ENDP6	位 7 为 1 则位 6 为同步触发位，否则同步触发位不变；位 3～位 0 为事务响应方式：0000 表示就绪 ACK，1110 表示正忙 NAK，1111 表示错误 STALL		设置 USB 端点 2 的接收器
1DH	SET_ENDP7	位 7 为 1 则位 6 为同步触发位，否则同步触发位不变；位 3～位 0 为事务响应方式：0000～1000 表示就绪 ACK，1110 表示正忙 NAK，1111 表示错误 STALL		设置 USB 端点 2 的发送器
22H	GET_STATUS		中断状态	设置 USB 工作模式
23H	UNLOCK_USB			释放当前 USB 缓冲区
27H	RD_USB_DATA0		数据长度 数据流	从当前 USB 中断的端点缓冲区读取数据
28H	RD_USB_DATA		数据长度 数据流	从当前 USB 中断的端点缓冲区读取数据并释放当前缓冲区
29H	WR_USB_DATA3	数据长度 数据流		向 USB 端点 0 的上传缓冲区写入数据块

续表 18-4

代　码	命令名称	输入数据	输出数据	用　途
2AH	WR_USB_DATA5	数据长度		向USB端点1的上传缓冲区写入数据
		数据流		
2BH	WR_USB_DATA7	数据长度		向USB端点2的上传缓冲区写入数据
		数据流		

如果命令的输出数据是操作状态,如表18-5所列。

表18-5　CH372操作状态

状态代码	状态名称	状态说明
51H	CMD_RET_SUCCESS	操作成功
5FH	CMD_RET_ABORT	操作失败

基本命令实例演示如下。

例1:设置USB固件模式。

代　码	命令名称	输入数据	输出数据	用　途
15H	SET_USB_MODE	模式代码		内置固件/外部固件

程序清单18-1　设置USB固件模式示例

```
……
USBCiWriteSingleCmd(SET_USB_MODE);          //设置USB固件模式
USBCiWriteSingleDat (2);                    //内置固件模式
……
```

例2:命令USB读取数据。

代　码	命令名称	输入数据	输出数据	用　途
28H	RD_USB_DATA		数据长度	从当前USB中断的端点缓冲区读取数据并释放当前缓冲区
			数据流	

程序清单18-2　命令USB读取数据示例

```
USBCiWriteSingleCmd(CMD_RD_USB_DATA);           //命令USB读取数据
len = USBCiReadSingleData();                    //获取数据长度
for(i = 0;i<len;i + + )                         //获取数据流
{
    * buf = USBCiReadSingleData();
   buf + + ;
}
……
```

例3:命令USB向端点1写入数据。

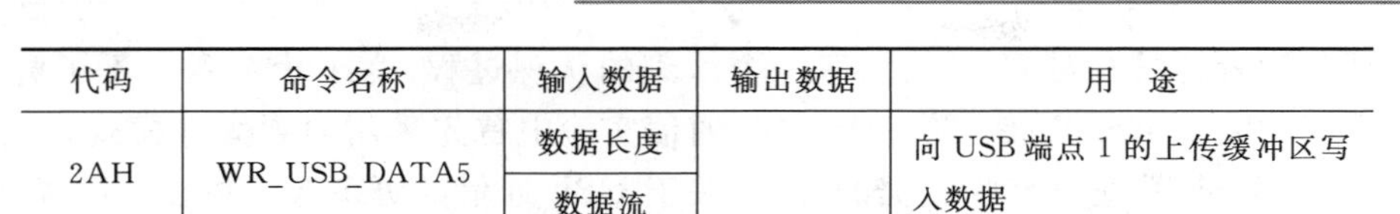

代码	命令名称	输入数据	输出数据	用　途
2AH	WR_USB_DATA5	数据长度 数据流		向 USB 端点 1 的上传缓冲区写入数据

程序清单 18－3　命令 USB 向端点 1 写入数据示例

```
……
USBCiWriteSingleCmd(WR_USB_DATA5);          //命令 USB 向端点 1 写入数据
USBCiWritePortData  (buf ,len)              //输入数据长度与数据流
……
```

例 4：命令 USB 向端点 2 写入数据。

代　码	命令名称	输入数据	输出数据	用　途
2BH	WR_USB_DATA7	数据长度 数据流		向 USB 端点 2 的上传缓冲区写入数据

程序清单 18－4　命令 USB 向端点 2 写入数据示例

```
……
USBCiWriteSingleCmd(WR_USB_DATA7);          //命令 USB 向端点 2 写入数据
USBCiWritePortData  (buf ,len)              //输入数据长度与数据流
……
```

从上面的实例演示中可以了解到，操作 CH372 都是首先通过 USBCiWriteSingleCmd 函数向 CH372 写入命令码，然后通过 USBCiWritePortData 函数向 CH372 写入要操作的内容，如图 18－5 所示。

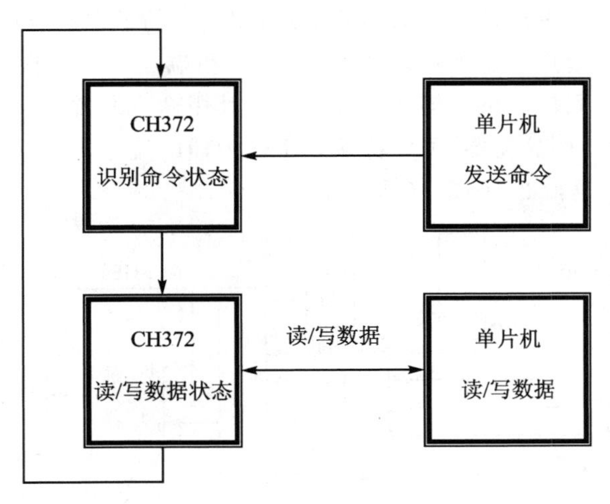

图 18－5　CH372 与单片机交互示意图

在以上的例子当中，端点 1 和端点 2 有必要说明清楚。端点 1 和端点 2 的传送数据方向是相对于主机设备来说的，由于 CH372 不支持主机方式、PC 机支持主机方式，如端点 2(IN)是指 PC 机端点 2 接收到数据，端点 2(OUT)是指 PC 机通过端点 2 发送数据。

或许部分读者还没有对 USB 协议有一个深刻的认识过程，为了让读者在不了解 USB 协议的情况下成功实现 USB 通信，第一个 USB 通信实验中首先采用内置固件模式来实现 USB 通信，直观了解 USB 发送与接收数据的过程，关于 USB 通信的更多知识将在介绍外部固件模式实验当中详细讲解。

6. CH372 内部结构

CH3732 芯片内部集成了 PLL 倍频器、USB 接口 SIE、数据缓冲区、被动并行接口、命令解释器、通用的固件程序等主要部件。

PLL 倍频器用于将外部输入的 12 MHz 时钟倍频到 48 MHz，作为 USB 接口 SIE 时钟。USB 接口 SIE 用于完成物理的 USB 数据接收和发送，自动处理位跟踪和同步、NRZI 编码和解码、位填充、并行数据与串行数据之间的转换、CRC 数据校验、事务程序、出错重试、USB 总线状态检测等。

数据缓冲区用于缓冲 USB 接口 SIE 收发的数据。

被动并行接口用于外部单片机交换数据。

命令解释器用于分析并执行外部单片机提交的各种命令。

通用的固件程序用于自动处理 USB 默认端点 0 的各种标准事务等。

CH372 内部具有 5 个物理端点：

端点 0 是默认端点，支持上传和下传，上传和下传缓冲区各是 8 个字节；

端点 1 包括上传端点和下传端点，上传和下传缓冲区各是 8 个字节，上传端点的端点号是 81H，下传端点的端点号是 01H；

端点 2 包括上传端点和下传端点，上传和下传缓冲区各是 64 个字节，上传端点的端点号是 82H，下传端点的端点号是 02H；

在内置固件模式下，端点 2 的上传端点作为批量数据发送端点，端点 2 的下传端点作为批量数据接收端点，端点 1 的上传端点作为中断端点，端点 1 的下传端点作为辅助端点。

在外部固件模式下，端点 0 作为默认端点，端点 1 和端点 2 可以根据 USB 产品的需要选择使用，并且可以由外部固件提供的描述符分别定义其用途。通常情况下，端点 2 作为数据传输的主要端点，如果 USB 产品需要，可以将端点 1 作为辅助端点。

CH372 内部的中断逻辑如图 18－6 所示。

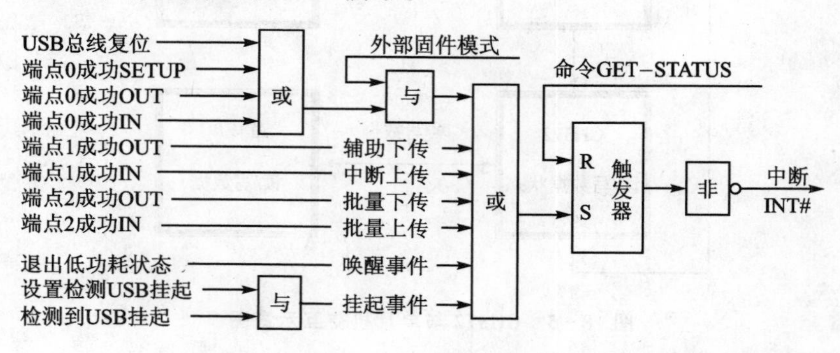

图 18－6 CH372 内部中断逻辑图

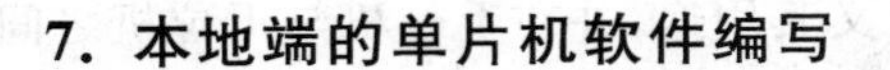

7. 本地端的单片机软件编写

CH372占用两个地址位，当A0引脚为高电平时选择命令端口，可以写入命令；当A0引脚为低电平时选择数据端口，可以读/写数据。

单片机通过8位并口对CH372进行读/写，所有操作都是由一个命令码、若干个输入数据和若干个输出数据组成，部分命令不需要输入数据，部分命令没有输出数据，命令的操作步骤如下：

(1) 在A0=1时向命令端口写入命令码。

(2) 如果该命令具有输入数据，则在A0=0时，依次写入输入数据，每次一个字节。

(3) 如果该命令具有输出数据，则在A0=0时，依次读取输出数据，每次一个字节。

(4) 命令完成，可以暂停或者跳转到(1)继续进行下一个命令。

如果CH372专门用于处理USB通信，在接收到数据或者发送完数据后，CH372以中断方式通知单片机进行处理。

单片机通过CH372接收数据的步骤处理如下：

(1) 当CH372接收到USB主机发来的数据后，首先锁定当前USB缓冲区，防止被后续数据所覆盖，然后将INT#引脚设置为低电平，向单片机请求中断。

(2) 单片机进入中断服务程序，首先执行GET_STATUS命令获取中断状态。

(3) CH372在GET_STATUS命令完成后将INT#引脚恢复为高电平，取消中断请求。

(4) 由于通过上述GET_STATUS命令获取的中断状态是“下传成功”，所以单片机执行RD_USB_DATA命令从CH372读取接收到的数据。

(5) CH372在RD_USB_DATA命令完成后释放当前缓冲区，从而可以继续USB通信。

(6) 单片机退出中断服务程序。

单片机通过CH372发送数据的步骤处理如下：

(1) 单片机执行WR_USB_DATA命令向CH372写入要发送的数据。

(2) CH372被动地等待USB主机在需要时取走数据。

(3) 当USB主机取走数据后，CH372首先锁定当前USB缓冲区，防止重复发送数据，然后将INT#引脚置为低电平，向单片机请求中断。

(4) 单片机进入中断服务程序后，首先要执行GET_STATUS命令获取中断状态。

(5) CH372在GET_STATUS命令完成后将INT#引脚恢复为高电平，取消中断请求。

(6) 由于通过上述GET_STATUS命令获取的中断状态是“上传成功”，所以单片机执行WR_USB_DATA命令向CH372写入另一组要发送的数据，如果没有后续数据需要发送，那么单片机不必执行WR_USB_DATA命令。

(7) 单片机执行UNLOCK_USB命令。

(8) CH372在UNLOCK_USB命令完成后释放当前缓冲区，从而可以继续USB通信。

(9) 单片机退出中断服务程序。

(10) 如果单片机已经写入了另一组要发送的数据，那么要转到(2)，否则结束。

8. 逻辑结构

CH372提供了4个相互独立的端对端的逻辑传输通道，分别称为数据上传管道、数据下传管道、中断上传管道、辅助数据下传管道。CH372并未定义各个管道的用途，也未定义其数据格式，所以 USB 产品的设计人员可以根据需要自行定义其用途，并在上位机与下位机之间约定各个传输通道中的数据格式。

图 18－7 只适用于内置固件模式，所以没有包含默认端点 0。除了图中的 3 个管道之外，CH372 还提供了辅助数据下传管道，与数据下传管道类似。

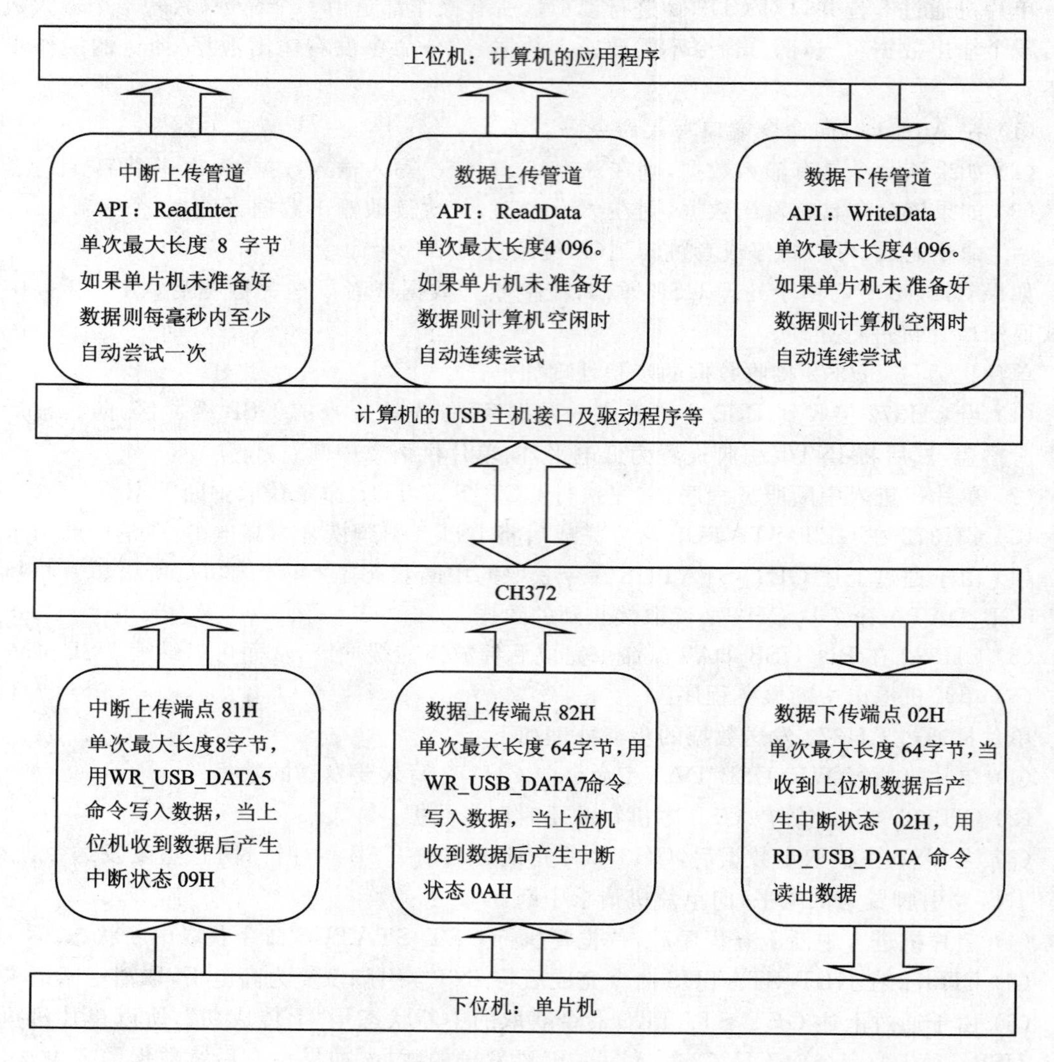

注：ReadInter、ReadData、WriteData 为 CH375 DLL 中的 API 函数，CH372 为 CH375 的简化版，所以能够使用 CH375 中的 DLL 中的 API 函数。

图 18－7　CH372 逻辑结构图

9. 中断状态

当 CH372 向单片机请求中断后，单片机通过命令 GET_STATUS 获取中断状态，分析中断原因并处理。CH372 中断状态字如表 18－6 所列。

表 18-6 CH372 中断状态字

中断状态字	名称	中断状态分析		
位 7～位 4	（保留位）	总是 0000		
位 3～位 2	当前事务	00＝OUT 事务	10＝IN 事务	11＝SETUP 事务
位 1～位 0	当前端点	00＝端点 0	01＝端点 1	10＝端点 2
		11＝总线复位		

表 18-7 是中断状态值表，在内置固件模式的 USB 设备方式下，单片机只需要处理 01H、02H、05H、06H、09H、0AH 的中断状态，CH372 内部自动处理了其他中断状态。

表 18-7 CH372 中断状态值

中断状态值	状态名称	中断原因分析说明
03H、07H、0BH、0FH	USB_INT_BUS_RESET1～USB_INT_BUS_RESET4	检测到 USB 总线复位（中断状态值的位 1 和位 0 为 1）
0CH	USB_INT_EP0_SETUP	端点 0 的接收器接收到数据，SETUP 成功
00H	USB_INT_EP0_OUT	端点 0 的接收器接收到数据，OUT 成功
08H	USB_INT_EP0_IN	端点 0 的发送器发送完数据，IN 成功
01H	USB_INT_EP1_OUI	辅助端点/端点 1 接收到数据，OUT 成功
09H	USB_INT_EP1_IN	中断端点/端点 1 发送完数据，IN 成功
02H	USB_INT_EP2_OUT	批量端点/端点 2 接收到数据，OUT 成功
0AH	USB_INT_EP2_IN	批量端点/端点 2 发送完数据，IN 成功
05H	USB_INT_USB_SUSPEND	USB 总线挂起事件（如果已 CHK_SUSPEND）
06H	USB_INT_WAKE_UP	从睡眠中被唤醒事件（如果已 ENTER_SLEEP）

10. 单向数据流方式

单向数据流方式使用一个上传数据流和一个下传数据流进行双向数据通信，两个数据流之间相互独立。

下传数据流是由计算机应用层通过数据流下传 API 发起的，CH372 以 64 个字节为一组，将一个较大的数据块分成多组提交给单片机；如果应用层发送 150 个字节的数据块，则单片机会被中断 3 次，前两次各取 64 字节，最后一次获取 22 个字节。

上传数据流的发起方式有两种：一种是查询方式，指计算机应用层定期以查询方式发起；另外一种是伪中断方式，指单片机以中断数据通知计算机应用层，再由计算机应用层发起，因为 USB 总线是主从式结构，只有在计算机主动联系 USB 设备时，USB 设备才能向计算机上传数据。

上传数据流以查询方式发起的系统中，计算机应用层总是通过数据上传 API 尝试读取数据。当单片机没有数据需要上传时，计算机应用层就会一直等待（如果设置 USB 数据读超时则会退出），实际上该应用层程序的线程将会被操作系统挂起。当单片机需要上传数据时，应该将数据写入 CH372 批量端点的上传缓冲区中，接着计算机应用层自动取走数据，然后 CH372 以中断方式通知单片机上传成功，以便单片机继续上传后续数据。使用这种方式，建议用 CH375SetBufUpload 设定内部缓冲上传。

上传数据流以伪中断方式发起的系统中，计算机应用层初始化时设置一个伪中断服务程序，然后应用层就不需要涉及上传数据流。当单片机需要上传数据时，首先将数据写入批量端点的上传缓冲区中，然后将中断特征数据写入中断端点的上传缓冲区中。在 1 ms 之内（理论值），与中断特征数据对应的伪中断服务程序被激活，伪中断服务程序通知主程序调用数据上传 API 获得上传数据块。在此期间，单片机将会收到 CH372 通知的两次中断，首先是中断端点上传成功中断，然后是批量端点上传成功中断。

11. 请求加应答方式

请求加应答方式使用一个下传的主动请求和一个上传的被动应答进行交互式的双向数据通信，下传和上传一一对应，相互关联。

主动请求是指由计算机应用层下传给单片机的数据请求；被动应答是指在单片机接收到数据请求后，上传给计算机应用层的应答激活。所有的通信都由计算机应用层发起，然后以接收到单片机的应答结束，完整的过程包括：

(1) 计算机应用层按事先约定的格式将数据请求发送给 CH372。

(2) CH372 以中断方式通知单片机。

(3) 单片机进入中断服务程序，获取 CH372 的中断状态并分析。

(4) 如果是上传，则释放当前 USB 缓冲区，然后退出中断服务程序。

(5) 如果是下传，则从数据下传缓冲区中读取数据块。

(6) 分析接收到的数据块，准备应答数据，也可以先退出中断服务再处理。

(7) 单片机将应答数据写入批量端点的上传缓冲区中，然后退出中断程序。

(8) CH372 将应答数据返回给计算机。

(9) 计算机应用层接收到应答数据。

12. 计算机软件接口（简略介绍）

CH372 在计算机端提供了应用层接口，但只适用于内置固件模式下的 CH372。应用层接口是由 CH372 动态链接库 DLL 提供的面向功能应用的 API，所有 API 在调用后都有操作状态返回，但不一定有应答数据。

CH372 动态链接库提供的 API 包括：设备管理 API（表 18-8）、数据传输 API（表 18-9）、中断处理 API（表 18-10）。

表 18-8　计算机软件接口设备管理 API

设备管理 API	
API 函数	功能说明
CH375OpenDevice	打开设备
CH375CloseDevice	关闭设备
CH375GetDeviceDescr	获取 USB 设备描述符
CH375GetConfigDescr	获取 USB 配置描述符

续表 18-8

设备管理 API	
API 函数	功能说明
CH375ResetDevice	复位 USB 设备
CH375SetTimeout	设置 USB 数据读/写的超时
CH375SetExclusive	设置独占当前的 USB 设备
CH375SetBufUpload	设定内部缓冲上传模式
CH375QueryBufUpload	查询内部上传缓冲区中的已有数据包个数
CH375SetDeviceNotify	设定 USB 设备插入和拔出时的事件通知程序

表 18-9　计算机软件接口数据传输 API

数据传输 API	
API 函数	功能说明
CH375ReadData	读取数据块(数据上传)
CH375WriteData	写出数据块(数据下传)
CH375AbortRead	放弃数据块读操作
CH375AbortWrite	放弃数据块写操作
CH375WriteAuxData	写出辅助数据(辅助数据下传)

表 18-10　计算机软件接口中断处理 API

中断处理 API	
API 函数	功能说明
CH375ReadInter	读取中断数据
CH375AbortInter	放弃中断数据读操作
CH375SetIntRoutine	设定中断服务程序

深入重点:

✓ CH372 是怎样的一个 USB 接口芯片?

✓ CH372 的内置固件模式和外部固件模式的区别如表 18-11 所列,为什么使用内置固件模式会非常简单?

表 18-11　内置固件模式与外部固件模式的区别

	内置固件模式	外部固件模式
USB 协议	**硬件自动完成**	自己编写程序
复杂度	**简单**	复杂
灵活性	只能是数据通信	**自定义多种通信功能的设备,如优盘**
驱动	需要安装特定驱动	**Windows 自带**

✓ CH372基本命令码虽然不多，但是要熟悉使用，特别是设置固件模式、获取状态、端点读/写命令。
✓ CH372操作方式，基本上先使用USBCiWriteSingleCmd函数向CH372写入命令码，然后通过USBCiWritePortData函数向CH372写入要操作的内容。
✓ 谨记端点1和端点2传送数据的方向是根据主机设备来确定的。
✓ API函数为CH375 DLL中的函数，只适合于内置固件模式。
✓ CH372在计算机应用层与本地端单片机之间提供了端对端的连接，在这个基础上，USB产品的设计人员可以选用两种通信方式：单向数据流方式、请求加应答方式。前者使用两个方向相反的单向数据流进行通信，具有相对较高的数据传输速率，但是数据不容易同步；后者使用主动请求和被动应答查询方式进行通信，数据自动同步，具有较好的交互性和可控性，程序设计简单，但是数据传输速率相对较低。
✓ 当CH372向单片机请求中断后，单片机通过命令GET_STATUS获取中断状态，分析中断原因并处理。

18.4 CH372内置固件模式

CH372内置固件模式下屏蔽了相关的USB协议，自动完成标准的USB枚举配置过程，完全不需要本地端控制器作任何处理，简化了单片机的固件编程，如图18-8所示。

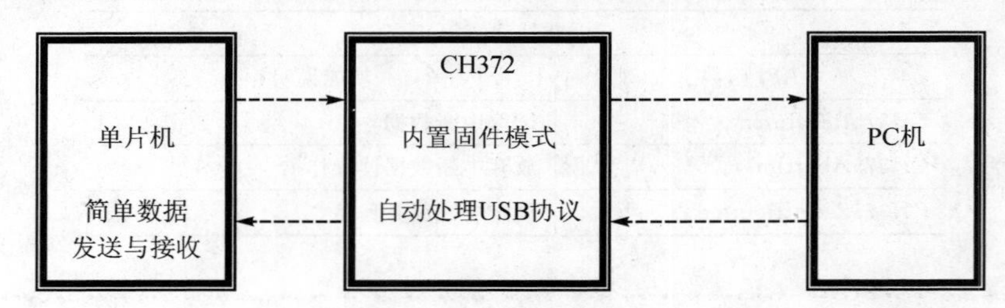

图18-8 CH372内置固件模式通信示意图

从图18-8可以分析到，关于USB协议在单片机编程上可以直接“无视”，CH372强大的内置固件模式功能是不可多得的。

18.4.1 内置固件模式实验

【实验18-1】 将CH372设置为内置固件模式，上位机界面通过CH372发送数据，下位机将接收到的数据重发到上位机来显示。

1. 硬件设计(图18-9)

CH372数据口(D0～D7)连接到P2口，占用外部中断引脚P3.2/INT0，WR、RD、A0等引脚接到P3口的部分引脚。CH372的外部晶振必须为12 MHz，通过CH372内部的PLL可以倍频到48 MHz。

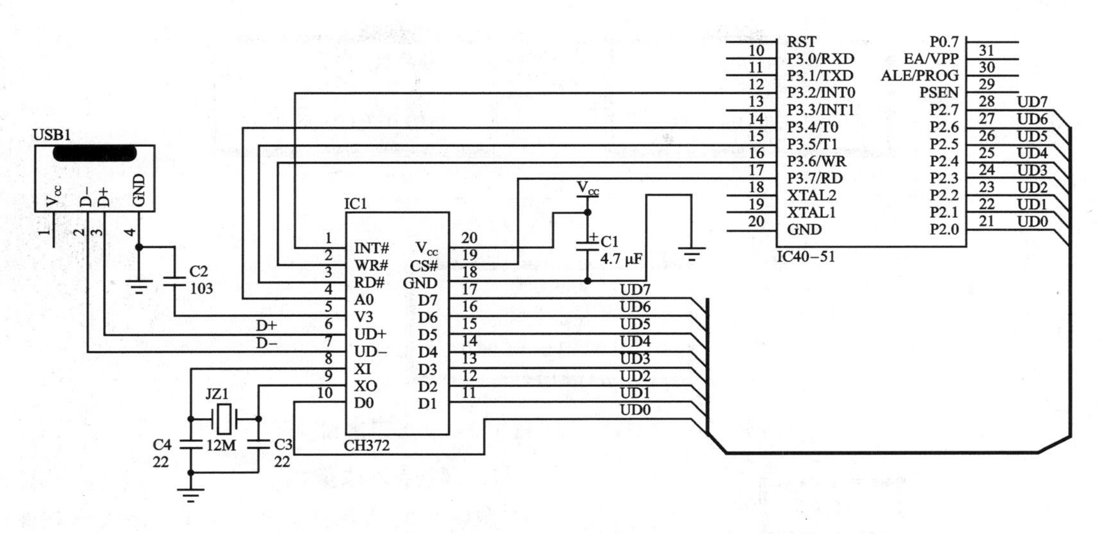

图 18－9　CH372 内置固件模式实验硬件设计图

2. 软件设计

在 CH372 内置固件模式下，将从上位机发送数据到下位机，下位机则将接收到的数据发送到上位机来显示。

例如，从上位机通过端点 1/2 发送“00 01 02 03 04 05 06 07”，然后通过端点 1/2 接收数据，收到的数据将在显示区内文本框中显示，如当前显示接收到的数据“00 01 02 03 04 05 06 07”，如图 18－10 和图 18－11 所示。

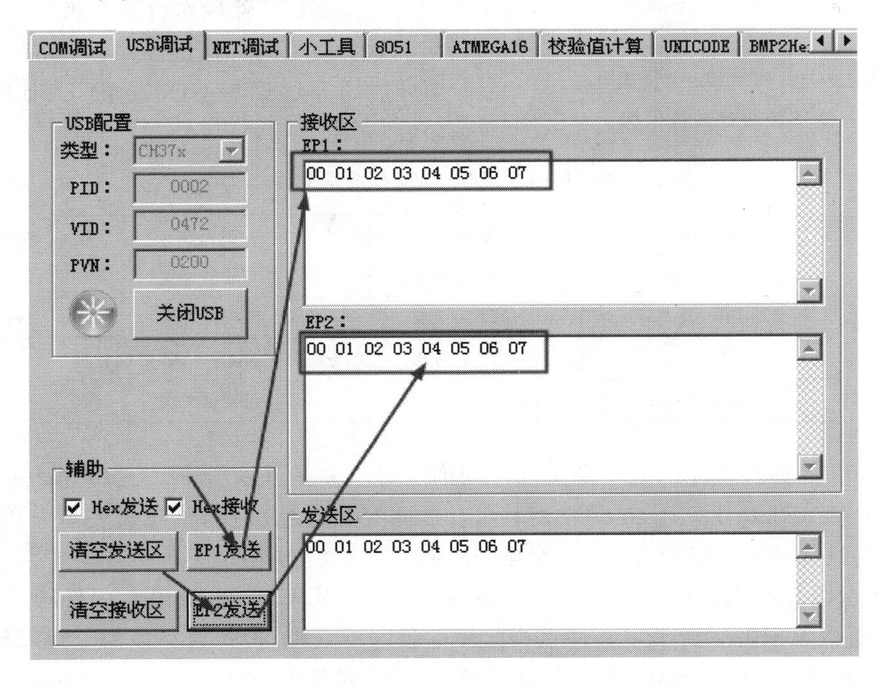

图 18－10　CH372 内置固件模式实验操作

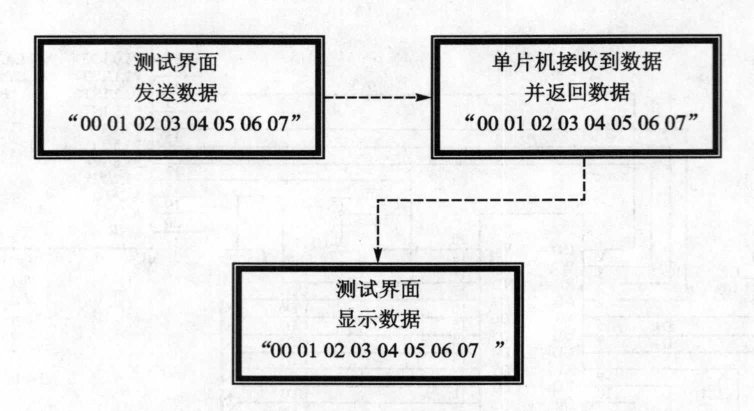

图 18－11　CH372 内置固件模式实验示意图

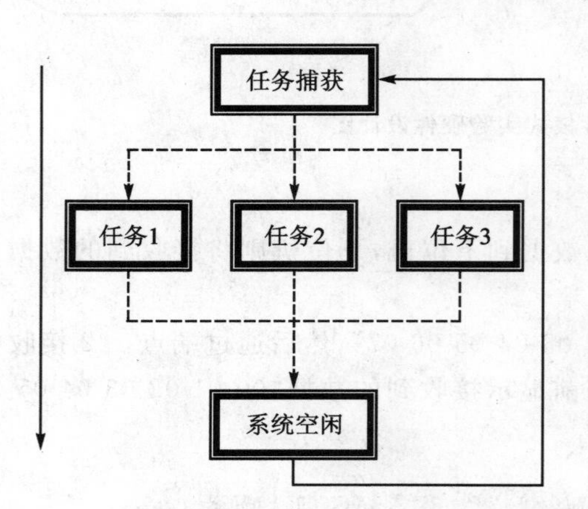

图 18－12　CH372 内置固件模式实验程序总体架构

(1) 程序总体架构

在以往的项目开发当中，作者比较喜欢使用任务总线捕获就绪的任务方式来编程，而任务的就绪通过消息传递来实现，不过需要重点说明的是，不要因为是介绍编程总体架构用到了任务、消息的字眼就误认为使用了 OS 内核，只是使用了类似的方式来编程而已，相信读者学习了编程方法后，对编程架构会有更深一步的了解，如图 18－12 所示。

(2) USB 固件程序设计思想

为了使代码可移植性强、后期容易维护，采用分层的方法编写 CH372 的 USB 固件程序，如表 18－12 所列。

表 18－12　USB 功能模块源文件

文件名	简要说明	相关性
USBHardware. c	CH372 硬件层	与硬件相关
USBInterface. c	CH372 接口层	与硬件相关
USBProtocol. c	CH372 协议层	与硬件无关，与 USB 协议有关
USBApplication. c	CH372 应用层	与硬件无关

关于 CH372 固件程序的各个源文件之间的层与层关系可以用图 18－13 来表示。

从图 18－13 可以分析到，双向线表示两者之间存在数据交换，单向线表示上层对下层的调用，这样的结构清晰明朗，而且移植性强同时有利于日后的维护。

关于用虚线与填充标识的 USBProtocol. c ，由于使用 CH372 的内置固件模式自动完成 USB 协议，所以 USBProtocol. c 文件在当前固件程序不支持，但是会在以后介绍 CH372 的外部固件模式时添加 USBProtocol. c 文件。所以当前固件程序只有 USBApplication. c、USBInterface. c、USBHardware. c，如图 18－14 所示。

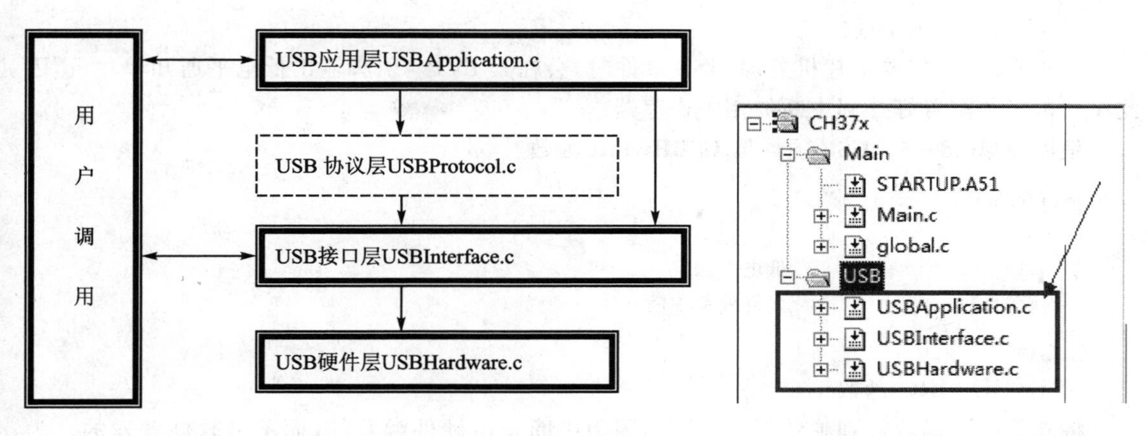

图 18-13　CH372 内置固件模式实验程序源文件关系图

图 18-14　CH372 USB 功能模块

3. 流程图(图 18-15)

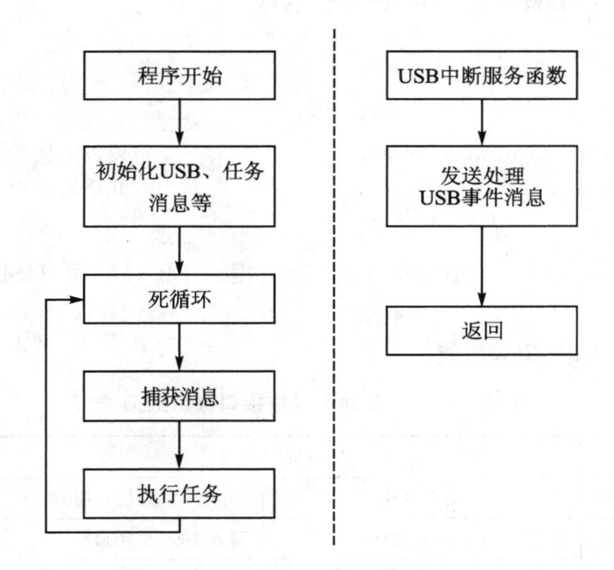

图 18-15　CH372 内置固件模式实验流程图

4. 实验代码

(1) USB 功能模块。

① 硬件层 USBHardware.c。主要由硬件初始化函数和中断服务函数组成(表 18-13)。命名规范：USB＋Hw＋基本功能。

表 18-13　USB 功能模块硬件层函数列表

硬件层		
序号	函数名称	说明
1	USBHwInit	USB 硬件初始化,主要是单片机相关初始化
2	USBHwIRQ	USB 中断服务函数,发送消息请求处理 USB 事件

• USBHwInit 函数

由于 CH372 需要单片机处理 USB 事件时，会在其 INT#引脚输出低电平通知单片机，因此单片机必须配置好外部中断的相关寄存器。

程序清单 18-5　USB 硬件层 USBHwInit 函数

```
void USBHwInit(void)
{
    IT0 = 0;                //低电平触发
    EX0 = 1;                //允许外部中断 0
}
```

• USBHwIRQ 函数

将外部中断函数放到硬件层的原因是因为中断是由硬件触发的，而不是软件触发的。为了保证发送消息的安全性，必须在发送消息之前务必关闭全局中断，然后发送消息过后重开全局中断。

程序清单 18-6　USB 硬件层 USBHwIRQ 函数

```
void USBHwIRQ(void) interrupt 0
{
    ENTER_CRITICAL();                           //关全局中断,即 EA = 0
    SYSPostCurMsg(RUN_USB_DISPOSE_DATA);        //发送消息
     EXIT_CRITICAL();                           //开全局中断,即 EA = 1
}
```

② 接口层 USBInterface.c。主要由 USB 读数据、USB 写数据、USB 写命令等基本操作函数组成(表 18-14)。

命名规范：USB＋Ci＋基本功能。

表 18-14　USB 功能模块接口层函数列表

接口层		
序　号	函数名称	说　明
1	USBCiWriteSingleCmd	写入 USB 单个命令
2	USBCiWriteSingleData	写入 USB 单个数据
3	USBCiReadSingleData	读取 USB 单个数据
4	USBCiReadPortData	连续读取 USB 数据
5	USBCiWritePortData	连续写入 USB 数据
6	USBCiEP1Send	向 USB 端点 1 写连续的数据
7	USBCiEP2Send	向 USB 端点 2 写连续的数据
8	USBCiInit	初始化 USB

程序清单 18-7　USB 功能模块接口层静态函数

```
#include "stc.h"
#include "global.h"
#include "USBDefine.h"
```

```
#include "USBHardware.h"
#include "USBInterface.h"

/**************************************************************
* 函数名称：WriteDatToUsb
* 输    入：dat  要写入的数据
* 输    出：无
* 功能描述：向 CH372 写数据
**************************************************************/
static void WriteDatToUsb(UINT8 dat)
{
    USB_CS = 0;                           //选通 CH372
    USB_DATA_OUTPUT = 0xFF;               //拉高引脚
    USB_A0 = USB_DAT_MODE;                //数据模式
    USB_WR = 0;                           //允许写
    USB_DATA_OUTPUT = dat;                //写数据
    DelayNus(3);
    USB_CS = 1;                           //不选通 CH372
    USB_DATA_OUTPUT = 0xFF;               //拉高引脚
    USB_WR = 1;                           //禁止写
}
/**************************************************************
* 函数名称：WriteCmdToUsb
* 输    入：cmd  要写入的命令
* 输    出：无
* 功能描述：向 CH372 写命令
**************************************************************/
static void WriteCmdToUsb(UINT8 cmd)
{
    USB_CS = 0;                           //选通 CH372
    USB_DATA_OUTPUT = 0xFF;               //拉高引脚
    USB_A0 = USB_CMD_MODE;                //命令模式
    USB_WR = 0;                           //允许写
    USB_DATA_OUTPUT = cmd;                //写命令
    DelayNus(3);
    USB_CS = 1;                           //不选通 CH372
    USB_DATA_OUTPUT = 0xFF;               //拉高引脚
    USB_WR = 1;                           //禁止写
}
/**************************************************************
* 函数名称：ReadDatFromUsb
* 输    入：无
* 输    出：单字节
* 功能描述：从 CH372 读取单字节
**************************************************************/
```

```
static UINT8 ReadDatFromUsb(void)
{
    UINT8 dat;
    USB_CS = 0;                                    //选通 CH372
    USB_DATA_INPUT = 0xFF;                         //拉高引脚
    USB_A0 = USB_DAT_MODE;                         //数据模式
    USB_RD = 0;                                    //允许读
    dat = USB_DATA_INPUT;                          //读取数据
    DelayNus(3);
    USB_CS = 1;                                    //不选通 CH372
    USB_RD = 1;                                    //禁止读
    USB_DATA_INPUT = 0xFF;                         //拉高引脚

    return dat;                                    //返回读取到的数据
}
```

在程序清单 18-6 当中有 3 个静态函数，分别是 WriteDatToUsb 函数、WriteCmdToUsb 函数、ReadDatFromUsb 函数，由于是静态函数，只能是在当前所在 C 文件内调用，不提供外部调用。所以，这 3 个静态函数没有使用“USB＋Ci＋基本功能”来命名。

这 3 个静态函数都有同样的操作过程，如图 18-16 所示。

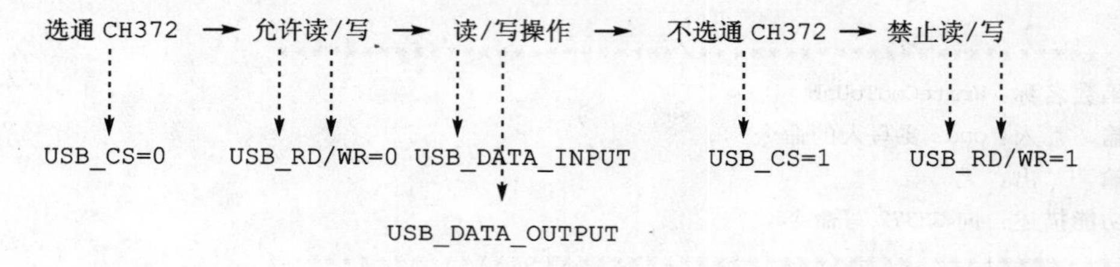

图 18-16　USB 功能模块接口层静态函数操作过程

程序清单 18-8　USB 功能模块接口层函数列表

```
/*****************************************************************
* 函数名称：USBCiWriteSingleCmd
* 输    入：cmd 要写入的命令
* 输    出：无
* 功能描述：写入 USB 单个命令
*****************************************************************/
void USBCiWriteSingleCmd(UINT8 cmd)
{
    WriteCmdToUsb(cmd);                              //调用 WriteCmdToUsb 函数写命令
}
/*****************************************************************
* 函数名称：USBCiWriteSingleData
* 输    入：dat 单字节数据
* 输    出：无
* 功能描述：写入 USB 单个数据
```

```
*******************************************************/
void USBCiWriteSingleData(UINT8 dat)
{
    WriteDatToUsb(dat);                             //调用 WriteDatToUsb 函数写数据
}
/*******************************************************
* 函数名称：USBCiReadSingleData
* 输      入：无
* 输      出：单字节数据
* 功能描述：读取 USB 单个数据
*******************************************************/
UINT8 USBCiReadSingleData(void)
{
    return ReadDatFromUsb();                        //调用 ReadDatFromUsb 函数写数据
}
/*******************************************************
* 函数名称：USBCiReadPortData
* 输      入：buf 数据缓冲区
* 输      出：读取数据的长度
* 功能描述：读取 USB 多个数据
*******************************************************/
UINT8 USBCiReadPortData(UINT8 *buf)
{
    UINT8 i,len;

    USBCiWriteSingleCmd(CMD_RD_USB_DATA);           //读数据命令

    len = USBCiReadSingleData();                    //读取长度

    for(i = 0;i<len;i++)                            //for 循环
    {
        *buf = USBCiReadSingleData();               //读取数据

         buf++;                                     //buf 偏移 1 个字节
    }

    return len;                                     //返回读取的数据长度
}
/*******************************************************
* 函数名称：USBCiWritePortData
* 输      入：buf 数据缓冲区
              len 数据长度
* 输      出：无
* 功能描述：写入 USB 多个数据
*******************************************************/
```

```
void USBCiWritePortData(UINT8 * buf, UINT8 len)
{
    USBCiWriteSingleData(len);                      //发送的长度为 len

    while(len--)
    {
        USBCiWriteSingleData( * buf);               //逐个数据发送
        buf++;
    }
}
/*****************************************************
* 函数名称：USBCiEP1Send
* 输    入：buf 数据缓冲区
len 数据长度
* 输    出：无
* 功能描述：端点 1 发送连续的数据
*****************************************************/
void USBCiEP1Send(UINT8 * buf,UINT8 len)
{
    USBCiWriteSingleCmd (CMD_WR_USB_DATA5);         //向端点 1 发送数据
    USBCiWritePortData  (buf,len);
}
/*****************************************************
* 函数名称：USBCiEP2Send
* 输    入：buf 数据缓冲区
len 数据长度
* 输    出：无
* 功能描述：端点 2 发送连续的数据
*****************************************************/
void USBCiEP2Send(UINT8 * buf,UINT8 len)
{
    USBCiWriteSingleCmd (CMD_WR_USB_DATA7);         //向端点 2 发送数据
    USBCiWritePortData  (buf,len);
}
/*****************************************************
* 函数名称：USBCiInit
* 输    入：无
* 输    出：无
* 功能描述：USB 初始化
*****************************************************/
void USBCiInit(void)
{
    USBCiWriteSingleCmd (CMD_SET_USB_MODE);         //设置模式
    USBCiWriteSingleData(CMD_INSIDE_FIRMWARE);      //内置固件
    DelayNus(20);                                   //延时 20 μs
```

```
USBHwInit();                                        //USB 硬件初始化
}
```

USBCiWriteSingleCmd()、USBCiWriteSingleDat()、USBCiReadSingleDat()分别将 WriteCmdToUsb()、WriteDatToUsb()、ReadDatFromUsb()重新封装，构成可以供外部调用的接口函数。

其他接口函数都是先命令后数据的格式来操作(图 18-17)，如 USBCiEP2Send()函数。

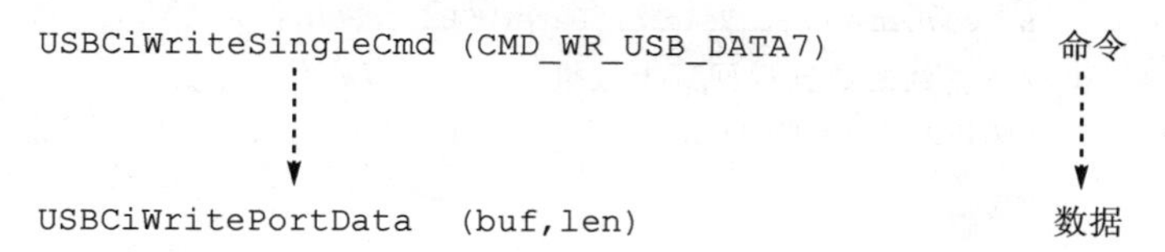

图 18-17　USB 功能模块接口层函数操作过程

③ 应用层 USBApplication.c(表 18-15)。

命名规范：USB+Ap+基本功能。

表 18-15　USB 功能模块应用层函数列表

接口层		
序　号	函数名称	说　明
1	USBApDisposeData	USB 处理数据

该层只有一个函数 USBApDisposeData，用于处理 CH372 返回过来的信息，同时该函数被任务总线所调用。

程序清单 18-9　USB 功能模块应用层代码

```
#include "stc.h"
#include "global.h"
#include "USBDefine.h"
#include "USBInterface.h"
#include "USBApplication.h"
static IDATA UINT8 USBMainBuf[EP2_PACKET_SIZE] = {0};
/*******************************************************
* 函数名称：USBApDisposeData
*输　　入：无
*输　　出：无
* 功能描述：USB 处理数据
*******************************************************/
void USBApDisposeData(void)
{
    UINT8 ucintStatus;                              //定义中断状态变量
    UINT8 ucrecvLen;                                //定义接收数据长度变量

    ENTER_CRITICAL();                               //关闭全局中断
    SYSPostCurMsg(SYS_IDLE);                        //设置下个任务状态为空闲状态
```

```
    USBCiWriteSingleCmd(CMD_GET_STATUS);              //请求获取 USB 状态
    ucintStatus = USBCiReadSingleData();              //读取 USB 状态
    switch(ucintStatus)                               //检测是哪一种状态
    {
        case USB_INT_EP2_OUT:                         //端点 2 接收到数据
            {
                //读取数据长度
                ucrecvLen = USBCiReadPortData(USBMainBuf);
                //将读到的数据返回到上位机
                USBCiEP2Send(USBMainBuf,ucrecvLen);
            }
            break;
        case USB_INT_EP2_IN:
        {
                //端点 2 发送完毕,释放缓冲区
                USBCiWriteSingleCmd (CMD_UNLOCK_USB);
            }
            break;
        case USB_INT_EP1_OUT:
            {
                //读取数据长度
                ucrecvLen = USBCiReadPortData(USBMainBuf);
                //将读到的数据返回到上位机
                USBCiEP1Send(USBMainBuf,ucrecvLen);
            }
            break;
        case USB_INT_EP1_IN:
            {
                //端点 1 发送完毕,释放缓冲区
                USBCiWriteSingleCmd (CMD_UNLOCK_USB);
            }
            break;
        default:
            {
                //释放缓冲区
                USBCiWriteSingleCmd (CMD_UNLOCK_USB);
            }
            break;
    }
    EXIT_CRITICAL();                                  //开启全局中断
}
```

(2) GLOBAL 功能模块 global.c(表 18－16)。

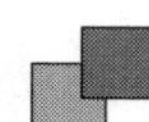

表 18-16 GLOBAL 功能模块函数列表

GLOBAL 功能模块		
序 号	函数名称	说 明
1	DelayNus	微秒级延时
2	SYSIdle	空闲任务
3	SYSPostCurMsg	发送当前消息
4	SYSRecvCurMsg	获取当前消息

程序清单 18-10 GLOBAL 功能模块代码

```
#include "stc.h"
#include "Global.h"
//系统消息变量
static
volatile UINT8 __ucSysMsg = SYS_IDLE;
/*****************************************************
* 函数名称：DelayNus
* 输    入：t 延时时间
* 输    出：无
* 功能描述：微秒级延时
*****************************************************/
void DelayNus(UINT16 t)
{
    do
    {
        NOP();
    }while(--t >0);
}
/*****************************************************
* 函数名称：SYSIdle
* 输    入：无
* 输    出：无
* 说    明：空闲任务
*****************************************************/
void SYSIdle(void)
{
    MCU_IDLE();
}
/*****************************************************
* 函数名称：SYSPostCurMsg
* 输    入：msg 当前消息
* 输    出：无
* 说    明：发送当前消息
*****************************************************/
```

```
void  SYSPostCurMsg(UINT8 msg)
{
    __ucSysMsg = msg;
}
/ *****************************************************
 * 函数名称:SYSRecvCurMsg
 * 输     入:无
 * 输     出:无
 * 说     明:获取当前消息
 *****************************************************/
UINT8 SYSRecvCurMsg(void)
{
    return __ucSysMsg;
}
```

(3) Main 功能模块 Main. c(表 18 - 17)。

表 18 - 17　Main 功能模块函数列表

Main 功能模块		
序　号	函数名称	说　明
1	main	函数主体

程序清单 18 - 11　Main 功能模块代码

```
# include "stc.h"
# include "global.h"
# include "USBInterface.h"
# include "USBApplication.h"
static void ( *    avTaskTbl[MAX_TASKS])(void) = {
SYSIdle,                                        //空闲任务
  NULL,                                         //空任务
  NULL,                                         //空任务
  NULL,                                         //空任务
  NULL,                                         //空任务
  NULL,                                         //空任务
  NULL,                                         //空任务
  USBApDisposeData                              //USB 处理数据 任务
};
/ *****************************************************
 * * 函数名称:main
 * * 输     入:无
 * * 输     出:无
 * * 功能描述:函数主体
 *****************************************************/
void main(void)
```

```
{
    P2 = P3 = 0xFF;
     USBCiInit();
    EXIT_CRITICAL();
    SYSPostCurMsg(SYS_IDLE);
    while(1)
    {
        avTaskTbl[SYSRecvCurMsg()]();           //总线捕获信息
    }

}
```

5. 代码分析

在 main 函数的死循环中，只有一行代码，avTaskTbl[SYSRecvCurMsg()]()，即函数指针数组。使用函数指针数组就是能够精简代码，不需要通过 if、switch 等语句来进行判断，同时能够提高代码的执行效率。

SYSRecvCurMsg 函数功能就是返回当前接收到的消息，代码如下：

程序清单 18-12　接收消息代码

```
UINT8 SYSRecvCurMsg(void)
{
        return __ucSysMsg;
}
```

而发送消息通过 SYSPostCurMsg 函数进行发送，代码如下：

程序清单 18-13　发送消息代码

```
void  SYSPostCurMsg(UINT8 msg)
{
        __ucSysMsg = msg;
}
```

从 SYSPostCurMsg 函数、SYSRecvCurMsg 函数可以看出，无非就是对__ucSysMsg 变量读取和写入操作。如果要真正意义上地实现“消息邮箱”，必须使用环形缓冲区的思想进行消息的发送与接收。由于这里代码比较简单，通过一个变量进行消息的收发就可以了，若对环形缓冲区进行介绍，反而增加了对消息实现的复杂度，不方便读者理解。

avTaskTbl 函数数组顾名思义就是存放函数的指针，如果要想正确调用函数，必须正确地知道被调用时 avTaskTbl 函数数组的下标，而 avTaskTbl 函数数组的下标恰恰就是消息值，读者可以通过图 18-18 增加对函数指针的理解。

在 avTaskTbl 函数数组中真正要实现的函数只有 2 个，分别是 SYSIdle 函数、USBApDisposeData 函数，“NULL”表示保留使用，自行添加上需要处理的函数。由于 USB 内置固件实现功能不多，只需要 SYSIdle 函数、USBApDisposeData 函数就足够了。

SYSIdle 函数就是让单片机系统进入空闲模式、睡眠模式等，或者是无操作处理。这个很好理解，当执行完任务时，而且该任务频繁地执行，同时为了降低单片机的功耗，让单片机进入

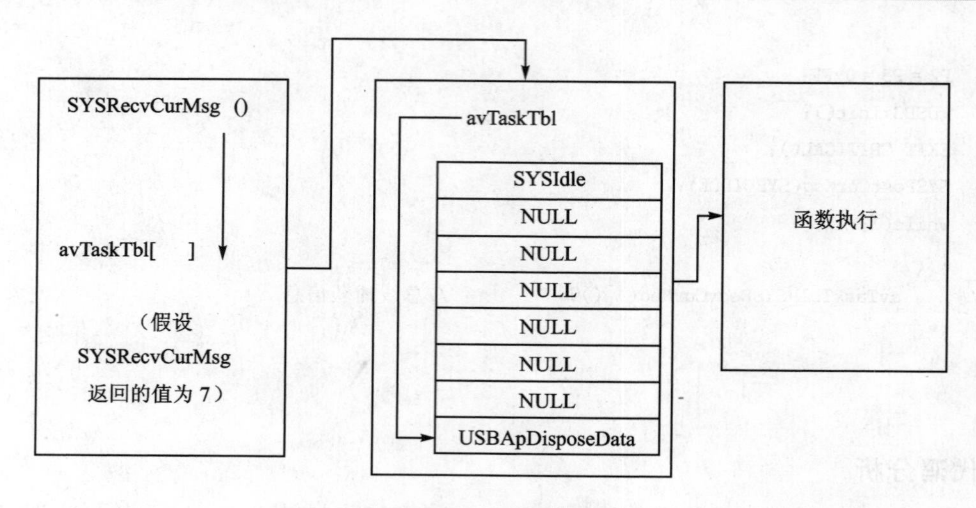

图 18－18 函数指针数组

空闲模式是最好不过了，SYSIdle 函数就是为了实现这样的过程而引入的，这些过程的实现在 RTOS 系统(嵌入式实时系统)中比较常见，一旦系统检测到没有任务执行就自动切换到低功耗模式。

USBApDisposeData 函数首先通过 CMD_GET_STATUS 命令来检测当前 CH372 的中断状态，然后按照当前的中断状态进行以下相对应的操作。

例如，端点 2 接收到数据：读取数据长度→读取数据流。

例如，端点 2 发送数据完毕：释放缓冲区。

USBApDisposeData 函数既可以通过端点 1 来发送接收数据又可以通过端点 2 来发送接收数据。平时使用端点 1 和端点 2 来发送接收数据应当注意的方面如表 18－18 所列。

表 18－18 端点 1 和端点 2 的区别

端点 1	端点 2	
功能	发送/接收数据	发送/接收数据
数据包	8 字节(Max)	64 字节(Max)
类型	上传：中断端点	上传：批量端点
	下传：辅助端点	下传：批量端点

- 释放当前 USB 缓冲区(CMD_UNLOCK_USB)

关于释放缓冲区，有必要重要重点在这里说清楚。

该命令释放当前 USB 缓冲区。为了防止缓冲区覆盖，CH372 向单片机请求中断前首先锁定当前缓冲区，暂停所有的 USB 通信，直到单片机通过 UNLOCK_USB 命令释放当前缓冲区，或者通过 RD_USB_DATA 命令读取数据后才会释放当前缓冲区。该命令不能多执行，也不能少执行。

深入重点：

✓ 认真比对自己以前的编程与该固件程序在总体架构下有什么区别。

✓ 编程规范命名，以 USB 功能模块为例(表 18－19)。

表 18－19　USB 内置固件模式功能模块

层	命　名
硬件层	USB＋Hw＋基本功能
接口层	USB＋Ci＋基本功能
应用层	USB＋Ap＋基本功能

✓ 谨记 CH372 的操作方式：先命令后数据。

✓ 熟悉 CH372 的数据手册(手册名称：CH372DS1)。

✓ 为什么要释放缓冲区？

✓ 端点 1 和端点 2 有什么区别？

✓ 函数指针、消息、空闲任务的理解。

18.4.2　驱动安装与识别

第 1 步：单击 CH372DRV 安装文件。

第 2 步：在弹出的【Setup V1.40】对话框单击【INSTALL】按钮，如图 18－19 所示，最后弹出显示驱动安装成功对话框，如图 18－20 所示。

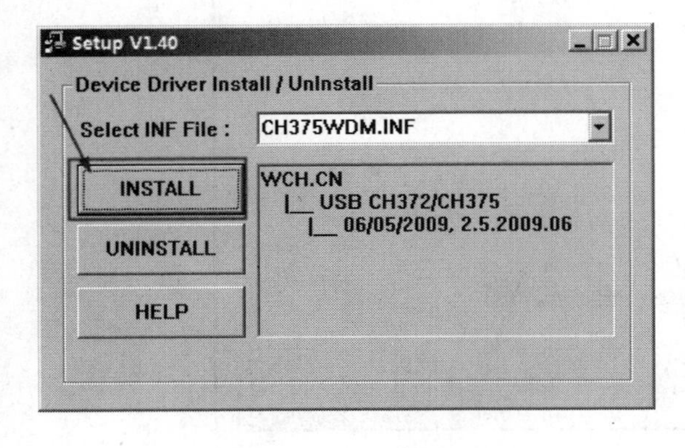

图 18－19　安装驱动

图 18－20　安装驱动成功

第 3 步：烧写程序为 USB 内置固件代码，并通过 USB 线接入到计算机的 USB 插口，且在【找到新的硬件向导】对话框单击下一步，如图 18－21 所示，最后在【找到新的硬件向导】对话框显示安装成功，如图 18－22 所示。

第 4 步：在设备管理窗口可以识别 CH372 USB 设备安装成功，如图 18－23 所示。

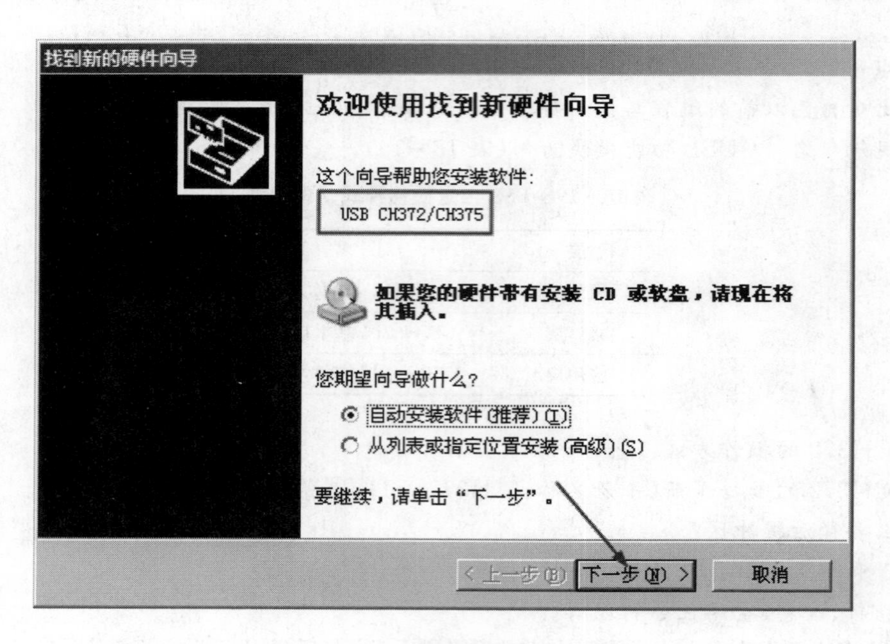

图 18－21　发现 CH372 USB 设备

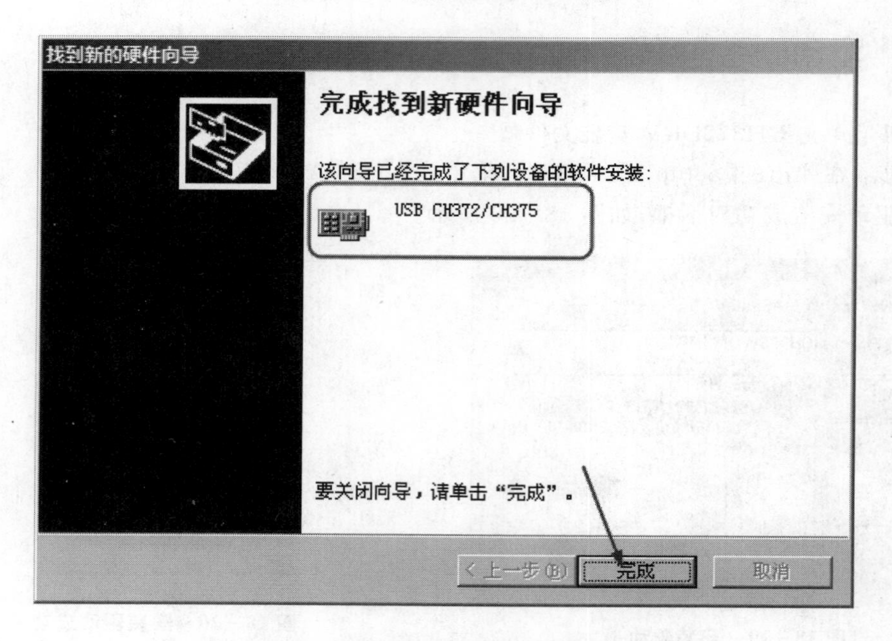

图 18－22　完成 CH372 USB 设备的软件安装

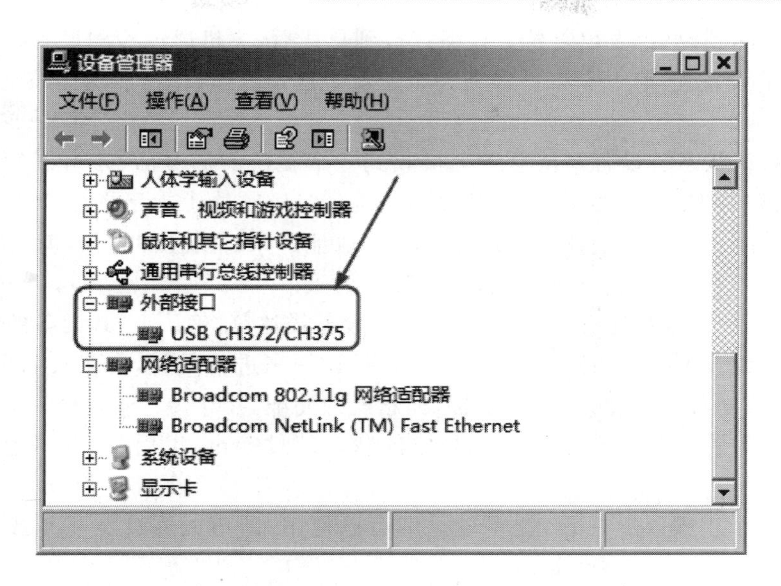

图 18－23　查看 CH372 USB 设备

18.5　CH372 外部固件模式

在讲解 CH372 内置固件模式章节当中，CH372 被设为内置固件实现 USB 通信固然简单，但是内置固件模式的 CH732 存在一定的局限性：第一需要安装特定的驱动，第二不能够将当前的 CH372 识别为鼠标、键盘、优盘等使用。反过来说，若将 CH372 设为外部固件模式，必然使 CH372 在使用方面有更大的灵活性，如首先可以使用 Windows 自带的 USB 驱动，不需要安装额外的驱动，就像平时使用 USB 鼠标一样(图 18－24)，接入计算机的 USB 接口一下子就识别了，这是多么便捷，不过 CH372 被设为外部固件模式后，发送/接收数据时只能够用端点 1 和端点 2 其中的一个端点，不能够同时使用，而且代码更复杂，原因在于 CH372 此时只作为中介，协议的处理完全交给单片机。

图 18－24　USB 鼠标

从 CH372 内置固件模式章节可以知道，单片机不用处理控制数据传输端点 0 的所有事务，只专注于端点 1、端点 2 的收发数据事务就可以了，但是当 CH372 置于外部固件模式下时，情况就截然不同了，复杂的控制数据传输端点 0 的所有事务就由单片机来处理了，意味着代码更复杂了。

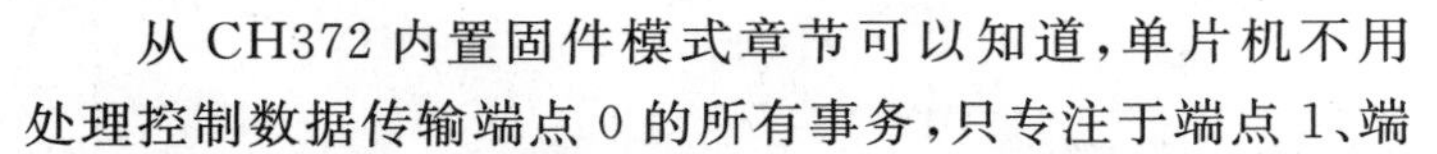

18.5.1　外部固件

当将 CH372 设为外部固件模式后，单片机要处理 USB 设备的枚举大体上就是如下流程。

(1) 设备连接。USB 设备接入 USB 总线。

(2) 设备上电。USB 设备可以使用 USB 总线供电，也可以使用外部电源供电。

(3) 主机检测到设备,发出复位。设备连接到总线后,主机通过检测设备在总线的上拉电阻检测到有新的设备连接,并获知该设备是全速设备还是低速设备,然后向该端口发送一个复位信号。

(4) 设备默认状态。设备要从总线上接收到一个复位的信号后,才可以对总线的处理作出响应。设备接收到复位信号后,就使用默认地址(00H)来对其进行寻址。

(5) 地址分配。当主机接收到有设备对默认地址(00H)响应的时候,就对设备分配一个空闲的地址,以后设备就只对该地址进行响应。

(6) 读取USB设备描述符。主机读取USB设备描述符,确认USB设备的属性。

(7) 设备配置。主机依照读取的USB设备描述符来进行配置,如果设备所需的USB资源得以满足,就发送配置命令给USB设备,标志配置完毕。

(8) 挂起。为了节省电源,当总线保持空闲状态超过3 ms以后,设备驱动程序就会进入挂起状态。

完成以上8个步骤以后,USB设备就立即可以使用,即可以通过端点1或者端点2发送接收数据。

外部固件模式下CH372不再自己处理USB协议,需要单片机本身进行USB协议处理,从而单片机编程的复杂度大大增加了,不像内置固件模式下的编程这么简单。现在必须理清一下思路,USB协议到底是怎样的一个处理流程,这个是一个大难题。

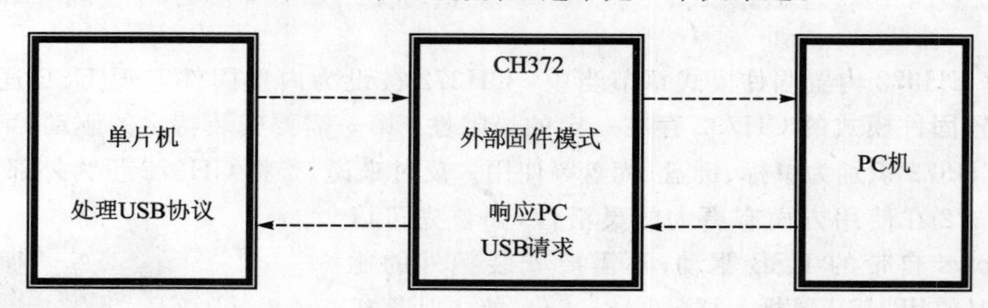

图18-25 CH372外部固件模式通信示意图

当CH372被设为外部固件模式后,从图18-25可以清晰地看到CH372不处理USB协议(图18-26),只负责响应PC机发过来的USB请求,很明显,USB协议只能由单片机进行处理,结果带来的是复杂的编程。不过可以肯定地告诉读者,关于USB协议处理那部分代码只有短短的不到400行,函数方面写得清晰明确,只要读者认真去看一段时间,USB协议同样也是这么简单。

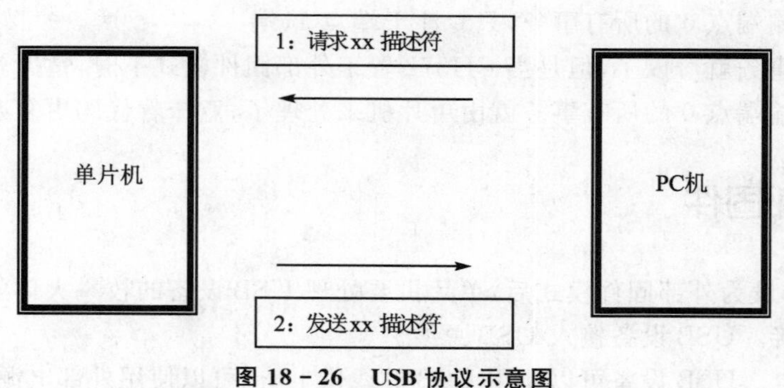

图18-26 USB协议示意图

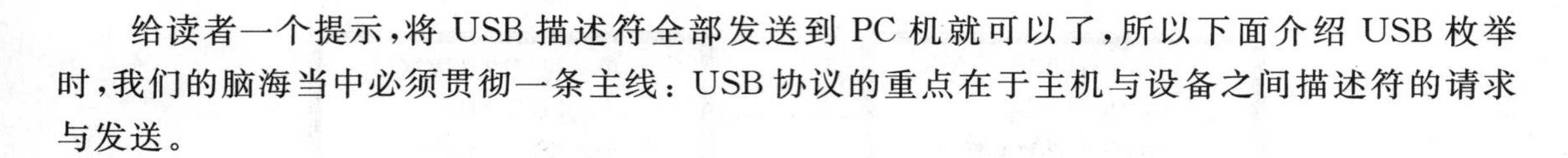

给读者一个提示，将 USB 描述符全部发送到 PC 机就可以了，所以下面介绍 USB 枚举时，我们的脑海当中必须贯彻一条主线：USB 协议的重点在于主机与设备之间描述符的请求与发送。

18.5.2　外部固件模式实验

【实验 18－2】　将 CH372 设为外部固件模式，通过上位机界面发送数据，下位机从 USB 接收到的数据重发到上位机来显示，而收发数据的端点采用端点 2（假设当前 STC89C52RC 单片机外接晶振 12 MHz，如果通过串口打印 USB 枚举信息，必须在下载程序时置为 6T 模式，否则在串口打印 USB 相关调试信息时导致 USB 枚举超时）。

1. 硬件设计

参考内置固件模式实验硬件设计。

2. 软件设计

在 CH372 外部固件模式下，从上位机发送数据到下位机，下位机则将接收到的数据发送到上位机来显示。例如，从上位机发送 64 个十六进制数，然后接收数据同样为 64 个十六进制数，收到的数据将在显示区内文本框中显示，如当前显示接收到的数据“01 ～64”，如图 18－27 和图 18－28 所示。

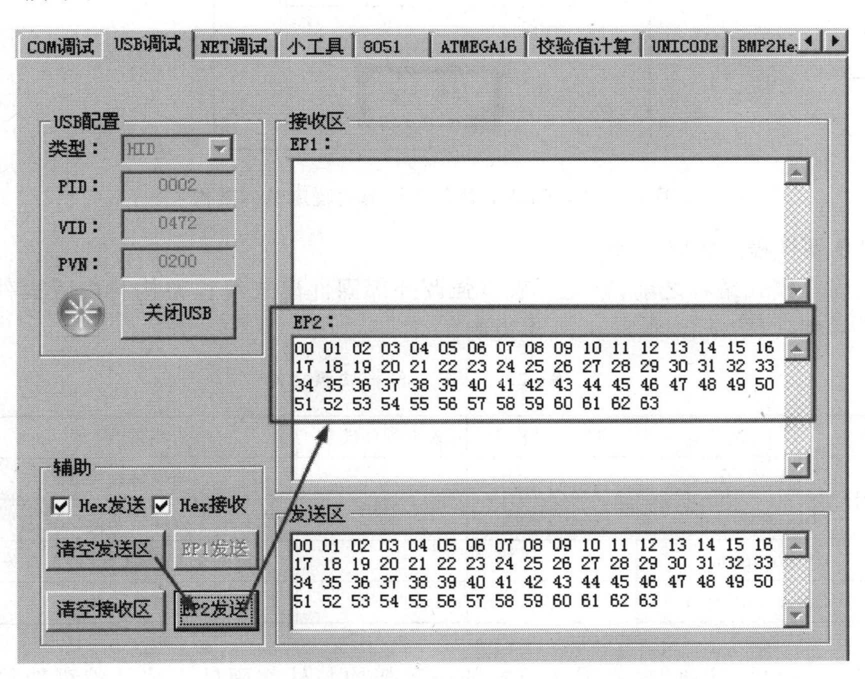

图 18－27　CH372 外部固件模式调试界面操作

(1) 程序总体架构(图 18－29)

任务总线捕获就绪的任务方式来编程，而任务的就绪通过消息传递来实现，与之前介绍的内置固件模式完全相同。

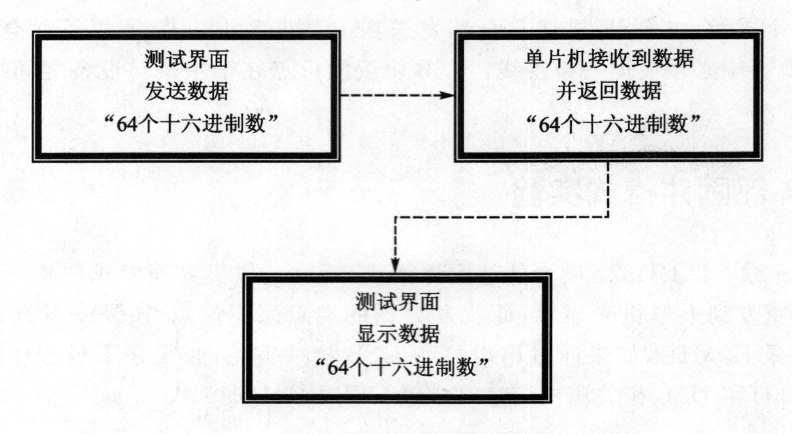

图 18-28　CH372 外部固件模式通信示意图

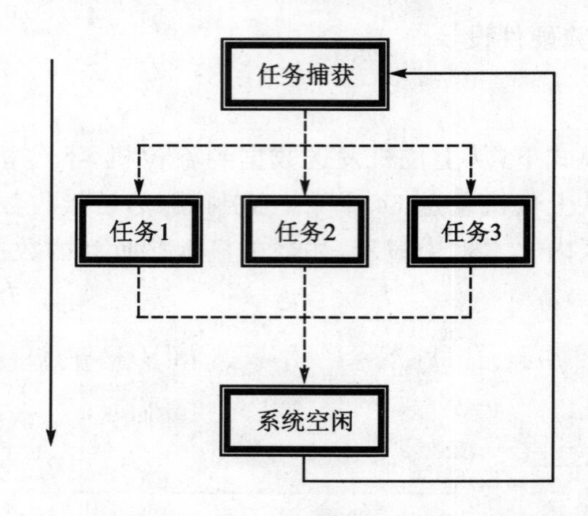

图 18-29　CH372 外部固件模式程序总体架构

(2) USB 固件程序设计思想

在外部固件模式编程之前，首先要着重强调外部固件模式编程架构与内置固件模式编程架构大体上一样，以下就以表 18-20 作说明。

表 18-20　USB 功能模块源文件

文件名	内置固件模式	外部固件模式	相关性
USBHardware. c	√	√	与硬件相关
USBInterface. c	√	√	与硬件相关
USBProtocol. c		√	与硬件无关，与 USB 协议有关
USBApplication. c	√	√	与硬件无关

从表 18-20 可以知道，内置固件模式的编程架构与外部固件模式的编程架构基本上一样，只是在关于 USB 协议处理方面存在分歧，即内置固件模式没有 USBProtocol. c 文件，而外部固件模式含有 USBProtocol. c 文件。从之前内置固件模式相关章节可以了解到，CH372 在内置固件模式下能够自动处理 USB 协议，一旦 CH372 被设置为外部固件模式后，USB 协议处理的任务就转移到单片机身上，CH372 只负责传输数据的中介。

关于外部固件模式架构规划就以图18-30为例。

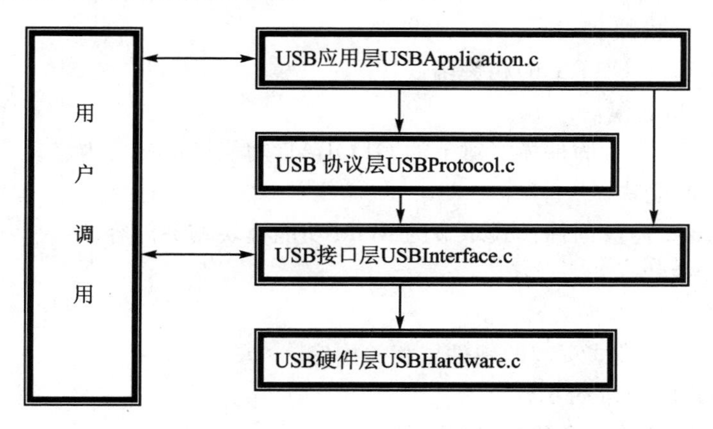

图 18-30　CH372 外部固件模式实验程序源文件关系图

图18-30表示CH372外部固件模式实验程序源文件关系，而图中的双向线表示两者之间存在数据交换，单向线表示上层对下层的调用，这样的结构清晰明朗，而且移植性强，同时有利于日后的维护。

图18-31中着重标识的USBProtocol.c文件，单片机需要对USB枚举的过程进行处理，这就是CH372被置为外部固件与内置固件的主要区别。

3. 流程图(图18-32)

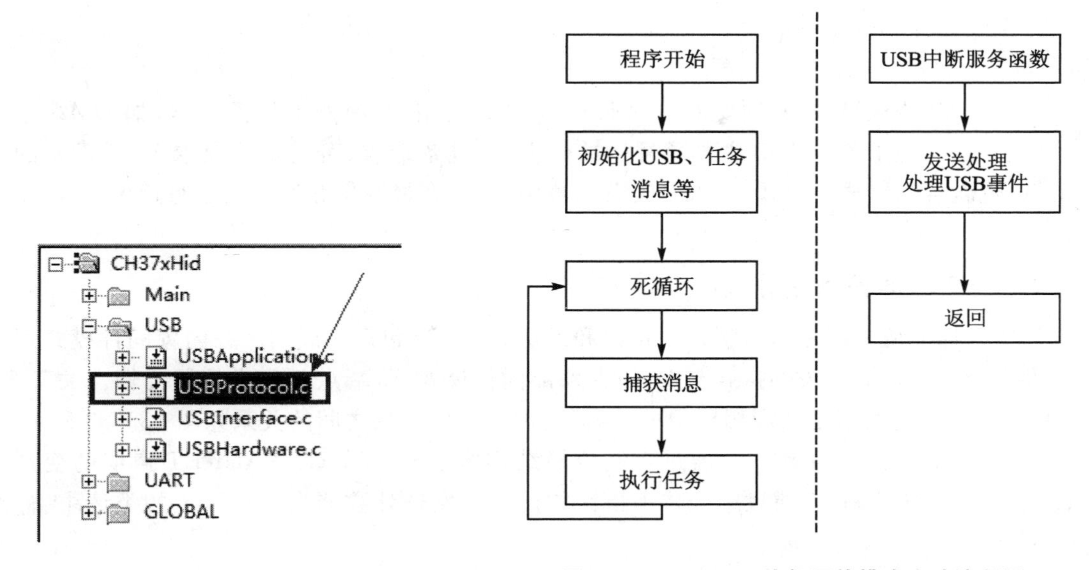

图 18-31　CH372 USB 功能模块

图 18-32　CH372 外部固件模式实验流程图

4. 实现代码

在外部固件模式下同USB内容相关的有4个源文件，即USBHardware.c、USBInterface.c、USBProtocol.c、USBApplication.c，其中关于硬件层与接口层的就不在这里重复讲解了,因为外部固件模式下的硬件层、接口层完全与内置固件模式下的相同。

(1) UART功能模块。

参考交通灯实验的UART的相关函数。

(2) GLOBAL功能模块。

参考介绍CH372内置固件模式章节的GLOBAL功能模块相关内容。

(3) MAIN功能模块。

参考介绍CH372内置固件模式章节的Main功能模块相关内容。

(4) USB功能模块。

① 硬件层USBHardware.c。

参考介绍内置固件模式章节的硬件层相关内容。

② 接口层USBInterface.c。

参考介绍内置固件模式章节的接口层相关内容。

③ 协议层USBProtocol.c。

在USB协议小节中讲解。

④ 应用层USBApplication.c。

在USB协议小节中讲解。

5. 代码分析

USB协议涵括代码分析。

18.5.3 USB协议

在USB协议当中,必须要处理标准的USB设备请求、特殊的厂商请求,如DMA结束处理、大容量类请求等。USB主机通过标准的USB设备请求,可设定或获取USB设备的有关信息,也就可以完成一个普通USB设备的枚举了,现在就开始介绍如何编写程序实现USB的标准设备请求。

1. USB标准设备请求

所有标准请求都是通过端点0接收和发送SETUP包来完成的。在内置固件模式章节当中没有介绍端点0有关的接收与发送;在外部固件模式下,端点0作为控制传输。关于SETUP包的处理过程都是在应用层中处理,而应用层与协议层之间的关系如图18-33所示。

SETUP包的接收和发送通过控制传输结构体USB_CTRL_PACKET声明的变量USBCtrlPacket来控制,它通过结构体中指针的传递和发送计数器来实现以上的类请求、标准设备请求。

关于USB_CTRL_PACKET结构体在USBProtocol.h的定义如下。

程序清单18-14 USB_CTRL_PACKET结构体定义

```
typedef struct _USB_CTRL_PACKET
{
    struct
    {
```

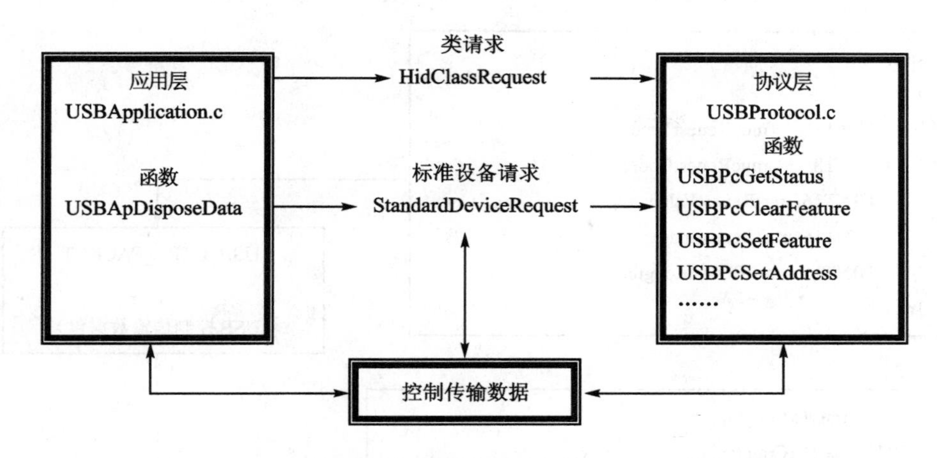

图 18 - 33　USB 功能模块应用层与协议层之间的关系

```
        UINT8      mucReuestType;                            //USB 标准请求类型
        UINT8      mucReuestCode;                            //USB 请求代码
        UINT16    musReuestValue;                            //USB 请求值
        UINT16    musReuestIndex;                            //USB 请求索引
        UINT16    musReuestLength;                           //数据长度
}r;
    UINT16 musTxLength;                                      //传输数据的总字节数
    UINT16 musTxCount;                                       //已传输字节数统计
    UINT8  * mpucTxd;                                        //传输数据的指针
    UINT8    mucBuf[MAX_CONTROLDATA_SIZE];                   //请求的数据
} USB_CTRL_PACKET, * pUSB_CTRL_PACKET;
```

在 USB 的标准设备请求当中，主机发送的数据都遵循如图 18 - 34 所示的数据格式。

请求类型	请求代码	请求值	请求索引	长度	数据

图 18 - 34　USB 的标准设备请求格式

根据 USB 的标准请求的数据格式，在 USB_CTRL_PACKET 结构体就定义了 USB 设备请求结构体。

程序清单 18 - 15　结构体中 USB 标准请求格式

```
struct
{
    UINT8      mucReuestType;                       //USB 标准请求类型
    UINT8      mucReuestCode;                       //USB 请求代码
    UINT16    musReuestValue;                       //USB 请求值
    UINT16    musReuestIndex;                       //USB 请求索引
    UINT16    musReuestLength;                      //数据长度
}r;
```

要传输的数据共享一个数据缓冲区（mucBuf），结构体进一步完善为如图 18 - 35 所示的结构。

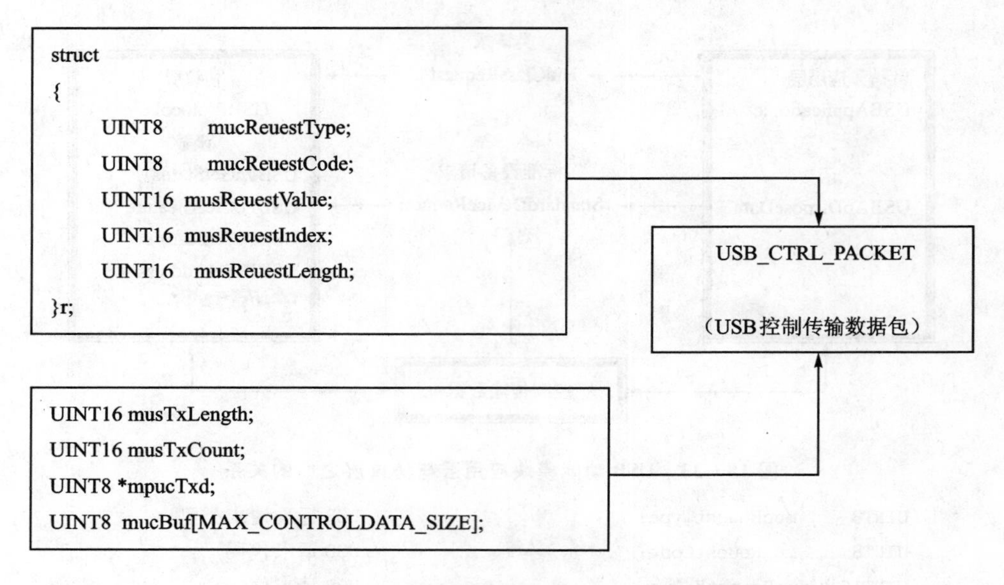

图 18-35　USB_CTRL_PACKET 结构体类型

深入重点：

✓ SETUP 过程中只用到端点 0，没有用到端点 1 和端点 2，谨记端点 0 只用来控制数据传输，如发送设备描述符、发送配置描述符、设备配置等，端点 0/1/2 之间的区别如表 18-21 所列。

表 18-21　端点 0/1/2 区别

	端点 0	端点 1	端点 2
功能	发送/接收数据	发送/接收数据	发送/接收数据
数据包	8 字节(Max)	8 字节(Max)	64 字节(Max)
类型	上传：默认端点	上传：中断端点	上传：批量端点
	下传：默认端点	下传：辅助端点	下传：批量端点

✓ 控制传输结构体 USB_CTRL_PACKET 要知道其是怎样运作的，特别注意它的指针传递(mpucTxd)和发送字节计数器(musTxCount)。

2. USB 标准请求的实现

USB 标准请求的实现在应用层中的 USBApDisposeData 函数实现，实现片段为 case USB_INT_EP0_SETUP、case USB_INT_EP0_IN、USB_INT_EP0_OUT。

程序清单 18-16　USB 标准请求的实现片段

```
case USB_INT_EP0_SETUP:
{
//获取 SETUP 包的内容
ucrecvLen = USBCiReadPortData((UINT8 *)&USBCtrlPacket.r);
//USB 为小端模式,51 为大端模式,需要切换
```

```
USBCtrlPacket.r.musReuestValue = SWAP16(USBCtrlPacket.r.musReuestValue);
USBCtrlPacket.r.musReuestIndex = SWAP16(USBCtrlPacket.r.musReuestIndex);
USBCtrlPacket.r.musReuestLength = SWAP16(USBCtrlPacket.r.musReuestLength);
//重新定位发送指针,防止野指针
USBCtrlPacket.mpucTxd = NULL;
USBCtrlPacket.musTxLength = USBCtrlPacket.r.musReuestLength;
USBCtrlPacket.musTxCount = 0;
/*********类请求命令 ***********/
if(USBCtrlPacket.r.mucReuestType &0x20)
{
    //串口打印当前类请求信息(STC89C52RC单片机必须使用6T模式,否则USB枚举超时)
   USBMSG(HidClassRequest[USBCtrlPacket.r.mucReuestType & 0x1F].s);
    //处理当前类请求
   (*HidClassRequest[USBCtrlPacket.r.mucReuestType & 0x1F].fun)();
}
//*********标准请求命令 ***********/
if(! (USBCtrlPacket.r.mucReuestType&0x60))
{
//检查当前标准请求是否获取描述符
USBFlags.bits.mbDescriptor = DEF_USB_GET_DESCR = = USBCtrlPacket.r.mucReuestCode? TRUE: FALSE;
//检查当前标准请求是否获取地址
USBFlags.bits.mbAdrress = DEF_USB_SET_ADDRESS = = USBCtrlPacket.r.mucReuestCode? TRUE: FALSE;
//串口打印当前标准请求信息(STC89C52RC单片机必须使用6T模式,否则USB枚举超时)
USBMSG(StandardDeviceRequest[USBCtrlPacket.r.mucReuestCode].s);
//处理当前标准请求
(*StandardDeviceRequest[USBCtrlPacket.r.mucReuestCode].fun)();
}
USBCtrlPacketTransmit();                          //数据上传
}
case USB_INT_EP0_IN:
{
//当发送完描述符时,会从USB_INT_EP0_IN转到USB_INT_EP0_SETUP,
//即发送完当前规定长度的描述符,才会出现USB_INT_EP0_SETUP中断,
//否则一直为USB_INT_EP0_IN
if(USBFlags.bits.mbDescriptor)                    //描述符上传
{
    USBDesriptorCopy();                           //复制描述符
    USBCtrlPacketTransmit();
}
else if(USBFlags.bits.mbAdrress)                  //设置USB地址
{
    //设置USB地址
    USBCiWriteSingleCmd (CMD_SET_USB_ADDR);
    //设置USB地址,设置下次事务的USB地址
    USBCiWriteSingleData(USBPcGetAddress());
```

```
    }
    else
    {
        USBPcHold();                                          //发送空包,保持状态
    }

    USBCiWriteSingleCmd(CMD_UNLOCK_USB);                      //释放缓冲区
    }
    break;
    case USB_INT_EP0_OUT:                                     //控制端点下传成功
    {
        //读取数据
        ucrecvLen = USBCiReadPortData(USBCtrlPacket.mucBuf);
    }
    break;
```

程序清单 18-16 的流程如图 18-36 所示。

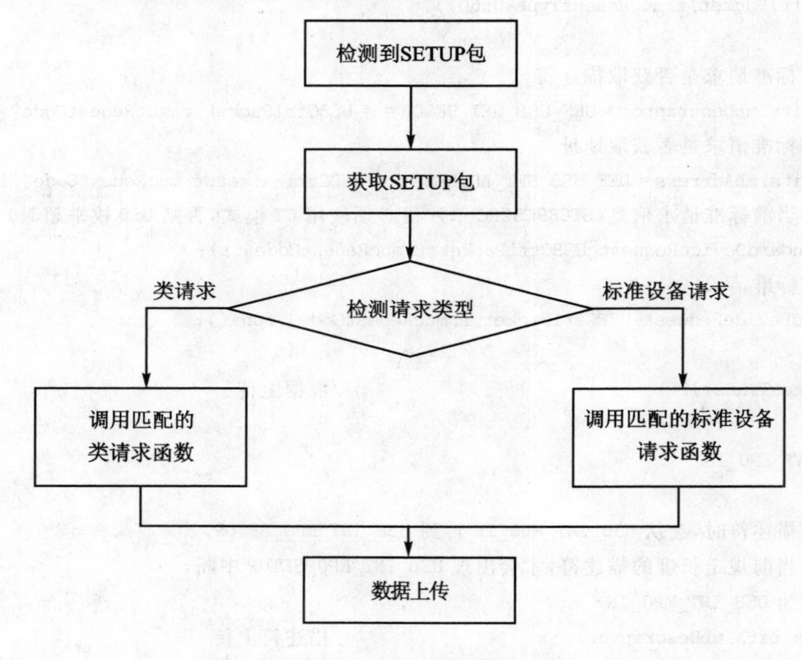

图 18-36　USB 请求

在 USB 标准设备请求当中,实现的方法都是采用函数指针来实现,目的是减少代码的篇幅,如图 18-37 所示。

认真的读者会发现,为什么会出现 NULL 呢? 我们再认真看看该标准请求函数,即(*StandardDeviceRequest[USBCtrlPacket.r.mucReuestCode].fun)(),从中我们会发现 USB 请求代码(USBCtrlPacket.r.mucReuestCode)确定了函数的摆放位置,如果函数数组对应的位置没有对应的请求码,就可以 NULL 指针来做填补位置,如果还不明白,请看看如表 18-22 所列的标准请求代码列表,会发现与所定义的标准设备请求函数数组中的位置完全吻合。

```
//定义USB 标准设备请求 结构体
static CONST FUNCTION_ARRAY StandardDeviceRequest[16]={
    {USBPcGetStatus,          "[00H]USB 标准设备请求:获取状态\r\n  "},
    {USBPcClearFeature,       "[01H]USB 标准设备请求:清除特性\r\n  "},
    {NULL,                    "NULL                               "},
    {USBPcSetFeature,         "[03H]USB 标准设备请求:设置特性\r\n  "},
    {NULL,                    "NULL                               "},
    {USBPcSetAddress,         "[05H]USB 标准设备请求:设置地址\r\n  "},
    {USBPcGetDescriptor,      "[06H]USB 标准设备请求:获取描述符\r\n"},
    {USBPcSetDescriptor,      "[07H]USB 标准设备请求:设置描述符\r\n"},
    {USBPcGetConfiguration,"[08H]USB 标准设备请求:获取配置\r\n  "},
    {USBPcSetConfiguration,"[09H]USB 标准设备请求:设置配置\r\n  "},
    {USBPcGetInterface,       "[0AH]USB 标准设备请求:获取接口\r\n  "},
    {USBPcSetInterface,       "[0BH]USB 标准设备请求:设置接口\r\n  "},
    {NULL,                    "NULL                               "},
    {NULL,                    "NULL                               "},
    {NULL,                    "NULL                               "},
    {NULL,                    "NULL                               "}
};
```

图 18-37 USB标准设备请求结构体

表 18-22 USB标准设备请求代码

请求类型	请求代码	请求值	请求索引	长 度	数 据
80H 81H 82H	Get Status(00H)	0	设备 接口 端点	2	设备、接口、端点状态
00H 01H 02H	Clear Feature(01H)	特性选择符	设备 接口 端点	0	无
80H 81H 82H	Set Feature(03H)	特性选择符	设备 接口 端点	0	无
00H	Set Address(05H)	设备地址	0	0	无
80H	Get Description(06H)	描述符的类型和索引	0或语言ID	描述符长度	描述符
00H	Set Description(07H)	描述符的类型和索引	0或语言ID	描述符长度	描述符
80H	Get Configuration(08H)	0	0	1	配置值
00H	Set Configuration(09H)	配置值	0	0	无
80H	Get Interface(0AH)	0	接口	1	可选的接口
01H	Set Interface(0BH)	可选设置	接口	0	无

从表18-22中发现Get Status、Clear Feature、Set Feature分别在标准设备请求函数数组中的00H、01H、03H位置。但是为什么函数数组会出现NULL指针呢？原因是很明确的，因为没有对应的请求代码，如02H请求代码在USB标准请求列表中压根没有出现过，那么函数数组理所当然将该位置设为NULL指针。

USB 标准设备请求就介绍到这里，同样 USB 类请求也是这个道理，下一小节简略介绍类请求的实现。

深入重点：

✓ 认真分析 USB 标准请求列表与 USB 标准请求函数数组之间的关系：对号入座。

✓ 在 USBApDisposeData 函数中，关于 USB 的 SETUP 包的发送接收过程的处理，完全是由 USBCtrlPacket 所接收保存的，务必要将该结构体理解透。

✓ 关于大小端模式的问题，51、网络是大端模式，ARM、AVR、USB 是小端模式，如表 18－23 所列。

表 18－23　大端模式与小端模式的区别

大端模式	高字节在低地址，低字节在高地址
小端模式	高字节在高地址，低字节在低地址

示例：

0x3782 的存储方式如表 18－24 所列。

表 18－24　0x3782 在大端模式与小端模式的区别

	低地址(n)	高地址($n+1$)
大端模式	0x37	0x82
小端模式	0x82	0x37

3. USB 类请求的实现(表 18－25)

表 18－25　USB 类请求代码

请求代码	说　明
Get Report(00H)	获取报告
Get Idle(01H)	获取空闲状态
Get Protocol(02H)	获取协议
Set Report(08H)	设置报告
Set Idle(09H)	设置空闲状态
Set Protocol(0AH)	设置协议

在 USB 类请求当中，实现的方法都是采用函数指针来实现，目的是减少代码的篇幅，同 USB 标准设备请求的实现方法一模一样，如图 18－38 所示。

USB 类请求的数据包格式与 USB 标准设备请求的格式是完全一样的，都是使用同一个结构体进行数据传递的，同时 USB 类请求不是我们介绍的重点，因为 USB 请求的函数实现都是空函数而已，只不过是将结构体的指针置为 NULL 和数据发送计数器置 0 而已。

```
//定义USB HID类请求 结构体
static CONST FUNCTION_ARRAY HidClassRequest[16]={
    {USBPcGetReport,          "[00H]USB HID类请求:获取报告\r\n       "},
    {USBPcGetIdle,            "[01H]USB HID类请求:获取空闲状态\r\n  "},
    {USBPcGetProtocol,        "[02H]USB HID类请求:获取协议\r\n       "},
    {NULL,                    "NULL                                  "},
    {NULL,                    "NULL                                  "},
    {NULL,                    "NULL                                  "},
    {NULL,                    "NULL                                  "},
    {NULL,                    "NULL                                  "},
    {NULL,                    "NULL                                  "},
    {USBPcSetReport,          "[08H]USB HID类请求:设置报告\r\n       "},
    {USBPcSetIdle,            "[09H]USB HID类请求:设置空闲状态\r\n  "},
    {USBPcSetProtocol,        "[0AH]USB HID类请求:设置协议\r\n       "},
    {NULL,                    "NULL                                  "},
    {NULL,                    "NULL                                  "},
    {NULL,                    "NULL                                  "},
    {NULL,                    "NULL                                  "}
};
```

图 18-38　USB 类请求结构体

深入重点：

✓ USB 类请求和 USB 标准设备请求过程是完全一样的格式，如数据格式、函数数组的使用方法等。

✓ USB 类请求只是一个辅助而已，没有实质性的作用。

4. 协议层

协议层函数包括 USB 标准请求列表中的函数和 USB 类请求列表中的函数(表 18-26)。命名规范：USB+Pc+基本功能。

表 18-26　USB 协议层函数列表

协议层		
序　号	函数名称	说　明
USB 标准设备请求		
1	USBPcGetStatus	USB 标准设备请求：获取状态
2	USBPcClearFeature	USB 标准设备请求：清除特性
3	USBPcSetFeature	USB 标准设备请求：设置特性
4	USBPcSetAddress	USB 标准设备请求：设置地址
5	USBPcGetDescription	USB 标准设备请求：获取描述符
6	USBPcSetDescription	USB 标准设备请求：设置描述符
7	USBPcGetConfigure	USB 标准设备请求：获取配置
8	USBPcSetConfiguration	USB 标准设备请求：设置配置
9	USBPcGetInterface	USB 标准设备请求：获取接口
10	USBPcSetInterface	USB 标准设备请求：设置接口

续表 18-26

协议层		
序　号	函数名称	说　明
USB类请求		
11	USBPcGetReport	USB类请求：获取报告
12	USBPcSetReport	USB类请求：设置报告
13	USBPcGetIdle	USB类请求：获取空闲状态
14	USBPcSetIdle	USB类请求：设置空闲状态
15	USBPcGetProtocol	USB类请求：获取协议
16	USBPcSetProtocol	USB类请求：设置协议
其他		
17	USBPcCtrlSend	USB控制传输
18	USBPcHold	USB保持状态

在进入协议层函数的分析之前，有必要讲解描述符的定义与作用，因为整个协议层的处理过程都是以描述符为核心的。在前面叙述的章节中已经强调，我们要在脑海中贯彻一条主线：USB协议的重点在于主机与设备之间描述符的请求与发送。

(1) 描述符

在协议层函数当中会发现比较多的描述符，关于描述符的构造，只在这里作简单的介绍，更为深入的研究，读者可以参考一些相关的专业书籍，自己定制出各种USB设备，如优盘、IDE设备、鼠标、键盘等。

USB设备的描述符是对USB设备的属性说明。标准的USB设备有5种USB描述符，即设备描述符、配置描述符、字符串描述符、接口描述符、端点描述符，HID设备会比标准的USB设备多一个类描述符。USB描述符是通过Get Descriptor来获取的，调用的函数为USBPcGetDescription。

① 设备描述符：一个设备只有一个设备描述符。

程序清单 18-17　设备描述符结构体

```
typedef struct _USB_DEVICE_DESCRIPTOR_
{
    UINT8           bLength,
    UINT8           bDescriptorType,
    UINT16          bcdUSB,
    UINT8           bDeviceClass,
    UINT8           bDeviceSubClass,
    UINT8           bDeviceProtol,
    UINT8           bMaxPacketSize0,
    UINT16          idVenderI,
    UINT16          idProduct,
    UINT16          bcdDevice,
    UINT8           iManufacturer,
```

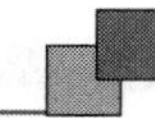

```
    UINT8           iProduct,
    UINT8           iSerialNumber,
    UINT8           iNumConfiguations}
USB_DEVICE_DESCRIPTOR;
```

- bLength ：描述符大小，固定为 0x12。
- bDescriptorType ：设备描述符类型，固定为 0x01。
- bcdUSB ：USB 规范发布号。它表示本设备能适用于哪种协议，如 2.0＝0200，1.1＝0110 等。
- bDeviceClass ：类型代码（由 USB 指定）。当它的值是 0 时，表示所有接口在配置描述符里，并且所有接口是独立的；当它的值是 1～FEH 时，表示不同的接口关联；当它的值是 FFH 时，它是厂商自己定义的。
- bDeviceSubClass ：子类型代码（由 USB 分配）。如果 bDeviceClass 值是 0，一定要设置为 0；其他情况就跟据 USB-IF 组织定义的编码。
- bDeviceProtocol ：协议代码（由 USB 分配）。如果使用 USB－IF 组织定义的协议，就需要设置这里的值，否则直接设置为 0；如果是厂商自己定义的，可以设置为 FFH。
- bMaxPacketSize0 ：端点 0 最大分组大小（只有 8、16、32、64 有效）。
- idVendor ：供应商 ID（由 USB 分配）。
- idProduct ：产品 ID（由厂商分配）。由供应商 ID 和产品 ID，就可以让操作系统加载不同的驱动程序。
- bcdDevice ：设备出产编码。由厂家自行设置。
- iManufacturer ：厂商描述符字符串索引。索引到对应的字符串描述符为 0 则表示没有。
- iProduct ：产品描述符字符串索引。同上。
- iSerialNumber ：设备序列号字符串索引。同上。
- bNumConfigurations ：可能的配置数。指配置字符串的个数。

在 USBProtocol.c 中设备描述符的设置值如下。

程序清单 18－18　设备描述符结构体成员变量赋值示例

```
//设备描述符
{
sizeof(USB_DEVICE_DESCRIPTOR),              //设备描述符长度，= 12H
USB_DEVICE_DESCRIPTOR_TYPE,                 //设备描述符类型，= 01H
0x10,0x01,                                  //协议版本，= 1.10
USB_CLASS_CODE_TEST_CLASS_DEVICE,           //测试设备类型，= 0DCH
0, 0,                                       //设备子类，设备协议
EP0_PACKET_SIZE,                            //端点 0 最大数据包大小，= 08H
0x72,0x04,                                  //公司的设备 ID
0x02,0x00,                                  //设备制造商定的产品 ID
0x00,0x00,                                  //设备系列号
0x01,0x02,0x03,                             //索引
1                                           //可能的配置数
};
```

② 配置描述符：配置描述符定义了设备的配置信息，一个设备可以有多个配置描述符。

程序清单 18－19　配置描述符结构体

```
typedef struct _USB_CONFIGURATION_DESCRIPTOR_
{
    UINT8         bLength,
    UINT8         bDescriptorType,
    UINT16        wTotalLength,
    UINT8         bNumInterfaces,
    UINT8         bConfigurationValue,
    UINT8         iConfiguration,
    UINT8         bmAttributes,
    UINT8         MaxPower
}USB_CONFIGURATION_DESCRIPTOR;
```

- bLength：描述符大小，固定为 0x09。
- bDescriptorType：配置描述符类型，固定为 0x02。
- wTotalLength：返回整个数据的长度。它指此配置返回的配置描述符、接口描述符以及端点描述符的全部大小。
- bNumInterfaces：配置所支持的接口数。它指该配置配备的接口数量，也表示该配置下接口描述符数量。
- bConfigurationValue：作为 Set Configuration 的一个参数选择配置值。
- iConfiguration：用于描述该配置字符串描述符的索引。
- bmAttributes：供电模式选择。Bit4-0 保留，D7 表示总线供电，D6 表示自供电，D5 表示远程唤醒。
- MaxPower：总线供电的 USB 设备的最大消耗电流，以 2 mA 为单位。

在 USBProtocol. c 中配置描述符的设置值如下。

程序清单 18－20　配置描述符结构体成员变量赋值示例

```
//配置描述符
{
sizeof(USB_CONFIGURATION_DESCRIPTOR),          //配置描述符长度，= 09H
USB_CONFIGURATION_DESCRIPTOR_TYPE,             //配置描述符类型，= 02H
CONFIG_DESCRIPTOR_LENGTH,0x00,                 //描述符总长度，= 002EH
1,                                             //只支持 1 个接口
1,                                             //配置值
0,                                             //字符串描述符指针(无)
0x60,                                          //自供电，支持远程唤醒
0x32                                           //最大功耗(100 mA)
},
```

③ 接口描述符：接口描述符说明了接口所提供的配置，一个配置所拥有的接口数量通过配置描述符的 bNumInterfaces 决定。

程序清单 18-21　接口描述符结构体

```
typedef struct _USB_INTERFACE_DESCRIPTOR_
{
    UINT8          bLength,
    UINT8          bDescriptorType,
    UINT8          bInterfaceNumber,
    UINT8          bAlternateSetting,
    UINT8          bNumEndpoint,
    UINT8          bInterfaceClass,
    UINT8          bInterfaceSubClass,
    UINT8          bInterfaceProtocol,
    UINT8          iInterface
}USB_INTERFACE_DESCRIPTOR;
```

- bLength：描述符大小，固定为 0x09。
- bDescriptorType：接口描述符类型，固定为 0x04。
- bInterfaceNumber：该接口的编号。
- bAlternateSetting：用于为上一个字段选择可供替换的位置，即备用的接口描述符标号。
- bNumEndpoint：使用的端点数目。端点 0 除外。
- bInterfaceClass：类型代码(由 USB 分配)。
- bInterfaceSunClass：子类型代码(由 USB 分配)。
- bInterfaceProtocol：协议代码(由 USB 分配)。
- iInterface：字符串描述符的索引。

在 USBProtocol.c 中接口描述符的设置值如下。

程序清单 18-22　接口描述符结构体成员变量赋值示例

```
//HID 类接口描述符
{
sizeof(USB_INTERFACE_DESCRIPTOR),              //接口描述符长度，= 09H
USB_INTERFACE_DESCRIPTOR_TYPE,                 //接口描述符类型
0x00,                                          //识别码
0x00,                                          //代替数值
0x02,                                          //支持的端点数
USB_DEVICE_CLASS_HUMAN_INTERFACE,              //类别码,HID 设备
HID_SUBCLASS_NONE,                             //子类别码
HID_PROTOCOL_NONE,                             //协议码
0x00                                           //索引
},
```

④ HID 描述符：设备与配置描述符不具有 HID 规范的信息，HID 描述符包含了 HID 规范信息的其他字段即次群组与协议字段(注意，如果不是 HID 设备，不需要添加 HID 描述符)。

程序清单 18-23　HID描述符结构体

```
typedef struct _USB_HID_DESCRIPTOR {
    UINT8 bLength;
    UINT8 bDescriptorType;
    UINT8 bcdHID0;
UINT8 bcdHID1;
    UINT8 bCountryCode;
    UINT8 bNumDescriptors;
    UINT8 bDescriptorType1;
    UINT8 bDescriptorLength0;
    UINT8 bDescriptorLength1;
} USB_HID_DESCRIPTOR;
```

- bLength：描述符大小。
- bDescriptorType：接口描述符类型。
- bcdHID0：HID类规范版本号低字节。
- bcdHID1：HID类规范版本号高字节。
- bCountryCode：国家代码。
- bNumDescriptors：所支持其他类描述符个数。
- bDescriptorType1：从属类描述符1的类型。
- bDescriptorLength0：从属类描述符1的长度低字节。
- bDescriptorLength1：从属类描述符1的长度高字节。

在USBProtocol.c中HID描述符的设置值如下。

程序清单 18-24　HID描述符结构体成员变量赋值示例

```
//HID描述符结构
{
sizeof(USB_HID_DESCRIPTOR),          //描述符长度,= 09H
0x21,                                //描述符类型,= 21H
0x00, 0x01,                          //HID规范版本号,= 0100H
0x00,                                //国家代码
0x01,                                //所支持的其他类描述符个数,1个
0x22,                                //从属描述符类型,22H表示报告描述符
0x34, 0x00                           //从属描述符长度,0034H
}
```

⑤ 端点描述符：USB设备中的每个端点都有自己的端点描述符，由接口描述符中的bNumEndpoint决定其数量。

程序清单 18-25　端点描述符结构体

```
typedef struct _USB_ENDPOINT_DESCRIPTOR
{
    UINT8           bLength,
    UINT8           bDescriptorType,
    UINT8           bEndpointAddress,
```

```
    UINT8           bmAttributes,
    UINT16          wMaxPacketSize,
    UINT8           bInterval
}USB_ENDPOINT_DESCRIPTOR;
```

- bLength ：描述符大小，固定为 0x07。
- bDescriptorType ：接口描述符类型，固定为 0x05。
- bEndpointType ：USB 设备的端点地址。Bit7 表示方向，对于控制端点可以忽略，1/0 表示 IN/OUT。Bit6-4 表示保留，Bit3-0 表示端点号。
- bmAttributes ：端点属性。Bit7-2 表示保留。Bit1-0 表示 00 控制，01 同步，02 批量，03 中断。
- wMaxPacketSize ：本端点接收或发送的最大信息包大小。
- bInterval ：轮讯数据传送端点的时间间隔。对于批量传送和控制传送的端点忽略；对于同步传送的端点，必须为 1；对于中断传送的端点，范围为 1～255。

在 USBProtocol. c 中端点描述符的设置值如下。

程序清单 18-26　端点描述符结构体成员变量赋值示例

```
//逻辑端点 2 输入
{
sizeof(USB_ENDPOINT_DESCRIPTOR),                    //端点描述符长度，= 07H
USB_ENDPOINT_DESCRIPTOR_TYPE,                       //端点描述符类型，= 05H
0x82,                                               //端点 2 IN
USB_ENDPOINT_TYPE_INTERRUPT,                        //中断传输，= 03H
EP2_PACKET_SIZE,0x00,                               //端点最大包的大小，= 0040H
10                                                  //批量传输时该值无效
},
//逻辑端点 2 输出
{
sizeof(USB_ENDPOINT_DESCRIPTOR),                    //端点描述符长度，= 07H
USB_ENDPOINT_DESCRIPTOR_TYPE,                       //端点描述符类型，= 05H
0x02,                                               //端点 2 OUT
USB_ENDPOINT_TYPE_INTERRUPT,                        //中断传输，= 03H
EP2_PACKET_SIZE,0x00,                               //端点最大包的大小，= 0040H
10                                                  //批量传输时该值无效
}
```

⑥ 字符串描述符：其中，字符串描述符是可选的。如果不支持字符串描述符，其设备、配置、接口描述符内的所有字符串描述符索引都必须为 0。

程序清单 18-27　字符串描述符结构体

```
typedef struct _USB_STRING_DESCRIPTION_
{
    UINT8           bLength,
    UINT8           bDescriptionType,
    UINT8           bString[N];
```

```
}USB_STRING_DESCRIPTION;
```

- bLength ：描述符大小。他由整个字符串的长度加上 bLength 和 bDescriptorType 的长度决定。
- bDescriptorType ：接口描述符类型，固定为 0x03。
- bString[N] ：Unicode 编码字符串。

字符串描述符包括语言字符串描述符、厂商字符串描述符、产品字符串描述符等，由于字符串描述符种类比较多，在此就以语言字符串描述符作为举例。

程序清单 18－28　字符串描述符结构体成员变量赋值示例

```
//语言字符串描述符
{
0x04,                         //描述符大小：04H 字节
0x03,                         //描述符种类：字符串描述符
0x09,                         //Unicode 低字节
0x04                          //Unicode 高字节
};
```

例如，在 Protocol. c 的代码中产品字符串如下。

程序清单 18－29　字符串描述符结构体成员变量赋值示例

```
static CONST UINT8 acUSBProducterString[80] =
{
  80,0x03,'M',0,'y',0,
'U',0,'S',0,'B',0,0xbE,0x8b,0x07,0x59,' ',0,0x20,0x00,'W',0,'e',0,'n',0,
'Z',0,'i',0,'Q',0,'i',0,'@',0,'h',0,'o',0,'t',0,'m',0,'a',0,'i',0,'l',0,'.',
0,'c',0,'o',0,'m',0
};
```

80 表示该字符串的长度，0x03：描述符种类：字符串描述符，其余后面字符就表示字符串了。如果想知道 UNICODE 码，可以通过单片机辅助工具翻译为 UNICODE 码，如基于大端模式翻译"学好电子，成就自己！"为 UNICODE 码，如图 18－39 所示。

深入重点：

✓ 标准的 USB 设备有 5 种 USB 描述符：设备描述符，配置描述符，字符串描述符，接口描述符，端点描述符。

HID 设备包含标准的 USB 设备的 5 种描述符，同时多出一种描述符为 HID 描述符，总共 6 种描述符。

✓ 外部固件模式实验的 CH372 枚举为 HID 设备，只负责普通的通信，既不是鼠标又不是键盘。

✓ 不同的描述符会缔造出不同的 USB 设备。

(2) USB 协议层代码

程序清单 18－30　USB 协议层代码

```
#include "stc.h"
```

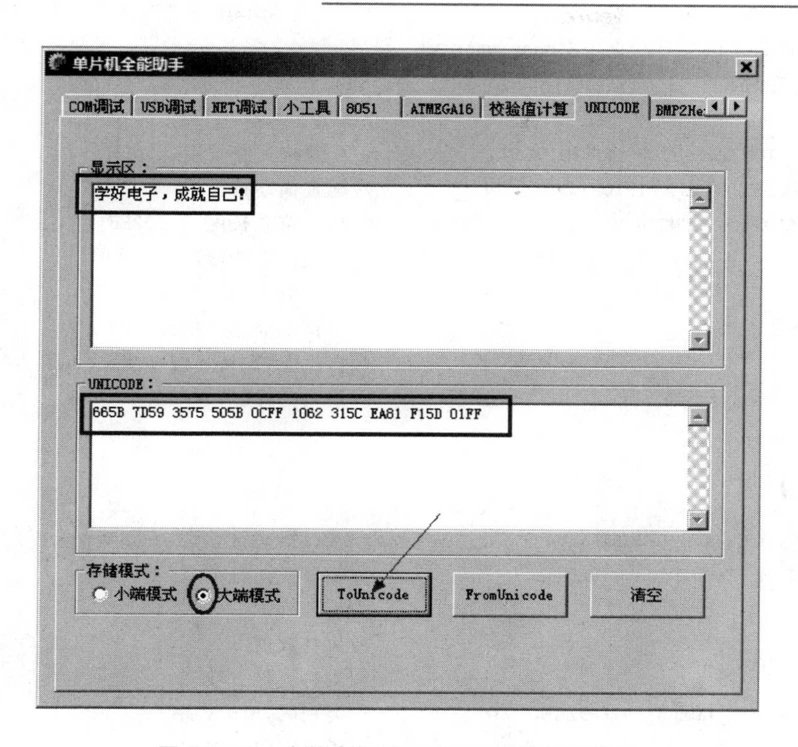

图 18－39　字符串与 UNICODE 码的相互转换

```
#include "global.h"
#include "USBDefine.h"
#include "USBInterface.h"
#include "USBProtocol.h"
/*
        设备描述符
*/
static CONST USB_DEVICE_DESCRIPTOR USBDevDescriptor = {
sizeof(USB_DEVICE_DESCRIPTOR),             //设备描述符长度，= 12H
USB_DEVICE_DESCRIPTOR_TYPE,                //设备描述符类型，= 01H
0x10,0x01,                                 //协议版本，= 1.10
USB_CLASS_CODE_TEST_CLASS_DEVICE,          //测试设备类型，= 0DCH
0, 0,                                      //设备子类,设备协议
EP0_PACKET_SIZE,                           //端点 0 最大数据包大小，= 08H
0x72,0x04,                                 //公司的设备 ID
0x02,0x00,                                 //设备制造商定的产品 ID
0x00,0x00,                                 //设备系列号
0x01,0x02,0x03,                            //索引
1                                          //可能的配置数
};
/*
        配置描述符 + 接口描述符 + 端口描述符
*/
```

```
static CONST USB_DESCRIPTOR USBDescriptor = {
//配置描述符
{
sizeof(USB_CONFIGURATION_DESCRIPTOR),        //配置描述符长度，= 09H
USB_CONFIGURATION_DESCRIPTOR_TYPE,           //配置描述符类型，= 02H
CONFIG_DESCRIPTOR_LENGTH,0x00,               //描述符总长度，= 002EH
1,                                           //只支持 1 个接口
1,                                           //配置值
0,                                           //字符串描述符指针(无)
0x60,                                        //自供电,支持远程唤醒
0x32                                         //最大功耗(100 mA)
},
//HID 类接口描述符
{
sizeof(USB_INTERFACE_DESCRIPTOR),            //接口描述符长度，= 09H
USB_INTERFACE_DESCRIPTOR_TYPE,               //接口描述符类型
0x00,                                        //识别码
0x00,                                        //代替数值
0x02,                                        //支持的端点数
USB_DEVICE_CLASS_HUMAN_INTERFACE,            //类别码,HID 设备
HID_SUBCLASS_NONE,                           //子类别码
HID_PROTOCOL_NONE,                           //协议码
0x00                                         //索引
},
//HID 描述符结构
{
sizeof(USB_HID_DESCRIPTOR),                  //描述符长度，= 09H
0x21,                                        //描述符类型，= 21H
0x00, 0x01,                                  //HID 规范版本号，= 0100H
0x00,                                        //国家代码
0x01,                                        //所支持的其他类描述符个数,1 个
0x22,                                        //从属描述符类型,22H 表示报告描述符
0x34, 0x00                                   //从属描述符长度,0034H
},
{
//逻辑端点 2 输入
{
sizeof(USB_ENDPOINT_DESCRIPTOR),             //端点描述符长度，= 07H
USB_ENDPOINT_DESCRIPTOR_TYPE,                //端点描述符类型，= 05H
0x82,                                        //端点 2 IN
USB_ENDPOINT_TYPE_INTERRUPT,                 //中断传输，= 03H
EP2_PACKET_SIZE,0x00,                        //端点最大包的大小，= 0040H
10                                           //批量传输时该值无效
},
//逻辑端点 2 输出
```

```
{
sizeof(USB_ENDPOINT_DESCRIPTOR),                //端点描述符长度,= 07H
USB_ENDPOINT_DESCRIPTOR_TYPE,                   //端点描述符类型,= 05H
0x2,                                            //端点 2 OUT
USB_ENDPOINT_TYPE_INTERRUPT,                    //中断传输,= 03H
EP2_PACKET_SIZE,0x00,                           //端点最大包的大小,= 0040H
10                                              //批量传输时该值无效
}
}
};
/*
        HID 报告描述符
*/
static CONST UINT8 acUSBHidReportDescriptor[52] =
{
0x06,0xA0,0xFF,                                 //用法页(FFA0h, vendor defined)
0x09, 0x01,                                     //用法(vendor defined)
0xA1, 0x01,                                     //集合(Application)
0x09, 0x02 ,                                    //用法(vendor defined)
0xA1, 0x00,                                     //集合(Physical)
0x06,0xA1,0xFF,                                 //用法页(vendor defined)
//输入报告
0x09, 0x03 ,                                    //用法(vendor defined)
0x09, 0x04,                                     //用法(vendor defined)
0x15, 0x80,                                     //逻辑最小值(0x80 or -128)
0x25, 0x7F,                                     //逻辑最大值(0x7F or 127)
0x35, 0x00,                                     //物理最小值(0)
0x45, 0xFF,                                     //物理最大值(255)
0x75, 0x08,                                     //报告长度 Report size (8 位)
0x95, 0x40,                                     //报告数值(64 fields)
0x81, 0x02,                                     //输入(data, variable, absolute)
//输出报告
0x09, 0x05,                                     //用法(vendor defined)
0x09, 0x06,                                     //用法(vendor defined)
0x15, 0x80,                                     //逻辑最小值(0x80 or -128)
0x25, 0x7F,                                     //逻辑最大值(0x7F or 127)
0x35, 0x00,                                     //物理最小值(0)
0x45, 0xFF,                                     //物理最大值(255)
0x75, 0x08,                                     //报告长度(8 位)
0x95, 0x40,                                     //报告数值(64 fields)
0x91, 0x02,                                     //输出(data, variable, absolute)
0xC0,                                           //集合结束(Physical)
0xC0                                            //集合结束(Application)
};
//语言描述符
```

```
static CONST UINT8 acUSBLanguageDesCriptor[4] = {0x04,0x03,0x09,0x04};
//字符串描述符
static CONST UINT8 acUSBSerialDesriptor[18]    =
{0x12,0x03,'C',0,'H',0,'3',0,'7',0,'2',0,'U',0,'S',0,'B',0};
//字符串描述符所用的语言种类
static CONST UINT8 acUSBLanguageID[4] = {0x04,0x03,0x09,0x04};
//设备序列号
static CONST UINT8 acUSBDeviceSerialNumber[22] =
{22,0x03,'2',0,'0',0,'0',0,'7',0,'-',0,'0',0,'3',0,'-',0,'2',0,'3',0};
//厂商字符串
static CONST UINT8 acUSBManufacturerString[80] =
{
  80,0x03,'M',0,'y',0,
'U',0,'S',0,'B',0,0xbE,0x8b,0x07,0x59,' ',0,0x20,0x00,'W',0,'e',0,'n',0,
'Z',0,'i',0,'Q',0,'i',0,'@',0,'h',0,'o',0,'t',0,'m',0,'a',0,'i',0,'l',0,'.',0,'c',0,
'o',0,'m',0
};
//产品字符串
static CONST UINT8 acUSBProducterString[80] =
{
  80,0x03,'M',0,'y',0,
'U',0,'S',0,'B',0,0xbE,0x8b,0x07,0x59,' ',0,0x20,0x00,'W',0,'e',0,'n',0,
'Z',0,'i',0,'Q',0,'i',0,'@',0,'h',0,'o',0,'t',0,'m',0,'a',0,'i',0,'l',0,'.',0,'c',0,
'o',0,'m',0
};
static UINT8        ucUSBAddress = 0;                //暂存 USB 主机发来的地址
USB_CTRL_PACKET   USBCtrlPacket = {0};               //USB 控制数据包
USB_FLAGS         USBFlags = {0};                    //USB 标志位
/************************************************************
* 函数名称 : USBPcCtrlSend
* 输    入: buf 数据缓冲区
           len 发送数据长度
* 输    出: 无
* 功能描述 : 控制端点数据上传
************************************************************/
void USBPcCtrlSend(UINT8 * buf,UINT8 len)
{
    USBCiEP0Send(buf,len);
}
/************************************************************
* 函数名称 : USBPcHold
* 输    入: 无
* 输    出: 无
* 功能描述 : 保持当前状态
************************************************************/
```

```
void USBPcHold(void)
{
    USBCiWriteSingleCmd (CMD_WR_USB_DATA3);      //发出写端点 0 的命令
    USBCiWriteSingleData(0);                     //上传 0 长度数据,这是一个状态阶段
}
/*********************************************************
 * 函数名称 : USBDesriptorCopy
 * 输      入: 无
 * 输      出: 无
 * 功能描述 : 复制描述符以便上传
**********************************************************/
void USBDesriptorCopy(void)
{
    BufCpy(USBCtrlPacket.mucBuf,
           USBCtrlPacket.mpucTxd + USBCtrlPacket.musTxCount,
           EP0_PACKET_SIZE
          );
}
/*********************************************************
 * 函数名称 : USBCtrlPacketTransmit
 * 输      入: 无
 * 输      出: 无
 * 功能描述 : 端点 0 数据上传
**********************************************************/
void USBCtrlPacketTransmit(void)
{
    UINT8 len;

    if(USBCtrlPacket.musTxLength)
    {
        if(USBCtrlPacket.musTxLength< = EP0_PACKET_SIZE)
        {
        //长度小于 8,则传输当前剩下的数据
            len = USBCtrlPacket.musTxLength;
            USBCtrlPacket.musTxLength = 0;
            USBCtrlPacket.musTxCount + = len;
        }
        else
        {
            len = EP0_PACKET_SIZE;
            //长度大于 8 则传输 8 个,总长度减 8
            USBCtrlPacket.musTxLength - = EP0_PACKET_SIZE;
            USBCtrlPacket.musTxCount  + = EP0_PACKET_SIZE;
        }
```

```
        USBPcCtrlSend(USBCtrlPacket.mucBuf,len);                    //这个 buf 可以重用
    }
    else
    {
        USBPcHold();
    }
}
/*********************************************************
* 函数名称 : USBPcGetDescriptor
* 输    入: 无
* 输    出: 无
* 功能描述 : 获取描述符
*********************************************************/
void USBPcGetDescriptor(void)
{
      UINT16 i;
    switch(MSB(USBCtrlPacket.r.musReuestValue))
    {
        case 0x01:                                              //设备描述符上传
            {
                USBMSG("-->获得设备描述符\r\n");
              if(USBCtrlPacket.musTxLength >USBDevDescriptor.bLength)
                {
                  USBCtrlPacket.musTxLength = USBDevDescriptor.bLength;
                }
            }
            break;
        case 0x02:                                              //配置描述符上传
            {
                USBMSG("-->获得配置描述符\r\n");
    USBCtrlPacket.mpucTxd = (UINT8 *)&USBDescriptor.ConfigDescr;
                i = (USBDescriptor.ConfigDescr.wTotalLength1<<8)
                  |USBDescriptor.ConfigDescr.wTotalLength0;
                if(USBCtrlPacket.musTxLength>i)
                {
                  USBCtrlPacket.musTxLength = i;
                }
            }
            break;
        case 0x03:                                              //字符串描述符
            {
                switch(LSB(USBCtrlPacket.r.musReuestValue))
                {
                    case 0x00:                                  //获得语言 ID
                        {
```

```
USBMSG("-->获得语言 ID\r\n");
if(USBCtrlPacket.musTxLength>acUSBLanguageDesCriptor[0])
{
    USBCtrlPacket.musTxLength = acUSBLanguageDesCriptor[0];
}

}
break ;
case 0x01:                                    //获得厂商字符串
{
    USBMSG("-->获得厂商字符串\r\n");
    USBCtrlPacket.mpucTxd = acUSBManufacturerString;
    if(USBCtrlPacket.musTxLength>acUSBManufacturerString[0])
    {
        USBCtrlPacket.musTxLength = acUSBManufacturerString[0];
    }
}
break ;
case 0x02:                                    //获取产品字符串
{
    USBMSG("-->获得产品字符串\r\n");
    USBCtrlPacket.mpucTxd = acUSBProducterString;
    if(USBCtrlPacket.musTxLength>acUSBProducterString[0])
    {
        USBCtrlPacket.musTxLength = acUSBProducterString[0];
    }
}
break ;
case 0x03:                                    //获取设备序列号
{
    USBMSG("-->获取设备序列号\r\n");
    USBCtrlPacket.mpucTxd = acUSBDeviceSerialNumber;
    if(USBCtrlPacket.musTxLength>acUSBDeviceSerialNumber[0])
    {
        USBCtrlPacket.musTxLength = acUSBDeviceSerialNumber[0];
    }
}
break ;
default:
break ;
}
}
break ;
case 0x21:                                    //HID描述符
{
```

```
                USBMSG("-->获取 HID 描述符\r\n");
                //HID 描述符在 acUSBConDescriptor 数组中地址偏移为 18
                USBCtrlPacket.mpucTxd = (UINT8 *)&USBDescriptor.HidDesr;
            }
            break;
        case 0x22:                                          //报告描述符
            {
                USBCtrlPacket.mpucTxd = acUSBHidReportDescriptor;
              if(USBCtrlPacket.musTxLength>sizeof(acUSBHidReportDescriptor))
                {
                 USBCtrlPacket.musTxLength = sizeof(acUSBHidReportDescriptor);
                }
        USBMSG("-->获取 HID 报告描述符\r\n");
        USBMSG("\r\n\r\n-->     USB 设备枚举成功     <--  \r\n\r\n");
        USBFlags.bits.mbEnumed = TRUE;
            }
            break;
        case 0x23:                                          //物理描述符
            break;
        default:
            break;
    }
    USBDesriptorCopy();
}
/**************************************************************
* 函数名称：USBPcGetConfiguration
* 输    入：无
* 输    出：无
* 功能描述：获得配置
**************************************************************/
void USBPcGetConfiguration(void)
{
    USBCtrlPacket.r.mucReuestType = USBFlags.bits.mbConfig ? 1:0;
}
/**************************************************************
* 函数名称：USBPcClearFeature
* 输    入：无
* 输    出：无
* 功能描述：清除特性
**************************************************************/
void USBPcClearFeature(void)
{
    if((USBCtrlPacket.r.mucReuestType&0x1F) = = 0X02)
    {
        switch(LSB(USBCtrlPacket.r.musReuestIndex))
```

```
        {
            //清除端点 2 上传
             case 0x82:
             USBCiWriteSingleCmd (CMD_SET_ENDP7);
    USBCiWriteSingleData(0x8E);
break;
            //清除端点 2 下传
             case 0x02:
                USBCiWriteSingleCmd (CMD_SET_ENDP6);
                USBCiWriteSingleData(0x80);
break;
            //清除端点 1 上传
             case 0x81:
                USBCiWriteSingleCmd (CMD_SET_ENDP5);
             USBCiWriteSingleData(0x8E);
             break;
            //清除端点 1 下传
             case 0x01:
                USBCiWriteSingleCmd (CMD_SET_ENDP4);
             USBCiWriteSingleData(0x80);
             break;
             default:
                break;
        }
    }
    else
    {
        USBPcHold();                                          //发送空包,表示保持当前状态
    }
}
/ ***********************************************************
 * 函数名称: USBPcGetInterface
 * 输      入: 无
 * 输      出: 无
 * 功能描述: 获得接口
************************************************************/
void USBPcGetInterface(void)
{
     USBCtrlPacket.r.mucReuestType = 0x01;
   USBCtrlPacket.r.mucReuestCode = 0x00;
}
/ ***********************************************************
 * 函数名称: USBPcGetStatus
 * 输      入: 无
 * 输      出: 无
```

```
 * 功能描述:获得状态
 ************************************************************/
void USBPcGetStatus(void)
{
    USBCtrlPacket.r.mucReuestType = 0x00;
    USBCtrlPacket.r.mucReuestCode = 0x00;
}
/************************************************************
 * 函数名称:USBPcSetConfiguration
 * 输      入:无
 * 输      出:无
 * 功能描述:设置配置
 ************************************************************/
void USBPcSetConfiguration(void)
{
    USBFlags.bits.mbConfig = FALSE;
USBFlags.bits.mbConfig = LSB(USBCtrlPacket.r.musReuestValue)? TRUE:FALSE;
}
/************************************************************
 * 函数名称:USBPcSetAddress
 * 输      入:无
 * 输      出:无
 * 功能描述:设置地址
 ************************************************************/
void USBPcSetAddress(void)
{
    //暂存 USB 主机发来的地址
    ucUSBAddress = LSB(USBCtrlPacket.r.musReuestValue);
}
/************************************************************
 * 函数名称:USBPcGetAddress
 * 输      入:无
 * 输      出:地址
 * 功能描述:返回 USB 地址
 ************************************************************/
UINT8 USBPcGetAddress(void)
{
    return ucUSBAddress;
}
/************************************************************
 * 函数名称:USBPcSetDescriptor
 * 输      入:无
 * 输      出:无
 * 功能描述:设置描述符
 ************************************************************/
```

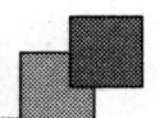

```
void USBPcSetDescriptor(void)
{
    USBCtrlPacket.mpucTxd = NULL ;
    USBCtrlPacket.musTxLength = 0 ;
}
/ ****************************************************
* 函数名称：USBPcSetFeature
* 输      入：无
* 输      出：无
* 功能描述：设置特性
****************************************************/
void USBPcSetFeature(void)
{
    USBCtrlPacket.mpucTxd = NULL ;
    USBCtrlPacket.musTxLength = 0 ;
}
/ ****************************************************
* 函数名称：USBPcSetInterface
* 输      入：无
* 输      出：无
* 功能描述：设置接口
****************************************************/
void USBPcSetInterface(void)
{
    USBCtrlPacket.mpucTxd = NULL ;
    USBCtrlPacket.musTxLength = 0 ;
}
/ ****************************************************
* 函数名称：USBPcGetReport
* 输      入：无
* 输      出：无
* 功能描述：获取报告
****************************************************/
void USBPcGetReport(void)
{
    USBCtrlPacket.mpucTxd = NULL ;
    USBCtrlPacket.musTxLength = 0 ;
}
/ ****************************************************
* 函数名称：USBPcGetIdle
* 输      入：无
* 输      出：无
* 功能描述：获取空闲状态
****************************************************/
void USBPcGetIdle(void)
```

```
{
    USBCtrlPacket.mpucTxd = NULL ;
    USBCtrlPacket.musTxLength = 0 ;
}
/************************************************************
 * 函数名称：USBPcGetProtocol
 * 输      入：无
 * 输      出：无
 * 功能描述：获取协议
 ************************************************************/
void USBPcGetProtocol(void)
{
    USBCtrlPacket.mpucTxd = NULL ;
    USBCtrlPacket.musTxLength = 0 ;
}
/************************************************************
 * 函数名称：USBPcSetProtocol
 * 输      入：无
 * 输      出：无
 * 功能描述：设置协议
 ************************************************************/
void USBPcSetProtocol(void)
{
    USBCtrlPacket.mpucTxd = NULL ;
    USBCtrlPacket.musTxLength = 0 ;
}
/************************************************************
 * 函数名称：USBPcSetReport
 * 输      入：无
 * 输      出：无
 * 功能描述：设置报告
 ************************************************************/
void USBPcSetReport(void)
{
    USBCtrlPacket.mpucTxd = NULL ;
    USBCtrlPacket.musTxLength = 0 ;
}
/************************************************************
 * 函数名称：USBPcSetIdle
 * 输      入：无
 * 输      出：无
 * 功能描述：设置空闲状态
 ************************************************************/
void USBPcSetIdle(void)
{
```

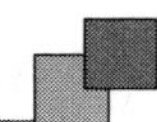

```
    USBCtrlPacket.mpucTxd = NULL ;
    USBCtrlPacket.musTxLength = 0 ;
}
```

深入重点：

✓ 关于 USB 标准请求的函数和类请求的函数都在 USBProtocol.c 完全体现出来。

✓ 特别注意 USBGetDescription，所有描述符都是通过该函数来进行指针传递的。

✓ 控制传输结构体 USB_CTRL_PACKET 要知道其是怎样运作的，特别注意它的指针传递(mpucTxd)和发送字节计数器(musTxCount)。

5. 应用层

应用层函数包括 USB 标准请求列表中的函数和 USB 类请求列表中的函数(表 18-27)，处理端点 0 的控制数据传输，处理端点 2 的数据发送与接收。

命名规范：USB＋Ap＋基本功能。

表 18-27　USB 应用层函数列表

应用层		
序　号	函数名称	说　明
1	USBApDisposeData	USB 处理数据

程序清单 18-31　USB 应用层代码

```
#include "stc.h"
#include "global.h"
#include "USBDefine.h"
#include "USBInterface.h"
#include "USBProtocol.h"
#include "USBApplication.h"
IDATA UINT8 USBMainBuf[EP2_PACKET_SIZE] = {0};
//声明 USB 标准设备请求结构体数组
static CONST FUNCTION_ARRAY StandardDeviceRequest[16] = {
    {USBPcGetStatus,        "[00H]USB 标准设备请求：获取状态\r\n  "},
    {USBPcClearFeature,     "[01H]USB 标准设备请求：清除特性\r\n  "},
    {NULL,                  "NULL                                 "},
    {USBPcSetFeature,       "[03H]USB 标准设备请求：设置特性\r\n  "},
    {NULL,                  "NULL                                 "},
    {USBPcSetAddress,       "[05H]USB 标准设备请求：设置地址\r\n  "},
    {USBPcGetDescriptor,    "[06H]USB 标准设备请求：获取描述符\r\n"},
    {USBPcSetDescriptor,    "[07H]USB 标准设备请求：设置描述符\r\n"},
    {USBPcGetConfiguration,"[08H]USB 标准设备请求：获取配置\r\n  "},
    {USBPcSetConfiguration,"[09H]USB 标准设备请求：设置配置\r\n  "},
    {USBPcGetInterface,     "[0AH]USB 标准设备请求：获取接口\r\n  "},
```

```
    {USBPcSetInterface,     "[0BH]USB 标准设备请求：设置接口\r\n  "},
    {NULL,                   "NULL                               "},
    {NULL,                   "NULL                               "},
    {NULL,                   "NULL                               "},
    {NULL,                   "NULL                               "}
};
//声明 USB HID 类请求结构体数组
static CONST FUNCTION_ARRAY HidClassRequest[16] = {
    {USBPcGetReport,        "[00H]USB HID 类请求：获取报告\r\n      "},
    {USBPcGetIdle,            "[01H]USB HID 类请求：获取空闲状态\r\n "},
    {USBPcGetProtocol,      "[02H]USB HID 类请求：获取协议\r\n      "},
    {NULL,                   "NULL                               "},
    {NULL,                   "NULL                               "},
    {NULL,                   "NULL                               "},
    {NULL,                   "NULL                               "},
    {NULL,                   "NULL                               "},
    {NULL,                   "NULL                               "},
    {USBPcSetReport,        "[08H]USB HID 类请求：设置报告\r\n      "},
    {USBPcSetIdle,          "[09H]USB HID 类请求：设置空闲状态\r\n "},
    {USBPcSetProtocol,      "[0AH]USB HID 类请求：设置协议\r\n      "},
    {NULL,                   "NULL                               "},
    {NULL,                   "NULL                               "},
    {NULL,                   "NULL                               "},
    {NULL,                   "NULL                               "}
};
/**************************************************************
* 函数名称：USBApDisposeData
*输      入：无
*输      出：无
* 功能描述：USB 处理数据
**************************************************************/
void USBApDisposeData(void)
{
    UINT8 ucintStatus;
    UINT8 ucrecvLen,i;
    ENTER_CRITICAL();                              //关全局中断
    SYSPostCurMsg(SYS_IDLE);                       //下一个任务进入系统空闲状态
    //获取中断状态并取消中断请求
    USBCiWriteSingleCmd(CMD_GET_STATUS);
     //获取中断状态,清中断标志,对应于 INT 中断
    ucintStatus = USBCiReadSingleData();
    switch(ucintStatus)                            //分析中断状态
    {
        case USB_INT_EP2_OUT:
            {
```

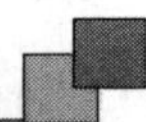

```
                                                        //读取接收数据长度
                ucrecvLen = USBCiReadPortData(USBMainBuf);
                  //从端点 2 接收到的数据重发给 PC 机
                USBCiEP2Send(USBMainBuf,64);
            }
            break;
        case USB_INT_EP2_IN:                            //批量端点上传成功,未处理
            {
                //释放缓冲区
                USBCiWriteSingleCmd (CMD_UNLOCK_USB);
            }
            break;
        case USB_INT_EP0_SETUP:
            {
                //获取 SETUP 包的内容
                ucrecvLen = USBCiReadPortData((UINT8 * )&USBCtrlPacket.r);
    //USB 为小端模式,51 为大端模式,需要切换
    USBCtrlPacket.r.musReuestValue = SWAP16(USBCtrlPacket.r.musReuestValue);
    USBCtrlPacket.r.musReuestIndex = SWAP16(USBCtrlPacket.r.musReuestIndex);
    USBCtrlPacket.r.musReuestLength = SWAP16(USBCtrlPacket.r.musReuestLength);
    //重新定位发送指针,防止野指针
    USBCtrlPacket.mpucTxd = NULL;
    USBCtrlPacket.musTxLength = USBCtrlPacket.r.musReuestLength;
    USBCtrlPacket.musTxCount = 0;
    /*********类请求命令 ***********/
    if(USBCtrlPacket.r.mucReuestType &0x20)
    {
          //串口打印当前类请求信息(STC89C52RC 单片机必须使用 6T 模式,否则 USB 枚举超时)
         USBMSG(HidClassRequest[USBCtrlPacket.r.mucReuestType & 0x1F].s);
         //处理当前类请求
        ( * HidClassRequest[USBCtrlPacket.r.mucReuestType & 0x1F].fun)();
    }
    //********* 标准请求命令 ***********/
    if(! (USBCtrlPacket.r.mucReuestType&0x60))
    {
    //检查当前标准请求是否获取描述符
    USBFlags.bits.mbDescriptor = DEF_USB_GET_DESCR     = = USBCtrlPacket.r.mucReuestCode? TRUE:
FALSE;
    //检查当前标准请求是否获取地址
    USBFlags.bits.mbAdrress      = DEF_USB_SET_ADDRESS = = USBCtrlPacket.r.mucReuestCode? TRUE:
FALSE;
    //串口打印当前标准请求信息(STC89C52RC 单片机必须使用 6T 模式,否则 USB 枚举超时)
    USBMSG(StandardDeviceRequest[USBCtrlPacket.r.mucReuestCode].s);
    //处理当前标准请求
          ( * StandardDeviceRequest[USBCtrlPacket.r.mucReuestCode].fun)();
```

```
        }
    USBCtrlPacketTransmit();                                //数据上传
    }
        break;
            case USB_INT_EP0_IN:
    {
            if(USBFlags.bits.mbDescriptor)                  //描述符上传
            {
                USBDesriptorCopy();                         //复制描述符
                USBCtrlPacketTransmit();
            }
            else if(USBFlags.bits.mbAdrress)                //设置 USB 地址
            {
                //设置 USB 地址
                USBCiWriteSingleCmd (CMD_SET_USB_ADDR);
                //设置 USB 地址,设置下次事务的 USB 地址
                USBCiWriteSingleData(USBPcGetAddress());
            }
            else
            {
                USBPcHold();                                //发送空包,保持状态
            }
            USBCiWriteSingleCmd(CMD_UNLOCK_USB);            //释放缓冲区
        }
        break;
        case USB_INT_EP0_OUT:                               //控制端点下传成功
            {
                //读取数据
                ucrecvLen = USBCiReadPortData(USBCtrlPacket.mucBuf);
            }
            break;
        default:
            {
                //这里一定要有,需要总线复位
                if(ucintStatus&USB_INT_BUS_RESET1)      //总线复位
                {
                    //清空数据缓冲区
                        BufClr((UINT8 *)&USBCtrlPacket,sizeof(USBCtrlPacket));
                    USBFlags.musFlags = 0;                  //标志位集合全部清零
                    USBFlags.bits.mbReset = TRUE;           //标志位集合中的复位标志位置 1
                }
                USBCiWriteSingleCmd (CMD_UNLOCK_USB);       //释放缓冲区
            }
            break;
    }
```

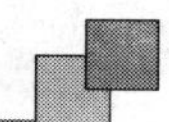

```
    EXIT_CRITICAL();                                      //开全局中断
}
```

分析：在 USBApDisposeData 函数当中主要有 6 大 CASE 片段要处理，如表 18－28 所列。

表 18－28　USBApDisposeData 函数处理片段

片　段	说　明
USB_INT_EP2_OUT	批量端点/端点 2 接收到数据，OUT 成功
USB_INT_EP2_IN	批量端点/端点 2 发送完数据，IN 成功
USB_INT_EP0_SETUP	端点 0 的接收器接收到数据，SETUP 成功
USB_INT_EP0_IN	端点 0 的发送器发送完数据，IN 成功
USB_INT_EP0_OUT	端点 0 的接收器接收到数据，OUT 成功
default	主要处理复位事件

USB 设备枚举只用到 4 个片段：USB_INT_EP0_SETUP、USB_INT_EP0_IN、USB_INT_EP0_OUT、default。

上位机与下位机之间的数据通信只用到 2 个片段：USB_INT_EP2_OUT、USB_INT_EP2_IN。

对于 USB 设备枚举的 4 个片段的实现已在 USB 标准设备请求当中介绍过，因而在这里不再作详细的说明，只介绍端点 2 的通信流程，如图 18－40 所示。

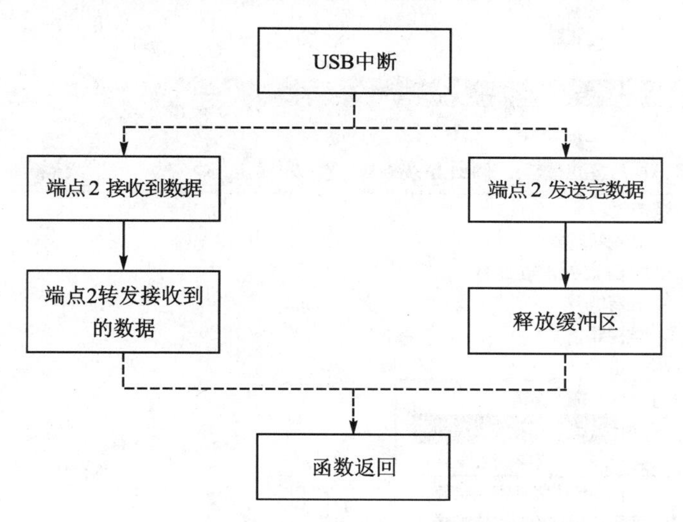

图 18－40　USBApDisposeData 函数处理过程

深入重点：

- ✓ 关于 USB 标准请求的函数和类请求的函数的调用都在 USBApplication.c 得到完全体现。
- ✓ 对于枚举成功的 USB HID 设备，该实验是通过端点 2 与上位机进行数据通信的。

18.5.4 驱动安装与识别

由于外部固件下的 CH372 HIDUSB 设备，驱动默认情况下是 Windows 系统自带的，因而不需要像内置固件模式下的 CH372 USB 设备需要安装额外的驱动，这里只需要知道怎样识别 CH372 HIDUSB 是否枚举成功就足够了。

第 1 步：烧写 CH732 外部固件代码，并与 PC 机接好串口线和 USB 线。

第 2 步：通过相关的串口助手观察 USB 打印相信可以得知是否枚举成功，如图 18－41 所示。

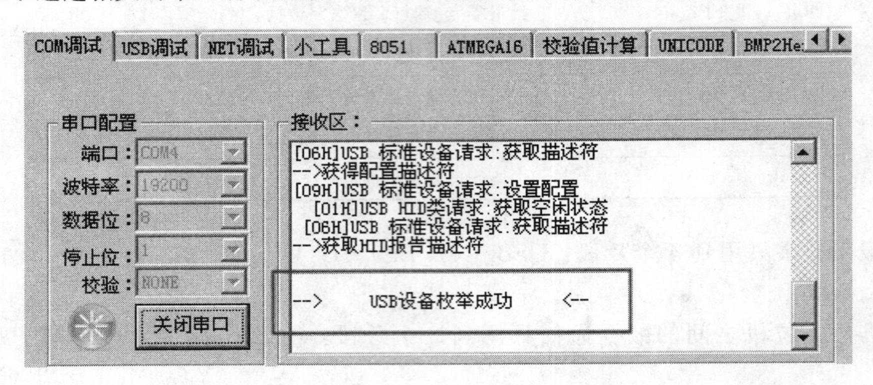

图 18－41 观察 CH372 USB 设备枚举

第 3 步：通过 Windows 系统的设备管理器窗口观察 USB 设备是否枚举成功，如图 18－42所示。

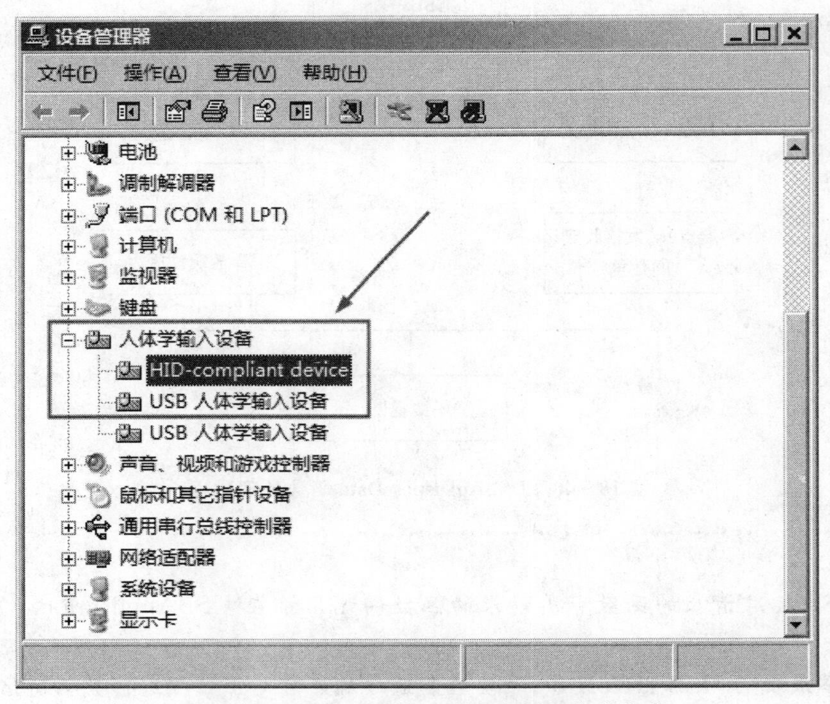

图 18－42 查看 CH372 USB 设备是否枚举成功

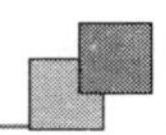

第 4 步：右键单击“HID-compliant device”设备，并在右键菜单选择“属性”，在弹出的【HID-compliant device】属性对话框中切换到“详细信息”选项卡，并且在这里通过观察当前设备范例 ID 便知道是否为目标 HID USB 设备，如图 18－43 所示。

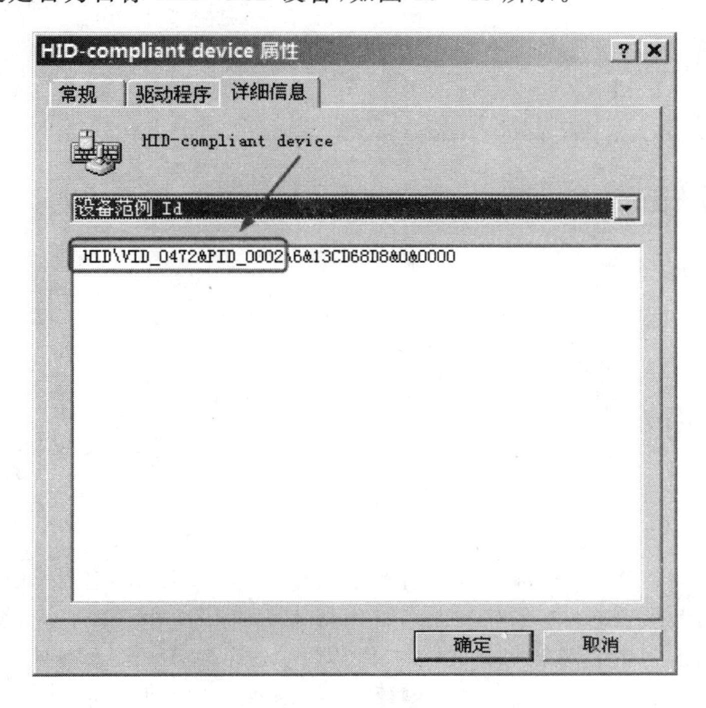

图 18－43　查看 CH372 USB 设备信息

从图 18－43 可知，当前目标 USB 设备的 VID 为 0472，PID 为 0002，恰恰与 USB 设备描述符结构体 USBDevDescriptor 中的 VID、PID 相符，更多相关的 USB 信息读者可以在该“详细信息”选项卡中查找。

第 19 章

网络通信

19.1 网络简介

1. 网络

网络原指用一个巨大的虚拟画面，把所有东西连接起来，也可以作为动词使用。在计算机领域中，网络就是用物理链路将各个孤立的工作站或主机相连在一起，组成数据链路，从而达到资源共享和通信的目的。凡将地理位置不同，并具有独立功能的多个计算机系统通过通信设备和线路而连接起来，且以功能完善的网络软件(网络协议、信息交换方式及网络操作系统等)实现网络资源共享的系统，称为计算机网络，而且我们可以通过网络浏览器(图 19－1)去访问计算机网络中的图片、声音、视频等资源。

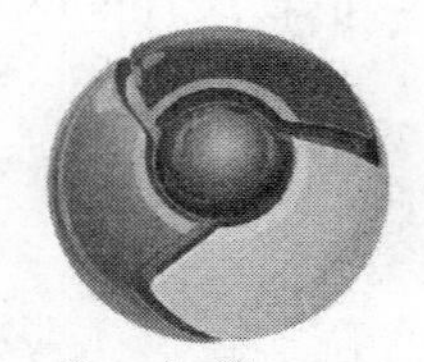

图 19－1　Chrome 网络浏览器

2. 网络的历史

(1) 第一代：远程终端连接

20 世纪 60 年代早期。

面向终端的计算机网络：主机是网络的中心和控制者，终端(键盘和显示器)分布在各处并与主机相连，用户通过本地的终端使用远程的主机。

只提供终端和主机之间的通信，子网之间无法通信。

(2) 第二代：计算机网络阶段(局域网)

20 世纪 60 年代中期。

多个主机互连，实现计算机和计算机之间的通信。

包括：通信子网、用户资源子网。

终端用户可以访问本地主机和通信子网上所有主机的软硬件资源。

电路交换和分组交换。

(3) 第三代：计算机网络互联阶段(广域网、Internet)

1981 年 国际标准化组织(ISO)制订：开放体系互联基本参考模型(OSI/RM)，不同厂家生产的计算机之间实现互连。

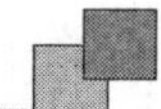

TCP/IP 协议诞生。

(4) 第四代：信息高速公路(高速，多业务，大数据量)

宽带综合业务数字网：信息高速公路。

ATM 技术、ISDN、千兆以太网。

交互性：网上电视点播、电视会议、可视电话、网上购物、网上银行、网络图书馆等高速、可视化。

3. 网络的分类

(1) 按覆盖范围分类：

局域网 LAN(作用范围一般为几米到几十公里)。

城域网 MAN(界于 WAN 与 LAN 之间)。

广域网 WAN(作用范围一般为几十到几千公里)。

(2) 按拓扑结构分类：

总线型。

环型。

星型。

网状 。

(3) 按信息的交换方式来分：

电路交换。

报文交换。

报文分组交换。

按传输介质分类，有线网、光纤网、无线网、局域网。

按通信方式分类，有点对点传输网络、广播式传输网络 。

按网络使用的目的分类，有共享资源网、数据处理网、数据传输网。

按服务方式分类，有客户机/服务器网络对等网。

19.2　网络芯片 ENC28J60

芯片选型为 Microchip 公司的 ENC28J60 以太网控制芯片，在此之前，嵌入式系统开发可选的独立以太网控制器都是为个人计算机系统设计的，如 RTL8019、AX88796L、DM9008、CS8900A、LAN91C111 等。这些器件不仅结构复杂，体积庞大，且价格比较高。目前市场上大部分以太网控制器的封装均超过 80 引脚，而符合 IEEE 802.3 协议的 ENC28J60 只有 28 引脚，既能提供相应的功能，如图 19－2 所示，又可以大大简化相关设计，减小空间。ENC28J60 网络模块便于用户快速评估 MCU 接入 Ethernet 方案及应用。相对于其他方案，

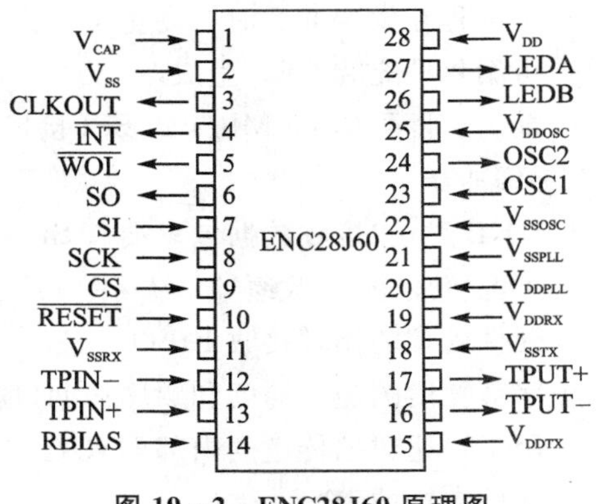

图 19－2　ENC28J60 原理图

该模块极为精简。对于没有开放总线的单片机，虽然有可能采用模拟并行总线的方式连接其他以太网控制器，但不管从效率还是性能上，都不如用 SPI 接口或采用通用 I/O 口模拟 SPI 接口连接 ENC28J60 的方案。

ENC28J60 是带有行业标准串行外接接口的独立以太网控制器。它可作为任何配备有 SPI 的控制器的以太网接口。

ENC28J6 符合 IEEE 802.3 的全部规范，采用了一系列包过滤机制以对传入数据包进行限制，它提供了一个内部 DMA 模块，以实现快速数据吞吐和硬件支持的 IP 校验与计算。与主控制器的通信通过两个中断引脚和 SPI 实现，数据传输速率高达 10 Mb/s。两个专用的引脚用于连接 LED，进行网络活动的演示。

1. ENC28J60 由 7 个主要功能模块组成

(1) SPI 接口：充当主控制器和 ENC28J60 之间的通信通道。

(2) 控制寄存器：用于控制和监视 ENC28J60。

(3) 双端口 RAM 缓冲器：用于接收和发送数据包。

(4) 判优器：当 DMA、发送和接收模块发出请求时进行对 RAM 缓冲器的访问控制。

(5) 总线接口：对通过 SPI 接收的数据和命令进行解析。

(6) MAC(medium access control)模拟：实现符合 IEEE 802.3 标准的 MAC 逻辑。

(7) PHY(物理层)模块：对双绞线上的模拟数据进行编码和译码。

该器件还包括其他支持模块，诸如振荡器、片内稳压器、电平变换器(提供可以接收 5 V 电压的 I/O 引脚)和系统控制逻辑，由于 ENC28J60 网络芯片可以接收 5 V 电压的 I/O 引脚，这样可面向更多工作电压 5 V 的单片机，适用性广。

2. ENC28J60 5 大特性：

(1) 以太网控制器特性

- IEEE802.3 兼容的以太网控制器。
- 集成 MAC 和 10 BASE-T PHY。
- 接收器和冲突抑制电路。
- 支持一个带自动极性检测和校正的 10 BASE－T 端口。
- 支持全双工和半双工模式。
- 可编程在发生冲突时自动重发。
- 可编程填充和 CRC 生成。
- 最高速度可达 10 Mb/s 的 SPI 接口。

(2) 缓冲器

- 8 KB 发送/接收数据包双端口 SRAM。
- 可配置发送/接收缓冲器大小。
- 硬件管理的循环接收 FIFO。
- 字节宽度的随机访问和顺序访问(地址自动递增)。
- 用于快速数据传送的内部 DMA。
- 硬件支持的 IP。

(3) 介质访问控制器(MAC)特性

- 支持单播、组播、广播数据包。
- 可编程数据包过滤。
- 环回模式。

(4) 物理层(PHY)特性

- 整形输出滤波器。
- 环回模式。

(5) 工作特性

- 两个用来表示连接、发送、接收、冲突和全/半双工状态的可编程 LED 输出。
- 使用两个中断引脚的 7 个中断源。
- 25 MHz 时钟。

(6) 带可编程预分频器的时钟输出引脚

- 工作电压范围是 3.14～3.45 V。
- TTL 电平输入。
- 28 引脚 SPDIP、SSOP、SOIC、QFN 封装。

3. 典型的 ENC28J60 接口(图 19－3)

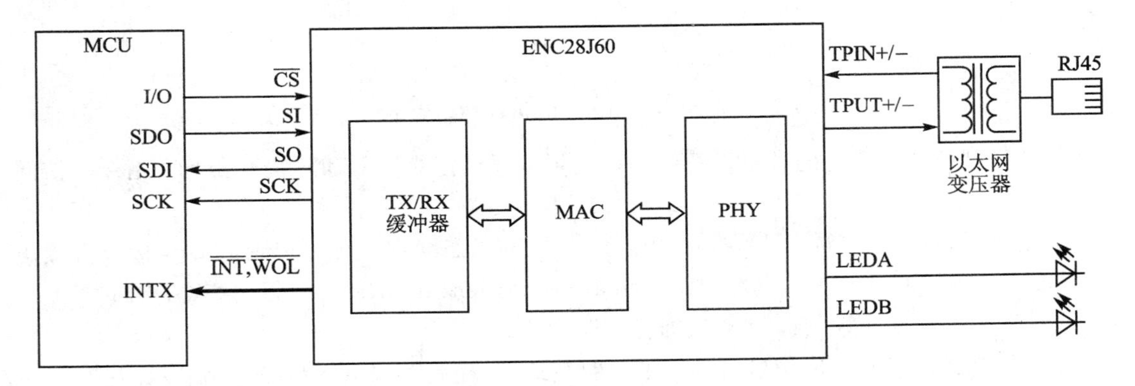

图 19－3　ENC28J60 接口

4. ENC28J60 内部结构(图 19－4)

5. ENC28J60 存储器构成

ENC28J60 中所有的存储器都是以静态 RAM 的方式实现的。ENC28J60 中有 3 种类型的存储器：

- 控制寄存器。
- 以太网缓冲器。
- PHY 寄存器。

控制寄存器类存储器包含控制寄存器。它们用于进行 ENC28J60 的配置、控制和状态获取。可以通过 SPI 接口直接读/写这些寄存器。

以太网缓冲器中包含一个供以太网控制器使用的发送和接收存储空间。主控制器可以使

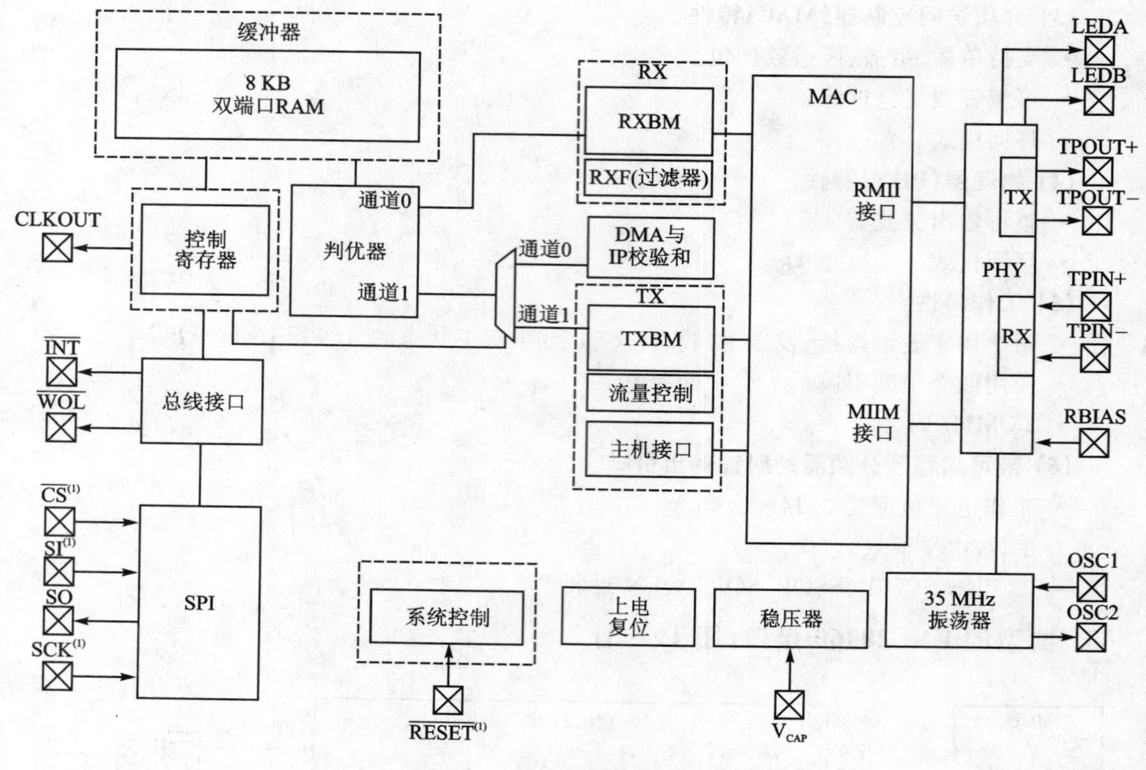

图 19-4 ENC28J60 内部结构

用 SPI 接口对该存储空间的容量进行编程。只可以通过读缓冲器和写缓冲器 SPI 指令来访问以太网缓冲器。

PHY 寄存器用于进行 PHY 模块的配置、控制和状态获取。不可以通过 SPI 接口直接访问这些寄存器,只可通过 MAC 的 MII(media independent interface)访问这些寄存器。

图 19-5 显示了 ENC28J60 的数据存储器构成。

注:存储器区域未按比例显示。为了说明其细节,控制存储空间是按比例显示的。

6. ENC28J60 控制寄存器地址分配

控制寄存器提供主控制器和片内以太网控制器逻辑电路之间的主要接口。写这些寄存器可控制接口操作,而读这些寄存器则允许主控制器监控这些操作。

控制寄存器存储空间分为 4 个存储区,可用 ECON1 寄存器中的存储区选择位 BSEL1:BSEL0 进行选择。每个存储区都是 32 字节长,可以用 5 位地址值进行寻址。所有存储区的最后 5 个单元(1Bh～1Fh)都指向同一组寄存器:EIE、EIR、ESTAT、ECON2 和 ECON1。它们是控制和监视器件工作的关键寄存器,由于被映射到同一存储空间,因此可以在不切换存储区的情况下很方便地访问他们。

有些地址未使用。对这些单元执行写操作将会被忽略,而读操作都将返回 0。每个存储区中地址为 1Ah 的寄存器都是保留的,不应对此寄存器进行读/写操作,可以读其他保留的寄存器,但是不能更改它们的内容。在读/写保留位的寄存器时,应该遵守寄存器定义中声明的规则。

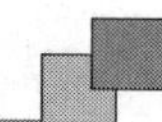

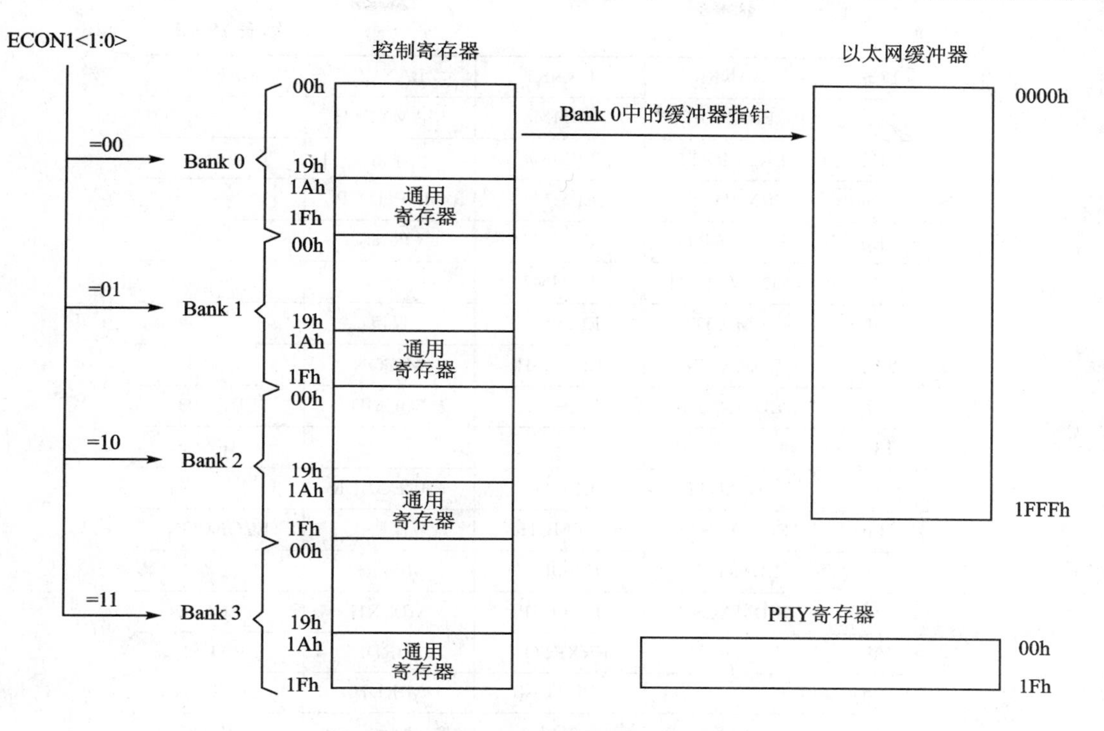

图 19-5　ENC28J60 的数据存储器结构

ENC28J60 的控制寄存器通常被分为 ETH、MAC、MII 3 组寄存器。名称由“E”开头的寄存器都属于 ETH 组。同样，名称由“MA”开头的寄存器属于 MAC 组，名称由“MI”开头的寄存器属于 MII 组，如表 19-1 所列。

表 19-1　ENC28J60 控制寄存器

地址	BANK0	BANK1	BANK2	BANK3
00h	ERDPTL	EHT0	MACON1	MAADR1
01h	ERDPTH	EHT1	MACON2	MAADR0
02h	EWRPTL	EHT2	MACON3	MAADR3
03h	EWRPTH	EHT3	MACON4	MAADR2
04h	ETXSTL	EHT4	MABBIPG	MAADR5
05h	ETXSTH	EHT5	—	MAADR4
06h	ETXNDL	EHT6	MAIPGL	EBSTSD
07h	ETXNDH	EHT7	MAIPGH	EBSTCON
08h	ERXSTL	EPMM0	MACLCON1	EBSTCSL
09h	ERXSTH	EPMM1	MACLCON2	EBSTCSH
0Ah	ERXNDL	EPMM2	MAMXFLL	MISTAT

续表 19-1

地址	BANK0	BANK1	BANK2	BANK3
0Bh	ERXNDH	EPMM3	MAMXFLH	—
0Ch	ERXRDPTL	EPMM4	保留	—
0Dh	ERXRDPTH	EPMM5	MAPHSUP	—
0Eh	ERXWRPTL	EPMM6	保留	—
0Fh	ERXWRPTH	EPMM7	—	—
10h	EDMASTL	EPMCSL	保留	—
11h	EDMASTH	EPMCSH	MICON	—
12h	EDMANDL	—	MICMD	EREVID
13h	EDMANDH	—	—	—
14h	EDMADSTL	EPMOL	MIREGADR	—
15h	EDMADSTH	EPMOH	保留	ECONCON
16h	EDMACSL	EWOLIE	MIWRL	保留
17h	EDMACSH	EWOLIR	MIWRH	EFLOCON
18h	—	ERXFCON	MIRDL	EPAUSL
19h	—	EPKTCNT	MIRDH	EPAUSH
1Ah	保留	保留	保留	保留
1Bh	EIE	EIE	EIE	EIE
1Ch	EIR	EIR	EIR	EIR
1Dh	ESTAT	ESTAT	ESTAT	ESTAT
1Eh	ECON2	ECON2	ECON2	ECON2
1Fh	ECON1	ECON1	ECON1	ECON1

7. ENC28J60 控制寄存器介绍

ENC28J60 网络芯片设计寄存器的数目太多，由于篇幅有限，在这里不作详解，可以在光盘资料中找到 ENC28J60.PDF。该中文手册对 ENC28J60 控制寄存器的介绍非常详细，就以介绍 ECON1 以太网控制寄存器为例，ENC28J60.PDF 对其有详细的描述，以下为摘自 ECON1 描述的内容。

寄存器 3-1：ECON1：以太网控制寄存器 1

R/W0	R/W0	R/W0	R/W0	R/W0	R/W0	R/W0	R/W0
TXRST	RXRST	DMAST	CSUMEN	TXRTS	RXEN	BSEL1	BSEL0

bit7　TXRST：发送逻辑复位位

1＝发送逻辑保持在复位状态

0＝正常工作

bit6　RXRST：接收逻辑复位位

1＝接收逻辑保持在复位状态

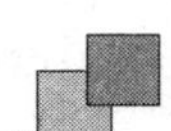

0＝正常工作

bit5　DMAST：DMA 起始和忙碌状态位

1＝正在进行 DMA 复制或检验和操作

0＝DMA 硬件空闲

bit4　CSUMEN：DMA 校验和使能位

1＝DMA 硬件计算校验和

0＝DMA 硬件复制缓冲存储器

bit3　TXRTS：发送请求位

1＝发送逻辑正在尝试发送数据包

0＝发送逻辑空闲

bit2　RXEN：接收使能位

1＝通过当前过滤器的数据包将被写入接收缓冲器

0＝忽略所有接收的数据包

bit1-0　BSEL1：BSEL0：存储区选择位

11＝SPI 访问 Bank3 中的寄存器

10＝SPI 访问 Bank2 中的寄存器

01＝SPI 访问 Bank1 中的寄存器

00＝SPI 访问 Bank0 中的寄存器

注：R＝可读位　W＝可写位　U＝未用位，读为 0

－n＝上电复位时的值　1＝置 1　0＝清零　x＝未知

8. ENC28J60 引脚说明

表 19－2　ENC28J60 引脚说明

引脚名称	引脚号	说　明	引脚名称	引脚号	说　明
V_{CAP}	1	来自内部稳压器的 2.5 V 输出	V_{DDTX}	15	PHY TX 的正电源端
V_{SS}	2	参考接地端	TPOUT－	16	差分信号输出
CLKOUT	3	可编程时钟输出引脚	TPOUT＋	17	差分信号输出
INT	4	INT 中断输出引脚	V_{SSTX}	18	PHY TX 的参考接地端
WOL	5	LAN 中断唤醒输出引脚	V_{DDRX}	19	PHY RX 的正 3.3 V 电源端
SO	6	SPI 接口的数据输出引脚	V_{DDPLL}	20	PHY PLL 的正 3.3 V 电源端
SI	7	SPI 接口的数据输入引脚	V_{SSPLL}	21	PHY PLL 的正 3.3 V 电源端
SCK	8	SPI 接口的时钟输入引脚	V_{SSOSC}	22	振荡器的参考接地端
CS	9	SPI 接口的片选输入引脚	OSC1	23	振荡器输入
RESET	10	低电平有效器件复位输入	OSC2	24	振荡器输出
V_{SSRX}	11	PHY RX 的参考接地端	V_{DDOSC}	25	振荡器的正 3.3 V 电源端
TPIN－	12	差分信号输入	LEDB	26	LEDB 驱动引脚
TPIN＋	13	差分信号输入	LEDA	27	LEDA 驱动引脚
RBIAS	14	PHY 的偏置电流引脚	V_{DD}	28	正 3.3 V 电源端

19.3 SPI 通信

19.3.1 SPI 简介

SPI 是英文“Serial Peripheral Interface”的缩写，中文意思是串行外围设备接口，SPI 是 Motorola 公司推出的一种同步串行通信方式，是一种三线同步总线，因其硬件功能很强，与 SPI 有关的软件就相当简单，使 CPU 有更多的时间处理其他事务。

SPI 接口是 Motorola 首先提出的全双工三线同步串行外围接口，采用主从模式(master slave)架构；支持多 slave 模式应用，一般仅支持单 Master。时钟由 Master 控制，在时钟移位脉冲下，数据按位传输，高位在前，低位在后(MSB first)；SPI 接口有 2 根单向数据线，为全双工通信，目前应用中的数据速率可达几 Mb/s 的水平。

SPI 接口主要应用在 EEPROM、Flash、实时时钟、A/D 转换器，以及数字信号处理器和数字信号解码器之间。SPI 是一种高速、全双工、同步的通信总线，并且在芯片的引脚上只占用 4 根线，节约了芯片的引脚，同时为 PCB 在布局上节省空间，提供方便，正是出于这种简单易用的特性，现在越来越多的芯片集成了这种通信协议，如 ATMEGA16、LPC2142、S3C2440。

SPI 的通信原理很简单，它以主从方式工作，这种模式通常有一个主设备和一个或多个从设备，需要至少 4 根线，事实上 3 根也可以(单向传输时)，也是所有基于 SPI 的设备共有的，它们是 MISO(数据输入)、MOSI(数据输出)、SCK(时钟)、CS(片选)。

ENC28J60 可与许多单片机上的串行外设接口(serial peripheral interface，SPI)直接相连。此器件支持 SPI 的模式(0,0)，这个就要特别注意了。另外，SPI 端口要求 SCK 在空闲状态时为低电平，并且不支持时钟极性选择。

在 SCK 的每个上升沿移入数据，命令和数据通过 SI 引脚送入器件。ENC28J60 在 SCK 的下降沿从 SO 引脚输出数据。当执行操作时，CS 引脚必须保持低电平，当操作完成时返回高电平。

19.3.2 SPI 接口定义

1. 接口连接

SPI 接口共有 4 根信号线，分别是设备选择线、时钟线、串行输出数据线、串行输入数据线，如图 19-6 所示。

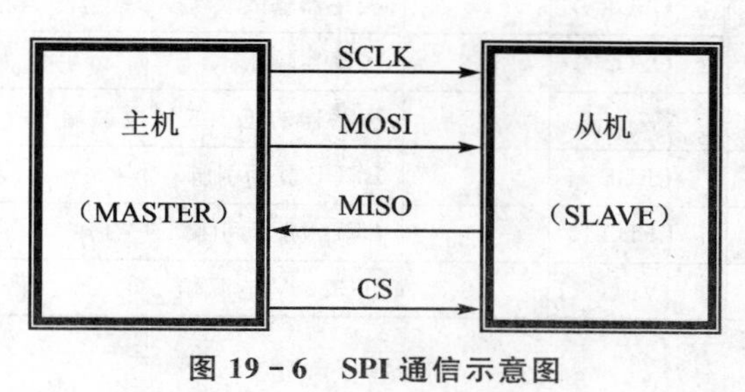

图 19-6 SPI 通信示意图

(1) MOSI：主器件数据输出，从器件数据输入。

(2) MISO：主器件数据输入，从器件数据输出。

(3) SCLK：时钟信号，由主器件产生。

(4) CS：从器件使能信号，由主器件控制。

2. SPI 输入时序(图 19－7)

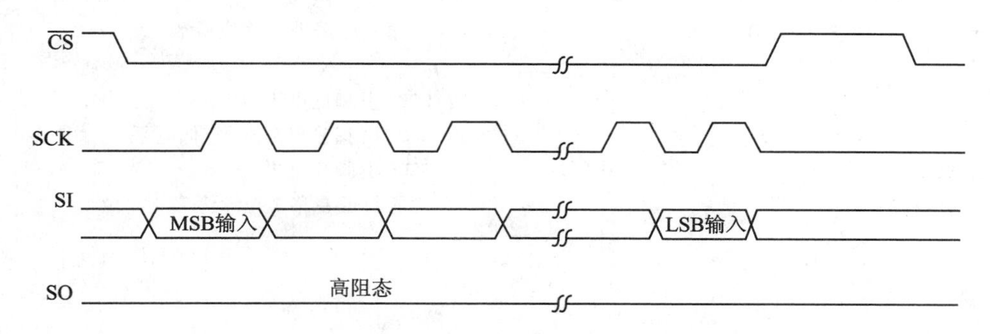

图 19－7　SPI 输入时序

3. SPI 输出时序(图 19－8)

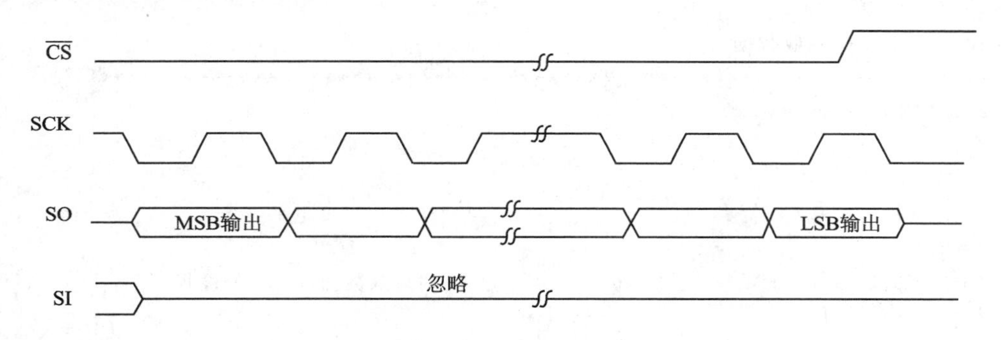

图 19－8　SPI 输出时序

SPI 接口在内部硬件实际上是两个简单的移位寄存器，传输的数据为 8 位，在主机产生的从器件使能信号和移位脉冲下，按位传输，高位在前，低位在后。

4. SPI 通信测试

由于 STC89C52RC 单片机没有内置硬件处理 SPI 通信协议，因而使用该单片机进行 SPI 通信时只能通过模拟的方法来实现。

在模拟 SPI 通信中，使用到 P1 口，代码实现并不难，如程序清单 19－1 所示。

程序清单 19－1　模拟 SPI 通信代码

```
sbit CS          = P1^4;
sbit MOSI        = P1^5;
sbit MISO        = P1^6;
sbit SCLK        = P1^7;
/*****************************************************************
*函数名称：SPISend
*输    入：d 单个字节
*输    出：无
*说    明：SPI 发送数据
*****************************************************************/
```

```
static void SPISend(UINT8 d)
{
  UINT8 i;
  for(i = 0;i<8;i + + )                              //对输入数据进行移位检测
  {
    SCLK = 0;                                        //SCLK 引脚低电平
    MOSI = d & 0x80;                                 //MOSI 引脚输出高电平/低电平
    SCLK = 1;                                        //SCLK 引脚高电平
    d << = 1;                                        //发送数据左移 1 位
  }
    SCLK = 0;
}
/************************************************************
* 函数名称：SPIRecv
* 输      入：无
* 输      出：单个字节
* 说      明：SPI 接收数据
************************************************************/
static UINT8 SPIRecv(void)
{
  UINT8 i,d;
  SCLK = 0;                                          //SCLK 引脚低电平
  d = 0;
  for(i = 0;i<8;i + + )                              //对输入数据进行移位检测
  {
    SCLK = 1;                                        //SCLK 引脚高电平
    d << = 1;                                        //接收数据左移 1 位
      d | = MISO;                                    //变量 d 位或 MISO 引脚电平
    SCLK = 0;                                        //SCLK 引脚低电平
  }
     return d;
}
```

SPI 通信实质上就是移位发送/接收数据，类似于 74LS164 移位数据传输，SPI 通信无论是发送或是接收数据，都是高位在前，低位在后，以 74LS164 的移位传输发送代码作为参考就最好不过了，毕竟读者在之前接触的很多实验都是以 74LS164 来驱动数码管、LCD1602、LCD12864 的，如程序清单 19－2 所示。

程序清单 19－2　74LS164 发送数据代码

```
#define HIGH                 1
#define LOW                  0
#define LS164_DATA(x)       {if((x))P0_4 = 1;else P0_4 = 0;}
#define LS164_CLK(x)        {if((x))P0_5 = 1;else P0_5 = 0;}
/****************************************
* 函数名称：LS164Send
* 输      入：byte 单个字节
```

```
* 输      出：无
* 功      能：74LS164 发送单个字节
*******************************************/
void LS164Send(unsigned char byte)
{
   unsigned char j;
   for(j = 0;j< = 7;j + + )                         //对输入数据进行移位检测
   {
     if(byte&(1<<(7 - j)))                          //检测字节当前位
     {
            LS164_DATA(HIGH);                       //串行数据输入引脚为高电平
    }
    else
    {
            LS164_DATA(LOW);                        //串行数据输入引脚为低电平
    }
     LS164_CLK(LOW);
     LS164_CLK(HIGH);

   }
}
```

如果要测试 SPI 通信的发送和接收函数是否正确，可以参考 NETCiInit 函数，在这里不作介绍。

5. SPI 指令集与命令序列

ENC28J60 所执行的操作完全依据外部主控制器通过 SPI 接口发出的命令。这些命令为一个或多个字节的指令，用于访问控制存储器和以太网缓冲区。

指令至少包含一个 3 位操作码和一个用于指定寄存器地址或多个字节的数据。

ENC28J60 共有 7 条指令集。表 19－3 显示了所有操作的命令代码。

表 19－3　ENC28J60 SPI 指令集

指令名称和助记符	字节 0		字节 1 和后面的字节
	操作码	参　数	数　据
读控制寄存器(RCR)	00H	Address	N/A
读缓冲器(RCM)	01H	1AH	N/A
写控制寄存器(WCR)	02H	Address	Data
写缓冲器(WBM)	03H	1AH	Data
位域置 1(BFS)	04H	Address	Data
位域清零(BFC)	05H	Address	Data
系统清零(SC)	07H	1FH	N/A

注：Address 表示寄存器地址；Data 表示数据。

ENC28J60 的 SPI 指令集顾名思义就是单片机通过 SPI 通信来发送指令来对 ENC28J60 进行操作，由于每个 SPI 指令集中的每个命令序列都有所不同，有必要在这里给出命令序列图。

(1) 读控制寄存器的命令序列(ETH 寄存器)(图 19－9)

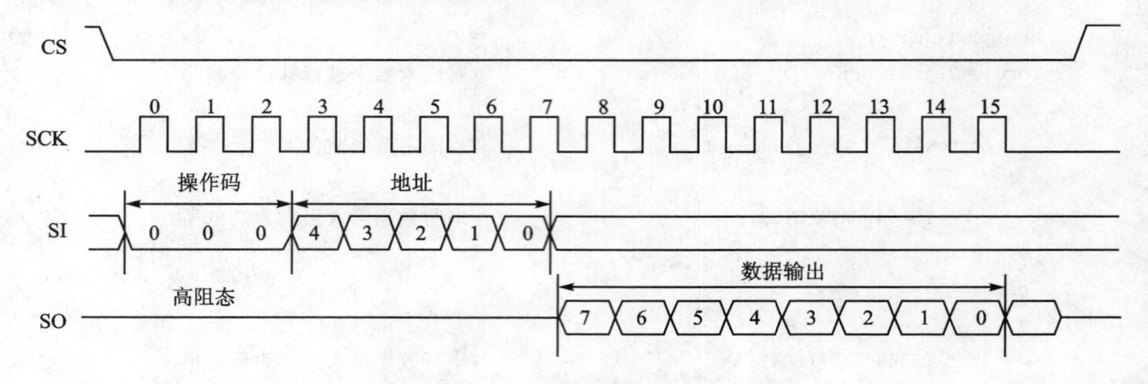

图 19－9　读控制寄存器的命令序列(ETH 寄存器)

(2) 读控制寄存器的命令序列(MAC 和 MII 寄存器)(图 19－10)

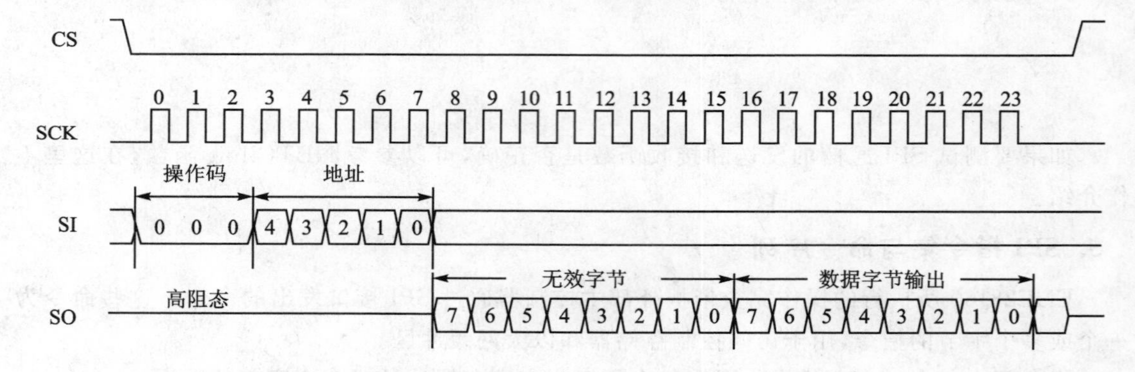

图 19－10　读控制寄存器的命令序列(MAC 和 MII 寄存器)

(3) 写控制寄存器的命令序列(图 19－11)

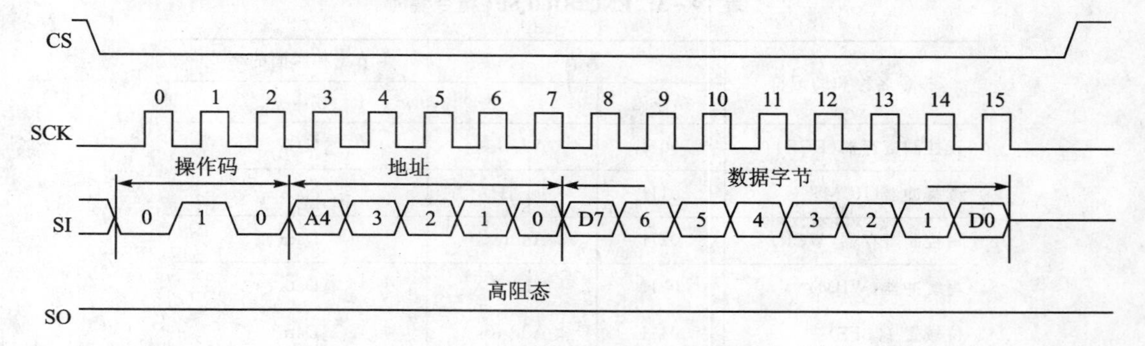

图 19－11　写控制寄存器的命令序列

(4) 写缓冲寄存器的命令序列(图 19-12)

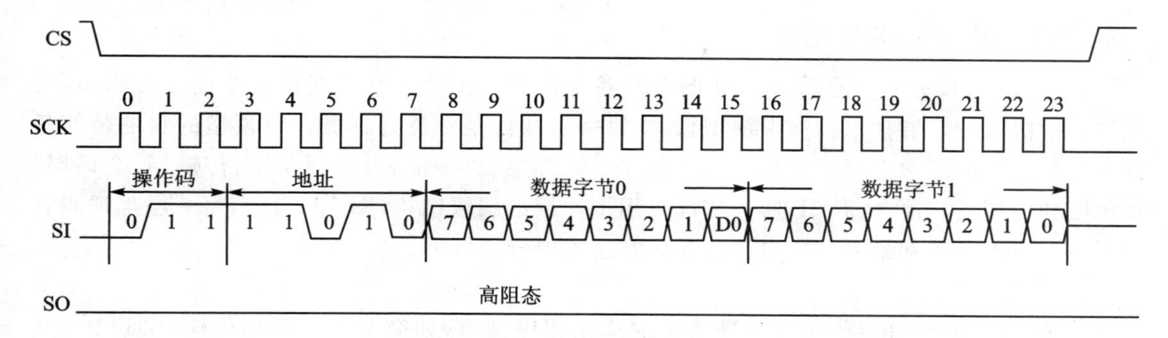

图 19-12　写缓冲寄存器的命令序列

(5) 系统命令序列(图 19-13)

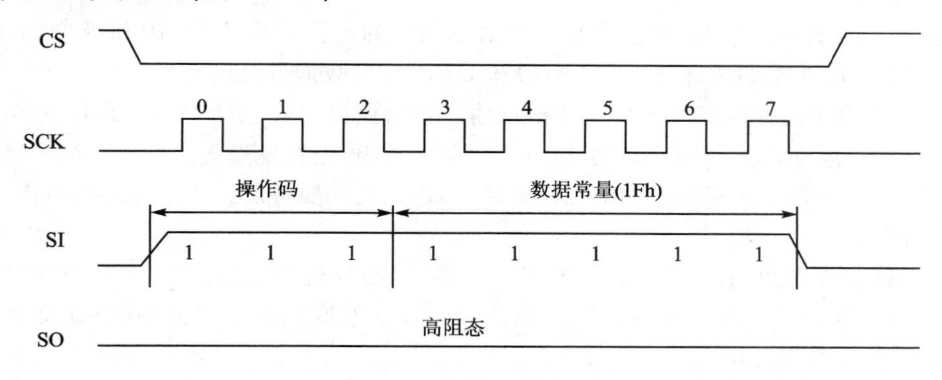

图 19-13　系统命令序列

深入重点：

✓ ENC28J60 是怎样的一个网络接口芯片。

✓ SPI 通信是什么，与串口通信有什么区别，与 74LS164 移位输入有什么共同之处？

✓ ENC28J60 的 SPI 指令集 7 大功能：读控制寄存器、读缓冲器、写控制寄存器、写缓冲器、位域置 1、位域清零、系统清零。

19.4　TCP/IP 协议

TCP/IP(transmission control protocol/internet protocol，传输控制协议/互联网络协议)协议是 Internet 最基本的协议，简单地说，就是由底层的 IP 协议和 TCP 协议组成的。TCP/IP 协议的开发工作始于 20 世纪 70 年代，是用于互联网的第一套协议。

1. TCP/IP 的通信协议

TCP/IP 协议组之所以流行，部分原因是因为它可以用在各种各样的信道和底层协议(如 T1 和 X.25、以太网以及 RS-232 串行接口)之上。确切地说，TCP/IP 协议是一组包括 TCP 协议和 IP 协议、UDP(user datagram protocol)协议、ICMP(internet control message protocol)协议和其他一些协议的协议组。

2. TCP/IP 整体构架概述

TCP/IP 协议并不完全符合 OSI 的 7 层参考模型。传统的开放式系统互连参考模型，是一种通信协议的 7 层抽象的参考模型，其中每一层执行某一特定任务。该模型的目的是使各种硬件在相同的层次上相互通信。这 7 层是：物理层、数据链路层、网路层、传输层、会话层、表示层和应用层。而 TCP/IP 通信协议采用了 4 层的层级结构(图 19－14)，每一层都呼叫它的下一层所提供的网络来完成自己的需求。这 4 层分别如下。

(1) 应用层

应用程序间沟通的层，负责处理特定的应用程序细节，如简单电子邮件传输(SMTP)、文件传输协议(FTP)、网络远程访问协议(Telnet)等。

(2) 传输层

传输层主要为两台主机上的应用程序提供端到端的通信。在 TCP/IP 协议中，有两个不同的传输协议，分别是 TCP(传输控制协议)和 UDP(用户数据报协议)。

TCP 为两台主机提供高可靠性的数据传输。它所做的工作包括把应用程序交给它的数据分成合适的小块交给下面的网络层，确认接收到的分组，设置发送最后确认分组的超时时钟等。由于传输层提供了高可靠性的端到端的通信，因此应用层可以忽略所有这些细节。

(3) 网络层

有时也称作互联网层，处理分组在网络中的进行，如分组的选路。在 TCP/IP 协议中，网络层协议包括 IP 协议(网际协议)、ICMP 协议(Internet 互联网控制报文协议)以及 IGMP 协议(Internet 组管理协议)。

(4) 链路层

有时也称作数据链路层或网络接口层，通常包括操作系统中的设备驱动程序和计算机中对应的网络接口卡。它们一起处理与电缆(或其他任何传输媒介)的物理接口细节。

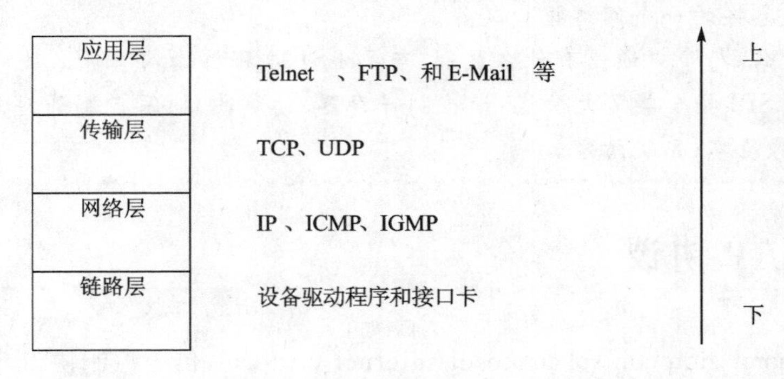

图 19－14 TCP/IP 协议 4 个层次

3. TCP/IP 中的协议

(1) IP

网际协议 IP 是 TCP/IP 的心脏，也是网络层中最重要的协议。

IP 层接收由更低层(网络接口层如以太网设备驱动程序)发来的数据包,并把该数据包发送到更高层——TCP 或 UDP 层;相反,IP 层也把从 TCP 或 UDP 层接收来的数据包传送到更低层。IP 数据包是不可靠的,因为 IP 并没有做任何事情来确认数据包是按顺序发送的或者没有被破坏。IP 数据包中含有发送它的主机的地址(源地址)和接收它的主机的地址(目的地址)。

高层的 TCP 和 UDP 服务在接收数据包时,通常假设包中的源地址是有效的。也可以这样说,IP 地址形成了许多服务的认证基础,这些服务相信数据包是从一个有效的主机发送来的。IP 确认包含一个选项,叫做 IP source routing,可以用来指定一条源地址和目的地址之间的直接路径。对于一些 TCP 和 UDP 的服务来说,使用了该选项的 IP 包好像是从路径上的最后一个系统传递过来的,而不是来自于它的真实地点。这个选项是为了测试而存在的,说明了它可以被用来欺骗系统。那么,许多依靠 IP 源地址作确认的服务将产生问题并且会被非法入侵。

普通的 IP 首部长度为 20 个字节,除非含有其他格式,如表 19-4 所列。

表 19-4　IP 首部结构

<table>
<tr><td>4 位版本</td><td>4 位首部长度</td><td>8 位服务
类型(TOS)</td><td colspan="2">16 位总长度</td></tr>
<tr><td colspan="3">16 位标识</td><td>3 位标志</td><td>13 位片偏移</td></tr>
<tr><td colspan="2">8 位生存时间(TTL)</td><td>8 位协议</td><td colspan="2">16 位首部校验和</td></tr>
<tr><td colspan="5">32 位源 IP 地址</td></tr>
<tr><td colspan="5">32 位目的 IP 地址</td></tr>
<tr><td colspan="5">选项(如果有)</td></tr>
<tr><td colspan="5">数据</td></tr>
</table>

(2) TCP

如果 IP 数据包中有已经封好的 TCP 数据包,那么 IP 将把它们向"上"传送到 TCP 层。TCP 将包排序并进行错误检查,同时实现虚电路间的连接。TCP 数据包中包括序号和确认,所以未按照顺序收到的包可以被排序,而损坏的包可以被重传。

TCP 将它的信息送到更高层的应用程序,如 Telnet 的服务程序和客户程序。应用程序轮流将信息送回 TCP 层,TCP 层便将它们向下传送到 IP 层、设备驱动程序、物理介质,最后到接收方。

面向连接的服务(如 Telnet、FTP、rlogin、X Windows 和 SMTP)需要高度的可靠性,所以它们使用了 TCP。DNS 在某些情况下使用 TCP(发送和接收域名数据库),但使用 UDP 传送有关单个主机的信息。

TCP 首部通常是 20 个字节,数据格式如表 19-5 所列。

表 19-5　TCP首部结构

16位源端口号								16位目的端口号
32位序号								
32位确认号								
4位首部长度	保留6位	URG	ACK	PSH	RST	SYN	FIN	16位窗口大小
16位校验和								16位紧急指针
选项(如果有)								
数据								

在TCP首部中有6个标志比特。它们中的多个可同时被设置为1,表19-6显示了表示标志的6个字符的含义。

表 19-6　TCP首部标志比特的字符表示

标　志	3字符缩写	描　述
S	SYN	同步序号
F	FIN	发送方完成数据发送
R	RST	复位连接
P	PSH	尽可能快地将数据送往接收进程
A	ACK	应答标志
U	URG	紧急标志

TCP的建立连接必须经过“三次握手”,因而TCP是可靠的连接服务。

所谓的“三次握手”:为了对每次发送的数据量进行跟踪与协商,确保数据段的发送和接收同步,根据所接收到的数据量而确认数据发送、接收完毕后何时撤消联系,并建立虚连接。为了提供可靠的传送,TCP在发送新的数据之前,以特定的顺序将数据包的序号传送给目标机之后进行确认。TCP总是用来发送大批量的数据,当应用程序在收到数据后要作出确认时也要用到TCP。

“三次握手”的流程图如图19-15所示。

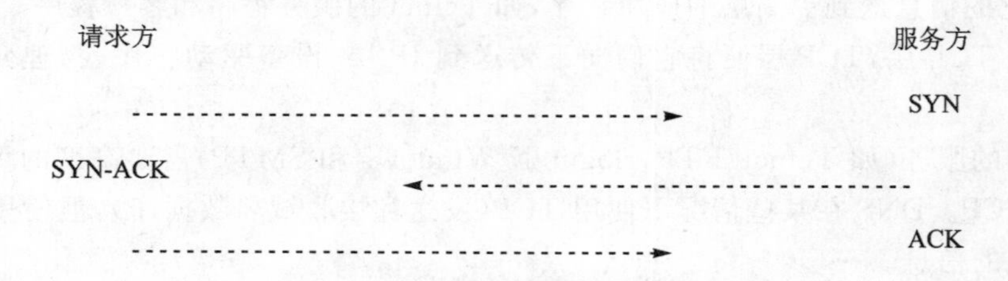

图 19-15　TCP“三次握手”流程图

(3) UDP

UDP与TCP位于同一层,但是UDP有不提供数据报分组、组装和不能对数据包排序的缺点,也就是说,当报文发送之后,是无法得知其是否安全完整到达的。因此,UDP不被应用于那些使用虚电路的面向连接的服务,UDP主要用于那些面向查询——应答的服务,如NFS。

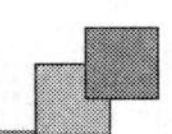

相对于 FTP 或 Telnet，这些服务需要交换的信息量较小。使用 UDP 的服务包括 NTP（网络时间协议）和 DNS（DNS 也使用 TCP）。

欺骗 UDP 包比欺骗 TCP 包更容易，因为 UDP 没有建立初始化连接（也可以称为握手）（因为在两个系统间没有虚电路），也就是说，与 UDP 相关的服务面临着更大的危险。

UDP 首部通常是 8 个字节，数据格式如表 19－7 所列。

(4) ICMP

ICMP 与 IP 位于同一层，它被用来传送 IP 的的控制信息。它主要是用来提供有关通向目的地址的路径信息。ICMP 的 Redirect 信息通知主机通向其他系统的更准确的路径，而 Unreachable 信息则指出路径有问题。另外，如果路径不可用了，ICMP 可以使 TCP 连接体面地终止。PING 是最常用的基于 ICMP 的服务。

ICMP 首部通常是 8 个字节，数据格式如表 19－8 所列。

表 19－7　UDP 首部结构

16 位源端口	16 位目的端口
16 位 UDP 长度	16 位 UDP 校验和
数据	

表 19－8　ICMP 首部结构

类型(8 位)	代码(8 位)	校验和(16 位)
标识符(16 位)		序列号(16 位)
(不同类型的代码有不同的内容)		

通过计算机的命令窗口模式，输入“ping www.baidu.com”，会出现相关的信息，如图 19－16 所示。

```
C:\Documents and Settings\w>ping www.baidu.com

Pinging www.a.shifen.com [202.108.22.142] with 32 bytes of data:

Reply from 202.108.22.142: bytes=32 time=34ms TTL=54
Reply from 202.108.22.142: bytes=32 time=34ms TTL=54
Reply from 202.108.22.142: bytes=32 time=34ms TTL=54
Reply from 202.108.22.142: bytes=32 time=34ms TTL=54

Ping statistics for 202.108.22.142:
    Packets: Sent = 4, Received = 4, Lost = 0 (0% loss),
Approximate round trip times in milli-seconds:
    Minimum = 34ms, Maximum = 34ms, Average = 34ms
```

图 19－16　Ping 示例

(5) ARP

ARP，即地址解析协议，通过遵循该协议，只要我们知道了某台机器的 IP 地址，即可以知道其物理地址。在 TCP/IP 网络环境下，每个主机都分配了一个 32 位的 IP 地址，这种互联网地址是在网际范围标识主机的一种逻辑地址。为了让报文在物理网路上传送，必须知道对方目的主机的物理地址。这样就存在把 IP 地址变换成物理地址的地址转换问题。以以太网环境为例，为了正确地向目的主机传送报文，必须把目的主机的 32 位 IP 地址转换成为 48 位以太网的地址。这就需要在互连层有一组服务将 IP 地址转换为相应物理地址，这组协议就是 ARP 协议。

ARP 首部通常是 28 个字节，数据格式如表 19－9 所列。

表 19-9 ARP首部结构

硬件类型（16位）	协议类型（16位）	硬件地址长度（8位）	协议地址长度（8位）	操作码（16位）	发送端以太网地址（48位）
发送端IP地址（32位）		目的以太网地址（48位）		目的IP地址（32位）	

通过计算机的命令窗口模式，输入“arp -a”，会出现相关的信息，如图19-17所示。

```
C:\Documents and Settings\w>arp -a

Interface: 192.168.2.101 --- 0x2
  Internet Address      Physical Address      Type
  192.168.2.1           00-27-19-3a-56-3e     dynamic
```

图 19-17 ARP示例

深入重点：

✓ TCP/IP中的协议具备什么功能，如IP、TCP、UDP、ICMP、ARP？

✓ IP、TCP、UDP、ICMP、ARP的首部各自的结构是怎样的？

✓ TCP/IP中的TCP协议如何实现“三次握手”，TCP的标志位有什么作用？

4. TCP/IP数据封装

当应用程序使用TCP或者UDP发送数据时，必须将该数据进行封装。

TCP数据包格式如图19-18所示。

以太网首部（14字节）	IP首部（20字节）	TCP首部（20字节）	应用数据	以太网尾部（CRC）

图 19-18 TCP数据包格式

UDP数据包格式如图19-19所示。

以太网首部（14字节）	IP 首部（20字节）	UDP首部（8字节）	应用数据	以太网尾部（CRC）

图 19-19 TCP数据包格式

从TCP、UDP数据包格式了解到，关于它们自身的封装都有以太网首部、IP首部在前头，然后是自身的首部，最后就是数据和CRC校验。

(1) 以太网首部

以太网首部由目的MAC地址、源MAC地址和类型组成，如表19-10所列。

表 19-10 以太网首部结构

目的MAC地址（6字节）
源MAC地址（6字节）
类型（2字节）

MAC(media access control，介质访问控制)地址，或称为MAC位址、硬件位址，用来定义网络设备的位置。在OSI模型中，第三层网络层负责IP地址，第二层数据

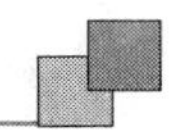

链路层则负责MAC位址。因此，一个主机会有一个IP地址，而每个网络位置会有一个专属于它的MAC位址。

在网络底层的物理传输过程中，是通过物理地址来识别主机的，它一般也是全球唯一的。形象地说，MAC地址就如同我们身份证上的身份证号码，具有全球唯一性。

(2) 数据包封装

数据包的封装以TCP传送数据为例。

当应用程序用TCP传送数据时，数据被送入协议栈中，然后逐个通过每一层直到被当作一串比特流送入网络。其中，每一层对收到的数据都要增加一些首部信息（有时还要增加尾部信息）。该过程如图19-18所示。TCP传给IP的数据单元称作TCP报文段，或简称TCP段。IP传给网络接口层的数据单元称作IP数据报。通过以太网传输的比特流称作帧。

在这里，我们的脑海中必须建立一条主线：网络通信的实质就是数据包的封装与拆解过程，因而数据包的封装决定了数据的结构（图19-20），提取数据时就根据需要去提取相关的内容，大部分内容的位置都是确定的。

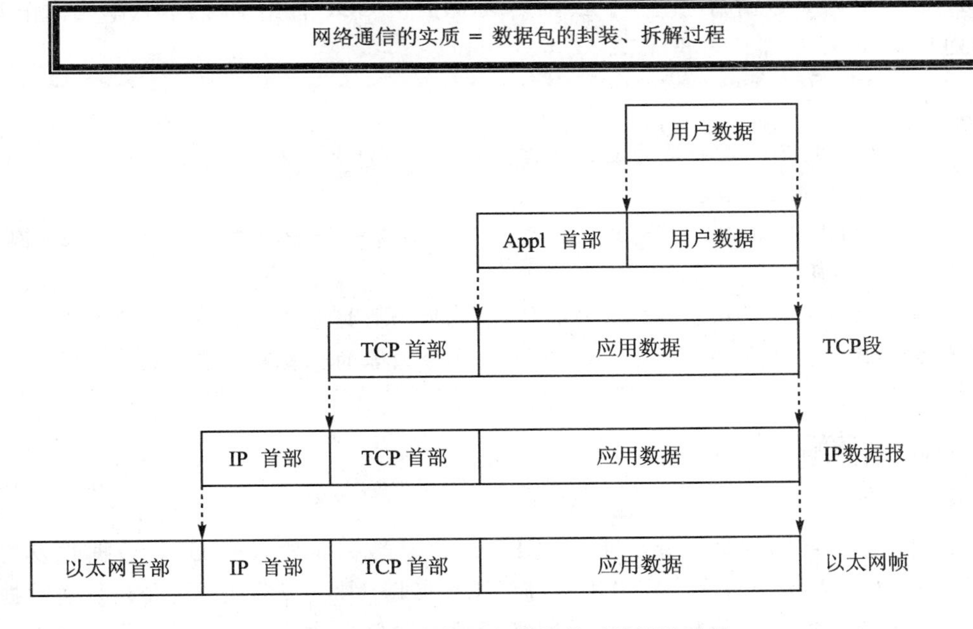

图19-20 数据进入协议栈时的封装过程

图19-20中所示的数据进入协议栈时封装过程可以参考NETProtocol.c的NETPcMakeTcpAck函数，该函数根据数据进入协议栈时的封装过程调用其他函数步骤如图19-21所示。

更多的数据的封装过程从NETProtocol.c文件中相关的函数都可以观察到，如NETPcMakeArpAnswer、NETPcMakeEchoReply、NETPcMakeUdpReply、NETPcMakeTcpSynAck、NETPcMakeTcpAck、NETPcMakeTcpAckWithData函数等。

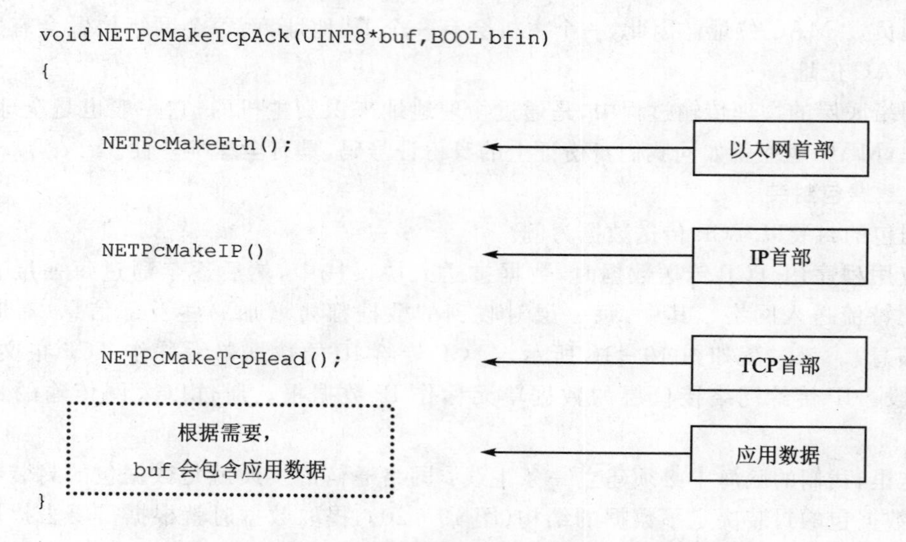
void NETPcMakeTcpAck(UINT8*buf,BOOL bfin)
{
NETPcMakeEth();
以太网首部
NETPcMakeIP()
IP首部
NETPcMakeTcpHead();
TCP首部
根据需要,
buf 会包含应用数据
应用数据
}

图 19-21 NETPcMakeTcpAck 函数的数据封装过程

UDP 数据与 TCP 数据结构基本一致,唯一不同的是 UDP 传给 IP 的信息单元称作 UDP 数据报,而且 UDP 的首部长为 8 字节。

深入重点:

- ✓ TCP/IP 的数据包是一层一层封装起来的。第一层为以太网首部,接着为 IP 首部、TCP 首部(UDP 首部)、应用数据。
- ✓ 以太网首部+IP 首部=34 字节,以太网首部+IP 首部+TCP 首部=54 字节,以太网首部+IP 首部+UDP 首部=42 字节。
- ✓ 网络通信的实质就是数据包的封装与拆解过程,因而数据包的封装决定了数据的结构,提取数据时就根据需要去提取相关的内容,大部分内容的位置都是确定的。

19.5 网络实验

【实验 19-1】 网络通信实验要求实现 Ping、TCP 数据收发以及 UDP 数据收发功能。Ping 功能实现通过 Windows 命令窗口进行,而 TCP 实验、UDP 实验通过上位机发送数据,下位机将收到的数据重发到上位机并显示。网络通信实验细分为 3 个小实验,分别是 Ping 实验、TCP 实验、UDP 实验。这 3 个实验的硬件设计如图 19-22 所示。

1. 硬件设计

ENC28J60 同样需要晶振来起振,该晶振频率为 25 MHz。ENC28J60 提供了 MISO、MOSI、SCK、CS 引脚用于 SPI 通信,分别连接单片机的 P1.4~P1.7 引脚,当然该芯片也提供中断功能,其中断引脚连接到单片机的 P3.2/INT0 引脚。如果想复位 ENC28J60,可以通过 P3.5 引脚来控制。

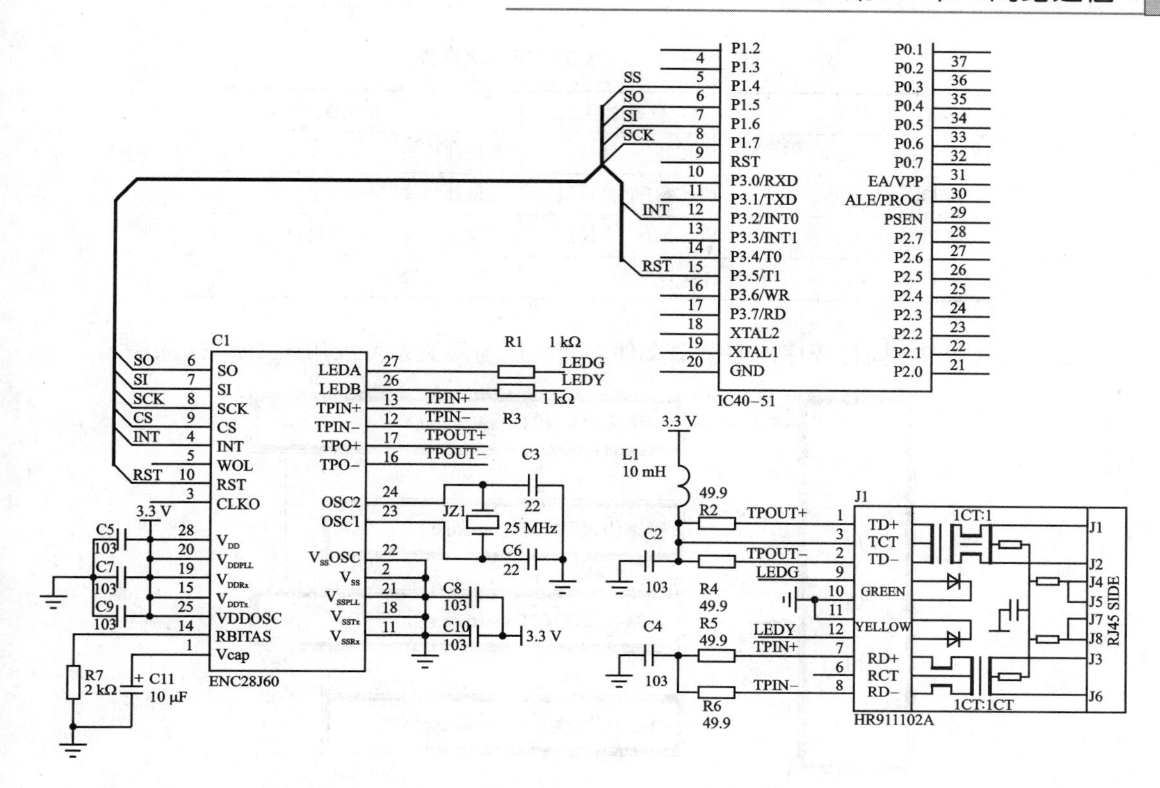

图 19-22 网络实验硬件设计图

2. 软件设计

网络编程主体架构与前面章节中介绍的USB编程主体架构一样，都是通过任务总线捕获并执行已就绪的任务，而任务的就绪通过消息传递来实现，如图19-23所示。

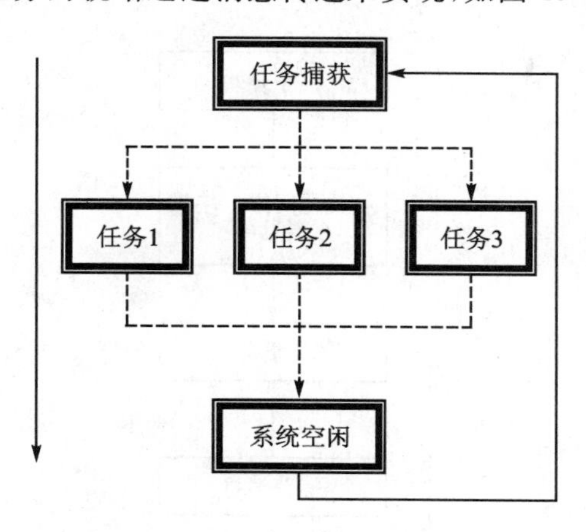

图 19-23 网络实验程序总体结构

NET固件程序设计思想同USB章节的程序设计思想保持一致，如表19-11所列。

表 19 - 11 网络功能模块源文件

文件名	简要说明	相关性
NETHardware. c	ENC28J60 硬件层	与硬件相关
NETInterface. c	ENC28J60 接口层	与硬件相关
NETProtocol. c	ENC28J60 协议层	与硬件无关,与网络协议有关
NETApplication. c	ENC28J60 应用层	与硬件无关

关于 ENC28J60 固件程序的各个源文件之间的层与层关系可以用图 19 - 24 来表示。

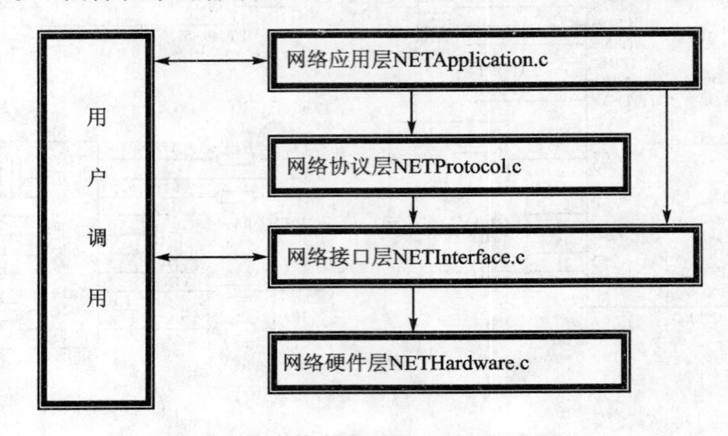

图 19 - 24 网络实验程序源文件关系图

从图 19 - 24 可以分析到,双向线表示两者之间存在数据交换,单向线表示上层对下层的调用,这样的结构清晰明朗,而且移植性强,同时有利于日后的维护。

3. 流程图(图 19 - 25)

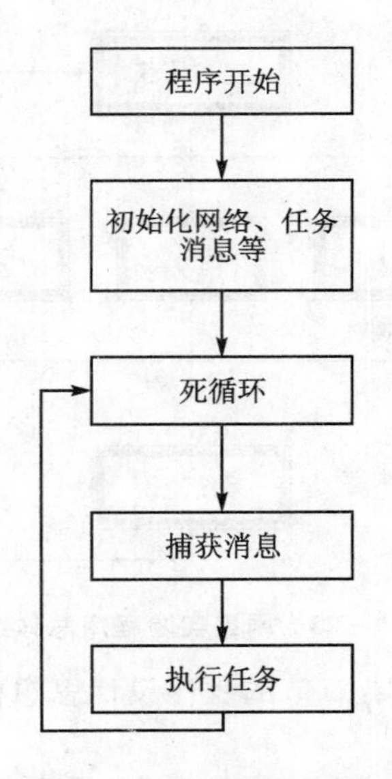

图 19 - 25 网络实验流程图

4. 实验代码

(1) GLOBAL 功能模块

参考 USB 章节的 GLOBAL 功能模块。

(2) Main 功能模块(表 19-12)

表 19-12　Main 功能模块

Main 功能模块		
序　号	函数名称	说　明
1	main	函数主体

程序清单 19-3　Main 功能模块代码

```
#include "Board.h"
#include "Global.h"
#include "NETDefine.h"
#include "NETInterface.h"
#include "NETProtocol.h"
#include "NETApplication.h"
static    UINT8 CODE acLocalMac[6] = {0x54,0x55,0x58,0x10,0x00,0x24};
static    UINT8 CODE acLocalIP[4]   = {192,168,5,218};
static void ( * CODE avTaskTbl[MAX_TASKS])(void) = {
SYSIdle,                                          //系统空闲任务
NULL,                                             //空任务
NULL,                                             //空任务
NULL,                                             //空任务
NULL,                                             //空任务
NULL,                                             //空任务
NETApDisposeData,                                 //NET 处理数据 任务
NULL                                              //空任务
};
void main(void)
{
  NET_PORT = SI_ENJ|SO_ENJ|SCK_ENJ;
  P3 = 0xFF;
  NETCiInit(acLocalMac);
  NETCiClkOut(2);
  DelayNms(10);
  NETCiPhyWrite(PHLCON,0xD76);
  DelayNms(20);
  NETPcInit(acLocalMac,acLocalIP,TCP_PORT);
  SYSPostCurMsg(RUN_NET_DISPOSE_DATA);
  while(1)
  {
    avTaskTbl[SYSRecvCurMsg()]();
```

```
    }
}
```

(3) 网络功能模块

① 硬件层 NETHardware.c

硬件层只含有硬件初始化函数,没有中断服务函数(本实验代码采用了“查询法”,没有使用“中断法”),如表19-13所列。

命名规范:NET+Hw+基本功能。

表19-13 网络功能模块硬件层函数列表

硬件层		
序 号	函数名称	说 明
1	NETHwInit	NET硬件初始化,主要是单片机相关初始化

程序清单19-4 网络功能模块硬件层代码

```
#include "Board.h"
#include "Global.h"
#include "NETHardware.h"
#include "NETInterface.h"
/****************************************************
* 函数名称:NETHwInit
* 输    入:无
* 输    出:无
* 说    明:网口硬件层初始化
****************************************************/
void NETHwInit(void)
{
    NET_PORT = SI_PIN|SCK_PIN;
}
```

② 接口层 NETInterface.c

命名规范:NET+Ci+基本功能。

接口层主要由NET读数据、NET写数据、NET写命令等基本操作函数组成(表19-14),而且大部分函数根据ENC28J60的SPI指令集来编写。

表19-14 网络功能模块接口层函数列表

接口层		
序号	函数名称	说明
1	NETCiWriteOp	写控制寄存器
2	NETCiReadOp	读控制寄存器
3	NETCiReadBuffer	读取缓冲区
4	NETCiWriteBuffer	写缓冲区
5	NETCiSetBank	设置存储器

续表 19－14

接口层		
序号	函数名称	说明
6	NETCiRead	读单个数据
7	NETCiClkOut	设置 CLKOUT
8	NETCiWrite	写单个字节数据
9	NETCiPhyWrite	写 PHY 寄存器
10	NETCiInit	网络初始化
11	NETCiPacketSend	网络数据包发送
12	NETCiPacketReceive	网络数据包接收

程序清单 19－5　网络功能模块接口层代码

```
#include "Board.h"
#include "Global.h"
#include "NETDefine.h"
#include "NETHardware.h"
#include "NETInterface.h"
static  DATA UINT8   Enc28j60Bank = 0;           //当前 BANK 区
static IDATA UINT16   NextPacketPtr = 0;          //指向下一个数据包
/****************************************************
* 函数名称：SPISend
* 输     入：单个字节 d
* 输     出：无
* 说     明：SPI 发送单个字节
****************************************************/
static void SPISend(UINT8 d)
{
  UINT8 i;
  for(i = 0;i<8;i++)
  {
    SCLK = 0;
    MOSI = d & 0x80;
    SCLK = 1;
    d <<= 1;
  }
  SCLK = 0;
}
/****************************************************
* 函数名称：SPIRecv
* 输     入：无
* 输     出：单个字节
* 说     明：SPI 接收单个字节
****************************************************/
```

```
static UINT8 SPIRecv(void)
{
  UINT8 i,d;
  SCLK = 0;
  d = 0;
  for(i = 0;i<8;i++)
  {
    SCLK = 1;
    d <<= 1;
    d |= MISO;
    SCLK = 0;
  }
  return d;
}
/*****************************************************************
 * 函数名称：NETCiWriteOp
 * 输    入：op 操作码,addr 地址, dat 数据
 * 输    出：无
 * 说    明：网络 写控制寄存器
*****************************************************************/
void NETCiWriteOp(UINT8 op,UINT8 addr,UINT8 dat)
{
    CS = 0;                                   //选通 ENC28J60
    SPISend(op | (addr & ADDR_MASK));         //SPI 指令集：写控制寄存器
    SPISend(dat);                             //SPI 发送数据
    CS = 1;                                   //禁止 ENC28J60
}
/*****************************************************************
 * 函数名称：NETCiReadOp
 * 输    入：op 操作码,addr 地址
 * 输    出：数据
 * 说    明：网络 读控制寄存器
*****************************************************************/
UINT8 NETCiReadOp (UINT8 op,UINT8 addr)
{
      UINT8 d;
    CS = 0;                                   //选通 ENC28J60
    SPISend(op | (addr & ADDR_MASK));         //SPI 指令：读控制寄存器
    d = SPIRecv();                            //读数据
    if(addr & 0x80)                           //若 addr 最高位为 1
    {
        d = SPIRecv();                        //读数据
    }
    CS = 1;                                   //禁止 ENC28J60
    return d;                                 //返回读取到的数据
```

```
}
/*********************************************************
* 函数名称：NETCiReadBuffer
* 输    入：len 长度，buf 接收的数据
* 输    出：无
* 说    明：网络 读取缓冲区
*********************************************************/
void NETCiReadBuffer(UINT16 len, UINT8 *buf)
{
    CS = 0;                                    //选通 ENC28J60
    SPISend(ENC28J60_READ_BUF_MEM);            //SPI 指令集：读缓冲区
    while(len--)
    {
        *buf++ = SPIRecv();                    //连续接收数据
    }
    *buf = '\0';
    CS = 1;                                    //禁止 ENC28J60
}
/*********************************************************
* 函数名称：NETCiWriteBuffer
* 输    入：len 长度，buf 要发送的数据
* 输    出：无
* 说    明：网络 写缓冲区
*********************************************************/
void NETCiWriteBuffer(UINT16 len,UINT8 *buf)
{
    CS = 0;                                    //选通 ENC28J60
    SPISend(ENC28J60_WRITE_BUF_MEM);           //SPI 指令集：写缓冲区
    while(len--)
    {
        SPISend(*buf++);                       //连续写入数据
    }
    CS = 1;                                    //禁止 ENC28J60
}
/*********************************************************
* 函数名称：NETCiSetBank
* 输    入：addr 地址
* 输    出：无
* 说    明：设置存储区
*********************************************************/
void NETCiSetBank(UINT8 addr)
{
if((addr & BANK_MASK) != Enc28j60Bank)         //检查是否有效的存储区
{
    //清零 ECON 寄存器的 BSEL1 和 BSEL0
```

```
    NETCiWriteOp(ENC28J60_BIT_FIELD_CLR,ECON1, (ECON1_BSEL1|ECON1_BSEL0));
    //设置 ECON 寄存器值为(addr & BANK_MASK)>>5
    NETCiWriteOp(ENC28J60_BIT_FIELD_SET, ECON1, (addr & BANK_MASK)>>5);
    //获取当前 BANK 存储区
Enc28j60Bank = (addr & BANK_MASK);
}
}
/*****************************************************
 * 函数名称:NETCiRead
 * 输    入:addr 地址
 * 输    出:一字节数据
 * 说    明:从某一个地址读取 1 字节数据
*****************************************************/
UINT8 NETCiRead(UINT8 addr)
{
    NETCiSetBank(addr);
    return NETCiReadOp(ENC28J60_READ_CTRL_REG, addr);
}
/*****************************************************
 * 函数名称:NETCiClkOut
 * 输    入:clk 值
 * 输    出:无
 * 说    明:设置 CLKOUT
*****************************************************/
void NETCiClkOut(UINT8 clk)
{
    NETCiWrite(ECOCON,clk&0x07);                          //设置 CLKOUT
}
/*****************************************************
 * 函数名称:NETCiWrite
 * 输    入:addr 地址 ,dat 要写入的数据
 * 输    出:无
 * 说    明:设置寄存器
*****************************************************/
void NETCiWrite(UINT8 addr,
                UINT8 dat)
{
    NETCiSetBank(addr);                                   //选择存储区
    NETCiWriteOp(ENC28J60_WRITE_CTRL_REG, addr, dat); //设置控制寄存器
}
/*****************************************************
 * 函数名称:NETCiPhyWrite
 * 输    入:addr 地址, dat 16 位数据
 * 输    出:无
 * 说    明:设置 PHY
```

```
***********************************************************/
void NETCiPhyWrite(UINT8   addr, UINT16 dat)
{
    NETCiWrite(MIREGADR, addr);                    //写 MIREAGDR 值为 dat
    NETCiWrite(MIWRL, dat);                        //写 MIWRL 值为 dat(即低 8 位)
    NETCiWrite(MIWRH, dat>>8);                     //写 MIWRH 值为 dat>>8(即高 8 位)
    while(NETCiRead(MISTAT) & MISTAT_BUSY)         //检测 MISTAT 寄存器的 BUSY 位
    {
        DelayNus(15);                              //延时 15 μs
    }
}
/**********************************************************
* 函数名称:NETCiInit
* 输      入:mac 地址
* 输      出:无
* 说      明:网络设备初始化
***********************************************************/
void NETCiInit(UINT8 *mac)
{
    NETHwInit();                                   //网络低层 I/O 初始化
    NETCiWriteOp(ENC28J60_SOFT_RESET, 0, ENC28J60_SOFT_RESET);//ENC28J60 软复位
    DelayNms(50);                                  //延时 50 ms
    while(! (NETCiRead(ESTAT) & ESTAT_CLKRDY));    //检测是否就绪
    NextPacketPtr = RXSTART_INIT;
    NETCiWrite(ERXSTL, RXSTART_INIT&0xFF);         //设置接收缓冲区起始地址低字节
    NETCiWrite(ERXSTH, RXSTART_INIT>>8);           //设置接收缓冲区起始地址高字节
    NETCiWrite(ERXRDPTL, RXSTART_INIT&0xFF);       //设置接收缓冲区读指针低字节
    NETCiWrite(ERXRDPTH, RXSTART_INIT>>8);         //设置接收缓冲器读指针高字节
    NETCiWrite(ERXNDL, RXSTOP_INIT&0xFF);          //设置接收缓冲器结束地址低字节
    NETCiWrite(ERXNDH, RXSTOP_INIT>>8);            //设置接收缓冲区结束地址高字节
    NETCiWrite(ETXSTL, TXSTART_INIT&0xFF);         //设置发送缓冲区起始地址低字节
    NETCiWrite(ETXSTH, TXSTART_INIT>>8);           //设置发送缓冲区起始地址高字节
NETCiWrite(ETXNDL, TXSTOP_INIT&0xFF);              //设置发送缓冲区结束地址低字节
    NETCiWrite(ETXNDH, TXSTOP_INIT>>8);            //设置发送缓冲区结束地址高字节
     //设置接收/发送过滤器 ERXFCON 使能单播过滤器、CRC、格式匹配过滤
    NETCiWrite(ERXFCON, ERXFCON_UCEN|ERXFCON_CRCEN|ERXFCON_PMEN);
    NETCiWrite(EPMM0, 0x3f);                     //设置格式匹配屏蔽字节 0 寄存器,屏蔽低 6 位
    NETCiWrite(EPMM1, 0x30);                     //设置格式匹配屏蔽字节 1 寄存器,屏蔽高 2 位
    NETCiWrite(EPMCSL, 0xf9);                      //设置格式匹配校验和低字节
    NETCiWrite(EPMCSH, 0xf7);                      //设置格式匹配校验和高字节
     //设置 MAC 控制寄存器 1 使能 MAC 允许接收、暂停控制帧发送允许、暂停控制帧接收允许
    NETCiWrite(MACON1, MACON1_MARXEN|MACON1_TXPAUS|MACON1_RXPAUS);
    NETCiWrite(MACON2, 0x00);                      //不设置 MAC 控制寄存器 2
    //设置 MAC 控制寄存器 3 使能帧校验长度、发送 CRC、自动填充和配置 CRC
NETCiWriteOp(ENC28J60_BIT_FIELD_SET,MACON3,MACON3_PADCFG0|MACON3_TXCRCEN |MACON3_FRMLNEN);
```

```
    NETCiWrite(MAIPGL, 0x12);                        //配置非背对背包间间隔寄存器的低字节
    NETCiWrite(MAIPGH, 0x0C);                        //配置非背对背包间间隔寄存器的高字节
    NETCiWrite(MABBIPG,0x12);                        //配置背对背包间间隔寄存器
    NETCiWrite(MAMXFLL, MAX_FRAME_LEN&0xFF);         //最大帧长度低字节
    NETCiWrite(MAMXFLH, MAX_FRAME_LEN>>8);           //最大帧长度高字节
    NETCiWrite(MAADR5, mac[0]);                      //设置 MAC 地址字节 5
    NETCiWrite(MAADR4, mac[1]);                      //设置 MAC 地址字节 4
    NETCiWrite(MAADR3, mac[2]);                      //设置 MAC 地址字节 3
    NETCiWrite(MAADR2, mac[3]);                      //设置 MAC 地址字节 2
    NETCiWrite(MAADR1, mac[4]);                      //设置 MAC 地址字节 1
    NETCiWrite(MAADR0, mac[5]);                      //设置 MAC 地址字节 0
    //设置 PHY 控制寄存器 2 发送的数据仅通过双绞线的接口发出
    NETCiPhyWrite(PHCON2, PHCON2_HDLDIS);
    //选择 BANK 为以太网控制寄存器 1
    NETCiSetBank(ECON1);
    //设置中断使能
    NETCiWriteOp(ENC28J60_BIT_FIELD_SET, EIE, EIE_INTIE|EIE_PKTIE);
    //设置以太网控制寄存器 1 接收使能
    NETCiWriteOp(ENC28J60_BIT_FIELD_SET, ECON1, ECON1_RXEN);
}
/*******************************************************
* 函数名称：NETCiPacketSend
* 输    入：packet 数据包缓冲区,len 数据长度
* 输    出：无
* 说    明：网络设备发送数据
*******************************************************/
void NETCiPacketSend(UINT8 *packet,UINT16 len)
{
    NETCiWrite(EWRPTL, TXSTART_INIT&0xFF);            //设置发送缓冲区写起始地址低字节
    NETCiWrite(EWRPTH, TXSTART_INIT>>8);              //设置发送缓冲区写起始地址高字节
    NETCiWrite(ETXNDL, (TXSTART_INIT + len)&0xFF);    //设置发送缓冲区写结束地址低字节
    NETCiWrite(ETXNDH, (TXSTART_INIT + len)>>8);      //设置发送缓冲区写结束地址高字节
    NETCiWriteOp(ENC28J60_WRITE_BUF_MEM, 0, 0x00);    //清空发送缓冲区
    NETCiWriteBuffer(len, packet);                    //发送数据
    NETCiWriteOp(ENC28J60_BIT_FIELD_SET, ECON1, ECON1_TXRTS); //发送逻辑复位
    if( (NETCiRead(EIR) & EIR_TXERIF) )               //检测发送是否结束
    {
        NETCiWriteOp(ENC28J60_BIT_FIELD_CLR, ECON1, ECON1_TXRTS);  //发送逻辑复位
    }
}
/*******************************************************
* 函数名称：NETCiPacketReceive
* 输    入：packet 数据包缓冲区;len 数据长度
* 输    出：长度
* 说    明：网络设备接收数据
```

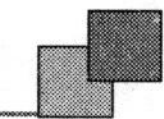

```
*******************************************************/
UINT16 NETCiPacketReceive(UINT8  * packet,UINT16 maxlen)
{
    UINT16 rxstat;
    UINT16 len;
    if( NETCiRead(EPKTCNT) = = 0 )                      //读取以太网数据包长度
    {
        return(0);
    }
NETCiWrite(ERDPTL, (NextPacketPtr));                    //接收缓冲区读指针低字节
NETCiWrite(ERDPTH, (NextPacketPtr)>>8);                 //接收缓冲区读指针高字节
//保存读缓冲区读指针低字节
NextPacketPtr = NETCiReadOp(ENC28J60_READ_BUF_MEM, 0);
//保存读缓冲区读指针高字节
NextPacketPtr| = NETCiReadOp(ENC28J60_READ_BUF_MEM,0)<<8;
    len    = NETCiReadOp(ENC28J60_READ_BUF_MEM, 0);     //读数据长度低字节
    len | = NETCiReadOp(ENC28J60_READ_BUF_MEM, 0)<<8;   //读数据长度高字节
    len - = 4;                                          //移除 CRC 校验
    rxstat   = NETCiReadOp(ENC28J60_READ_BUF_MEM, 0);
    rxstat | = (UINT16)(NETCiReadOp(ENC28J60_READ_BUF_MEM, 0)<<8);
    if (len>maxlen - 1)                                 //检测是否符合最大长度
    {
        len = maxlen - 1;
}
    if ((rxstat & 0x80) = = 0)
    {
        len = 0;
    }
    else
    {
        NETCiReadBuffer(len, packet);                   //读取数据
    }
    NETCiWrite(ERXRDPTL, (NextPacketPtr));              //接收读指针低字节
    NETCiWrite(ERXRDPTH, (NextPacketPtr)>>8);           //接收读指针高字节
    //清空以太网控制寄存器 2 中的数据包递减位
    NETCiWriteOp(ENC28J60_BIT_FIELD_SET, ECON2, ECON2_PKTDEC);
    return(len);                                        //返回接收数据的长度
}
```

③ 协议层 NETProtocol. c

协议层主要实现网络协议的封装过程、TCP 发送数据、UDP 发送数据等(表 19－15)。

命名规范：NET＋Pc＋基本功能。

表 19-15　网络功能模块协议层函数列表

接口层		
序　号	函数名称	说　明
1	NETPcInit	设置本机 IP、MAC、端口
2	NETPcEthIsArpAndMyIp	检查以太网的 ARP 和本机 IP 地址是否正确
3	NETPcEthIsIpAndMyIp	检查以太网的 IP 和本机 IP 地址是否正确
4	NETPcMakeEth	制作以太网帧头部
5	NETPcFillIPHdrChkSum	填充 IP 头部的校验和
6	NETPcMakeIP	填充 IP 头部的数据，如目标地址、源地址
7	NETPcMakeTcpHead	填充 TCP 头部的数据
8	NETPcMakeArpAnswer	ARP 应答
9	NETPcMakeEchoReply	填充 ICMP 要应答的数据
10	NETPcMakeUdpReply	填充 UDP 要应答的数据
11	NETPcMakeTcpSynAck	填充 TCP 要应答的数据
12	NETPcGetTcpDataPointer	获取 TCP 数据的位置
13	NETPcInitLenInfo	初始化用到的关于数据长度的变量
14	NETPcMakeTcpAck	TCP 应答
15	NETPcMakeTcpAckWithData	TCP 应答且发送数据
16	NETPcCheckSum	校验和

程序清单 19-6　网络功能模块协议层代码

```
#include "Board.h"
#include "Global.h"
#include "NETDefine.h"
#include "NETInterface.h"
#include "NETProtocol.h"
static UINT16 usTCPPort      = TCP_PORT;                //TCP 端口
static UINT8  acMACAddr[6] = {0};                       //MAC 地址
static UINT8  acIPAddr[4]  = {0};                       //IP 地址
static UINT16 usInfoHdrLen = 0 ;                        //设备数据长度
static UINT16 usInfoDataLen = 0 ;                       //数据长度
static UINT8  ucSeqNum = 0xa;                           //TCP 请求
/************************************************************************
* 函数名称：NETPcCheckSum
* 输    入：buf   数据
            len   长度
            type 协议类型
* 输    出：UINT16 数据
* 说    明：校验和
************************************************************************/
UINT16 NETPcCheckSum(UINT8 *buf, UINT16 len,UINT8 type)
```

```
{
        UINT32 sum = 0;
        if(type = = 0) //IP
        {

        }
        if(type = = 1)//UDP
        {
                sum + = IP_PROTO_UDP_V;
                sum + = len - 8;                                    //获取 UDP 的真实长度
        }
        if(type = = 2)                                              //TCP
        {
                sum + = IP_PROTO_TCP_V;
                sum + = len - 8;                                    //获取 TCP 的真实长度
        }
        while(len >1)
        {
                sum  + = 0xFFFF & (((UINT32) * buf<<8)| * (buf + 1));
                buf + = 2;
                len - = 2;
        }
        if (len)
        {
                sum  + = ((UINT32)(0xFF & * buf))<<8;
        }
        while (sum>>16)
        {
                sum = (sum & 0xFFFF) + (sum >> 16 &0xFFFF);
        }

        return( (UINT16) sum ^ 0xFFFF);
}
/ *****************************************************
* 函数名称：NETPcInit
* 输      入：mac   地址
             IP      地址
             port 端口
* 输      出：无
* 说      明：网络 初始化
*****************************************************/
void NETPcInit(UINT8 * mymac,UINT8 * myip,UINT16 port)
{
        UINT8 i = 0;
        usTCPPort = port;                                           //保存 TCP 端口
```

```
        while(i<4)
        {
            acIPAddr[i] = myip[i];                         //保存本地 IP 地址
              i++;
        }

        i = 0;

        while(i<6)
        {
            acMACAddr[i] = mymac[i];                       //保存本地 MAC 地址
              i++;
        }
}
/*****************************************************
 * 函数名称：NETPcEthIsArpAndMyIp
 * 输    入：buf 数据包缓冲区,len 数据长度
 * 输    出：0/1
 * 说    明：检查数据包 ARP 是否匹配、IP 是否匹配
*****************************************************/
UINT8 NETPcEthIsArpAndMyIp(UINT8 *buf,UINT16 len)
{
        UINT8 i = 0;
        if (len<41)                                        //检测长度是否符合,即以太
                                                           //网首部 + IP 首部 + ARP 首部
        {
                return(0);
        }

        if(buf[ETH_TYPE_H_P] != ETHTYPE_ARP_H_V ||
           buf[ETH_TYPE_L_P] != ETHTYPE_ARP_L_V)           //检测以太网类型是否符合
        {
                return(0);
        }
        while(i<4)
        {
                if(buf[ETH_ARP_DST_IP_P + i] != acIPAddr[i])  //检测 IP 地址是否符合
                {
                        return(0);
                }

                i++;
        }

        return(1);
```

```
}
/*********************************************************
* 函数名称：NETPcEthIsIpAndMyIp
* 输    入：buf 数据包缓冲区,len 数据长度
* 输    出：0/1
* 说    明：检查以太网类型、IP 版本、IP 地址是否符合
*********************************************************/
UINT8 NETPcEthIsIpAndMyIp(UINT8 * buf,UINT16 len)
{
        UINT8 i = 0;
        if (len<42)                                        //检测长度是否符合
        {
                return(0);
        }
        if(buf[ETH_TYPE_H_P]! = ETHTYPE_IP_H_V ||
           buf[ETH_TYPE_L_P]! = ETHTYPE_IP_L_V)            //检测以太网类型是否符合
        {
                return(0);
        }
        if (buf[IP_HEADER_LEN_VER_P]! = 0x45)              //检查 IP 版本是否 IPV4
        {
                return(0);
        }
        while(i<4)
        {
                if(buf[IP_DST_P + i]! = acIPAddr[i])       //检查 IP 地址是否符合
                {
                        return(0);
                }
                i + + ;
        }
        return(1);
}
/*********************************************************
* 函数名称：NETPcMakeEth
* 输    入：buf 数据包缓冲区
* 输    出：无
* 说    明：建立以太网首部
*********************************************************/
void NETPcMakeEth(UINT8 * buf)
{
        UINT8 i = 0;
        while(i<6)                                         //建立以太网首部,获取 MAC 地址
        {
                buf[ETH_DST_MAC + i] = buf[ETH_SRC_MAC + i];
```

```
            buf[ETH_SRC_MAC + i] = acMACAddr[i];
            i++;
        }
}
/*********************************************************
 * 函数名称：NETPcFillIPHdrChkSum
 * 输    入：buf 数据包缓冲区
 * 输    出：无
 * 说    明：填充 IP 包校验和
*********************************************************/
void NETPcFillIPHdrChkSum(UINT8 * buf)
{
        UINT16 ck;
        buf[IP_CHECKSUM_P] = 0;                              //校验值低字节清零
        buf[IP_CHECKSUM_P + 1] = 0;                          //校验值高字节清零
        buf[IP_FLAGS_P] = 0x40;                              //分段标志低字节设为 0x40
        buf[IP_FLAGS_P + 1] = 0;                             //分段标志高字节设为 0x00
        buf[IP_TTL_P] = 64;                                  //生存时间为 64 ms
        ck = NETPcCheckSum(&buf[IP_P], IP_HEADER_LEN,0);     //校验 IP 首部
        buf[IP_CHECKSUM_P] = ck>>8;                          //校验值高字节
        buf[IP_CHECKSUM_P + 1] = ck& 0xff;                   //校验值低字节
}
/*********************************************************
 * 函数名称：NETPcMakeIP
 * 输    入：buf 数据包缓冲区
 * 输    出：无
 * 说    明：建立 IP 首部
*********************************************************/
void NETPcMakeIP(UINT8 * buf)
{
        UINT8 i = 0;
        while(i<4)                                           //建立 IP 首部,获取 IP 地址
        {
                buf[IP_DST_P + i] = buf[IP_SRC_P + i];
                buf[IP_SRC_P + i] = acIPAddr[i];
                i++;
        }
        NETPcFillIPHdrChkSum(buf);
}
/*********************************************************
* 函数名称：NETPcMakeTcpHead
* 输    入：buf 数据包缓冲区
          rel_ack_num 确认号
          mss 是否设置最大报文大小
          cp_seq 是否设置序号
```

```
* 输    出：无
* 说    明：建立 TCP 首部
******************************************************/
void NETPcMakeTcpHead(UINT8 *buf,UINT16 rel_ack_num,UINT8 mss,UINT8 cp_seq)
{
        UINT8 i = 0;
        UINT8 tseq;

        while(i<2)                                          //获取源端口
        {
                buf[TCP_DST_PORT_H_P + i] = buf[TCP_SRC_PORT_H_P + i];
                buf[TCP_SRC_PORT_H_P + i] = 0;
                i++;
        }
       buf[TCP_SRC_PORT_H_P] = (usTCPPort>>8)&0xFF;//重新获取 TCP 端口
        buf[TCP_SRC_PORT_L_P] = usTCPPort     &0xFF;
        i = 4;
        while(i>0)                                          //设置 32 位序号和 32 位确认号
        {
                rel_ack_num = buf[TCP_SEQ_H_P + i - 1] + rel_ack_num;
                tseq = buf[TCP_SEQACK_H_P + i - 1];
                buf[TCP_SEQACK_H_P + i - 1] = 0xff&rel_ack_num;
                if (cp_seq)
                {
                        buf[TCP_SEQ_H_P + i - 1] = tseq;
                }
                else
                {
                        buf[TCP_SEQ_H_P + i - 1] = 0;
                }
                rel_ack_num = rel_ack_num>>8;
                i--;
        }
        if (cp_seq == 0)                                    //检测请求序号是否为 0
        {
                buf[TCP_SEQ_H_P + 0] = 0;
                buf[TCP_SEQ_H_P + 1] = 0;
                buf[TCP_SEQ_H_P + 2] = ucSeqNum;
                buf[TCP_SEQ_H_P + 3] = 0;
                ucSeqNum += 2;
        }
        buf[TCP_CHECKSUM_H_P] = 0;                          //TCP 首部校验值清零
        buf[TCP_CHECKSUM_L_P] = 0;
        if (mss)                                            //检查是否要设置最大报文段长度
        {
```

```
            buf[TCP_OPTIONS_P] = 2;
            buf[TCP_OPTIONS_P + 1] = 4;
            buf[TCP_OPTIONS_P + 2] = 0x05;
            buf[TCP_OPTIONS_P + 3] = 0x80;
            buf[TCP_HEADER_LEN_P] = 0x60;
        }
        else
        {
            buf[TCP_HEADER_LEN_P] = 0x50;
        }
}
/*****************************************************
* 函数名称：NETPcMakeArpAnswer
* 输    入：buf 数据包缓冲区
* 输    出：无
* 说    明：网络 ARP 应答
*****************************************************/
void NETPcMakeArpAnswer(UINT8 * buf)
{
        UINT8 i = 0;
        NETPcMakeEth(buf);                              //建立以太网首部
        //设置 ARP 操作码
        buf[ETH_ARP_OPCODE_H_P] = ETH_ARP_OPCODE_REPLY_H_V;
        buf[ETH_ARP_OPCODE_L_P] = ETH_ARP_OPCODE_REPLY_L_V;
        while(i<6)                                      //设置 MAC 地址
        {
            buf[ETH_ARP_DST_MAC_P + i] = buf[ETH_ARP_SRC_MAC_P + i];
            buf[ETH_ARP_SRC_MAC_P + i] = acMACAddr[i];
            i++;
        }
        i = 0;
        while(i<4)                                      //设置 IP 地址
        {
            buf[ETH_ARP_DST_IP_P + i] = buf[ETH_ARP_SRC_IP_P + i];
            buf[ETH_ARP_SRC_IP_P + i] = acIPAddr[i];
            i++;
        }
        NETCiPacketSend(buf,42);                        //发送数据
}
/*****************************************************
* 函数名称：NETPcMakeEchoReply
* 输    入：buf 数据包缓冲，len 发送长度
* 输    出：长度
* 说    明：网络 ECHO 应答
*****************************************************/
```

```
void NETPcMakeEchoReply(UINT8 * buf,UINT16 len)
{
        NETPcMakeEth(buf);                                          //建立以太网首部
        NETPcMakeIP(buf);                                           //建立 IP 包首部
        buf[ICMP_TYPE_P] = ICMP_TYPE_ECHOREPLY_V;                   //设置应答
        if (buf[ICMP_CHECKSUM_P] > (0xff - 0x08))                   //设置校验值
        {
                buf[ICMP_CHECKSUM_P + 1] + + ;
        }
        buf[ICMP_CHECKSUM_P] + = 0x08;
        NETCiPacketSend(buf,len);                                   //发送数据
}
/ ***************************************************************
* 函数名称：NETPcMakeUdpReply
* 输    入：buf        本机向网络发送的数据
          sz         要添加的数据
          datalen 添加的数据的长度
          port       端口
* 输    出：无
* 说    明：填充 UDP 要应答的数据
***************************************************************/
void NETPcMakeUdpReply(UINT8 * buf,UINT8 * sz,UINT8 datalen,UINT16 port)
{
        UINT8 i = 0;
        UINT16 ck;
        NETPcMakeEth(buf);                                          //建立以太网首部
        //设置 IP 包总长度
        buf[IP_TOTLEN_H_P] = 0;
        buf[IP_TOTLEN_L_P] = IP_HEADER_LEN + UDP_HEADER_LEN + datalen;
        NETPcMakeIP(buf);                                           //建立 IP 包
        buf[UDP_DST_PORT_H_P] = port>>8;                            //UDP 目标端口高字节
        buf[UDP_DST_PORT_L_P] = port & 0xff;                        //UDP 目标端口低字节
        buf[UDP_LEN_H_P] = 0;
        buf[UDP_LEN_L_P] = UDP_HEADER_LEN + datalen;                //UDP 包长度赋给低字节
        buf[UDP_CHECKSUM_H_P] = 0;
        buf[UDP_CHECKSUM_L_P] = 0;
        while(i<datalen)                                            //UDP 包数据
        {
                buf[UDP_DATA_P + i] = sz[i];
                i + + ;
        }
        ck = NETPcCheckSum(&buf[IP_SRC_P], 16 + datalen,1);         //校验数据
        buf[UDP_CHECKSUM_H_P] = ck>>8;                              //校验值高字节
        buf[UDP_CHECKSUM_L_P] = ck& 0xff;                           //校验值低字节
        //发送 UDP 数据
```

```
NETCiPacketSend(buf,UDP_HEADER_LEN + IP_HEADER_LEN + ETH_HEADER_LEN + datalen);
}
/****************************************************
 * 函数名称：NETPcMakeTcpSynAck
 * 输    入：buf 数据包缓冲区
 * 输    出：无
 * 说    明：TCP 同步应答
****************************************************/
void NETPcMakeTcpSynAck(UINT8 * buf)
{
        UINT16 ck;
        NETPcMakeEth(buf);                                       //建立以太网首部
        //原本 20 个字节的 TCP 头部,现在附加上了 MSS 的选项,变为 24 字节了
        buf[IP_TOTLEN_H_P] = 0;
        buf[IP_TOTLEN_L_P] = IP_HEADER_LEN + TCP_HEADER_LEN_PLAIN + 4;
        NETPcMakeIP(buf);                                        //建立 IP 包首部
        buf[TCP_FLAGS_P] = TCP_FLAGS_SYNACK_V;                   //同步应答标志
        NETPcMakeTcpHead(buf,1,1,0);                             //建立 TCP 包首部
        ck = NETPcCheckSum(&buf[IP_SRC_P], 8 + TCP_HEADER_LEN_PLAIN + 4,2);//校验数据
        buf[TCP_CHECKSUM_H_P] = ck>>8;                           //校验值高字节
        buf[TCP_CHECKSUM_L_P] = ck& 0xff;                        //校验值低字节
    //发送 TCP 数据
NETCiPacketSend(buf,IP_HEADER_LEN + TCP_HEADER_LEN_PLAIN + 4 + ETH_HEADER_LEN);
}
/****************************************************
 * 函数名称：NETPcGetTcpDataPointer
 * 输    入：无
 * 输    出：无
 * 说    明：TCP 包是否还有数据
****************************************************/
UINT16 NETPcGetTcpDataPointer(void)
{
        if (usInfoDataLen)
        {
                return((UINT16)TCP_SRC_PORT_H_P + usInfoHdrLen);
        }
        else
        {
                return(0);
        }
}
/****************************************************
 * 函数名称：NETPcInitLenInfo
 * 输    入：buf 数据包缓冲区
 * 输    出：无
```

```
* 说     明：初始化相应的长度变量
********************************************************/
void NETPcInitLenInfo(UINT8 * buf)
{
   usInfoDataLen = (((UINT16)buf[IP_TOTLEN_H_P])<<8)|(buf[IP_TOTLEN_L_P]&0xff);
   usInfoDataLen -= IP_HEADER_LEN;
   usInfoHdrLen    = (buf[TCP_HEADER_LEN_P]>>4) * 4;
   usInfoDataLen -= usInfoHdrLen;
   if (usInfoDataLen<= 0)
   {
       usInfoDataLen = 0;
   }
}
/********************************************************
* 函数名称：NETPcMakeTcpAck
* 输     入：buf   本机向网络发送的数据
             bfin 本机是否主动断开链接
* 输     出：无
* 说     明：填充 TCP 应答信息
********************************************************/
void NETPcMakeTcpAck(UINT8 * buf,BOOL bfin)
{
       UINT16 j;
       NETPcMakeEth(buf);                                    //建立以太网首部
       buf[TCP_FLAGS_P] = TCP_FLAGS_ACK_V;                   //TCP 应答
     //这里一定要加上 TCP_FLAGS_FIN_V 来中断 TCP 连接
     //否则当客户端请求断开连接时,不加上这些头部位识别,会造成该端口无法释放
      if(bfin) buf[TCP_FLAGS_P]|= TCP_FLAGS_RST_V|TCP_FLAGS_FIN_V;
       if (usInfoDataLen == 0)                               //数据长度是否为 0
       {
             NETPcMakeTcpHead(buf,1,0,1);                    //建立 TCP 首部
       }
       else
       {
             NETPcMakeTcpHead(buf,usInfoDataLen,0,1);        //建立 TCP 首部
       }
       j = IP_HEADER_LEN + TCP_HEADER_LEN_PLAIN;
       buf[IP_TOTLEN_H_P] = j>>8;                            //IP 数据包总长度高字节
       buf[IP_TOTLEN_L_P] = j& 0xff;                         //IP 数据包总长度低字节
       NETPcMakeIP(buf);                                     //建立 IP 包
       j = NETPcCheckSum(&buf[IP_SRC_P], 8 + TCP_HEADER_LEN_PLAIN,2);//校验数据
       buf[TCP_CHECKSUM_H_P] = j>>8;                         //校验值高字节
       buf[TCP_CHECKSUM_L_P] = j& 0xff;                      //校验值低字节
     //发送数据
NETCiPacketSend(buf,IP_HEADER_LEN + TCP_HEADER_LEN_PLAIN + ETH_HEADER_LEN);
```

```
}
/*****************************************************
 * 函数名称：NETPcMakeTcpAckWithData
 * 输    入：buf 数据包缓冲区,dlen 数据长度
 * 输    出：无
 * 说    明：发送 TCP 数据
*****************************************************/
void NETPcMakeTcpAckWithData(UINT8 *buf,UINT16 dlen)
{
        UINT16 j;
       buf[TCP_FLAGS_P] = TCP_FLAGS_ACK_V|TCP_FLAGS_PUSH_V;          //应答标志和发送数据标志
        j = IP_HEADER_LEN + TCP_HEADER_LEN_PLAIN + dlen;             //数据长度
        buf[IP_TOTLEN_H_P] = j>>8;                                   //IP 数据包首部总长度高字节
        buf[IP_TOTLEN_L_P] = j& 0xff;                                //IP 数据包首部总长度低字节
        NETPcFillIPHdrChkSum(buf);                                   //IP 数据包首部校验
        buf[TCP_CHECKSUM_H_P] = 0;                                   //TCP 首部校验值清零
        buf[TCP_CHECKSUM_L_P] = 0;
        //校验数据
        j = NETPcCheckSum(&buf[IP_SRC_P], 8 + TCP_HEADER_LEN_PLAIN + dlen,2);
        buf[TCP_CHECKSUM_H_P] = j>>8;                                //校验值高字节
        buf[TCP_CHECKSUM_L_P] = j& 0xff;                             //校验值低字节
        //发送 TCP 数据
NETCiPacketSend(buf,IP_HEADER_LEN + TCP_HEADER_LEN_PLAIN + dlen + ETH_HEADER_LEN);
}
```

④ 应用层 NETApplication. c

命名规范：NET＋Ap＋基本功能(表 19－16)。

表 19－16　网络功能模块应用层函数列表

应用层		
序　号	函数名称	说　明
1	NETApDisposeData	NET 处理数据

该层只有一个函数,即 NETApDisposeData,用于处理 ENC28J60 返回过来的信息,即包含 TCP、UDP 数据的接收与发送,以及 Ping 的实现,整个流程如图 19－26 所示。同时该函数的调用作为一个任务给任务总线所调用。

程序清单 19－7　网络功能模块应用层代码

```
#include "Board.h"
#include "Global.h"
#include "NETDefine.h"
#include "NETInterface.h"
#include "NETProtocol.h"
#include "NETApplication.h"
static XDATA NET_PACKET Packet;                        //定义网络数据包变量,并存储在 XDATA 区
```

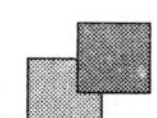

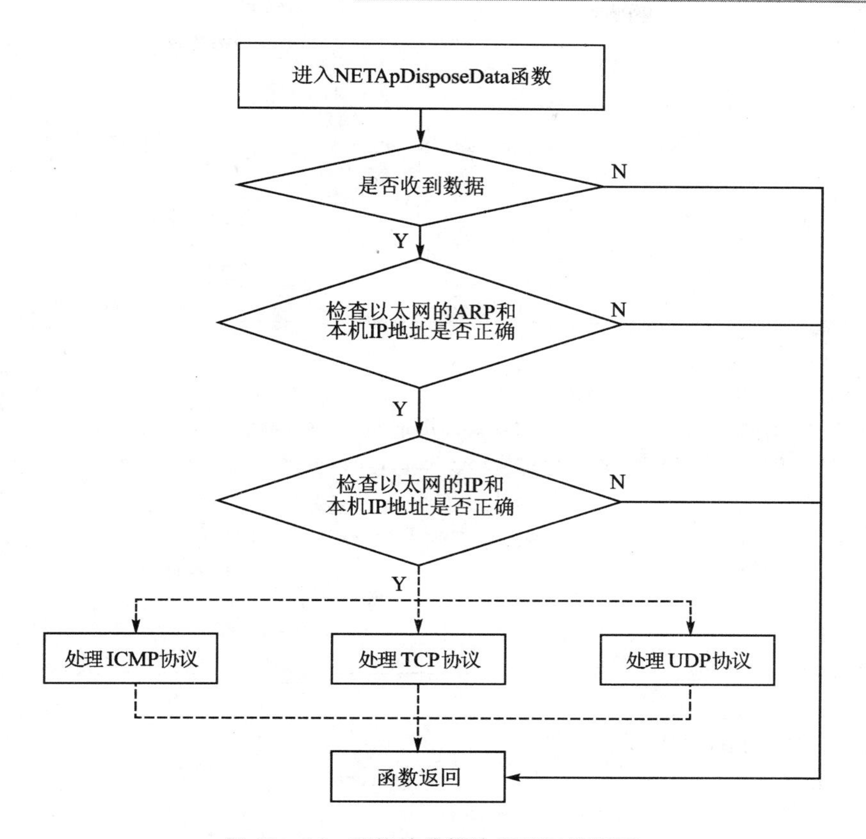

图 19-26　网络功能模块应用层流程图

```
/****************************************************
* 函数名称：NETApDisposeData
* 输      入：无
* 输      出：无
* 说      明：NET 应用程序处理数据
****************************************************/
void NETApDisposeData(void)
{
    UINT16 usnetRecvLen = 0;                    //声明网络接收长度变量
    UINT8   ucdatP        = 0;                  //声明网络数据包中数据的位置变量
    SYSPostCurMsg(RUN_NET_DISPOSE_DATA);        //查询法,设置当前任务
    //查询是否接收到数据
    usnetRecvLen = NETCiPacketReceive((UINT8 *)&Packet.p[0],MAX_FRAME_LEN);
    if(! usnetRecvLen)                          //接收长度为 0
    {
        return;                                 //函数返回
    }
     //校验 ARP 和 IP
    if(NETPcEthIsArpAndMyIp(Packet.p,usnetRecvLen))
    {
        NETPcMakeArpAnswer(Packet.p);           //ARP 应答
```

```
        return;                                              //函数返回
    }
    //校验IP
    if(! (NETPcEthIsIpAndMyIp(Packet.p,usnetRecvLen)))
    {
        return;                                              //函数返回
    }
/*
    控制报文协议：ICMP -------------------------------------- ICMP片段
*/
    //检测是否ICMP(控制报文协议)
    if(IP_PROTO_ICMP_V             = = Packet.icmp.ip.protocal\
    &&ICMP_TYPE_ECHOREQUEST_V    = = Packet.icmp.type )
    {
          NETPcMakeEchoReply(Packet.p,usnetRecvLen);        //应答
          return;                                            //函数返回
    }
/*
    传输控制协议：TCP -------------------------------------- TCP片段
*/
//检测是否TCP(传输控制协议)
    if(IP_PROTO_TCP_V = =          Packet.tcp.ip.protocal \
    && TCP_PORT            = = NSTOH(Packet.tcp.destport))
    {
        if(Packet.p[TCP_FLAGS_P] & TCP_FLAGS_SYN_V)          //检测到同步序号
        {
          NETPcMakeTcpSynAck(Packet.p);                      //发送同步应答信息
          return;                                            //函数返回
        }
        if(Packet.p[TCP_FLAGS_P] & TCP_FLAGS_ACK_V)          //检测到请求端的应答标志
        {
          NETPcInitLenInfo((UINT8 *)&Packet.p[0]);           //初始化关于网络用到的长度变量
          ucdatP = NETPcGetTcpDataPointer();                 //检测是否有数据
          if(! ucdatP)
          {
              if(Packet.p[TCP_FLAGS_P] & TCP_FLAGS_FIN_V)//检测到发送方完成数据发送
              {
                      NETPcMakeTcpAck((UINT8 *)&Packet.p[0],1);  //发送应答
              }
              return;                                        //函数返回
          }
          NETPcMakeTcpAck(Packet.p,0);                       //对请求端发送应答信息
          //54 = EthHead + IPHead + TCPHead
            //对请求端发送数据
          NETPcMakeTcpAckWithData((UINT8 *)&Packet.p[0], usnetRecvLen - 54);
```

```
        }
    }
/*
    用户数据包协议：UDP ---------------------------------------- UDP 片段
 */
//检测是否 UDP(用户数据包协议)
    if(IP_PROTO_UDP_V = =        Packet.udp.ip.protocal \
    &&UDP_PORT          = = NSTOH(Packet.udp.destport))
    {
            //UDP 发送数据
           //42 = EthHead + IPHead + UDPHead
            NETPcMakeUdpReply( Packet.p,
                               &Packet.p[UDP_DATA_P],
                               usnetRecvLen - 42,
                             UDP_PORT);
    }
}
```

19.5.1 Ping 实验

Ping 是最常用的基于 ICMP 的服务，主要用来提供有关通向目的地址的路径信息，ICMP 是个非常有用的协定，尤其是当我们要对网路连接状况进行判断的时候。

本网络实验代码只适用于局域网，否则出现 Ping 不通的情况。

如果 Ping 失败，如图 19 - 27 所示。

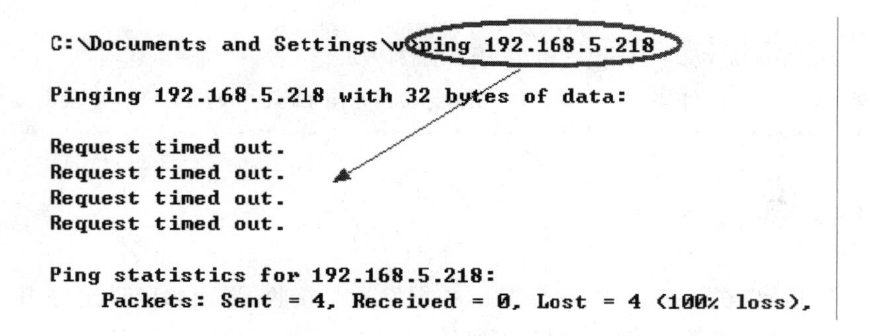

图 19 - 27 Ping 失败

如果 Ping 成功，如图 19 - 28 所示。

Ping 直接可以知道该 IP 地址路径是否有效。

Ping 代码的实现在应用层的 NETApDisposeData 函数当中，而且主要实现部分在 ICMP 片段。

程序清单 19 - 8 网络功能模块应用层 ICMP 片段代码

```
/*
    控制报文协议：ICMP ---------------------------------------- ICMP 片段
```

```
C:\Documents and Settings\v>ping www.baidu.com

Pinging www.a.shifen.com [202.108.22.142] with 32 bytes of data:

Reply from 202.108.22.142: bytes=32 time=34ms TTL=54
Reply from 202.108.22.142: bytes=32 time=34ms TTL=54
Reply from 202.108.22.142: bytes=32 time=34ms TTL=54
Reply from 202.108.22.142: bytes=32 time=34ms TTL=54

Ping statistics for 202.108.22.142:
    Packets: Sent = 4, Received = 4, Lost = 0 (0% loss),
Approximate round trip times in milli-seconds:
    Minimum = 34ms, Maximum = 34ms, Average = 34ms
```

图 19-28　Ping 成功

```
*/
if(IP_PROTO_ICMP_V              = = Packet.icmp.ip.protocal\
   &&ICMP_TYPE_ECHOREQUEST_V    = = Packet.icmp.type )
   {
        NETPcMakeEchoReply(Packet.p,usnetRecvLen);  //应答
        return;
   }
```

分析：

（1）检测 IP 数据包的协议类型是否为 ICMP，同时 ICMP 包的内容是否为 Echo Request。

（2）将接收到的数据包 Packet.p 和接收到的数据包长度 usnetRecvLen 重新装载到 NETPcMakeEchoReply 函数当中作为 ICMP 的应答。

深入重点：

✓ Ping 是什么，Ping 成功与 Ping 失败有什么分别？

✓ Ping 的检测与应答如何实现？（NETApDisposeData 函数中的 ICMP 片段）

19.5.2　TCP 实验

TCP 实验采用 PC 机界面来进行 TCP 的数据发送与接收，界面内已设定好 IP 地址、目的地址端口、源地址端口，参数如表 19-17 所列。

表 19-17　TCP 实验参数

	说　明
客户端 IP 地址	192.168.1.218
目的地址端口	80
源地址端口	80

在该 TCP 实验演示时从上位机发送数据到下位机，下位机则将接收到的数据发送到上位机来显示。

例如，从上位机发送 30 个十六进制数，然后接收数据同样为 30 个十六进制数，收到的数据将在显示区内文本框中显示。例如，当前显示接收到的数据如图 19-29 所示，整个实验流程如图 19-30 所示。

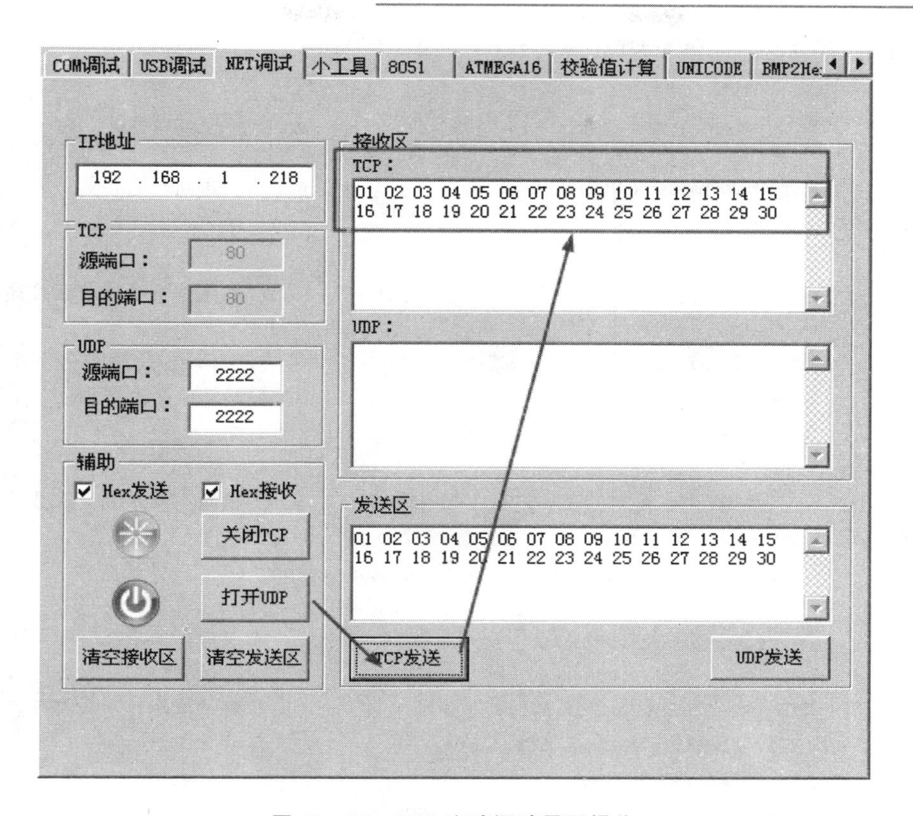

图 19－29　TCP 实验调试界面操作

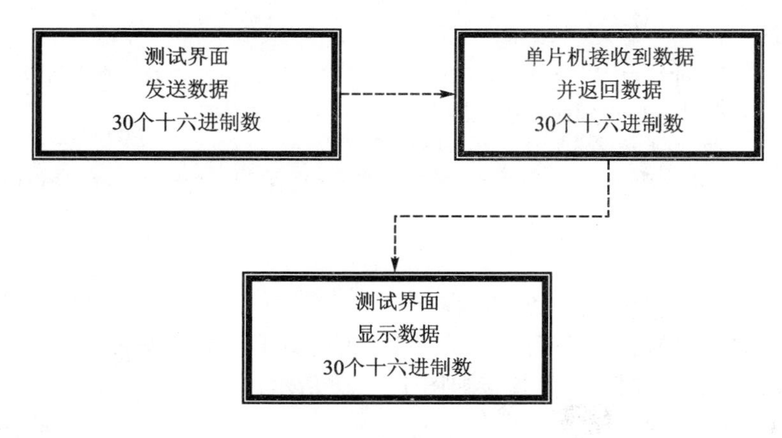

图 19－30　TCP 实验示意图

TCP 实验代码的实现在应用层的 NETApDisposeData 函数当中，而且主要实现部分在 TCP 片段。

程序清单 19－9　网络功能模块应用层 TCP 片段代码

```
/*
    传输控制协议：TCP ---------------------------------------- TCP 片段
*/
    if(IP_PROTO_TCP_V = =        Packet.tcp.ip.protocal \
```

```
&& TCP_PORT          = = NSTOH(Packet.tcp.destport))
{
    if(Packet.p[TCP_FLAGS_P] & TCP_FLAGS_SYN_V)             //检测到同步序号
    {
        NETPcMakeTcpSynAck(Packet.p);                       //发送同步应答信息
        return;                                             //函数返回
    }
    if(Packet.p[TCP_FLAGS_P] & TCP_FLAGS_ACK_V)             //检测到请求端的应答标志
    {
        NETPcInitLenInfo((UINT8 * )&Packet.p[0]);           //初始化关于网络用到的长度变量
        ucdatP = NETPcGetTcpDataPointer();                  //检测是否有数据
        if(! ucdatP)
        {
            if(Packet.p[TCP_FLAGS_P] & TCP_FLAGS_FIN_V) //检测到发送方完成数据发送
            {
                NETPcMakeTcpAck((UINT8 * )&Packet.p[0],1); //发送应答
            }
            return;                                         //函数返回
        }
        NETPcMakeTcpAck(Packet.p,0);                        //对请求端发送应答信息
        //54 = EthHead + IPHead + TCPHead
          //对请求端发送数据
        NETPcMakeTcpAckWithData((UINT8 * )&Packet.p[0], usnetRecvLen - 54);
    }
}
        NETPcMakeTcpAck(Packet.p,0);                        //对请求端发送应答信息
        //54 = EthHead + IPHead + TCPHead
          //对请求端发送数据
        NETPcMakeTcpAckWithData((UINT8 * )&Packet.p[0],usnetRecvLen - 54);
    }
}
```

分析：

(1) 检测 IP 数据包的协议类型是否为 TCP，同时 TCP 的端口是否正确。

(2) 通过“三次握手”进行 TCP 连接如图 19－31 所示。

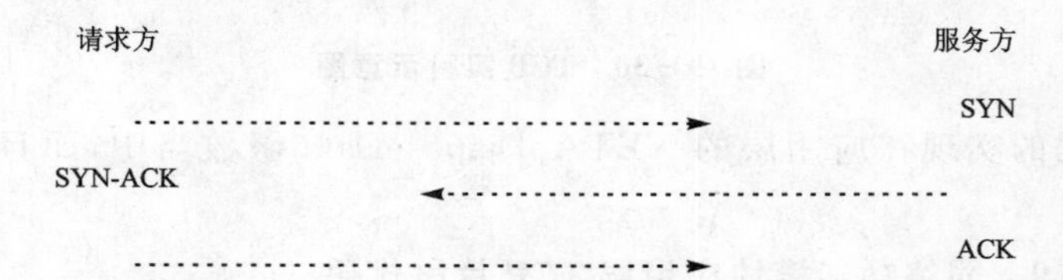

图 19－31　TCP“三次握手”示意图

(3) 通过检测 TCP 首部的 FIN 标志位便可知道是否需要终止连接。

(4) 若不是终止连接，则发送接收到的数据(01 05 08)，注意发送数据的长度要减去 54，因为接收数据包的长度包含以太网首部(14 字节)、IP 首部(20 字节)、TCP 首部(20 字节)，它

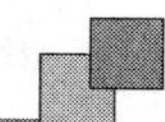

们三者加起来就是54字节，所以真正的数据长度为usnetRecvLen－54。

深入重点：

- ✓ TCP的实验是怎样进行的？（上位机发什么数据，下位机返回什么数据）
- ✓ TCP实验当中提及的"三次握手"是怎样的？这个要特别注意。
- ✓ TCP的终止连接要检测TCP数据包中的什么标志位？（FIN标志位）。
- ✓ TCP发送数据的长度为什么要减去54？

  因为接收数据包的长度包含以太网首部（14字节）、IP首部（20字节）、TCP首部（20字节），它们三者加起来就是54字节，所以真正的数据长度为usnetRecvLen－54。

19.5.3 UDP实验

UDP实验采用PC机界面来进行UDP的数据发送与接收，界面内已设定好IP地址、目的地址端口、源地址端口，参数如表19－18所列。

在该UDP实验演示时从上位机发送数据到下位机，下位机则将接收到的数据发送到上位机来显示。

例如，从上位机发送30个十六进制数，然后接收数据同样为30个十六进制数，收到的数据将在显示区内文本框中显示。例如，当前显示接收到的数据如图19－32所示，整个实验流程如图19－33所示。

表19－18 UDP实验参数

	说　明
客户端IP地址	192.168.1.218
目的地址端口	2222
源地址端口	2222

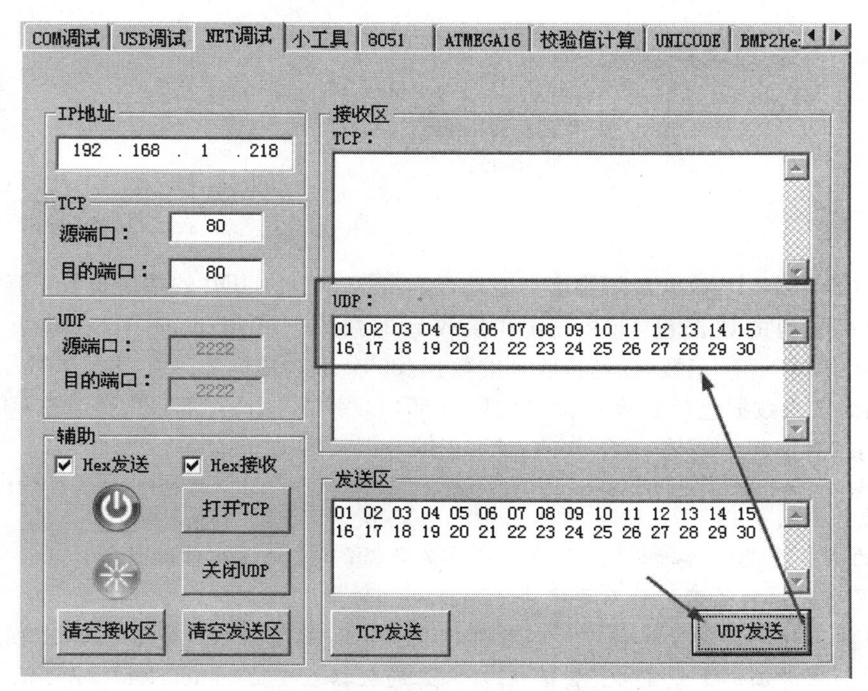

图19－32 UDP实验调试界面操作

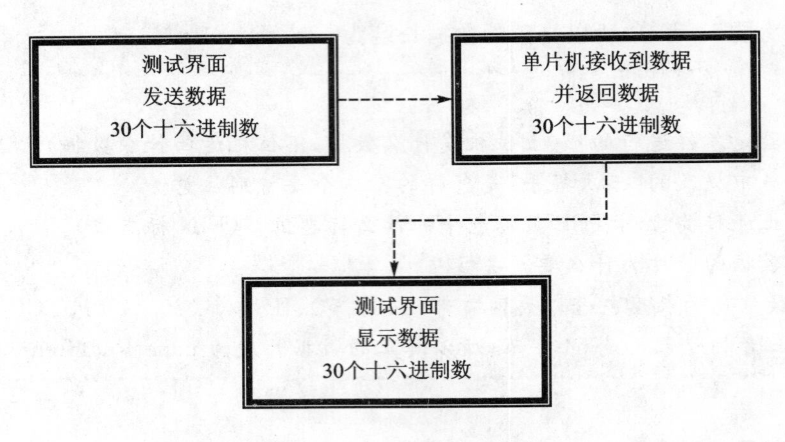

图 19-33 TCP 实验示意图

UDP 实验代码的实现在应用层的 NETApDisposeData 函数当中，而且主要实现部分在 UDP 片段。

程序清单 19-10 网络功能模块应用层 UDP 片段代码

```
/*
    用户数据包协议：UDP -----------------------------------------UDP 片段
*/
//检测是否 UDP(用户数据包协议)
    if(IP_PROTO_UDP_V = =        Packet.udp.ip.protocal \
    &&UDP_PORT         = = NSTOH(Packet.udp.destport))
    {

            //UDP 发送数据
           //42 = EthHead + IPHead + UDPHead
            NETPcMakeUdpReply(Packet.p,
                               &Packet.p[UDP_DATA_P],
                                usnetRecvLen - 42,
                             UDP_PORT);

    }
}
```

分析：(1) 检测 IP 数据包的协议类型是否为 UDP，同时 UDP 的端口是否正确。

(2) 将接收到的数据包 Packet. p 和接收到的数据包长度 usnetRecvLen 重新装载到 NETPcMakeUdpReply 函数，发送接收到的数据(30 个十六进制数)，注意发送数据的长度要减去 42，因为接收数据包的长度包含以太网首部(14 字节)、IP 首部(20 字节)、UDP 首部(8 字节)，它们三者加起来就是 42 字节，所以真正的数据长度为 usnetSendLen－42。

深入重点：

✓ UDP 的实验是怎样进行的？(上位机发什么数据，下位机返回什么数据)

✓ UDP 发送数据的长度为什么要减去 42？

因为接收数据包的长度包含以太网首部(14 字节)、IP 首部(20 字节)、UDP 首部(8 字节)，它们三者加起来就是 42 字节，所以真正的数据长度为 usnetSendLen－42。

深入篇

“一支程序开发团队之所以成立，是为了承担并完成某项由任何个人都无法独立完成的任务”。程序员在各个团队中得到不断的学习与提高，除了技术能力，还有沟通能力、交际能力、协作精神等。所以作者认为，团队工作比孤军奋战更有助于个人的成长，而且在这个年代，不断有新型的器件涌现出来，个人英雄时代几乎终结，取而代之的是团队协作。

组建团队的目的是希望通过最小的代价获得最佳的开发效果，众所周知，人与人之间的合作不是简单的人力叠加，比这要复杂和微妙得多。如果多个单片机程序员为某项目进行代码编写，同时又要保证整个代码看起来是一个人编写的，往往会有一条主线贯通于每个人的思想，代码编写以编程规范、可移植性、可读性为根本出发点。那么编写可读性强的代码是开发过程中的不二选择，倾向花费大量时间编写代码，却忽视阅读上的便利性，本身是一种错误的体制，团队中每个开发人员应该尽力编写优秀的代码，因为这是一劳永逸的事，也不必因为糟糕的代码而花费更多精力。

因此，用户可以通过第 20 章了解如何编写代码更加规范、更具移植性和维护性，同时更能了解到如何通过一定的手段挖掘单片机的潜能。

在市面上的绝大部分产品的接口通信都涉及握手识别的方式，检测握手是否有效一般都通过数据校验的方式来实现。校验方式比较实用的是奇偶校验、校验和、循环冗余校验等，而介绍校验数据的原理与实现的资料相对较少，用户可以通过参阅该章节掌握数据校验的原理及其编程方法。

第20章 深入接口

20.1 简　介

在之前的章节中已经介绍了串口、USB、网络通信，实现方式就是发什么数据显示什么数据。当然为了更容易了解通信的原理，简单易懂的过程就最好不过了，但是真正在项目中的通信真地可以如此简单吗？答案是否定的。项目开发是严谨的，追求的目的是产品的稳定性，不稳定的产品不是好产品。产品稳定后，就向产品的性能上去进行优化，在优化产品的同时，必须以稳定性为前提，稳定性永远摆在产品的第一位。

产品要保持稳定，项目中的数据通信必须要保证数据的正确性。例如，下位机发送3个整数数据(01、04、09)到上位机，可惜上位机收到的数据为(01、00、09)，那么收到的数据就不正确了。同时为了让数据通信更加安全，必须去定义适合的数据帧格式，而且必须加上校验。

例如，数据帧的格式可以如图20-1所示。

首部1 (1字节)	首部2 (1字节)	操作码 (1字节)	数据长度 (1字节)	数据 (*N*字节)	校验值 (*N*字节)

图20-1　帧格式

平时接口通信的数据的校验方法有好几种：校验和、奇偶校验、CRC16循环冗余校验等。

20.2 校验介绍

20.2.1 奇偶校验

根据被传输的一组二进制代码的数位中“1”的个数是奇数或偶数来进行校验，采用奇数的称为奇校验，反之称为偶校验。采用何种校验是事先规定好的。通常专门设置一个奇偶校验位，用它使这组代码中“1”的个数为奇数或偶数。若用奇校验，则当接收端收到这组代码时，校验“1”的个数是否为奇数，从而确定传输代码的正确性。

1. 单向奇偶校验

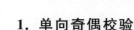

单向奇偶校验(row parity)由于一次只采用单个校验位,因此又称为单个位奇偶校验(single bit parity)。发送器在数据帧每个字符的信号位后添加一个奇偶校验位,接收器对该奇偶校验位进行检查。典型的例子是面向ASCII码的数据信号帧的传输,由于ASCII码是七位码,因此用第8个位码作为奇偶校验位。

单向奇偶校验又分为奇校验(odd parity)和偶校验(even parity),发送器通过校验位对所传输信号值的校验方法如下:奇校验保证所传输每个字符的8个位中1的总数为奇数,偶校验则保证每个字符的8个位中1的总数为偶数。

显然,如果被传输字符的7个信号位中同时有奇数个(如1、3、5、7)位出现错误,均可以被检测出来;但如果同时有偶数个(如2、4、6)位出现错误,单向奇偶校验是检查不出来的。一般在同步传输方式中常采用奇校验,而在异步传输方式中常采用偶校验。

2. 双向奇偶校验

为了提高奇偶校验的检错能力,可采用双向奇偶校验(row and column parity),也可称为双向冗余校验(vertical and longitudinal redundancy checks)。

双向奇偶校验,又称为"方块校验"或"垂直水平"校验。

例如:

1010101×
1010111×
1110100×
0101110×
1101001×
0011010×
×××××××

"×"表示奇偶校验所采用的奇校验或偶校验的校验码。

如此,对于每个数的关注就由以前的1×7次增加到了7×7次。因此,其比单项校验的校验能力更强。简单地校验数据的正确性,在计算机里都是用010101二进制表示,每个字节有8位二进制,最后一位为校验码,奇校验测算前7位里"1"的个数的奇偶性,偶校验测算前7位里"0"的个数的奇偶性。当数据里其中一位变了,得到的奇偶性就变了,接收数据方就会要求发送方重新传输数据。奇偶校验只可以简单判断数据的正确性,从原理上可看出,当一位出错时可以准确判断,如同时两个"1"变成两个"0"就校验不出来了,只是两位或更多位及校验码在传输过程中出错的概率比较低,奇偶校验可以用在要求比较低的应用场合下。

深入重点:

✓ 奇偶校验专门设置一个奇偶校验位,用它使这组代码中"1"的个数为奇数或偶数。若用奇校验,则当接收端收到这组代码时,校验"1"的个数是否为奇数,从而确定传输代码的正确性。

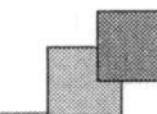

✓ 奇偶校验有单向校验和双向校验之分(表 20－1)。

表 20－1　单向奇偶校验与双向奇偶校验对比

	单向奇偶校验	双向奇偶校验
效率	高	一般
检错能力	一般	高

✓ 奇偶校验只可以简单判断数据的正确性,从原理上可看出,当一位出错时可以准确判断,如同时两个“1”变成两个“0”就校验不出来了,只是两位或更多位及校验码在传输过程中出错的概率比较低,奇偶校验可以用在要求比较低的应用场合下。

20.2.2　校验和

在数据处理和数据通信领域中,用于校验目的的一组数据项的和称为校验和。这些数据项可以是数字或在计算检验的过程中看作数字的其他字符串。

它通常是以十六进制为数制表示的形式,如

十六进制串

01 02 03 04 05 06 07 08 09 10

校验和

01H ＋ 02H ＋ 03H ＋ 04H ＋ 05H ＋ 06H ＋ 07H＋ 08H ＋ 09H ＋ 10H＝0x3D(十六进制)

在前面章节介绍的 Intel Hex 文件中,Intel Hex 记录的校验和和这里介绍的校验和有所出入,但是下面的校验和实验以当前校验和计算方法为准。

如果校验和的数值为 257,超过十六进制的 FF,也就是 255,那么溢出后从 0x00 开始,然后自加 1,即校验和 0x01 为数值 257 最终的校验值。

通常用来在通信中,尤其是远距离通信中保证数据的完整性和准确性。

深入重点:

✓ 校验和是一个很简单的自加流程,即将所有数据加起来的总和。校验和的数据值如果超过 0xFF,必须以溢出后的数值作为校验和。

20.2.3　循环冗余码校验

1. CRC 介绍

CRC 循环冗余码校验英文名称为“Cyclical Redundancy Check”,简称 CRC。CRC 校验实用程序库在数据存储和数据通信领域,为了保证数据的正确性,就不得不采用检错的手段。在诸多检错手段中,CRC 是最著名的一种。CRC 的全称是循环冗余校验,其特点是：检错能力极强，开销小，易于用编码器及检测电路实现。从其检错能力来看，它所不能发现的错误的概率仅为0.0047%以下，从性能和开销上考虑，均远远优于奇偶校验及算术和校验等方式。因而，在数据存储和数据通信领域，CRC无处不在，著名的通信协议X.25的FCS(帧检错序列)采用的是CRC－CCITT，WinRAR、NERO、ARJ、LHA等压缩工具软件采用的是CRC32，磁盘驱动器的读/写采用了CRC16，通用的图像存储格式GIF、TIFF等也都用CRC作为检错手段。

它是利用除法及余数的原理来作错误侦测(error detecting)的。实际应用时，发送装置计算出CRC值并随数据一同发送给接收装置，接收装置对收到的数据重新计算CRC并与收到的CRC相比较，若两个CRC值不同，则说明数据通信出现错误。

根据应用环境与习惯的不同，CRC又可分为以下几种标准：

- $CRC12=X^{12}+X^{11}+X^3+X^2+1$
- $CRC16=X^{16}+X^{15}+X^2+1$(IBM公司)
- $CRC16=X^{16}+X^{12}+X^5+1$(CCITT国际电报电话咨询委员会)
- $CRC32=X^{32}+X^{26}+X^{23}+X^{22}+X^{16}+X^{11}+X^{10}+X^8+X^7+X^5+X^4+X^2+X+1$

CRC-12码通常用来传送6位字符串。

CRC16及CRC－CCITT码则用来传送8位字符，其中CRC16为美国所采用，而CRC-CCITT为欧洲国家所采用。

CRC-32码大都被用在一种称为Point-to-Point的同步传输中。

采用CRC进行数据校验还有以下优点：

(1) 可检测出所有奇数个错误。

(2) 可检测出所有双比特的错误。

(3) 可检测出所有小于或等于校验位长度的连续错误。

(4) 以相当大的概率检测出大于校验位长度的连续错误。

2. CRC16生成过程

下面以最常用的CRC16为例来说明其生成过程(图20-2)。

CRC计算可以靠专用的硬件来实现，但是对于低成本的微控制器系统，在没有硬件支持下实现CRC检验，关键的问题就是如何通过软件来完成CRC计算，也就是CRC算法的问题。CRC校验的基本思想是，利用线性编码理论，在发送端根据要传送的N位二进制码序列，以一定的规则产生一个校验用的M位CRC码，并附在信息后边，构成一个新的二进制码序列数共($N+M$)位，最后发送出去；在接收端，则根据信息码和CRC码之间所遵循的规则进行检验，以确定传送中是否出错。

CRC－CCITT的多项式为0x1021(实际上是0x11021，生成多项式中最高位固定为1，在简式中忽略了最高位1)，那么多项式是如何生成的呢？16位的CRC码产生的规则是借助多项式除法，最后所得到的余数即是CRC码。任意一个由二进制位串组成的代码都可以和一个系数仅为“0”和“1”取值的多项式一一对应。

代码10010111对应的多项式为$x^7+x^4+x^2+x+1$，多项式为$x^6+x^3+x^2+x+1$对应的代码为1001111。图20-2的Polynomial(多项式)$=X^{16}+X^{15}+X^2+1$，对应的代码为1 1000 0000 0000 0101。

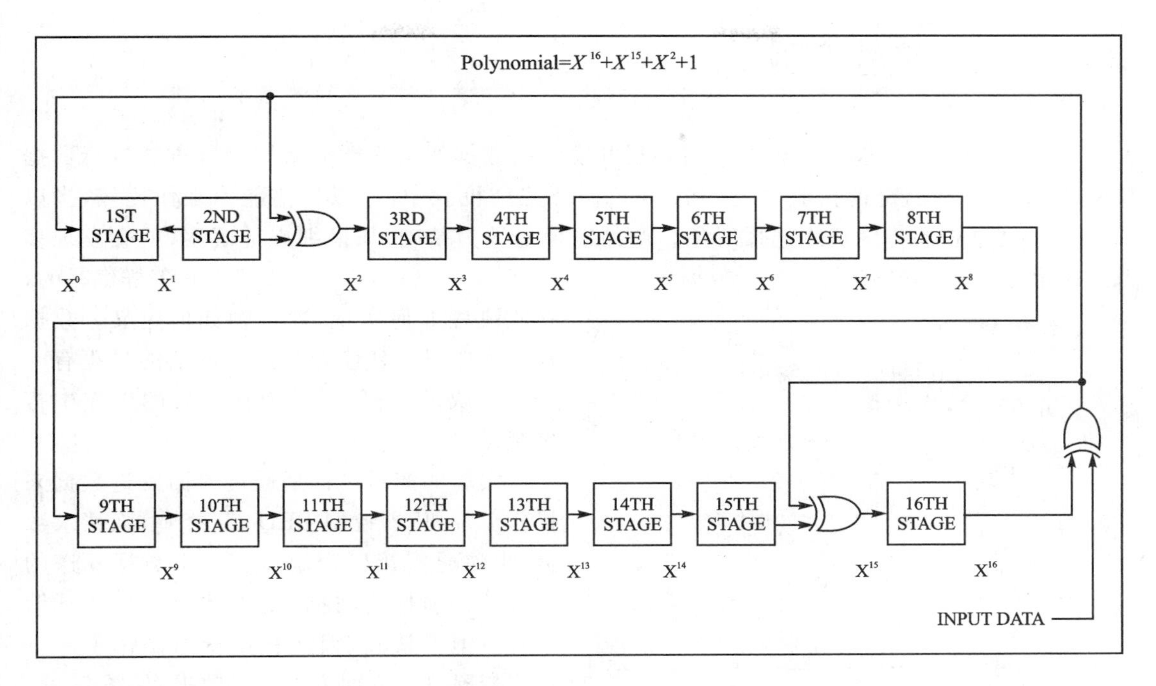

图 20－2 CRC16 生成过程

3. 常用的 CRC16 循环冗余校验标准多项式

CRC16＝$X^{16}+X^{15}+X^2+1$（IBM 公司）

CRC16＝$X^{16}+X^{12}+X^5+1$（CCITT，国际电报电话咨询委员会）

注：对 2 取模的四则运算指参与运算的两个二进制数各位之间凡涉及加减运算时均进行 XOR 异或运算，即 1 XOR 1＝0，0 XOR 0＝0，1 XOR 0＝1，0 XOR 1＝1，即相同为 0，不同为 1。

深入重点：

✓ CRC 循环冗余校验：检错能力极强，开销小，易于用编码器及检测电路实现。

✓ 常用的 CRC 校验采用的是 CRC16，标准多项式为 CRC(16 位) ＝ $X^{16}+X^{15}+X^2+1$。

✓ 不同的多项式可以生成不同的 CRC 码，更深一层来说是充当“密钥”。

✓ 生成多项式的最高位固定为 1，在简式中忽略最高位 1，如 0x1021 实际是 0x11021。

✓ 采用 CRC 进行数据校验还有以下优点：

（1）可检测出所有奇数个错误。

（2）可检测出所有双比特的错误。

（3）可检测出所有小于或等于校验位长度的连续错误。

（4）以相当大的概率检测出大于校验位长度的连续错误。

20.3 数据校验实战

数据校验的方法比较多，但是平时项目开发中的数据通信只能够采用一种方法进行数据校验，在上面介绍的奇偶校验、校验和、CRC 循环冗余校验中，如以检错能力来作比较，当以 CRC 循环冗余校验作为优先选择对象。产品以稳定性为基础，如果细心地观察，就会发现多数厂家都会以 CRC16 校验来进行数据校验。为此，必须掌握 CRC16 在程序里是怎样编写的，接收流程如何实现，数据帧如何定义。数据校验实验可以让读者对接口通信的过程有一个新的认识过程，同时为在以后的工作中打好基础。

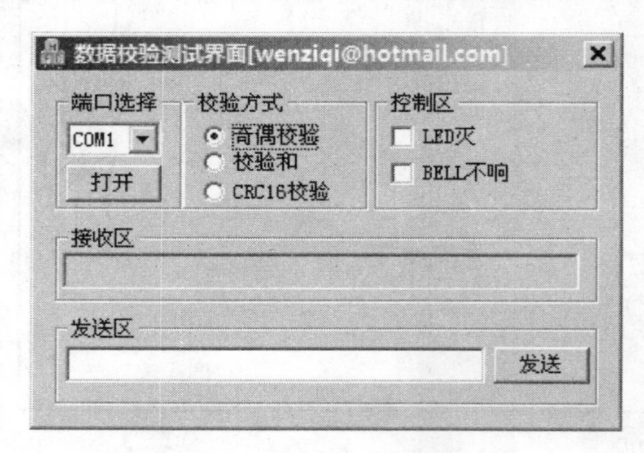

图 20-3 数据校验测试界面

实验的演示过程是通过界面发送数据来操作单片机，即控制 LED 灯、蜂鸣器、请求数据，当前通信接口为串口。由于数据发送的过程中必须校验数据，使用其他串口调试助手有点力不从心，因此在此特意制作了一个数据校验测试界面方便收发数据，如图 20-3 所示。该界面包含 3 大校验方式，即奇偶校验、校验和、CRC16 循环冗余校验，同时包含控制 LED 灯、蜂鸣器，又可以在发送区发送数据并且可以在接收区看到下位机发上来的数据。

20.3.1 数据帧格式定义

数据帧格式是接口通信的核心内容，必须认真按照需要来定义好数据帧格式，当前数据帧格式如图 20-4 所示。

首部 1 （1 字节）	首部 2 （1 字节）	操作码 （1 字节）	数据长度 （1 字节）	数据 （N 字节）	校验值 （N 字节）

图 20-4 帧格式

由于数据帧都是一个比较固定的结构，C 语言中的结构体就起到数据帧的封装作用，根据不同的数据校验方式，结构体定义的内容有所不同，实验中定义的奇偶校验、校验和、CRC16 循环冗余校验主要是数据帧尾部有所不同，其他都相同，结构体的定义如下。

（1）奇偶校验

程序清单 20-1 PKT_PARITY 结构体

```
typedef  struct _PKT_PARITY
{
   UINT8 m_ucHead1;                      //首部 1
   UINT8 m_ucHead2;                      //首部 2
   UINT8 m_ucOptCode;                    //操作码
   UINT8 m_ucDataLength;                 //数据长度
```

```
    UINT8 m_szDataBuf[16];                 //数据
    UINT8 m_ucParity;                      //奇偶校验值
}PKT_PARITY;
```

(2) 校验和

程序清单 20-2　PKT_SUM 结构体

```
typedef  struct _PKT_SUM
{
    UINT8 m_ucHead1;                       //首部 1
    UINT8 m_ucHead2;                       //首部 2
    UINT8 m_ucOptCode;                     //操作码
    UINT8 m_ucDataLength;                  //数据长度
    UINT8 m_szDataBuf[16];                 //数据
    UINT8 m_ucCheckSum;                    //校验和
}PKT_SUM;
```

(3) CRC16 循环冗余校验

程序清单 20-3　PKT_CRC 结构体

```
typedef  struct _PKT_CRC
{
    UINT8 m_ucHead1;                       //首部 1
    UINT8 m_ucHead2;                       //首部 2
    UINT8 m_ucOptCode;                     //操作码
    UINT8 m_ucDataLength;                  //数据长度
    UINT8 m_szDataBuf[16];                 //数据
    UINT8 m_szCrc[2];                      //CRC16 校验值为 2 个字节
}PKT_CRC;
```

对奇偶校验、校验和、CRC 循环冗余校验各自的结构体相比较，可知它们三者的不同之处只在于数据帧的尾部。例如，奇偶校验的尾部为 1 个字节、校验和的尾部为 1 个字节、CRC16 循环冗余校验的尾部为 2 个字节。

同时为了使数据接收方便，必须使用一个数据缓冲区接收数据，那么现在共用体的作用就明显地体现出来了，共用体的使用意味着将共享使用同一个内存区，那么关于数据包格式再进一步升级(表 20-2)。

表 20-2　内存区对应关系

内存区地址	缓冲区 buf	数据包结构体
地址 0	buf[0]	m_ucHead1
地址 1	buf[1]	m_ucHead2
地址 2	buf[2]	m_ucOptCode
地址 3	buf[3]	m_ucDataLength
地址 4 ～ 地址 n	buf[4] ～ buf[n]	m_szDataBuf
地址 $n+1$	buf[$n+1$]	校验值(N 字节)

(4) 奇偶校验

程序清单 20-4　PKT_PARITY_EX 结构体

```
typedef union _PKT_PARITY_EX
```

```
{
    PKT_PARITY r;
    UINT8 buf[32];
} PKT_PARITY_EX;
PKT_PARITY_EX PktParityEx;
```

如果要获取数据长度，可以有两种操作方式。即既可以通过缓冲区 buf[3]来获取，又可以数据包结构获取成员变量的方式 PktParityEx. r. m_ucDataLength 来获取。

(5) 校验和

程序清单 20-5　PKT_SUM_EX 结构体

```
typedef union _PKT_SUM_EX
{
    PKT_SUM r;
    UINT8 buf[32];
} PKT_SUM_EX;
PKT_SUM_EX PktSumEx;
```

如果要获取数据长度，可以有两种操作方式。即既可以通过缓冲区 buf[3]来获取，又可以数据包结构获取成员变量的方式 PktSumEx. r. m_ucDataLength 来获取。

(6) CRC16 循环冗余校验

程序清单 20-6　PKT_CRC_EX 结构体

```
typedef union _PKT_CRC_EX
{
    PKT_CRC r;
    UINT8 buf[32];
} PKT_CRC_EX;
PKT_CRC_EX PktCrcEx;
```

如果要获取数据长度，可以有两种操作方式。即既可以通过缓冲区 buf[3]来获取，又可以数据包结构获取成员变量的方式 PktCrcEx. r. m_ucDataLength 来获取。

深入重点：

- ✓ 对奇偶校验、校验和、CRC 循环冗余校验各自的结构体相比较，可知它们三者的不同之处只在于数据帧的尾部。例如，奇偶校验的尾部为 1 个字节、校验和的尾部为 1 个字节、CRC16 循环冗余校验的尾部为 2 个字节。
- ✓ 数据帧格式的封装重点是以结构体进行封装，同时为了便于发送和接收数据，必须以共用体将数据帧格式结构体与一个作为发送/接收缓冲区组合起来。

20.3.2　数据校验实验

由于奇偶校验、检验和、CRC16 循环冗余校验在实际产品的开发中占有重要的地位，因此必须牢牢地掌握好这 3 种数据校验方式，这 3 种数据校验方式必会有一种用到。在数据校验

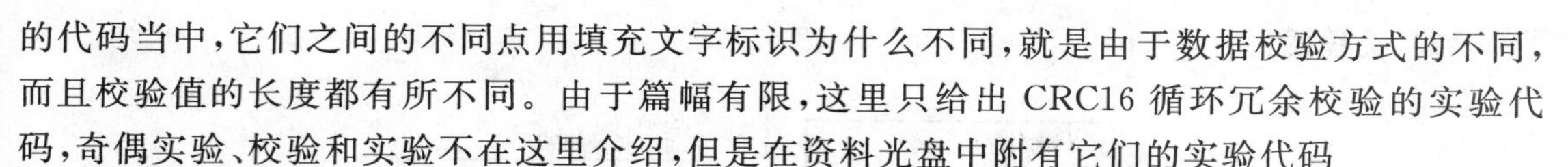

的代码当中，它们之间的不同点用填充文字标识为什么不同，就是由于数据校验方式的不同，而且校验值的长度都有所不同。由于篇幅有限，这里只给出 CRC16 循环冗余校验的实验代码，奇偶实验、校验和实验不在这里介绍，但是在资料光盘中附有它们的实验代码

为了方便该实验的进行，读者可以通过数据校验测试界面进行数据收发，并按照下面的界面使用说明来进行操作。

1. 界面使用

(1) 校验方式选择

数据校验测试界面包含 3 种数据校验方式：奇偶校验、校验和、CRC16 循环冗余校验。通过界面选中校验方式，收发数据的校验方式会以界面选中的校验方式为准。

(2) LED 灯、蜂鸣器控制

默认状态下，LED 灯是全灭的，蜂鸣器是不响的。

LED 灯亮：选中 LED 操作

蜂鸣器响：选中蜂鸣器操作。

(3) 请求数据

请求数据是通过发送区发送相应的数据，如果下位机收到上位机发下来的数据并且校验正确，便将这些数据发到上位机，如图 20－5 所示。

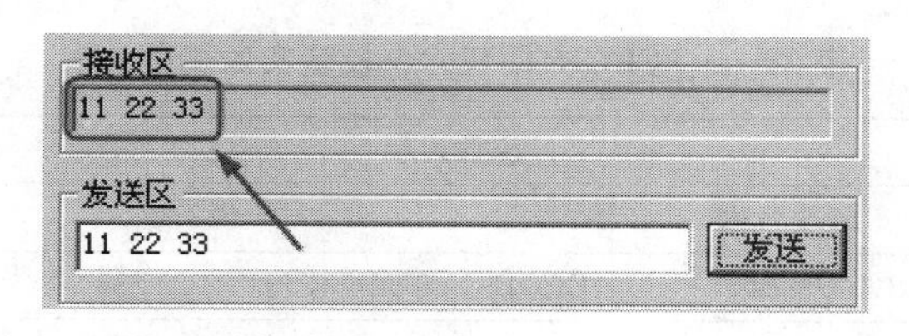

图 20－5　数据校验测试界面请求数据操作

2. CRC16 循环冗余实验

【实验 20－1】 通过 CRC16 循环冗余校验的方式实现数据传输与控制，如控制 LED 灯、蜂鸣器、发送数据到上位机。

(1) 硬件设计

参考串口实验硬件设计、GPIO 实验硬件设计。

(2) 软件设计

由于数据传输与控制需要定制一个结构体、共用体方便数据识别，同时增强可读性，从数据帧格式定义中可以定义为“PKT_CRC_EX”类型。

识别数据请求什么操作可以通过以下手段来识别：识别数据头部 1、数据头部 2，以及操作码。

当接收所有数据完毕后，通过校验该数据得出的校验值是否与其尾部的校验值相匹配。若匹配，则根据操作码的请求进行操作；若不匹配则丢弃当前数据帧，等待下一个数据帧的到来。

(3) 流程图(图 20－6)

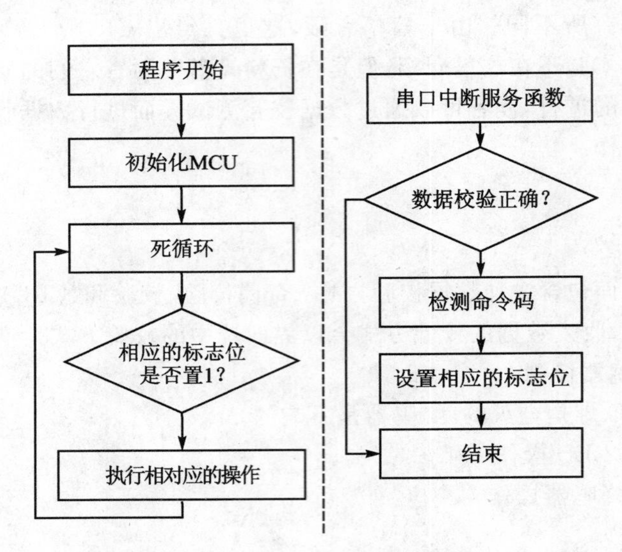

图 20－6 CRC16 循环冗余校验实验流程图

(4) 实验代码(表 20－3)

表 20－3 CRC16 循环冗余校验实验函数列表

函数列表		
序　号	函数名称	说　明
1	CRC16Check	CRC16 循环冗余校验
2	BufCpy	USB 中断服务函数,发送消息请求处理 USB 事件
3	UartInit	串口初始化
4	UARTSendByte	串口发送单个字节
5	UartSendNBytes	串口发送多个字节
6	main	函数主体
7	UartIRQ	串口中断服务函数

程序清单 20－7 CRC16 循环冗余校验实验代码

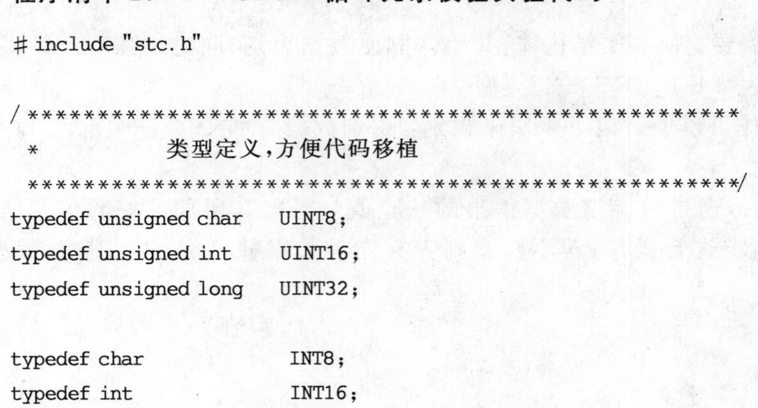

```
#include "stc.h"

/**********************************************************
 *          类型定义,方便代码移植
 **********************************************************/
typedef unsigned char   UINT8;
typedef unsigned int    UINT16;
typedef unsigned long   UINT32;

typedef char            INT8;
typedef int             INT16;
```

```
typedef long              INT32;
typedef bit               BOOL;

/***************************************************
 *           大量宏定义,便于代码移植和阅读
 ***************************************************/
//--------------------------------
                                    //---- 头部 ----
#define DCMD_CTRL_HEAD1             0x10   //PC 下传控制包头部 1
#define DCMD_CTRL_HEAD2             0x01   //PC 下传控制包头部 2

                                    //---- 命令码 ----
#define DCMD_NULL                   0x00   //命令码:空操作
#define DCMD_CTRL_BELL              0x01   //命令码:控制蜂鸣器
#define DCMD_CTRL_LED               0x02   //命令码:控制 LED
#define DCMD_REQ_DATA               0x03   //命令码:请求数据

                                    //---- 数据 ----
#define DCTRL_BELL_ON               0x01   //蜂鸣器响
#define DCTRL_BELL_OFF              0x02   //蜂鸣器禁鸣
#define DCTRL_LED_ON                0x03   //LED 亮
#define DCTRL_LED_OFF               0x04   //LED 灭

//--------------------------------
                                    //---- 头部 ----
#define UCMD_CTRL_HEAD1             0x20   //MCU 上传控制包头部 1
#define UCMD_CTRL_HEAD2             0x01   //MCU 上传控制包头部 2

                                    //---- 命令码 ----
#define UCMD_NULL                   0x00   //命令码:空操作
#define UCMD_REQ_DATA               0x01   //命令码:请求数据

#define CTRL_FRAME_LEN              0x04   //帧长度(不包含数据和校验值)

#define CRC16_LEN                   0x02   //检验值长度

#define EN_UART()                   ES = 1 //允许串口中断
#define NOT_EN_UART()               ES = 0 //禁止串口中断

#define BELL(x)                {if((x))P0_6 = 1 ;else P0_6 = 0;}   //蜂鸣器控制宏函数
#define LED(x)                 {if((x))P2 = 0x00;else P2 = 0xFF;}  //LED 控制宏函数

#define TRUE                   1
#define FALSE                  0

#define HIGH                   1
```

```
#define LOW              0

#define ON               1
#define OFF              0

#define NULL             (void *) 0

/*使用结构体对数据包进行封装
 *方便操作数据
 */
typedef  struct _PKT_CRC
{
   UINT8 m_ucHead1;                     //首部1
   UINT8 m_ucHead2;                     //首部2
   UINT8 m_ucOptCode;                   //操作码
   UINT8 m_ucDataLength;                //数据长度
   UINT8 m_szDataBuf[16];               //数据

   UINT8 m_szCrc[2];                    //CRC16为2个字节

}PKT_CRC;

/*使用共用体再一次对数据包进行封装
 *操作数据更加方便
 */
typedef union _PKT_CRC_EX
{
    PKT_CRC r;
    UINT8 p[32];
} PKT_CRC_EX;


PKT_CRC_EX    PktCrcEx;                 //定义数据包变量

BOOL  bLedOn = FALSE;                   //定义是否点亮LED布尔变量
BOOL  bBellOn = FALSE;                  //定义是否蜂鸣器响布尔变量
BOOL  bReqData = FALSE;                 //定义是否请求数据布尔变量

/*******************************************************
** 函数名称：CRC16Check
** 输    入：buf 要校验的数据；
             len 要校验的数据的长度
** 输    出：校验值
** 功能描述：CRC16循环冗余校验
*******************************************************/
```

```
UINT16 CRC16Check(UINT8 *buf, UINT8 len)
{
    UINT8   i, j;
    UINT16 uncrcReg = 0xffff;
    UINT16 uncur;

    for (i = 0; i < len; i++)
    {
        uncur = buf[i] << 8;

        for (j = 0; j < 8; j++)
        {
            if ((INT16)(uncrcReg ^ uncur) < 0)
            {
                uncrcReg = (uncrcReg << 1) ^ 0x1021;
            }
            else
            {
                uncrcReg <<= 1;
            }

            uncur <<= 1;
        }
    }

    return uncrcReg;
}
/***************************************************************
*  函数名称:BufCpy
*  输    入:dest 目标缓冲区;
            src  源缓冲区
            size 复制数据的大小
*  输    出:无
*  说    明:复制缓冲区
***************************************************************/
BOOL BufCpy(UINT8 * dest,UINT8 * src,UINT32 size)
{
    if(NULL == dest || NULL == src ||NULL == size)
    {
        return FALSE;
    }

    do
    {
        *dest++ = *src++;
```

```
    }while(- - size! = 0);

    return TRUE;
}
/****************************************************
* 函数名称:UartInit
* 输    入:无
* 输    出:无
* 功能描述:串口初始化
****************************************************/
void UartInit(void)
{
    SCON = 0x40;
    T2CON = 0x34;
    RCAP2L = 0xD9;
    RCAP2H = 0xFF;
    REN = 1;
    ES = 1;
}
/****************************************************
* 函数名称:UARTSendByte
* 输    入:b 单个字节
* 输    出:无
* 功能描述:串口 发送单个字节
****************************************************/
void UARTSendByte(UINT8 b)
{
     SBUF = b;
     while(TI = = 0);
     TI = 0;
}
/****************************************************
* 函数名称:UartSendNBytes
* 输    入:buf 数据缓冲区;
             len 发送数据长度
* 输    出:无
* 功能描述:串口 发送多个字节
****************************************************/
void UartSendNBytes(UINT8 * buf,UINT8 len)
{
    while(len- - )
    {
        UARTSendByte( * buf + + );
    }
}
```

```
/**************************************************
*  函数名称：main
*  输    入：无
*  输    出：无
*  功能描述：函数主体
**************************************************/
void main(void)
{
    UINT8 i = 0;
    UINT16 uscrc = 0;

    UartInit();                                     //串口初始化

    EA = 1;                                         //开总中断

    while(1)
    {
        if(bLedOn)                                  //是否点亮 Led
        {
            LED(ON);
        }
        else
        {
            LED(OFF);
        }

        if(bBellOn)                                 //是否响蜂鸣器
        {
            BELL(ON);
        }
        else
        {
            BELL(OFF);
        }

        if(bReqData)                                //是否请求数据
        {
            bReqData = FALSE;

            NOT_EN_UART();                          //禁止串口中断

            PktCrcEx.r.m_ucHead1 = UCMD_CTRL_HEAD1;     //MCU 上传数据帧头部 1
            PktCrcEx.r.m_ucHead2 = UCMD_CTRL_HEAD2;     //MCU 上传数据帧头部 2
            PktCrcEx.r.m_ucOptCode = UCMD_REQ_DATA;     //MCU 上传数据帧命令码
```

```
            uscrc = CRC16Check(PktCrcEx.p,
                               CTRL_FRAME_LEN +
                               PktCrcEx.r.m_ucDataLength);      //计算校验值

             PktCrcEx.r.m_szCrc[0] = (UINT8) uscrc;              //校验值低字节
             PktCrcEx.r.m_szCrc[1] = (UINT8)(uscrc>>8);         //校验值高字节

            /*
              这样做的原因是因为有时写数据长度不一样，
              导致 PktCrcEx.r.m_szCrc 会出现为 0 的情况
              所以使用 BufCpy 将校验值复制到相应的位置
            */

            BufCpy(&PktCrcEx.p[CTRL_FRAME_LEN + PktCrcEx.r.m_ucDataLength],
                   PktCrcEx.r.m_szCrc,
                   CRC16_LEN);

            UartSendNBytes(PktCrcEx.p,
                           CTRL_FRAME_LEN +
                           PktCrcEx.r.m_ucDataLength + CRC16_LEN);  //发送数据
            EN_UART();                                            //允许串口中断

        }
    }
}
/**************************************************
 * 函数名称：UartIRQ
 * 输    入：无
 * 输    出：无
 * 功能描述：串口中断服务函数
**************************************************/
void UartIRQ(void)interrupt 4
{
    static UINT8   uccnt = 0;
           UINT8   uclen;
           UINT16 uscrc;

    if(RI)                                                       //是否接收到数据
    {
       RI = 0;

       PktCrcEx.p[uccnt++] = SBUF;                              //获取单个字节
```

```
if(PktCrcEx.r.m_ucHead1 = = DCMD_CTRL_HEAD1)     //是否有效的数据帧头部 1
{
   if(uccnt<CTRL_FRAME_LEN + PktCrcEx.r.m_ucDataLength + CRC16_LEN)
                                                  //是否接收完所有数据
   {
      if(uccnt> = 2 && PktCrcEx.r.m_ucHead2! = DCMD_CTRL_HEAD2)
                                                  //是否有效的数据帧头部 2
      {
         uccnt = 0;

         return;
      }

   }
   else
   {

      uclen = CTRL_FRAME_LEN + PktCrcEx.r.m_ucDataLength;
                                                  //获取数据帧有效长度(不包括校验值)

      uscrc = CRC16Check(PktCrcEx.p,uclen);       //计算校验值

        /*
        这样做的原因是因为有时写数据长度不一样,
        导致 PktCrcEx.r.m_szCrc 会出现为 0 的情况
        所以使用 BufCpy 将校验值复制到相应的位置
       */
      BufCpy(PktCrcEx.r.m_szCrc,&PktCrcEx.p[uclen],CRC16_LEN);

      if((UINT8)(uscrc>>8) ! = PktCrcEx.r.m_szCrc[1]\
       ||(UINT8) uscrc       = PktCrcEx.r.m_szCrc[0])  //校验值是否匹配
      {
         uccnt = 0;

         return;
      }

      switch(PktCrcEx.r.m_ucOptCode)               //从命令码中获取相对应的操作
      {
        case DCMD_CTRL_BELL:                       //控制蜂鸣器命令码
        {
             if(DCTRL_BELL_ON = = PktCrcEx.r.m_szDataBuf[0])  //数据部分含控制码
             {
```

```
                bBellOn = TRUE;
            }
            else
            {
                bBellOn = FALSE;
            }
        }
        break;

        case DCMD_CTRL_LED:                          //控制 LED 命令码
        {

            if(DCTRL_LED_ON = = PktCrcEx.r.m_szDataBuf[0])  //数据部分含控制码
            {
                bLedOn = TRUE;
            }
            else
            {
                bLedOn = FALSE;
            }
        }
        break;

        case DCMD_REQ_DATA:                          //请求数据命令码
        {
            bReqData = TRUE;
        }
        break;

    }

    uccnt = 0;

    return;
  }

 }
 else
 {
    uccnt = 0;
 }

}
}
```

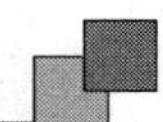

(5) 代码分析

① 在 main 函数主体中，主要检测 bLedOn、bBellOn、bReqData 这 3 个标志位的变化，根据每个标志位的当前值然后进行相对应的操作。

② 在 UartIRQ 中断服务函数当中，主要处理数据接收和数据校验，当数据校验成功后，通过 switch(PktCrcEx. r. m_ucOptCode)获取命令码，根据命令码来设置 bLedOn、bBellOn、bReqData 的值。

第21章 深入编程

在进入深入编程章节之前，或许很多初学者认为写出能够实现功能的代码就足够了。从初学者的角度来看，这是理所当然的事情，但是在项目开发时就另当别论了。如果要初学者进入项目开发的过程，那么单单为了功能的实现是远远不够的。在项目开发中，必须以一个团队为中心，不是强调某个人的“单枪匹马”，因为项目开发要尽量减少开发周期从而减少开发成本，所以开发团队各人员要互相配合。或许很多新手很不习惯，每个人编写的程序都可能不一样，到底怎样才能将代码统一起来的？为此代码的规范性就显得异常重要。多人开发必须贯彻一条主线：“务必遵循公司的编程规范来进行”。由此得出编程与产品的关系（图 21－1）。

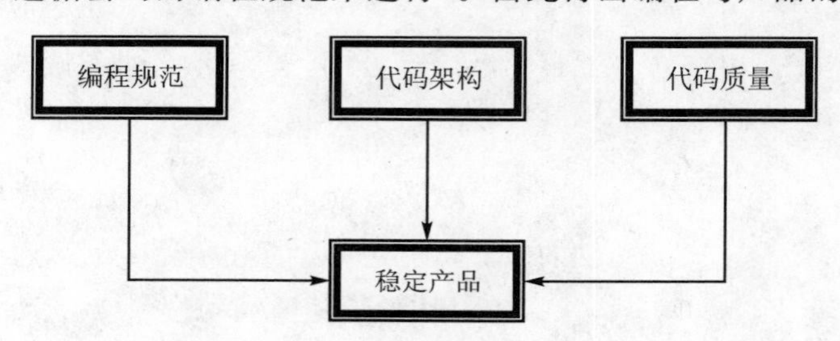

图 21－1　编程与产品的联系

在本章内容当中，将会介绍如何组织程序架构、代码规范、移植性、函数指针等高级应用。

21.1　编程规范

编程规范的宗旨为：“代码具有良好的阅读性”。那么编程时必须注意以下几个原则，如表 21－1 所列。

表 21－1　编程原则

原　则	说　明	原　则	说　明
排版	如代码缩进	标识符	如 UINT8 的声明
注释	对函数、变量或其他进行解释	函数	不同层的函数命名有所不同

21.1.1 排 版

(1) 代码缩进空格数为4个

程序清单21-1 代码缩进排版示例

```
BOOL BufClr(UINT8 * dest,UINT32 size)
{
    if(NULL == dest || NULL == size)
    {
            return FALSE;
    }

    do
    {
        * dest ++ = NULL;

    }while(--size!=0);

    return TRUE;
}
```

(2) 较长的语句要分2行来书写

程序清单21-2 长语句分行书写示例

```
    uncrc = calcCRC16(Packet.p,unlen);

      if((UINT8) uncrc       != Packet.down_ser.mCrc[0] \
      ||(UINT8)(uncrc>>8)!= Packet.down_ser.mCrc[1])
      {
        BELL(ON);
      }
```

(3) 函数代码的参数过长,分多行来书写

程序清单21-3 参数过长分行书写示例

```
void UARTSendAndRecv(UINT8 * ucSendBuf,
                     UINT8   ucSendLength,
                     UINT8 * ucRecvBuf,
                     UINT8   ucRecvLength)
{
        ......
}
```

(4) if、do、while、switch、for、case、default等关键字,必须加上大括号{}

程序清单21-4 关键字书写大括号示例

```
if(bSendEnd)
```

```
{
   BELL(ON);
}
else
{
   BELL(OFF);
}
//---------------------------
for(i = 0;i< ucRecvLength;i + + )
{
    ucRecvBuf[i] = i;
}
//---------------------------
switch(ucintStatus)
{
    case USB_INT_EP2_OUT:
         {
              USBCiEP2Send(USBMainBuf,ucrecvLen);
              USBCiEP1Send(USBMainBuf,ucrecvLen);
         }
         break;
    case USB_INT_EP2_IN:
         {
              USBCiWriteSingleCmd (CMD_UNLOCK_USB);
}
         break;
    ……
}
```

21.1.2 注　释

(1) 代码的注释量要保持在代码总量的20%以上,注释不能太多也不能太少,要以一目了然为前提。

(2) 说明性文件必选在文件头着重说明,如 *.c、*.h 文件。

程序清单 21-5　说明性文件示例

```
/*****************************************************************
*  作    者:温子祺
*  文    件:main.c
*  说    明:架构优化
             采用系统总线捕获运行的任务
*  修改日期:2009/12/06
-----------------------------------------------------------------
*  说    明:基本设置好
```

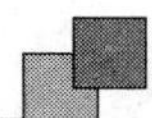

```
* 修改日期：2009/12/02
----------------------------------------------------------------------
* 说    明：创建文件
* 创建日期：2009/11/30
----------------------------------------------------------------------
*******************************************************************/
#include <stdio.h>
void main(void)
{
}
```

(3) 函数头应该进行注释，如函数名称、输入参数、返回值、功能说明。

程序清单 21-6　函数注释示例

```
/*******************************************************************
* 函数名称 : USBCiEP2Send
* 输    入 : buf 要发送数据的缓冲区
             len 要发送数据的长度
* 输    出 : 无
* 功能描述 : 向端点 2 写连续的数据
*******************************************************************/
void USBCiEP2Send(UINT8 *buf,UINT8 len)
{
    USBCiWriteSingleCmd (CMD_WR_USB_DATA7);
    USBCiWritePortData  (buf,len);
}
```

(4) 全局变量要注释其功能，若为关键的局部变量同样需要注释其功能。

程序清单 21-7　变量注释示例

```
volatile UINT8 __ucSysMsg = SYS_IDLE;
void SYSSetMsgPriority(void)
{
    SYSMSG Msgt;                //临时存储消息
     UINT8 i;
}
```

(5) 复杂的宏定义同样要加上注释。

程序清单 21-8　宏注释示例

```
/* SYS_MSG_MAP 建立一个消息映射
   宏参数 NAME：消息映射表的名字
   宏参数 NUM_OF_MSG：消息映射的个数
 */
#define SYS_MSG_MAP(NAME,NUM_OF_MSG) do\
                                     {\
                                       DEFINE_MSG_NAME((NAME));\
                                       UINT8 i;\
```

```
                                    for(i = 0;i< NUM_OF_MSG;i + +)\
                                    {\
                                        INIT_CUR_MSG(i)\
                                    }\
                                }while(0)
```

(6) 复杂的结构体同样要加上注释。

程序清单 21-9　结构体注释示例

```
/* 奇偶校验结构体 */
typedef   struct _ PKT_PARITY
{
    UINT8 m_ucHead1;                //首部 1
    UINT8 m_ucHead2;                //首部 2
    UINT8 m_ucOptCode;              //操作码
    UINT8 m_ucDataLength;           //数据长度
    UINT8 m_szDataBuf[16];          //数据
    UINT8 m_ucParity;               //奇偶校验值
}PKT_PARITY;
```

(7) 相对独立的语句组注释。对这一组语句作特别说明,写在语句组上侧,和此语句组之间不留空行,与当前语句组的缩进一致。注意,说明语句组的注释一定要写在语句组上面,不能写在语句组下面。

21.1.3　标识符

(1) 变量的命名采用匈牙利命名法。命名规则的主要思想是:"在变量中加入前缀以增进人们对程序的理解"。例如,平时声明32位整型变量Length对应使用匈牙利命名法为unLength。经常用到的变量类型如表21-2所列。

表 21-2　匈牙利命名法示例

变量类型	示　例	变量类型	示　例
char	cLength	unsigned int	unLength
unsigned char	ucLength	char *	szBuf
short int	sLength	unsigned char *	szBuf
unsigned short int	usLength	volatile unsigned char	__ucLength
int	nLength		

(2) 变量命名要注意缩写而且使人简单易懂,若是特别缩写要详细说明。

经常用到的缩写如下。

程序清单 21-10　变量缩写示例

```
Count              可缩写为  Cnt
Message            可缩写为  Msg
```

```
Packet          可缩写为  Pkt
Temp            可缩写为  Tmp
```

平时不经常用到的缩写，要注释。

程序清单 21-11　变量缩写示例

```
SerialCommunication             可缩写为 SrlComm               //串口通信变量
SerialCommunicationStatus 可缩写为 SrlCommStat           //串口通信状态变量
```

(3) 全局变量和全局函数的命名一定要详细，不惜多用几个单词，如函数 UARTPrintfStringForLCD，因为它们在整个项目的许多源文件中都会用到，必须让使用者明确这个变量或函数是干什么用的。局部变量和只在一个源文件中调用的内部函数的命名可以简略一些，但不能太短，不要使用单个字母做变量名，只有一个例外：用 i、j、k 做循环变量是可以的。

(4) 用于编译开关的文件头必须加上当前文件名称，防止编译时产生冲突。

例如，在 UARTInterface.h 头文件中，必须加上以下内容。

程序清单 21-12　头文件添加编译开关示例

```
#ifndef __UARTINTERFACE_H__
#define __UARTINTERFACE_H__
extern void UARTPrintfString(CONST INT8 * str);
extern void UARTSendNBytes(UINT8 *ucSendBytes,UINT8 ucLen);
………… //其他外部声明的代码
#endif
```

(5) 针对中国程序员的一条特别规定：禁止用汉语拼音作为标识符名称，因为其可读性极差。

21.1.4 函　数

(1) 函数命名要规范，不同层用不同的格式来命名，如表 21-3 所列。

表 21-3　函数命名规范

文　件	层	说　明	示　例
USBApplication.c	应用层	USB＋Ap＋功能	USBApDisposeData()
USBProtocol.c	协议层	USB＋Pc＋功能	USBPcSetInterface()
USBInterface.c	接口层	USB＋Ci＋功能	USBCiEP0Send()
USBHardware.c	硬件层	USB＋Hw＋功能	USBHwInit()

(2) 函数如果不提供外部调用，在当前文件加上 static 关键字。

程序清单 21-13　内部函数声明示例

```
static void WriteDatToUsb(UINT8 dat)
{
```

```
        USB_CS = 0;
        USB_DATA_OUTPUT = 0xff;
        USB_A0 = USB_DAT_MODE;
        USB_WR = 0;
        DelayNus(20);
        USB_DATA_OUTPUT = dat;
        DelayNus(20);
        USB_CS = 1;
        USB_DATA_OUTPUT = 0xff;
        USB_WR = 1;
}
```

深入重点：

- ✓ 程序是给人看的，不是给机器看的。形成良好的编程规范必然会使代码更加易于阅读，更利于团队协作式开发。
- ✓ "匈牙利"命名法是必修课，易于理解变量的类型。它是一种编程命名规范。其基本原则是，变量名＝类型＋对象描述，其中每一对象的名称都要求有明确的含义，可以取对象名字全称或名字的一部分。命名要基于容易记忆、容易理解的原则。保证名字的连贯性是非常重要的。
- ✓ 函数命名：属性＋类型＋对象，类似于匈牙利命名法。例如，USBCiEP0Send 函数可以分解为 USB＋Ci＋功能。

21.2 代码架构

21.2.1 功能模块构建

质量好的代码当然离不开代码架构的规划，代码架构的好与坏直接影响到代码的移植性以及后期的维护性。在C语言编程当中，强调的是模块化编程，相信大部分初学者不知道模块化编程是怎样一个概念。第一步要做的是构建好各器件的功能模块，这个是最基本的；第二步就是构建前后台系统框架，前后台系统框架可以参考 USB 与网络章节中的代码，它们的代码框架比较简洁，易于初学者理解，不过本章节的代码架构会略有不同，显得更为全面。

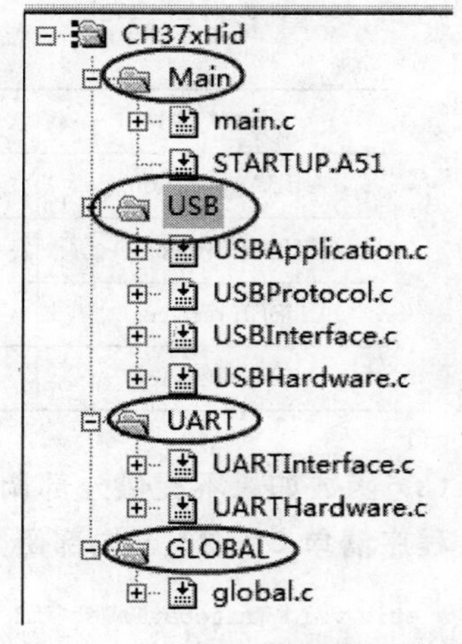

图 21－2　功能模块构建示例

结构化模块化编程是程序设计中最基本的要求。

为了让结构化模块化编程这个抽象的概念使读者更加容易理解，现就以 USB 外部固件的代码为例。从图 21－2可以知道，USB 外部固件的代码主要分为 4 大模块：Main 功能模块、USB 功能模块、UART 功能模块、GLOBAL 模块。程序架构开始清晰明朗起来，Main 功能模块主要包含函数主体，执行调用的函数；USB 功能模块实现 USB 的枚举、数据发送、数据接收；UART 功能模块实现串口信息的打印、数据的接收；GLOBAL 功能模块提供共享的函数给各模块使用，如 DelayNus、DEBUGMSG、DEBUGMSGEx 等。

如此代码架构的雏形已经出来了，然后就是功能模块的细化，即 Main 功能模块、USB 功能模块、UART 功能模块、GLOBAL 功能模块的细化，即将代码分为硬件层、接口层、协议层、应用层。各功能模块之间的关系如图 21－3 所示，各模块与各层之间的关系如图 21－4、图 21－5所示。

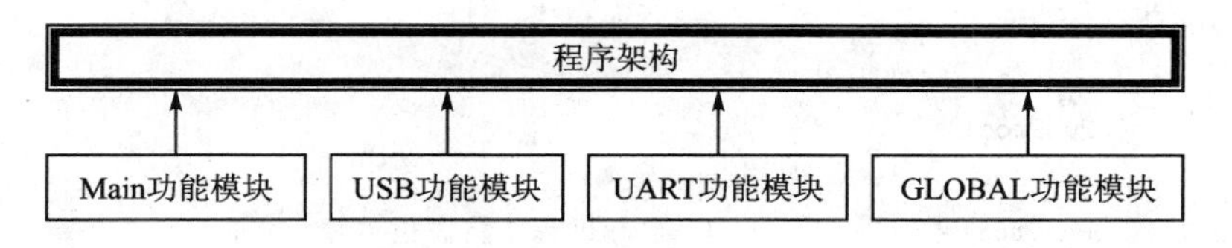

图 21－3　程序架构与各功能模块的关系

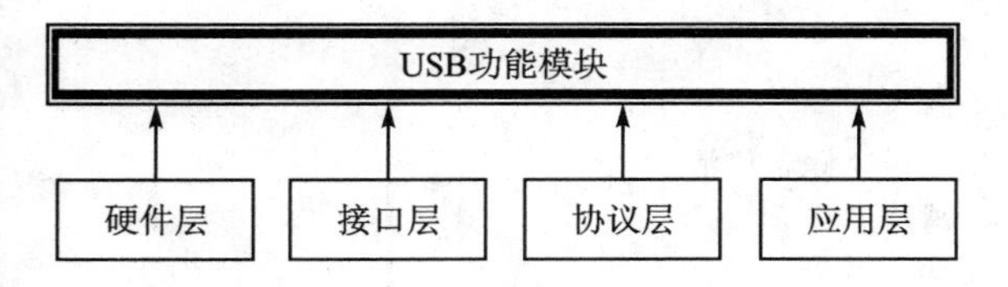

图 21－4　USB 功能模块与各层的关系

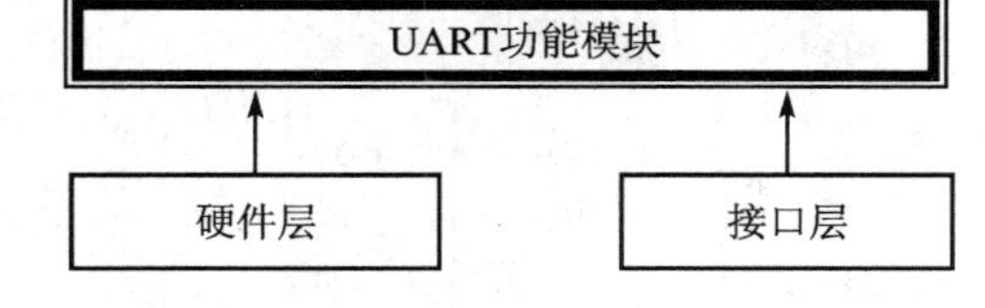

图 21－5　UART 功能模块与各层的关系

Main 功能模块和 GLOBAL 功能模块由于不与硬件相关，因此就以一个文件来包含。USB 功能模块与 UART 功能模块同硬件相关联，必须定义更多相关的文件。在之前的章节已经介绍了 C 文件的命名，如 xxxHardware.c 为硬件层、xxxInterface.c 为接口层、xxxProtocol.c 为协议层、xxxApplication.c 为应用层，在这里重申一下各层的含义，如表 21－4 所列。

表 21－4　功能模块层的含义

层	含　义
硬件层	I/O 引脚设置，相关寄存器初始化
接口层	基本的写数据、读数据，只提供该器件的基本功能
协议层	实现该器件的协议（如 USB、网络）
应用层	面向用户程序

关于结构化模块化编程的重点如下：

- 每一层直接对下一层操作，尽量避免交叉调用或越级调用。
- 某些器件把硬件驱动层合并成一个文件时，则归于较高的层。
- 相同功能的外部函数尽量保持一致，尽量保证通用性。
- 对于初次编程的模块，要严格保证中间各层的正确性。

21.2.2 前后台系统构建

当功能模块都构建好后，接下来的步骤就是前后台系统的构建，很多人都是使用标志位的方法进行构建，如程序清单 21-14 所示。

程序清单 21-14　标志位构建的前后台系统示例

```
void main(void)
{
    while(1)
    {
        if(bRunProc1)
        {
            bRunProc1 = 0;                  //进程1标志位清零
            Proc1();                        //调用进程1
        }
        if(bRunProc2)
        {
            bRunProc2 = 0;                  //进程2标志位清零
            Proc2();                        //调用进程2
        }
    }
}
```

程序清单 21-14 是开发人员最常用的方法，即使用标志位构建前后台系统，那么再看看作者常用的前后台系统（该系统实现的功能是串口数据的设置与发送）有什么不同？如程序清单 21-15～21-18 所示。

1. Process.h

程序清单 21-15　Process.h 文件代码

```
#ifndef __PROCESS_H__
#define __PROCESS_H__
/*
  ============================================================
                          宏
  ============================================================
*/
#define PROC_API                        //进程标识
#define PROC_SET_DATA           0       //设置数据进程序号
#define PROC_SEND_DATA          1       //发送数据进程序号
/*
  ============================================================
                        引用函数
  ============================================================
```

```
*/
extern void SetProcIsAlive     (UINT8 unProc,BOOL bAlive,WPARAM Wp,LPARAM Lp);
extern void SetCurProcIsAlive(BOOL bAlive);
extern void ProcPerform        (void);

#endif
```

2. Process.c

程序清单 21-16　Process.c 文件代码

```
/*
 ==========================================================
                         类型定义
 ==========================================================
*/
typedef struct _PROCCTRL
{
    PROC_API void (*Proc)(WPARAM Wp,LPARAM Lp);   //进程
    BOOL    bAlive;                               //进程是否有效标志位
    WPARAM WParam;                                //参数1(可选)
    LPARAM LParam;                                //参数2(可选)
}PROCCTRL;
/*
 ==========================================================
                         变量区
 ==========================================================
*/
static UINT8 g_ucCurProc = 0;                     //当前进程
static PROCCTRL g_StProcTbl[] = {
        #include "ProcessTab.h"                   //引入进程列表
                              };
/*
 ==========================================================
                         函数区
 ==========================================================
*/
#define EN_LOW_POWER       (0)                    //是否允许低功耗模式
#if       EN_LOW_POWER
/*******************************************************
* 文件名称:PROC_Idle
* 输      入:无
* 输      出:无
* 功能说明:进入低功耗模式
```

```
*********************************************************/
static void PROC_Idle(void)
{
      //请自行添加代码(代码不宜太多,会影响系统性能)
      PCON| = 0x01;
}
#endif
/*********************************************************
* 文件名称:SetProcIsAlive
* 输    入:unProc    进程序号
            bAlive   进程是否有效
            Wp       参数 1(可选)
            Lp       参数 2(可选)
* 输    出:无
* 功能说明:设置进程是否有效,并支持传参
*********************************************************/
void SetProcIsAlive(UINT8 unProc,BOOL bAlive,WPARAM Wp,LPARAM Lp)
{
    g_StProcTbl[unProc].bAlive = bAlive? TRUE:FALSE;
    g_StProcTbl[unProc].WParam = Wp;
    g_StProcTbl[unProc].LParam = Lp;
}
/*********************************************************
* 文件名称:SetCurProcIsAlive
* 输    入:bAlive   当前进程是否有效
* 输    出:无
* 功能说明:设置当前进程是否有效
*********************************************************/
void SetCurProcIsAlive(BOOL bAlive)
{
    g_StProcTbl[g_ucCurProc].bAlive = bAlive? TRUE:FALSE;
}
/*********************************************************
* 文件名称:ProcPerform
* 输    入:无
* 输    出:无
* 功能说明:进程调度
*********************************************************/
void ProcPerform(void)
{
#if      EN_LOW_POWER                          //是否允许低功耗

#define ENTER_IDLE_COUNT (3)                   //进入低功耗模式额定计数值
```

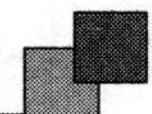

```
    static UINT8 ucIdleCount = 0;                    //进入低功耗模式计数器
    static BOOL  bIsFoundProcAlive = FALSE;          //是否发现有效的进程
#endif
    for(g_ucCurProc = 0;g_StProcTbl[g_ucCurProc].Proc ! = 0;g_ucCurProc + + )
    {
        if(g_StProcTbl[g_ucCurProc].bAlive)          //发现有效的进程则执行并传入参数
        {
           g_StProcTbl[g_ucCurProc].Proc(g_StProcTbl[g_ucCurProc].WParam,
                                    g_StProcTbl[g_ucCurProc].LParam);
#if  EN_LOW_POWER
           bIsFoundProcAlive = TRUE;                 //发现有效的进程
#endif
        }
#if  EN_LOW_POWER
        else
        {
            bIsFoundProcAlive = FALSE;               //没有发现有效的进程
        }
#endif
    }
#if  EN_LOW_POWER
    if(bIsFoundProcAlive)                            //发现有效的进程
    {
      ucIdleCount = 0;                               //进入低功耗模式计数器清零
      return;
    }
    if( + + ucIdleCount > =  ENTER_IDLE_COUNT)       //若进入低功耗模式计数器达到额定值
    {
        PROC_Idle();                                 //进入低功耗模式
        ucIdleCount = 0;                             //进入低功耗模式计数器清零
    }
#endif
}
```

3. ProcessTab.h

程序清单 21 - 17　ProcessTab.h 文件示例代码

```
#ifndef __PROCESSTAB_H__
#define __PROCESSTAB_H__
/*
 ===================================================================
                    请在{0,0,0,0}之前添加任务
 ===================================================================
```

```
*/
{PROC_SetData,                                          TRUE ,0,0},
{PROC_SendData,                                         FALSE,0,0},
/* ------------------- 分割线 -------------------*/
{0,0,0,0}
#endif
```

4. Main. c

程序清单 21-18　Main. c 文件示例代码

```
/****************************************
*函数名称:UARTInit
*输      入:无
*输      出:无
*功      能:串口初始化
****************************************/
static void UARTInit(void)
{
    SCON  = 0x40;
    T2CON = 0x34;
    RCAP2L = 0xD9;
    RCAP2H = 0xFF;
}
/****************************************
*函数名称:UARTSendByte
*输      入:byte 要发送的字节
*输      出:无
*功      能:串口数据发送
****************************************/
static void UARTSendByte(UINT8 byte)
{
    SBUF = byte;
    while(TI = = 0);
    TI = 0;
}
/****************************************
*函数名称:PROC_SetData
*输      入:Wp   参数1
            Lp   参数2
*输      出:无
*功      能:进程-设置数据
****************************************/
PROC_API void PROC_SetData(WPARAM Wp,LPARAM Lp)
{
       static UINT8 cnt = 1;
```

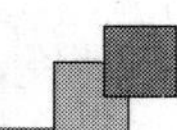

```
        static UINT8 buf[8],i;
        Wp = Wp;                                 //若不使用该变量,就自赋值,以免出现编译警告
        Lp = Lp;                                 //若不使用该变量,就自赋值,以免出现编译警告
        for(i = 0; i<8; i + + )
        {
            buf[i] = cnt + 0;
        }
        if( + + cnt>9)
        {
            cnt = 1;
        }
        SetCurProcIsAlive(FALSE);                //当前进程无效
        SetProcIsAlive(PROC_SEND_DATA,           //发送数据进程序号
                       TRUE,                     //激活
              (WPARAM)buf,                       //传入 buf 指针
              (LPARAM)8);                        //数据长度为 8
}
/ ****************************************
* 函数名称:PROC_SendData
* 输　　入:Wp　参数 1
           Lp　参数 2
* 输　　出:无
* 功　　能:进程 - 发送数据
*****************************************/
PROC_API void PROC_SendData(WPARAM Wp,LPARAM Lp)
{
      UINT8   i;
      UINT8 * pbuf = (UINT8 * )Wp;               //获取要发送的数据
      UINT8   j = (UINT8)Lp;                     //获取发送数据长度
      for(i = 0; i<j; i + + )
      {
          UARTSendByte( * (pbuf + i));           //发送数据
      }
      for(i = 0;i<255;i + + )
          for(j = 0;j<255;j + + );               //延时一会儿
      for(i = 0;i<255;i + + )
          for(j = 0;j<255;j + + );               //延时一会儿
      SetCurProcIsAlive(FALSE);                  //当前进程无效
      SetProcIsAlive(PROC_SET_DATA,              //设置数据进程序号
                     TRUE,                       //激活
             (WPARAM)0,                          //参数 1
             (LPARAM)0);                         //参数 2
}
/ ****************************************
* 函数名称:main
```

```
 * 输   入:无
 * 输   出:无
 * 功   能:函数主体
 ******************************************/
void main(void)
{
    UARTInit();                        //串口初始化
    while(1)
    {
        ProcPerform();                 //进程调度
    }
}
```

作者常用的前后台系统框架分析:

(1) 结构体分析:PROCCTRL结构体类型由进程Proc、进程是否有效bAlive标志位、可选参数WParam、LParam四部分组成。当bAlive为TRUE时,对应的Proc就执行;当bAlive为FALSE时,对应的Proc不执行。参数WParam、LParam是可选的,只要恰当地利用这两个可选参数就能够轻易地实现嵌入式实时系统的消息传递。g_StProcTbl衍生于PROCCTRL结构体类型,并是一个结构体数组,优点在于不用为每个进程定义一个标志位变量,省时省力!

(2) 建立进程映射表:ProcessTab头文件填写的内容实质上就是g_StProcTbl结构体数组中的内容,建立映射表一定要以{0,0,0,0}结尾,这样做的原因是:不需要为每次添加成员变量而重新确定数组最大下标值,在被ProcPerform函数调用时以检测函数指针是否为0作为重新进入新循环的标记。

(3) 进程控制:SetProcIsAlive函数可以在任何位置处被调用并可设置对应进程是否有效,例如SetProcIsAlive(PROC_SEND_DATA,TRUE,(WPARAM)buf,(LPARAM)8)表示激活PROC_SendData进程,并对PROC_SendData进程传入要发送的数据和长度。SetCurProcIsAlive函数只能在当前进程内执行,仅是简单的设置当前进程是否要在新一轮进程调度时执行。

(4) 进程调度:ProcPerform函数是一个很简单的for循环,只要proc与相对应的bAlive同时有效,该proc就会执行。这里要特别强调的是,进程调度的精髓就是传参,而所有有效的进程的传入参数都是通过进程调度器进行操作的,参数类型虽然是WPARAM、LPARAM,但是不要只传简单的整型数据,更要学会传指针,传指针可使代码更为精简。传指针时要注意当前指针是否为静态变量还是全局变量,若为临时变量则会是野指针,轻则数据不正确,重则程序跑飞。ProcPerform函数一定要放在main函数主体中的while(1)循环中执行!在ProcPerform函数当中,一旦使能了EN_LOW_POWER进入低功耗模式编译开关,ProcPerform函数还要执行PROC_Idle进程,这时系统就会进入低功耗模式。为了脱离当前模式,一定要使用恰当的中断进行打断,否则进程调度器无法正常工作,会一直停留在低功耗模式的状态下。当然,若适时地使系统进入低功耗模式,整体功耗就会得到良好的控制。

其构建步骤如图21-6所示。

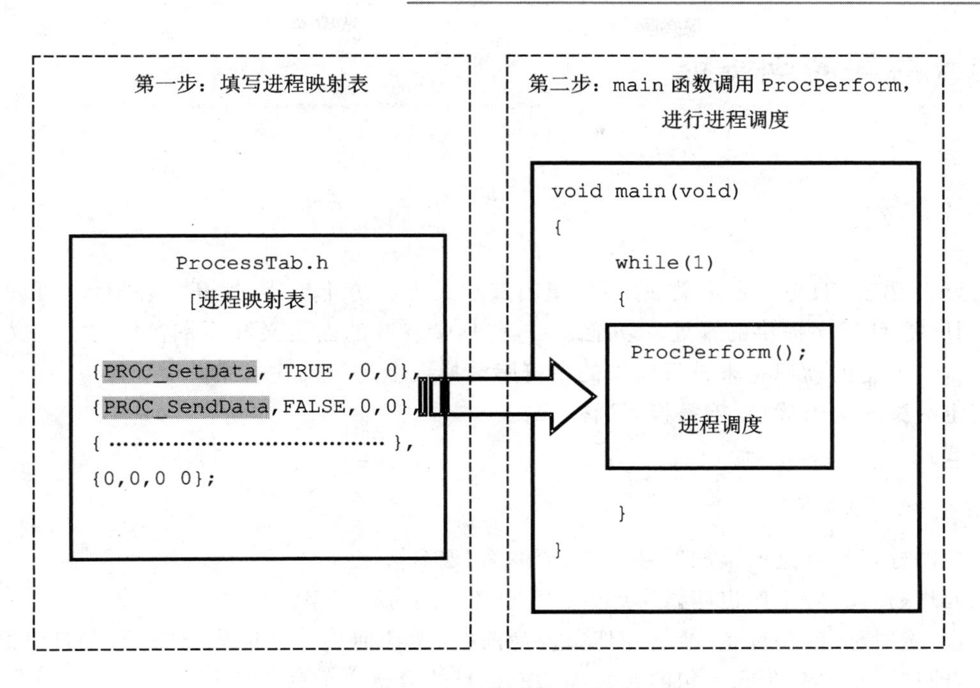

图 21-6　作者前后台系统构建步骤

深入重点：

- ✓ 代码架构主要以结构化模块化编程为核心。
- ✓ 良好的代码架构使程序更加容易移植、更加易于维护，通常只要修改硬件层、接口层就可以使代码在不同的单片机中使用。
- ✓ 读者要着重参考作者构建的前后台系统架构，例如怎样建立进程映射表，了解进程调度以及进程传参是一个怎样的过程。
- ✓ 进程调度的精髓就是传参，而所有有效的进程的传入参数都是通过进程调度器进行操作的，参数类型虽然是 WPARAM、LPARAM，但是不要只传简单的整型数据，更要学会传指针，传指针可使代码更为精简。传指针时要注意当前指针是否为静态变量还是全局变量，若为临时变量则会是野指针，轻则数据不正确，重则程序跑飞。
- ✓ 在 ProcPerform 函数当中，一旦使能了 EN_LOW_POWER 进入低功耗模式编译开关，ProcPerform 函数还要执行 PROC_Idle 进程，这时系统就会进入低功耗模式。为了脱离当前模式，一定要使用恰当的中断进行打断，否则进程调度器无法正常工作，会一直停留在低功耗模式的状态下。当然，若适时地使系统进入低功耗模式，整体功耗就会得到良好的控制。

21.3 高级应用集锦

21.3.1 宏

写好C语言,漂亮的宏定义很重要,使用宏定义可以防止出错,提高可移植性、可读性、方便性,同时是C程序提供的预处理功能之一,包括带参数的宏定义和不带参数的宏定义,具体是指用一个指定的标识符来进行简单的字符串替换或者进行阐述替换。

宏定义又称为宏代换、宏替换,简称"宏"。

格式:

```
#define    标识符    字符串
```

其中的标识符就是所谓的符号常量,也称为"宏名"。

预处理(预编译)工作也叫做宏展开:将宏名替换为字符串。

掌握"宏"概念的关键是"换",一切以换为前提、做任何事情之前先要换,准确理解之前就要"换",即在对相关命令或语句的含义和功能作具体分析之前就要换。

例如,#define MY_EMAIL "wenziqi@hotmail.com"。

下面列举一些成熟软件中常用到的宏定义。

(1) 防止一个头文件被重复包含。

```
#ifndef __GLOBAL_H__
#define __GLOBAL_H__
//头文件内容
#endif
```

(2) 得到指定地址上的一个8位、16位、32位数据。

```
#define MEM_B( x ) ( *( (UINT8 *) (x) ) )
#define MEM_W( x ) ( *( (UINT16 *) (x) ) )
#define MEM_DW( x ) ( *( (UINT32 *) (x) ) )
```

这种情况更加常见于关于I/O口的定义。

```
#define P1    ( *( (volatile unsigned char *) 0x90)
```

(3) 求最大值、最小值。

```
#define MAX( x, y ) ( ((x) > (y)) ? (x) : (y) )
#define MIN( x, y ) ( ((x) < (y)) ? (x) : (y) )
```

(4) 按照小端模式将一个word变为2个字节。

```
#define WORD2BYTE( ray, val ) \
(ray)[0] = ((val) / 256);\
(ray)[1] = ((val) & 0xFF)
```

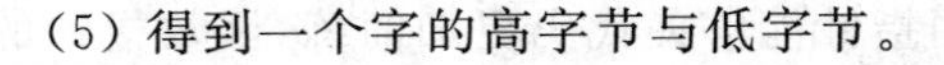

(5) 得到一个字的高字节与低字节。

```
#define WORDLOW(x)  (UINT8)(x)
#define WORDHIGH(x) (UINT8)((x)>>8)
```

(6) 将一个字母变为大写。

```
#define UPCASE( c ) ( ((c) >= 'a' && (c) <= 'z') ? ((c) - 0x20) : (c) )
```

(7) 判断是否为十进制的数。

```
#define DECCHK( c ) ((c) >= '0' && (c) <= '9')
```

(8) 判断字符是否为十六进制的数字。

```
#define HEXCHK( c ) (((c) >= '0' && (c) <= '9') ||\
                     ((c) >= 'A' && (c) <= 'F') ||\
                     ((c) >= 'a' && (c) <= 'f') )
```

(9) 返回数组元素的个数。

```
#define ARR_SIZE( a ) ( sizeof( (a) ) / sizeof( (a[0]) ) )
```

(10) 十六进制和 BCD 码。

```
#define FROM_BCD(n)      ((((n) >> 4) * 10) + ((n) & 0xf))
#define TO_BCD(n)        ((((DWORD)(n) / 10) << 4) | ((DWORD)(n) % 10))
```

为了使代码更加容易阅读,某些特别的地方要用宏代替数字表达其意思,如按键状态机的3种状态:按下、确认、释放。

```
#define KEY_SEARCH_STATUS      0            //扫描按键状态
#define KEY_ACK_STATUS         1            //确认按键状态
#define KEY_REALEASE_STATUS 2               //释放按键状态
UINT8 KeyScan(void)
{
case KEY_SEARCH_STATUS   :                  //……………………………………
case KEY_ACK_STATUS        :                //……………………………………
case KEY_REALEASE_STATUS:                   //……………………………………
}
```

深入重点:

✓ 恰当地使用宏有利于平台的可移植性、可读性、方便性。

21.3.2 函数指针

指针是一个特殊的变量,它里面存储的数值被解释成为内存里的一个地址。要搞清一个指针需要搞清指针的4方面的内容:指针的类型,指针所指向的类型,指针的值或者叫指针所指向的内存区,以及指针本身所占据的内存区。

在C语言编程当中，指针就是精华，恰当地使用指针能够使代码更加简练，函数指针的使用尤为重要，具有动态选择的特性。

例如，单片机有3个通信接口，分别是串口、USB口、网口，它们发送数据的函数如下：

```
void UARTSendNBytes(UINT8 * szSendBytes,UINT8 ucSendLength);
void USBSendNBytes (UINT8 * szSendBytes,UINT8 ucSendLength);
void NETSendNBytes (UINT8 * szSendBytes,UINT8 ucSendLength);
```

(1) 如果不用函数指针，按照平时的if、switch的语句进行判断使用哪一个函数向外发送数据，会有如下的代码：

```
#define COM_PORT   0
#define USB_PORT   1
#define NET_PORT   2
void PortSendNBytes(UINT8 ucPort,UINT8 * szSendBytes,UINT8 ucSendLength)
{
    if(ucPort = = COM_PORT) UARTSendNBytes(szSendBytes, ucSendLength);
    if(ucPort = = USB_PORT) USBSendNBytes (szSendBytes, ucSendLength);
    if(ucPort = = NET_PORT) NETSendNBytes (szSendBytes, ucSendLength);
}
```

串口发送数据调用方式如下：

```
PortSendNBytes(COM_PORT,buf,9);
```

USB发送数据调用方式如下：

```
PortSendNBytes(USB_PORT,buf,9);
```

网络发送数据调用方式如下：

```
PortSendNBytes(NET_PORT,buf,9);
```

(2) 使用函数指针：

```
#define COM_PORT   0
#define USB_PORT   1
#define NET_PORT   2
void ( * PortSendNBytes[3])( UINT8 * szSendBytes,UINT8 ucSendLength) =
{
UARTSendNBytes,USBSendNBytes,NETSendNBytes
};
```

串口发送数据调用方式如下：

```
PortSendNBytes[COM_PORT](buf,9);
```

USB发送数据调用方式如下：

```
PortSendNBytes[USB_PORT](buf,9);
```

网络发送数据调用方式如下：

```
PortSendNBytes[NET_PORT](buf,9);
```

虽然运用函数指针可以使代码更加简练,效率更高,但是空间资源占用方面就是它的弊端了。一般情况下,单片机的资源是绰绰有余的,因此函数指针数组就是首选。

(3) 使用函数指针作程序跳转操作。

函数指针跳转操作在软件复位章节有所介绍。

```
void( * reset)(void) = (void( * )(void))0。
```

void(* reset)(void)就是函数指针定义,(void(*)(void))0 是强制类型转换操作,将数值“0”强制转换为函数指针地址“0”。

通过调用 reset()函数,程序就会跳转到“0”地址处重新执行。在一些其他高级单片机 Bootloader 中,如 NBoot、UBoot、EBoot,它们经常通过这些 Bootloader 进行程序下载,然后通过函数指针的使用跳转到要执行程序的地址处。

深入重点:

✓ 函数指针灵活性强,善于使用函数指针可以使代码更加简练。

✓ 函数指针适用的场合很多,如 LCD 菜单、多通信接口、USB 协议枚举等。

21.3.3　结构体、共用体

1. 结构体

简单来说,结构体就是一个可以包含不同数据类型的结构,它是一种可以自己定义的数据类型。

第一:结构体可以在一个结构中声明不同的数据类型。

第二:相同结构的结构体变量是可以相互赋值的,而数组是做不到的,因为数组是单一数据类型的数据集合,它本身不是数据类型(而结构体是),数组名称是常量指针,所以不可以作左值进行运算,所以数组之间就不能通过数组名称相互复制了,即使数据类型和数组大小完全相同。

例如

```
typedef   struct _PKT_CRC
{
    UINT8 m_ucHead1;                    //首部 1
    UINT8 m_ucHead2;                    //首部 2
    UINT8 m_ucOptCode;                  //操作码
    UINT8 m_ucDataLength;               //数据长度
    UINT8 m_szDataBuf[16];              //数据
    UINT8 m_szCrc[2];                   //CRC16 为 2 个字节
}PKT_CRC;
PKT_CRC PktCrc;
UINT8 szBuf[32];
```

```
UINT8 ucLength;
```

如果想获取数据长度，通过 PktCrc 和 szBuf 有如下操作：

```
ucLength = PktCrc.m_ucDataLength;
ucLength = szBuf[3];
```

由上面两者之间的赋值可以说明，使用结构体更具可读性，操作更加简单。

2. 共用体

使用共用体的目的就是节省存储空间，几个变量共用一个地址。恰当地使用共用体，会得到意想不到的效果。

例如

```
union
{
    UINT16 usValue;
    UINT8   szByte[2];
}SHORT2BYTE;
SHORT2BYTE UnShort2Byte;
UINT16 usLength = 0x3F47;
UINT8   ucHighByte = 0;
UINT8   ucLowByte;
UnShort2Byte.usValue = usLength;
//(大端模式)获取高字节
ucHighByte = (UINT8)(usLength>>8);                 //使用强制转换
ucHighByte = UnShort2Byte.szByte[0];               //共用体
//(大端模式)获取低字节
ucLowByte = (UINT8)usLength;                       //使用位移操作和强制转换
ucLowByte = UnShort2Byte.szByte[1];                //使用共用体
```

从获取高、低字节的比较可以看出，使用共用体更加方面，效率更高。

21.3.4 程序优化

由于单片机的性能同计算机的性能有着天壤之别，无论从空间资源、内存资源、工作频率上，都是无法与之相比较的。PC 机编程基本上不用考虑空间的占用、内存的占用问题，最终目的就是实现功能就可以了。对于单片机来说就截然不同了，目前一般的单片机的 Flash 和 Ram 的资源是以 KB 来衡量的，可想而知，单片机的资源少得可怜，程序设计时必须遵循以下几点进行优化。

1. 使用尽量小的数据类型

能够使用字符型(char)定义的变量就不要使用整型(int)变量来定义；能够使用整型变量定义的变量就不要使用长整型(long int)，能不使用浮点型(float)定义的变量就不要使用浮点型变量。当然，在定义变量后不要超过变量的作用范围，如果超过变量的范围赋值，C 编译器并不报错，但程序运行结果却错了，而且这样的错误很难被发现。

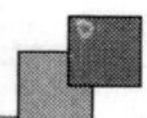

2. 使用自加、自减指令

通常使用自加、自减指令和复合赋值表达式(如 a－＝1 及 a＋＝1 等)都能够生成高质量的程序代码,编译器通常都能够生成 inc 和 dec 之类的指令;而使用 a=a+1 或 a=a-1 之类的指令,有很多 C 编译器都会生成 2 或 3 个字节的指令。

3. 减少运算的强度

可以使用运算量小但功能相同的表达式替换原来复杂的表达式。

(1) 求余运算

N＝N %8 可以改为 N＝N &7。

说明:位操作只需一个指令周期即可完成,而大部分的 C 编译器的"%"运算均是调用子程序来完成,代码长、执行速度慢。只要是求 2*n* 次方的余数,均可使用"&"操作的方法来代替。

(2) 平方运算

N＝Pow(3,2) 可以改为 N＝3 * 3。

说明:在有内置硬件乘法器的单片机中,乘法运算比求平方运算快得多,因为浮点数的求平方是通过调用子程序来实现的,乘法运算的子程序比平方运算的子程序代码短,执行速度快。

(3) 用位移代替乘法除法

N＝M * 8 可以改为　N＝M<<3;

N＝M/8 可以改为　N＝M>>3。

说明:如果需要乘以或除以 2*n*,都可以用移位的方法代替。如果乘以 2*n*,都可以生成左移的代码,而乘以其他整数或除以任何数,均调用乘除法子程序。用移位的方法得到代码比调用乘除法子程序生成的代码效率高。实际上,只要是乘以或除以一个整数,均可以用移位的方法得到结果。如 N＝M * 9 可以改为 N＝(M<<3)＋M。

(4) 自加、自减的区别

```
for(i = 0;i< = 9;i + + )
{
    buf[i] = 0;
}
```

可以改为

```
for(i = 9;i> = 0;i - - )
{
    buf[i] = 0;
}
```

说明:两个 for 循环实现的功能都是一样的,都是将 buf 数组中所有内容清零,但几乎所有的 C 编译器对后一种函数生成的代码均比前一种代码少 1～3 个字节,因为几乎所有的 MCU 均有为 0 转移的指令,采用后一种方式能够生成这类指令。

4. while 与 do…while 的区别

```
void DelayNus(UINT16 t)
{
        while(t--)
        {
                NOP();
        }
}
```

可以改为：

```
void DelayNus(UINT16 t)
{
        do
        {
                NOP();
        }while(--t)
}
```

说明：使用 do…while 循环编译后生成的代码的长度短于 while 循环。

5. register 关键字

```
void UARTPrintfString(INT8 *str)
{
        while(*str && str)
        {
           UARTSendByte(*str++)
        }
}
```

可以改为：

```
void UARTPrintfString(INT8 *str)
{
        register INT8 *pstr = str;
        while(*pstr && pstr)
        {
           UARTSendByte(*pstr++)
        }
}
```

说明：在声明局部变量的时候可以使用 register 关键字。这就使得编译器把变量放入一个多用途的寄存器中，而不是在堆栈中，合理使用这种方法可以提高执行速度。函数调用越是频繁，越是可能提高代码的执行速度，注意 register 关键字只是建议编译器而已。

6. volatile 关键字

volatile 总是与优化有关，编译器有一种技术叫做数据流分析，分析程序中的变量在哪里

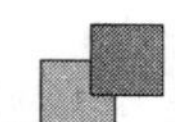

赋值、在哪里使用、在哪里失效，分析结果可以用于常量合并、常量传播等优化，进一步可以消除死代码。一般来说，volatile 关键字只用在以下 3 种情况下：

(1) 中断服务函数中修改的供其他程序检测的变量需要加 volatile。

(2) 多任务环境下各任务间共享的标志应该加 volatile。

(3) 存储器映射的硬件寄存器通常也要加 volatile 说明。

总之，volatile 关键字是一种类型修饰符，用它声明的类型变量表示可以被某些编译器未知的因素更改，如操作系统、硬件或者其他线程等。遇到这个关键字声明的变量，编译器对访问该变量的代码就不再进行优化，从而可以提供对特殊地址的稳定访问。

7. static 关键字

static 声明变量或函数时，表明只能够在当前文件下调用。要知道 static 第一个优点就是减少局部数组建立和赋值的开销。变量的建立和赋值是需要一定的处理器开销的，特别是数组等含有较多元素的存储类型(结构体、共用体等)。在一些含有较多变量并且被经常调用的函数中，可以将一些数组声明为 static 类型，以减少建立或者初始化这些变量的开销。

static 声明的变量或函数第二个优点就是降低模块间的耦合度。

如果当前函数为可重入函数，不适宜将函数内部的变量声明为“static”。

8. 以空间换时间

在数据校验实战当中，计算 CRC16 循环冗余校验的校验值可以使用查表的方式来实现，通过查表可以更加快地获得校验值，效率更高，当校验数据量大的时候，使用查表法优势更加明显，不过唯一的缺点是占用大量的空间资源。

```
//查表法：
code UINT16 szCRC16Tbl[256] = {
    0x0000, 0x1021, 0x2042, 0x3063, 0x4084, 0x50a5, 0x60c6, 0x70e7,
    0x8108, 0x9129, 0xa14a, 0xb16b, 0xc18c, 0xd1ad, 0xe1ce, 0xf1ef,
    0x1231, 0x0210, 0x3273, 0x2252, 0x52b5, 0x4294, 0x72f7, 0x62d6,
    0x9339, 0x8318, 0xb37b, 0xa35a, 0xd3bd, 0xc39c, 0xf3ff, 0xe3de,
    0x2462, 0x3443, 0x0420, 0x1401, 0x64e6, 0x74c7, 0x44a4, 0x5485,
    0xa56a, 0xb54b, 0x8528, 0x9509, 0xe5ee, 0xf5cf, 0xc5ac, 0xd58d,
    0x3653, 0x2672, 0x1611, 0x0630, 0x76d7, 0x66f6, 0x5695, 0x46b4,
    0xb75b, 0xa77a, 0x9719, 0x8738, 0xf7df, 0xe7fe, 0xd79d, 0xc7bc,
    0x48c4, 0x58e5, 0x6886, 0x78a7, 0x0840, 0x1861, 0x2802, 0x3823,
    0xc9cc, 0xd9ed, 0xe98e, 0xf9af, 0x8948, 0x9969, 0xa90a, 0xb92b,
    0x5af5, 0x4ad4, 0x7ab7, 0x6a96, 0x1a71, 0x0a50, 0x3a33, 0x2a12,
    0xdbfd, 0xcbdc, 0xfbbf, 0xeb9e, 0x9b79, 0x8b58, 0xbb3b, 0xab1a,
    0x6ca6, 0x7c87, 0x4ce4, 0x5cc5, 0x2c22, 0x3c03, 0x0c60, 0x1c41,
    0xedae, 0xfd8f, 0xcdec, 0xddcd, 0xad2a, 0xbd0b, 0x8d68, 0x9d49,
    0x7e97, 0x6eb6, 0x5ed5, 0x4ef4, 0x3e13, 0x2e32, 0x1e51, 0x0e70,
    0xff9f, 0xefbe, 0xdfdd, 0xcffc, 0xbf1b, 0xaf3a, 0x9f59, 0x8f78,
    0x9188, 0x81a9, 0xb1ca, 0xa1eb, 0xd10c, 0xc12d, 0xf14e, 0xe16f,
    0x1080, 0x00a1, 0x30c2, 0x20e3, 0x5004, 0x4025, 0x7046, 0x6067,
```

```
    0x83b9, 0x9398, 0xa3fb, 0xb3da, 0xc33d, 0xd31c, 0xe37f, 0xf35e,
    0x02b1, 0x1290, 0x22f3, 0x32d2, 0x4235, 0x5214, 0x6277, 0x7256,
    0xb5ea, 0xa5cb, 0x95a8, 0x8589, 0xf56e, 0xe54f, 0xd52c, 0xc50d,
    0x34e2, 0x24c3, 0x14a0, 0x0481, 0x7466, 0x6447, 0x5424, 0x4405,
    0xa7db, 0xb7fa, 0x8799, 0x97b8, 0xe75f, 0xf77e, 0xc71d, 0xd73c,
    0x26d3, 0x36f2, 0x0691, 0x16b0, 0x6657, 0x7676, 0x4615, 0x5634,
    0xd94c, 0xc96d, 0xf90e, 0xe92f, 0x99c8, 0x89e9, 0xb98a, 0xa9ab,
    0x5844, 0x4865, 0x7806, 0x6827, 0x18c0, 0x08e1, 0x3882, 0x28a3,
    0xcb7d, 0xdb5c, 0xeb3f, 0xfb1e, 0x8bf9, 0x9bd8, 0xabbb, 0xbb9a,
    0x4a75, 0x5a54, 0x6a37, 0x7a16, 0x0af1, 0x1ad0, 0x2ab3, 0x3a92,
    0xfd2e, 0xed0f, 0xdd6c, 0xcd4d, 0xbdaa, 0xad8b, 0x9de8, 0x8dc9,
    0x7c26, 0x6c07, 0x5c64, 0x4c45, 0x3ca2, 0x2c83, 0x1ce0, 0x0cc1,
    0xef1f, 0xff3e, 0xcf5d, 0xdf7c, 0xaf9b, 0xbfba, 0x8fd9, 0x9ff8,
    0x6e17, 0x7e36, 0x4e55, 0x5e74, 0x2e93, 0x3eb2, 0x0ed1, 0x1ef0
};
UINT16 CRC16CheckFromTbl(UINT8 * buf,UINT8 len)
{
    UINT16 i;
    UINT16 uncrcReg = 0, uncrcConst = 0xffff;
    for(i = 0;i < len;i + +)
    {
        uncrcReg = (uncrcReg << 8) ^ szCRC16Tbl[(((uncrcConst ^ uncrcReg) >> 8)
                ^ * buf + + ) & 0xFF];
        uncrcConst << = 8;
    }

    return uncrcReg;
}
```

说明：如果系统对实时性有严格的要求，在 CRC16 循环冗余校验当中，推荐使用查表法，以空间换时间。

9. 宏函数取代函数

不推荐所有函数改为宏函数，以免出现不必要的错误。但是一些基本功能的函数很有必要使用宏函数来代替。

```
UINT8 Max(UINT8 A,UINT8 B)
{
    return (A>B? A: B)
}
```

可以改为：

```
#define MAX(A,B)  {(A)>(B)? (A):(B)}
```

说明：函数和宏函数的区别就在于，宏函数占用了大量的空间，而函数占用了时间。要知

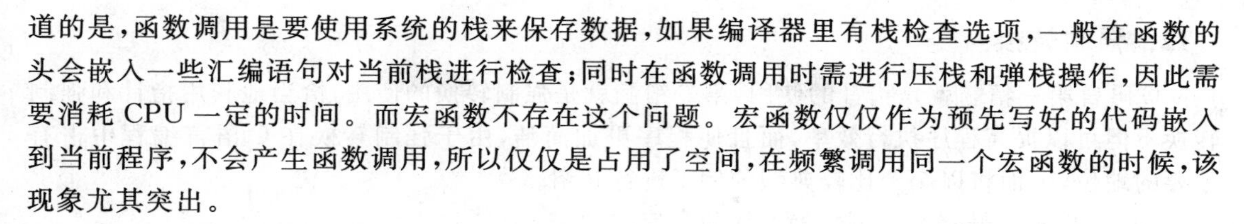
道的是，函数调用是要使用系统的栈来保存数据，如果编译器里有栈检查选项，一般在函数的头会嵌入一些汇编语句对当前栈进行检查；同时在函数调用时需进行压栈和弹栈操作，因此需要消耗CPU一定的时间。而宏函数不存在这个问题。宏函数仅仅作为预先写好的代码嵌入到当前程序，不会产生函数调用，所以仅仅是占用了空间，在频繁调用同一个宏函数的时候，该现象尤其突出。

10. 适当地使用算法

假如有一道算术题，求1～100的和。作为程序员的我们会毫不犹豫地敲击键盘写出以下计算方法：

```
UINT16 Sum(void)
{
    UINT8 i,s;
    for(i = 1;i< = 100;i+ +)
    {
        s+ = i;
    }
    return s;
}
```

很多人都会想到这种方法，但是效率方面并不如意，我们需要动脑筋，就是采用数学算法解决问题，使计算效率提升一个级别。

```
UINT16 Sum(void)
{
    UINT16 s;
    s = 50 *(100 + 1);
    return s;
}
```

结果很明显，同样的结果而不同的计算方法，运行效率会有大大不同，所以需要最大限度地通过数学的方法提高程序的执行效率。

11. 用指针代替数组

在许多种情况下，可以用指针运算代替数组索引，这样做常常能产生又快又短的代码。与数组索引相比，指针一般能使代码执行速度更快，占用空间更少，使用多维数组时差异更明显。下面的代码作用是相同的，但是效率不一样：

```
UINT8 szArrayA[64];
UINT8 szArrayB[64];
UINT8 i;
UINT8 *p = szArray;
for(i = 0;i<64;i+ +)szArrayB[i] = szArrayA[i];
for(i = 0;i<64;i+ +)szArrayB[i] = *p+ +;
```

指针方法的优点是，szArrayA的地址装入指针p后，在每次循环中只需对p增量操作。在数组索引方法中，每次循环中都必须进行基于i值求数组下标的复杂运算。

12. 强制转换

C 语言第一精髓就是指针的使用，第二精髓就是强制转换的使用，恰当地利用指针和强制转换不但可以提高程序执行效率，而且使程序更加简洁，由于强制转换在 C 语言编程中占有重要的地位，下面将以 5 个比较典型的例子进行介绍。

例 1：将带符号字节整型转换为无符号字节整型。

```
UINT8 a = 0;
INT8 b = - 3;
a = (UINT8)b;
```

例 2：在大端模式下(8051 系列单片机是大端模式)，将数组 a[2]转换为无符号 16 位整型值。

方法 1：采用位移方法。

```
UINT8 a[2] = {0x12,0x34};
UINT16 b = 0;
b = (a[0]<<8)|a[1];
```

结果：b＝0x1234。

方法 2：强制类型转换。

```
UINT8 a[2] = {0x12,0x34};
UINT16 b = 0;
b = *(UINT16 *)a;//强制转换
```

结果：b＝0x1234。

例 3：保存结构体数据内容。

方法 1：逐个保存。

```
typedef struct _ST
{
        UINT8 a;
        UINT8 b;
        UINT8 c;
        UINT8 d;
        UINT8 e;
}ST;
ST s;
UINT8 a[5] = {0};
s.a = 1;
s.b = 2;
s.c = 3;
s.d = 4;
s.e = 5;
a[0] = s.a;
a[1] = s.b;
a[2] = s.c;
```

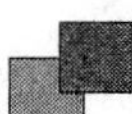

```
a[3] = s.d;
a[4] = s.e;
```

结果：数组 a 存储的内容是 1、2、3、4、5。

方法 2：强制类型转换。

```
typedef struct _ST
{
            UINT8 a;
            UINT8 b;
            UINT8 c;
            UINT8 d;
            UINT8 e;
}ST;
ST s;
UINT8 a[5] = {0};
UINT8 *p = (UINT8 *)&s;//强制转换
UINT8   i = 0;
s.a = 1;
s.b = 2;
s.c = 3;
s.d = 4;
s.e = 5;
for(i = 0;i<sizeof(s);i++)
{
    a[i] = *p++;
}
```

结果：数组 a 存储的内容是 1、2、3、4、5。

例 4：在大端模式下(8051 系列单片机是大端模式)将含有位域的结构体赋给无符号字节整型值。

方法 1：逐位赋值。

```
typedef struct   __BYTE2BITS
{
    UINT8 _bit7: 1;
    UINT8 _bit6: 1;
    UINT8 _bit5: 1;
    UINT8 _bit4: 1;
    UINT8 _bit3: 1;
    UINT8 _bit2: 1;
    UINT8 _bit1: 1;
    UINT8 _bit0: 1;
}BYTE2BITS;
BYTE2BITS Byte2Bits;
Byte2Bits._bit7 = 0;
Byte2Bits._bit6 = 0;
```

```
Byte2Bits._bit5 = 1;
Byte2Bits._bit4 = 1;
Byte2Bits._bit3 = 1;
Byte2Bits._bit2 = 1;
Byte2Bits._bit1 = 0;
Byte2Bits._bit0 = 0;
UINT8 a = 0;
a| = Byte2Bits._bit7<<7;
a| = Byte2Bits._bit6<<6;
a| = Byte2Bits._bit5<<5;
a| = Byte2Bits._bit4<<4;
a| = Byte2Bits._bit3<<3;
a| = Byte2Bits._bit2<<2;
a| = Byte2Bits._bit1<<1;
a| = Byte2Bits._bit0<<0;
```

结果：a＝0x3C。

方法 2：强制转换。

```
typedef struct    __BYTE2BITS
{
    UINT8 _bit7: 1;
    UINT8 _bit6: 1;
    UINT8 _bit5: 1;
    UINT8 _bit4: 1;
    UINT8 _bit3: 1;
    UINT8 _bit2: 1;
    UINT8 _bit1: 1;
    UINT8 _bit0: 1;
}BYTE2BITS;
BYTE2BITS Byte2Bits;
Byte2Bits._bit7 = 0;
Byte2Bits._bit6 = 0;
Byte2Bits._bit5 = 1;
Byte2Bits._bit4 = 1;
Byte2Bits._bit3 = 1;
Byte2Bits._bit2 = 1;
Byte2Bits._bit1 = 0;
Byte2Bits._bit0 = 0;
UINT8 a = 0;
a = *(UINT8 *)&Byte2Bits
```

结果：a＝0x3C。

例 5：在大端模式下(8051 系列单片机是大端模式)将无符号字节整型值赋给含有位域的结构体。

方法 1：逐位赋值。

```
typedef struct  __BYTE2BITS
{
    UINT8 _bit7: 1;
    UINT8 _bit6: 1;
    UINT8 _bit5: 1;
    UINT8 _bit4: 1;
    UINT8 _bit3: 1;
    UINT8 _bit2: 1;
    UINT8 _bit1: 1;
    UINT8 _bit0: 1;
}BYTE2BITS;
BYTE2BITS Byte2Bits;
UINT8 a = 0x3C;
Byte2Bits._bit7 = a&0x80;
Byte2Bits._bit6 = a&0x40;
Byte2Bits._bit5 = a&0x20;
Byte2Bits._bit4 = a&0x10;
Byte2Bits._bit3 = a&0x08;
Byte2Bits._bit2 = a&0x04;
Byte2Bits._bit1 = a&0x02;
Byte2Bits._bit0 = a&0x01;
```

方法 2：强制转换。

```
typedef struct  __BYTE2BITS
{
    UINT8 _bit7: 1;
    UINT8 _bit6: 1;
    UINT8 _bit5: 1;
    UINT8 _bit4: 1;
    UINT8 _bit3: 1;
    UINT8 _bit2: 1;
    UINT8 _bit1: 1;
    UINT8 _bit0: 1;
}BYTE2BITS;
BYTE2BITS Byte2Bits;
UINT8 a = 0x3C;
Byte2Bits = *(BYTE2BITS *)&a;
```

13. 减少函数调用参数

使用全局变量比函数传递参数更加有效率。这样做去除了函数调用参数入栈和函数完成后参数出栈所需要的时间。然而使用全局变量会影响程序的模块化和重入，故要慎重使用。

14. switch 语句中根据发生频率来进行 case 排序

使用 switch 语句是一项普通的编程技术，编译器会产生 if－else－if 的嵌套代码，并按照顺序进行比较，发现匹配时，就跳转到满足条件的语句执行。使用时需要注意，每一个由机器

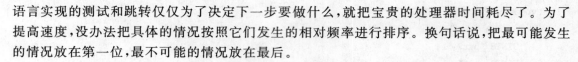

语言实现的测试和跳转仅仅为了决定下一步要做什么，就把宝贵的处理器时间耗尽了。为了提高速度，没办法把具体的情况按照它们发生的相对频率进行排序。换句话说，把最可能发生的情况放在第一位，最不可能的情况放在最后。

15. 将大的 switch 语句转为嵌套 switch 语句

当 switch 语句中的 case 标号很多时，为了减少比较的次数，明智的做法是把大 switch 语句转为嵌套 switch 语句。把发生频率高的 case 标号放在一个 switch 语句中，并且是嵌套 switch 语句的最外层，把发生频率相对低的 case 标号放在另一个 switch 语句中。例如，下面的程序段把发生频率相对低的情况放在缺省的 case 标号内：

```
UINT8 ucCurTask = 1;
void  Task1(void);
void  Task2(void);
void  Task3(void);
void  Task4(void);
………………
void  Task16(void);
switch(ucCurTask)
{
    case 1: Task1();break;
    case 2: Task2();break;
    case 3: Task3();break;
    case 4: Task4();break;
    ………………
    case 16: Task16();break;
    default: break;
}
```

可以改为：

```
UINT8 ucCurTask = 1;
void  Task1(void);
void  Task2(void);
void  Task3(void);
void  Task4(void);
……………
void  Task16(void);
switch(ucCurTask)
{
    case 1: Task1();break;
    case 2: Task2();break;
    default:
    switch(ucCurTask)
    {
    case 3: Task3();break;
    case 4: Task4();break;
```

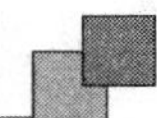

```
        ………………………
        case 16: Task16();break;
        default: break;
        }
        Break;
}
```

由于 switch 语句等同于 if—else—if 的嵌套代码，如果存在多个 if 语句同样要转换为嵌套的 if 语句。

```
UINT8 ucCurTask = 1;
void  Task1(void);
void  Task2(void);
void  Task3(void);
void  Task4(void);
…………
void  Task16(void);
if      (ucCurTask = = 1) Task1();
else if(ucCurTask = = 2) Task2();
else
{
      if      (ucCurTask = = 3) Task3();
      else if(ucCurTask = = 4) Task4();
      …………
      else Task16();
}
```

16. 函数指针妙用

当 switch 语句中的 case 标号很多时，或者 if 语句的比较次数过多时，为了提高程序执行速度，可以运用函数指针来取代 switch 或 if 语句的用法，这些用法可以参考 USB 实验代码和网络实验代码。

```
UINT8 ucCurTask = 1;
void  Task1(void);
void  Task2(void);
void  Task3(void);
void  Task4(void);
……………
void  Task16(void);
switch(ucCurTask)
{
    case 1: Task1();break;
    case 2: Task2();break;
    case 3: Task3();break;
    case 4: Task4();break;
    ………………………
```

```
    case 16: Task16();break;
    default: break;
}
```

可以改为：

```
UINT8 ucCurTask = 1;
void  Task1(void);
void  Task2(void);
void  Task3(void);
void  Task4(void);
……………
void  Task16(void);
void (*szTaskTbl)[16])(void) = {Task1,Task2,Task3,Task4,…,Task16};
```

调用方法1：(*szTaskTbl[ucCurTask])();

调用方法2： szTaskTbl[ucCurTask]();

17. 循环嵌套

循环在编程中经常用到，往往会出现循环嵌套。现在就以for循环为例。

```
UINT8 i,j;
for(i = 0;i<255;i + +)
{
  for(j = 0;j<25;j + +)
  {
      ………………
  }
}
```

较大的循环嵌套较小的循环编译器会浪费更多的时间，推荐的做法就是较小的循环嵌套较大的循环。

```
UINT8 i,j;
for(j = 0;j<25;j + +)
{
  for(i = 0;i<255;i + +)
  {
    ………………
  }
}
```

18. 内联函数

在C++中，关键字inline可以被加入到任何函数的声明中。这个关键字请求编译器用函数内部的代码替换所有对于指出的函数的调用。这样做在两个方面快于函数调用：第一，省去了调用指令需要的执行时间；第二，省去了传递变元和传递过程需要的时间。但是使用这种方法在优化程序速度的同时，程序长度变大了，因此需要更多的ROM。使用这种优化在in-

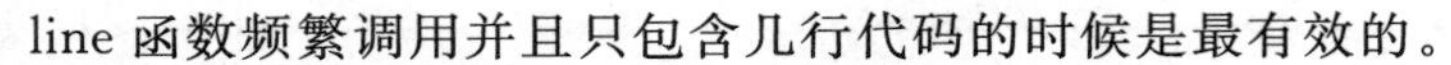

line 函数频繁调用并且只包含几行代码的时候是最有效的。

如果编译器允许在C语言编程中能够支持 inline 关键字(注意,不是C++语言编程),而且单片机的 ROM 足够大,就可以考虑加上 inline 关键字。支持 inline 关键字的编译器如 ADS1.2,RealView MDK 等。

19. 从编译器着手

很多编译器都具有偏向于代码执行速度上的优化、代码占用空间太小的优化。例如,Keil 开发环境编译时可以选择偏向于代码执行速度上的优化(Favor Speed)还是代码占用空间太小的优化(favor size)。还有其他基于 GCC 的开发环境一般都会提供-O0、-O1、-O2、-O3、-Os 的优化选项。

- -O0：这个等级关闭所有优化选项,这样编译器就不优化代码,通常也不是我们想要的。
- －O1：这是最基本的优化等级。编译器会在不花费太多编译时间的同时试图生成更快、更小的代码。这些优化是非常基础的,但一般这些任务肯定能够顺利完成。
- -O2：-O1 的进阶。这是推荐的优化等级,除非你有特殊的需求,-O2 比-O1 启用的标记多一些。设置了－O2 后,编译器会试图提高代码性能而不会增大体积和大量占用的编译时间。
- -O3：这是最高、最危险的优化等级。用这个选项会延长编译代码的时间,用－O3 来编译代码将产生更大体积、更耗内存的二进制代码,大大增加编译失败的机会或不可预知的程序行为(包括错误),－O3 生成的代码只是比－O2 快一点点而已。
- -Os：这个等级用来优化代码尺寸。其中,其启用了-O2 中不会增加磁盘空间占用的代码生成选项。这对于磁盘空间极其紧张或者 CPU 缓存较小的机器非常有用;但也可能产生些许问题,因此软件树中的大部分 ebuild 都过滤掉了这个等级的优化。不推荐使用-Os。

20. 嵌入汇编——杀手锏

汇编语言是效率最高的计算机语言,在一般项目开发当中都采用C语言来开发,因为嵌入汇编之后会影响平台的移植性和可读性,不同平台的汇编指令是不兼容的。但是对于一些执着的程序员要求程序获得极致的运行效率,他们都在C语言中嵌入汇编,即“混合编程”。

注意：如果想嵌入汇编,一定要对汇编有深刻的了解。不到万不得已,不要使用嵌入汇编。

深入重点：

✓ 单片机资源有限,发挥单片机的潜能是程序员的任务,无论从硬件还是从软件作为出发点,尽可能进行挖掘。

✓ 从软件的角度挖掘单片机潜能不仅要对当前的编译环境很熟悉,同时要对编程语言有深入的认识。

✓ 嵌入式汇编只针对时间要求严格的单片机系统,如无必要,不推荐使用嵌入式汇编,因为现在的编译器是“非常聪明的”,代码的执行效率可以接近汇编,还可以提高移植性。

✓ 关于大、小端模式的问题,51、网络是大端模式,ARM、AVR、USB是小端模式。

大端模式	高字节在低地址,低字节在高地址
小端模式	高字节在高地址,低字节在低地址

示例:

0x3782的存储方式:

存储方式	低地址(n)	高地址($n+1$)
大端模式	0x37	0x82
小端模式	0x82	0x37

21.3.5 软件抗干扰

缔造一个好产品都必须以稳定为前提,不是稳定的东西不是好东西。要让产品工作稳定,必须要对硬件与软件的设计进行“两手抓”,而往往硬件上设计的缺陷导致单片机程序跑飞是主要原因,软件设计缺陷为次要原因。

当单片机工作在严重的EMI或电气噪声环境下,会导致程序跑飞即程序计数器PC乱跑,从而导致单片机出现不可预测的行为。

在单片机上电和掉电的过程中,单片机程序最容易跑飞,这样必须控制单片机复位的硬件设计要恰当,如电阻和电容值的选取,而在选型单片机时官方手册都有典型的复位电路作为参考,因而尽量以官方给出的典型复位电路为准。

另外就是继电器和电机干扰单片机,导致其程序跑飞较为常见,主要表现为电流冲击。为了防止它们干扰单片机,必须在硬件设计上下功夫。继电器必须增加续流二极管,消除断开线圈时产生的反向电动势干扰,当增加了续流二极管后将使继电器的断开时间延迟,这样就必须增加稳压二极管使继电器在单位时间内可动作更多的次数。同样,电机与继电器的工作原理类似,必须加上相应的续流二极管来消除反电动势干扰,然后加上滤波电路。

由于篇幅有限,如果读者想了解更多硬件上的干扰,可以参阅相关资料。

软件设计缺陷导致单片机程序跑飞主要表现为错误的代码、超出了单片机允许的范围执行程序。这就要求单片机编程人员必须要对单片机的硬件配置很熟悉,如Rom大小、Ram大小、内部硬件资源等,并且要对单片机编程有深刻的了解,特别是C语言编程。

那么现在假设当前程序是正确的,单片机正在运行时突然受到外界严重的干扰,导致I/O口值发生变化、RAM中某些变量值被窜改、程序计数器PC乱指等,必然导致本来正确的程序却做出不能预测的行为,而这3种现象最为普遍,以下列出解决问题的方法。

1. 硬件看门狗

通过硬件看门狗来监控程序是否跑飞有些小细节要注意,就是不能在中断服务函数里喂狗,因为当单片机程序跑飞后,内部硬件资源还是能够正常工作的,并能够进入相应的中断服

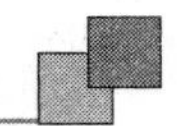

务函数,如果在中断服务函数里喂狗,就算程序跑飞了,看门狗监控也没有起到作用,所以看门狗绝对不能放在中断服务函数里喂狗。

2. 软件看门狗

软件看门狗是基于没有硬件看门狗的单片机引申出来的,软件看门狗与硬件看门狗最大的不同就是,它需要占用2个定时器资源,并结合主程序实现环形监视,即T/C0监视T/C1,T/C1监视主程序,主程序监视T/C0,如图21-7所示。

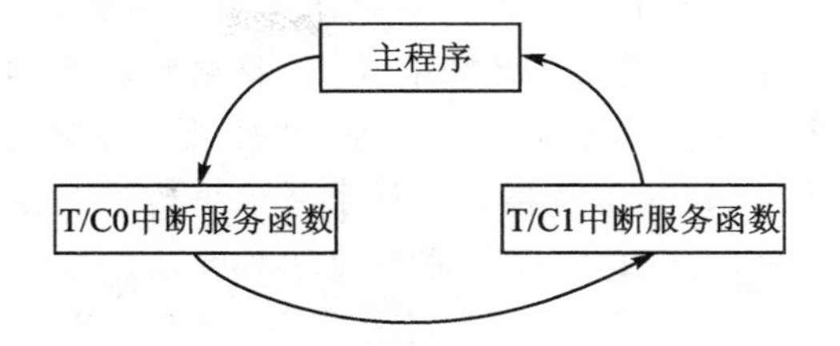

图21-7 软件看门狗环形监视图

3. 定时检测RAM区被标志的数据

定时检测RAM区数据既可以在主程序里检测,又可以放在T/C中断服务函数中检测。我们只需要在程序中定义多个固定变量,并赋予固定的值。若因程序"跑飞"导致RAM中这些数据发生变化,这时可以说明单片机已经受到严重干扰了,可以通过软件复位使单片机复位。

4. 捕获输入数据、多次采样

将处理一次的输入数据改为循环采样,采用算术平均值法得出结果,以及对输入数据的捕获要加上超时处理,防止程序"抱死"。

5. 根据各函数模块适当地刷新输出端口

在程序的执行过程中根据相对应的函数模块来刷新输出端口,这样可以排除干扰对输出端口状态的影响。

那么,在实际分析中,我们可以采用因果分析图(又叫做鱼骨图或石川图),它能够直接地反映造成问题的各种可能的原因。因果分析图是全球广泛采用的一项技术,该技术首先确定结果,然后分析造成这种结果的原因。每个分支都代表着可能出错的原因,用于查明质量问题可能所在和设立相应检验点。这对于我们平时研究程序稳定性勾画了框图,起到了指导性的作用,如图21-8所示。

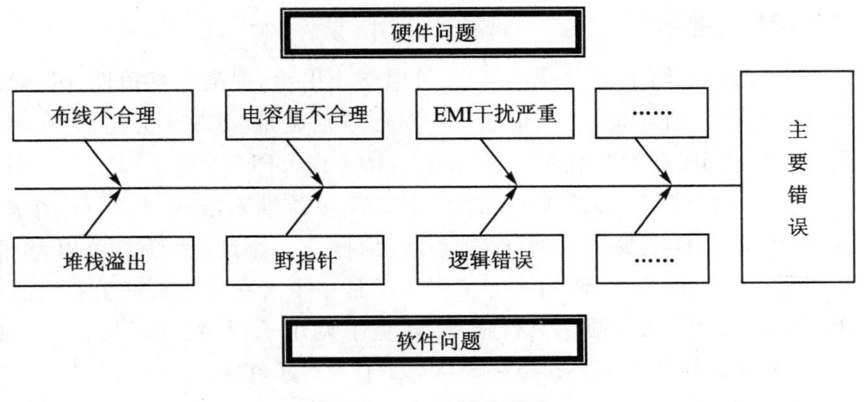

图21-8 因果分析图

深入重点：

- ✓ 单片机稳定性的设计必须从硬件和软件上下功夫。
- ✓ 单片机易跑飞表现在上电、掉电的过程，更表现在易受到外界条件对其的干扰上。
- ✓ 在单片机 C 语言编程中，软件设计防跑飞主要以检测变量值、看门狗监视、刷新输出端口、输入端口循环取样求算术平均值。在单片机汇编语言编程中，可以使用更多的手段来防止程序跑飞，在这里不作赘述。

21.3.6 软件低功耗设计

在某些特殊的设备，如何最大限度地降低单片机系统功耗是设计人员最关注的问题。随着电子便携式设备日渐普及，而且这些设备都是通过电池供电的，这样就对电子便携式设备的续航能力提出了严格的要求，意味着功耗更低。然而在低功耗系统中，很多设计者只关注到硬件设计上的功耗，而软件设计对系统功耗的影响往往容易被忽略，主要表现为软件上的缺陷并不像硬件那样容易被发现。不管怎么说，单片机程序员仍需将当前系统的低功耗特性反映在软件上，以避免那些“看不到”的功耗损失。关于硬件上的低功耗设计可以参考其他书籍，在此不作赘述。

1. “中断法”取代“查询法”

一个程序使用中断方式还是查询方式对于一些简单的应用并不那么重要，但在其低功耗特性上却相去甚远。使用中断方式，CPU 可以什么都不做，甚至可以进入空闲模式或掉电模式(可参考 14.1 节)，只需要等待响应的中断请求就可以了；而查询方式下，CPU 必须不停地访问 I/O 寄存器，这会带来很多额外的功耗(“查询法”与“中断法”可参考 7.4.2 小节)。关于“中断法”与“查询法”对 CPU 的占用可以在 Keil 调试环境的性能分析器窗口中观察到。有一点需要注意的是，当单片机处于空闲模式时，可以由任何中断唤醒；单片机处于掉电模式时，外部时钟停振，MCU、定时器、串行口全部停止工作，只有外部中断继续工作，因此只能由外部中断唤醒。

2. 用“宏”代替“子程序”

在 21.3.1 小节已经介绍了宏，使用宏定义可以防止出错，提高可移植性、可读性、方便性，同时是 C 程序提供的预处理功能之一，但是程序员必须清楚，读 RAM 会比读 Flash 带来更大的功耗。正是因为如此，现在低功耗性能突出的 ARM 在 CPU 设计上仅允许一次子程序调用。因为 CPU 进入子程序时，会首先将当前 CPU 寄存器推入堆栈(RAM)，在离开时又将 CPU 寄存器弹出堆栈，这样至少带来两次对 RAM 的操作。因此，程序员可以考虑用宏定义来代替子程序调用。对于程序员，调用一个子程序还是一个宏在程序写法上并没有什么不同，但宏会在编译时展开，CPU 只是顺序执行指令，避免了调用子程序。唯一的问题似乎是代码量的增加。目前，单片机的片内 Flash 越来越大，对于一些不在乎程序代码量大一些的应用，这种做法无疑会降低系统的功耗。

在这里有必要说明的是，不推荐将所有的函数转为宏函数，特别是对有传入参数的函数，

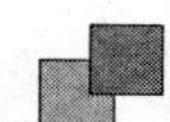

一般用“宏”替代“子程序”都是一些比较简单的函数，如＃define MAX(A,B) {A>B? A：B}。

3. 尽量减少 CPU 的运算量

减少 CPU 运算的工作可以从很多方面入手：将一些运算的结果预先算好，放在 Flash 中，用查表的方法替代实时的计算，减少 CPU 的运算工作量，可以有效地降低 CPU 的功耗（很多单片机都有快速有效的查表指令和寻址方式，用以优化查表算法）；不可避免的实时计算，算到精度够了就结束，避免“过度”的计算；尽量使用短的数据类型，如尽量使用字符型的 8 位数据替代 16 位的整型数据，尽量使用分数运算而避免浮点数运算等。

更多的关于减少 CPU 的运算量可参考 21.3.4 小节。

4. 让 I/O 模块间歇运行

不用的 I/O 模块或间歇使用的 I/O 模块要及时关掉，以节省电能。不用的 I/O 引脚要设置成输出或设置成输入，用上拉电阻拉高。因为如果引脚没有初始化，可能会增大单片机的漏电流。特别要注意的是，有些简单封装的单片机没有把个别 I/O 引脚引出来，对这些看不见的 I/O 引脚也不应忘记初始化。

深入重点：

✓ 软件上设计的缺陷同样会对低功耗系统的功耗造成影响。

✓ 软件低功耗设计可从 4 个方面着手：用“中断法”代替“查询法”、用“宏”代替“子程序”、尽量减少 CPU 的运算量、让 I/O 模块间歇运行。

番外篇

何谓番外篇，因为本篇超出了介绍单片机的范畴，但是又不得不说，因为在高级实验篇很大部分的篇章已经涉及了界面的应用，说实话，现在的单片机程序员或多或少与界面接触，甚至要懂得界面的基本编写，说白了就是单片机程序员同时演绎着界面程序员的角色，这个在中小型企业比较常见，编写的往往是一些比较简单的调试界面，常用于调试或演示给老板和参观的人看，当产品完成时，要提供相应的DLL给系统集成部，缔造出不同的应用方案。在番外篇中，界面编程开发工具为VC++2008，通过VC++2008向读者展示界面如何编写，同时如何实现串口通信、USB通信、网络通信，只要使用作者编写好的类，实现它们的通信就变得很简单，就像在C语言中调用函数一样，只需要掌握Init()、Send()、Recv()、Close()函数的使用就可以了，相信读者会在本篇中基本掌握界面编程，最后驾轻就熟，编写出属于自己的调试工具。

第 22 章 界面开发

在以往的一段时间当中，标准的单片机程序员只需要侧重于单片机程序的编写，但是随着社会的不断进步，社会的需求越来越多，迫使产品的开发速度要相应地加快，而且时时都要与接口打交道，如含有串口接口、USB 接口、网络接口的设备，往往都需要 PC 界面来辅助，“过时的”单片机程序员就显得力不从心。虽然网络上可以搜索到不同的串口调试助手、USB 调试助手、网络调试助手，但是这些调试工具往往存在一定的局限性，因为这些工具都具有相同的特点，即发送字符串、发送十六进制数、显示字符串、显示十六进制数，但拓展性不强，几乎每次更改发送的数据都要自己修改，严重影响开发效率，假如下位机有很多功能都通过接收串口数据来控制，那岂不是每次都要修改数据；还有更坏的情况就是一般产品的接口通信都含有数据校验，而这些调试助手不具备校验值计算功能，需要自己动手计算，这真的是最头痛的事情。我们反过来想一下，倒不如自己写调试工具，不但可以加快产品的开发速度，更可以了解软件的编写方法，何乐而不为。

界面编写的工具有很多种，如 Delphi、VB、VC＋＋等。在这里推荐读者使用 VC＋＋来进行界面开发，VC＋＋与底层关系非常密切，同时有一定 C 语言功底的我们更加易于上手，可以使用 VC6.0 以上的版本进行编写，不过作者给出的所有界面程序都是基于 VC＋＋2008 来编写的，因此在本章是以 VC＋＋2008 来介绍界面编写的。

22.1 VC＋＋2008

在选择 VC＋＋界面开发工具时，有些人心中或多或少有点纠结，为什么不使用 VC＋＋6.0，却选择用 VC＋＋2008 进行开发(图 22－1)？那么就让作者为读者进行解疑吧。

VC＋＋6.0 是 1998 年诞生的，遗憾的是 1998 年以后 C＋＋标准才正式制定出来。VC＋＋2008 是完全支持 C＋＋标准的，VC＋＋6.0 对 C＋＋标准的支持程度只有 86％，有时出了问题也不知道在哪里出现，无从下手。不支持 C＋＋标准的 VC＋＋6.0 不是我们的首选，VC＋＋2008 就再适合不过了，而且 VC＋＋2008 的编译器比

图 22－1 VS2008 Logo

VC＋＋6.0 的强大很多，不仅支持很多新的优化功能(Oy,LTCG,PGO)，而且支持 native 和 managed 的代码混编，在调试运行方面提供更加多的人性化功能，使你在调试程序时更加得心应手，便于发现更多的 BUG。

22.2 HelloWorld 小程序

第 1 步：安装好 VC＋＋2008。

第 2 步：在工具栏单击【文件】按钮，然后选择【新建】，接着选择【项目】，如图 22－2 所示。

图 22－2 新建项目

第 3 步：在项目类型列表框中选择【MFC】，然后从右则的模板选中【MFC 应用程序】，并在下方的编辑框填好【解决方案名称】，最后单击【确定】按钮，如图 22－3 所示。

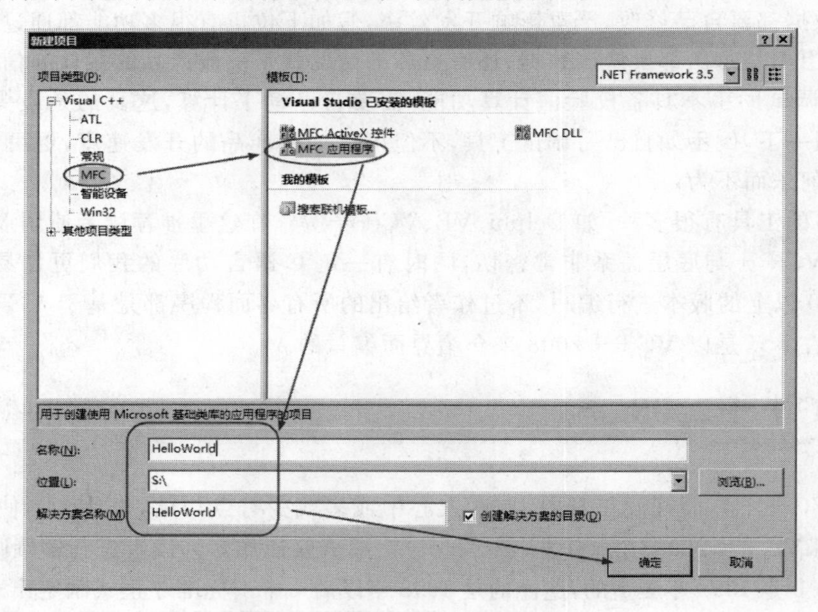

图 22－3 创建 MFC 应用程序

第 4 步：在 MFC 应用向导单击【下一步】按钮，如图 22－4 所示。

第 5 步：在应用程序类型中选中【基于对话框】，在 MFC 的使用中选中【在静态库中使用 MFC】，单击【完成】按钮，如图 22－5 所示。

然后界面创建完成，如图 22－6 所示。

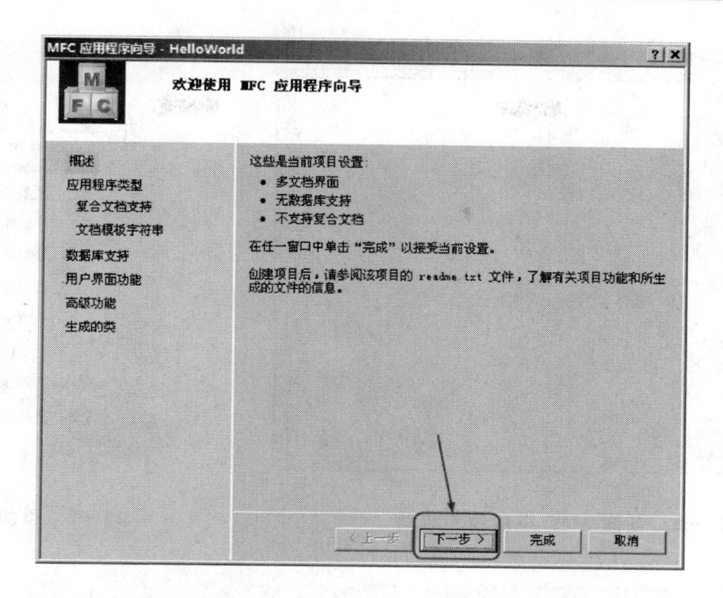

图 22－4　MFC 应用程序向导

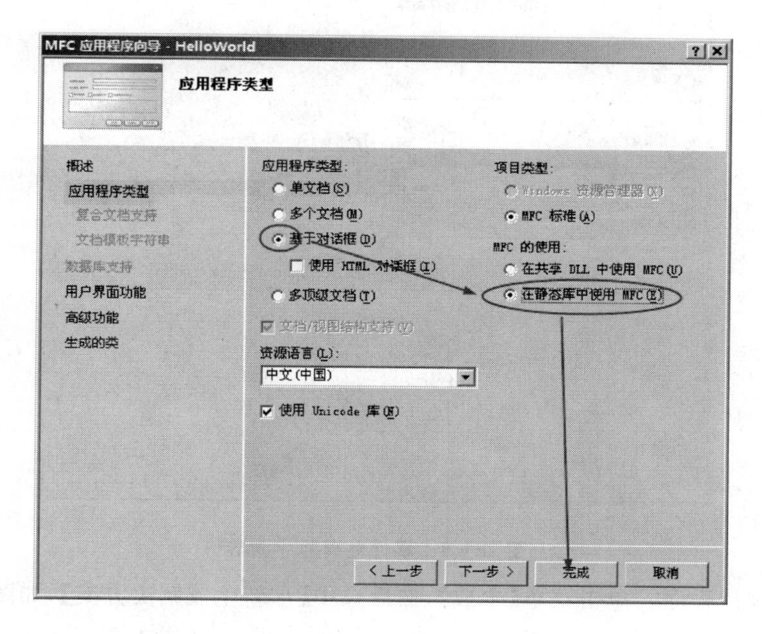

图 22－5　应用程序类型

第 6 步：右键单击【确定】按钮，在弹出的菜单中选择【添加事件处理程序】，如图 22－7 所示。

第 7 步：在事件处理程序向导对话框中，在消息类型选择【BN_CLICKET】，在类列表中选择【CHelloWorldDlg】，填写函数处理程序名称为【OnShowHelloWorld】，单击【添加编辑】按钮，如图 22－8 所示。

第 8 步：在 OnShowHelloWorld()函数当中填写程序，如图 22－9 所示。

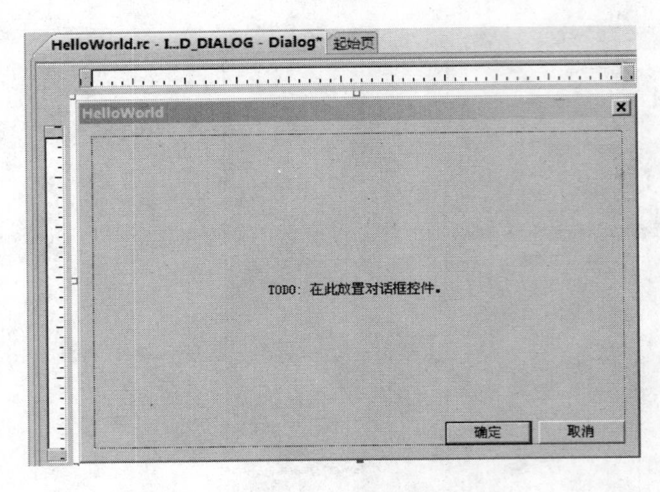

图 22-6　创建 MFC 应用程序成功

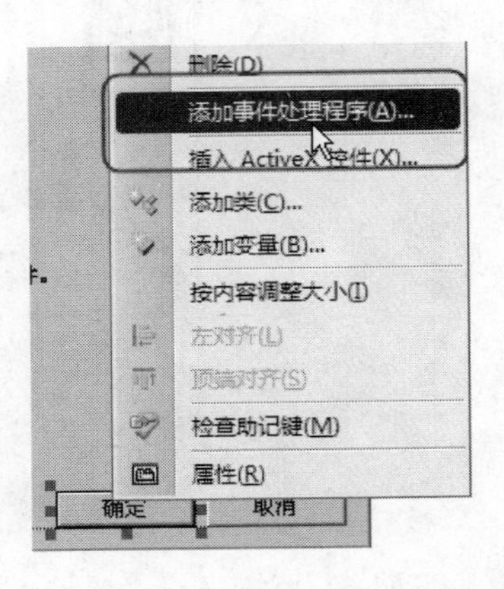

图 22-7　添加事件处理程序

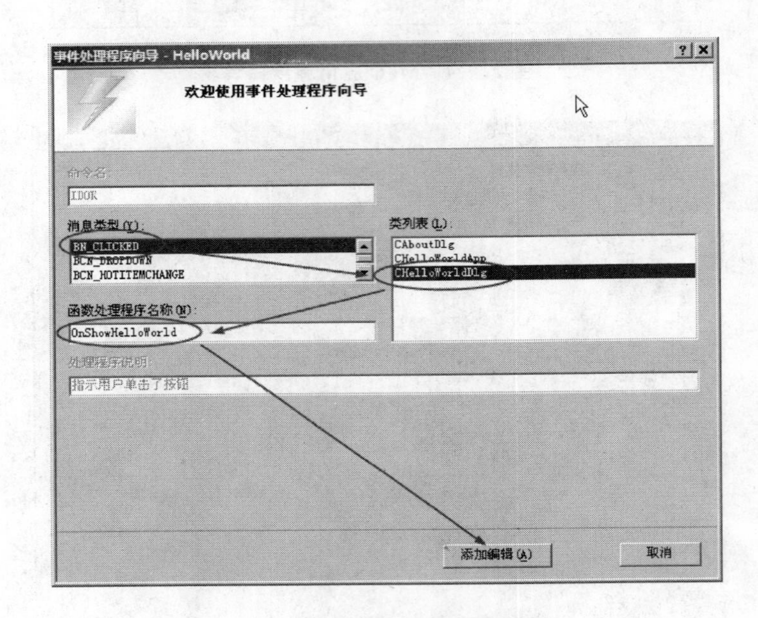

图 22-8　事件处理程序向导

第 9 步：编译程序。单击菜单【生成】，然后选中【重新生成解决方案】，如图 22-10 所示。

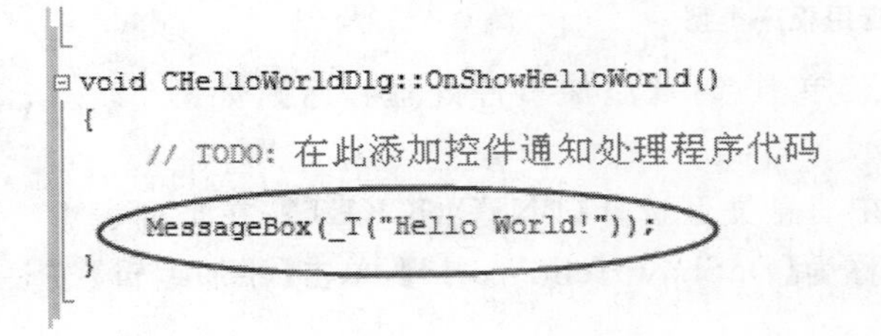

图 22-9　编写事件处理程序

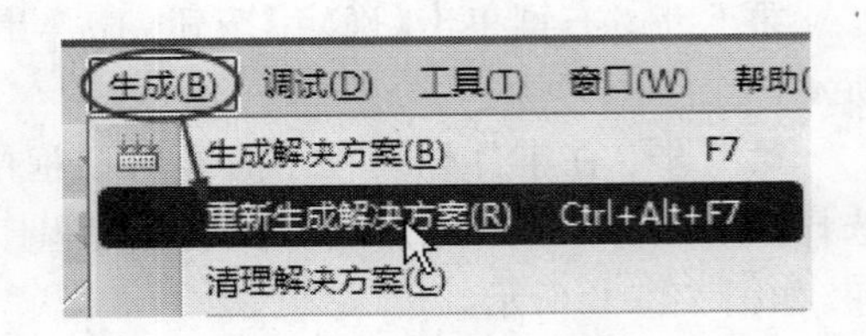

图 22-10　编译程序

第 10 步：运行程序。单击菜单【生成】，选择【按配置优化】，在弹出的菜单中选择【运行检测/优化后的程序】，在弹出的 HelloWorld 的对话框中单击【确定】按钮，显示"Hello World!"，如图 22－11、图 22－12 所示。

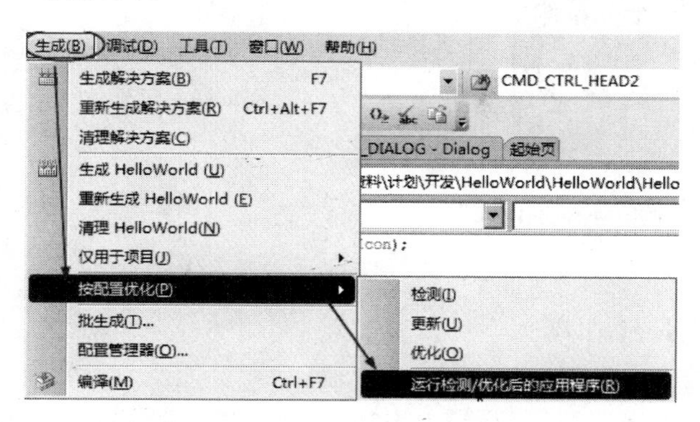

图 22－11　运行程序

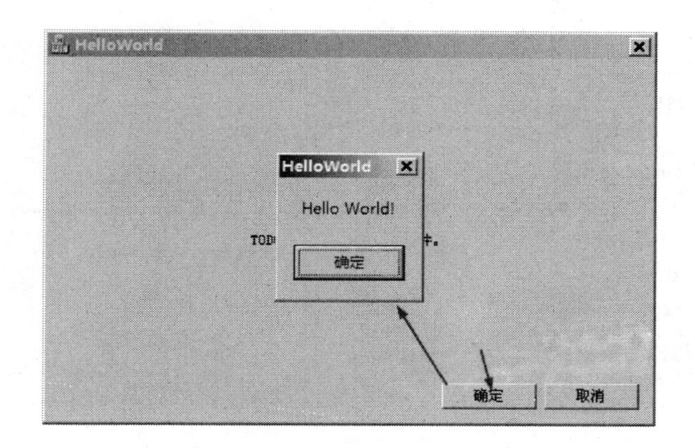

图 22－12　观察程序执行

深入重点：

✓ VC＋＋2008 是什么？

✓ VC＋＋2008 如何创建界面、如何编写程序、如何编译程序、如何运行程序？

22.3　实现串口通信

22.3.1　创建界面

声明：在创建界面的过程中，如果忘记如何创建，可以参考 HelloWorld 小程序的章节。

第 1 步：创建如下的界面，如图 22－13 所示。

第 2 步：为【发送数据】和【接收数据】各添加事件处理程序，如图 22－14 所示。

图 22-13 创建 MySerial

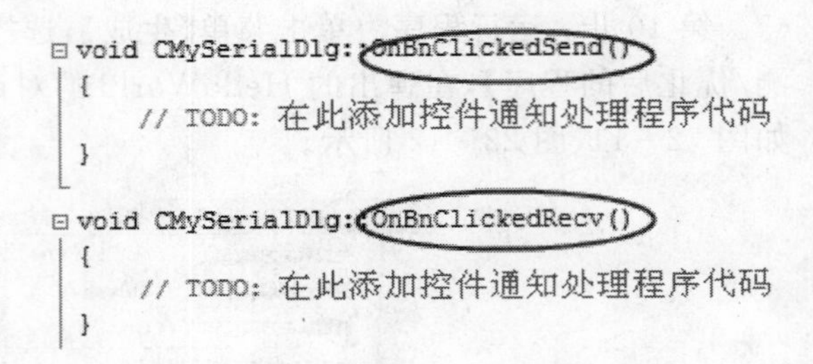

图 22-14 添加事件处理程序

22.3.2 添加 CSerial 类

第 1 步：在【解决方案资源管理器】中添加 CSerial 类，如图 22-15 所示。

第 2 步：在 MySerialDlg.h 头文件添加＃include"CSerial.h"，并且在 CMySerialDlg 类中定义 CSerial 类的对象 m_Serial，如图 22-16 所示。

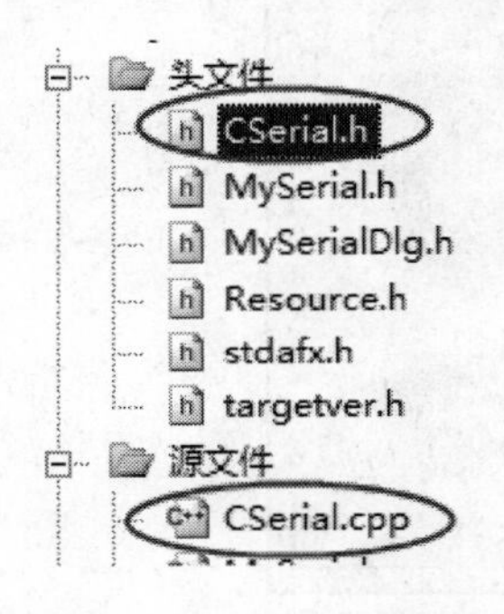

图 22-15 添加 CSerial 类

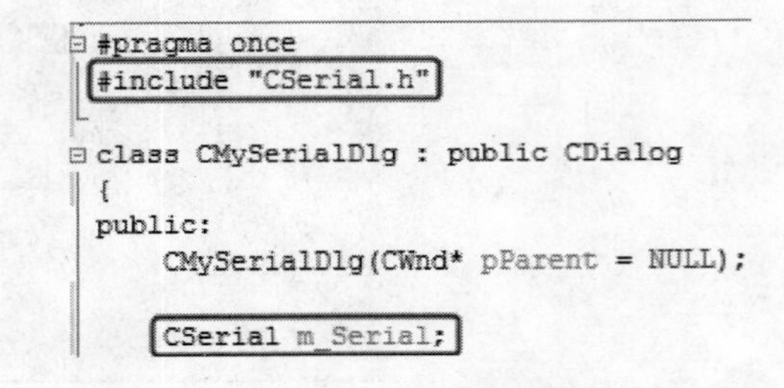

图 22-16 声明 CSerial 类对象

22.3.3 编写程序

在编写程序前，首先我们要知道 CSerial 类提供了什么函数给我们调用，CSerial 类可供调用的成员函数如表 22-1 所列。

表 22-1 CSerial 类成员函数列表

CSerial 类			
成员函数	说　明	成员函数	说　明
Init	初始化串口	Send	发送数据
Close	关闭串口	Recv	接收数据

由于篇幅有限，在编写程序的步骤中只介绍如何调用 CSerial 的成员函数，关于 CSerial 类的详细内容，不在这里作详细说明。

第 1 步：在 BOOL CMySerialDlg：：OnInitDialog()中初始化串口，即调用 CSerial 类中

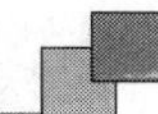

的 Init 函数,如果初始化串口失败,并通过消息对话框进行提示。

程序清单 22-1 初始化串口

```
BOOL CMySerialDlg::OnInitDialog()
{
    //……………………………………………
    //打开COM1、波特率、无校验、位数据位、位停止位
    if (! m_Serial.Init(1,9600,NOPARITY,8,ONESTOPBIT))
    {
        MessageBox(L"初始化串口失败");
    }
    return TRUE;
}
```

若打开串口失败,会是如下的情况,如图 22-17 所示。

第 2 步:在 void CMySerialDlg::OnBnClickedSend()中添加发送的程序。

程序清单 22-2 发送数据

```
void CMySerialDlg::OnBnClickedSend()
{
    UCHAR szBuf[3] = {0x01,0x02,0x03};          //发送缓冲区
    m_Serial.Send(szBuf,3);                      //发送数据
}
```

图 22-17 初始化串口失败

第 3 步:在 void CMySerialDlg::OnBnClickedRecv()中添加接收的程序,并显示数据。

程序清单 22-3 接收数据

```
void CMySerialDlg::OnBnClickedRecv()
{
    UCHAR szBuf[64] = {0};                                //接收缓冲区
    UINT  unRecvLength = 0;                               //接收长度
    UINT  i = 0;
    CString str = _T(""),str_ = _T("");                   //用于显示数据
    unRecvLength = m_Serial.Recv(szBuf,sizeof(szBuf));    //接收数据
    for (i = 0;i<unRecvLength;i++)
    {
        str.Format(L"%02X ",szBuf[i]);                   //转换为进制格式
        str_ += str;
    }
    MessageBox(str_);                                     //显示数据
}
```

22.3.4 运行程序

第 1 步:编译程序,确保编译通过(可参考 HelloWorld 小程序章节的编译程序部分),并

运行程序，如图 22－18 所示。

第 2 步：单击【发送数据】按钮，当前发送数据为：0x01，0x02，0x03，如图 22－19 所示。

第 3 步：单击【接收数据】按钮，会显示接收到单片机发过来的数据，如图 22－20 所示。

图 22－18　执行程序

图 22－19　发送数据

图 22－20　显示接收到的数据

界面编程也不是想象中那么深不可测，就这几个简单的函数就轻易地实现了串口的收发数据功能。只要我们每天肯花少许时间，将会熟悉串口、USB、网络的初始化、发送数据、接收数据的详细过程，甚至做出功能更为丰富的调试工具。

深入重点：

- ✓ 熟悉 C＋＋的类与对象的抽象概念。
- ✓ 熟悉 CSerial 类的成员函数的功能，了解串口收发数据的过程。

附录 A
Keil C 与 ANSI C 的差异

Cx51 编译器和 ANSI C 标准只在一些小的方面有差异，这些差异可以分成和编译器相关的差异和与库相关的差异。

1. 宽字符

宽 16 位字符不被 Cx51 支持。

2. 递归函数调用

缺省的情况不支持递归函数调用，递归函数必须用“reentrant”函数属性声明，可重入函数可被递归调用，因为局部数据和参数保存在可重入堆栈中。比较而言，不要用“reentrant”属性声明的函数对函数的局部数据使用静态存储段，对这些函数的递归调用会改写前面函数调用例程的局部数据。

2. 和库相关的差异

ANSI C 标准库包括大量的程序，大多数在 Cx51 中，但是许多不能应用到一个嵌入应用中，被排除在 Cx51 库之外。

下面的程序只包含在 Cx51 库中：

abs	cosh	isdigit
acos	exp	isgraph
asin	fabs	islower
atan	floor	isprint
atan2	fmod	ispunct
atof	free	isspace
atoi	getchar	isupper
atol	gets	isxdigit
calloc	isalnum	labs
ceil	isalpha	log
cos	iscntrl	log10
logjmp	sin	strrchr
malloc	sinh	strspn
memchr	sprintf	strstr

memcmp	sqrt	strtod
memcpy	srand	strtol
memmove	sscanf	strtoul
memset	strcat	tan
modf	strchr	tanh
pow	strcmp	tolower
printf	strcpy	toupper
putchar	strcspn	va_arg
puts	strlen	va_end
rand	strncat	va_start
realloc	strncmp	vprintf
scanf	strncpy	vsprintf
setjmp	strpbrk	

下面的程序只包含在 Cx51 库中：

abort	freopen	remove
asctime	frexp	rename
atexit	fscanf	rewind
bsearch	fseek	setbuf
clearerr	fsetpos	setlocale
clock	ftell	setvbuf
ctime	fwrite	signal
difftime	getc	strcoll
div	getenv	strerror
exit	gmtime	strftime
fclose	ldexp	strtok
feof	ldiv	strxfrm
ferror	localeconv	system
fflush	localtime	time
fgetc	mblen	tmpfile
fgetpos	mbstowcs	tmpnam
fgets	mbtowc	ungetc
fopen	mktime	vfprintf
fprintf	perror	wcstombs
fputc	putc	wctomb
fputs	qsort	
fread	raise	

下面的程序不包括在 ANSI 标准库中但在 Cx51 库中：

acos517	_iror_	strpos
asin517	log10517	strrpbrk
atan517	log517	strrpos
atof517	_lrol_	strtod517
cabs	_lror_	tan517
chkfloat	memccpy	_testbit_

cos517	_nop_	toascii
crol	printf517	toint
cror	scanf517	_tolower
exp517	sin517	_toupper
_getkey	sprintf517	ungetchar
init_mempool	sqrt517	
irol	sscanf517	

附录 B

编译器限制

Cx51 编译器包含了下面列出的已知的限制，而对 C 语言来说大部分是没有限制的，例如，在一个 switch 块中，case 可以指定无限数目的符号或数字。如果有足够的地址空间，可以定义几千个符号。

- 支持最多 19 级对任何标准数据类型的间接访问。这包括数组描述符、间接操作符和函数描述符。
- 名称最多为 256 个字符。C 语言是大小写敏感的，但是为了兼容目标文件中的所有名称及大写字母，因此一个源程序的外部目标名的大小写是无关紧要的。
- switch 块中 case 的最大数目是不固定的，只受可用的存储区大小和单个函数的最大限制。
- 一个调用参数列表中最大可嵌套的函数调用是 10。
- 可嵌套的包含文件最多为 9，这和列表文件、预处理器文件或是否生成一个目标文件无关。
- 条件的最大深度为 20。这是一个预处理器限制。
- 指令块 {…}，可嵌套到 15 级。
- 宏可以嵌套到 8 级。
- 在一个宏或函数调用中可以传递最多 32 个参数。
- 一行或一个宏最长为 2 000 个字符。即使一个宏扩展后，结果也不能超过 2 000 个字符。

附录 C

字节顺序

大多数微处理器的存储结构是 8 位地址空间(字节)。许多数据项(地址、数字、字符串)太长,不能用单个字节保存,必须用一系列连续字节保存。

当使用多字节保存的数据时,字节顺序就成为一个问题,不幸的是多字节数据保存的标准不只一个。有对字节顺序的两个通行的方法被广泛使用。

(1) 第一个方法是调用小端,就是通常指的 INTEL 顺序。在小端中低字节首先保存。

一个 16 位整数值 0x1234(十进制 4 660)用小端方法保存两个连续的字节如图 C-1 所示。

地址	+0	+1
内容	0x34	0x12

图 C-1　小端模式存储 1

一个 32 位整数值 0x57415244(十进制 1 463 898 692),用小端方法保存如图 C-2 所示。

地址	+0	+1	+2	+3
内容	0x44	0x52	0x41	0x57

图 C-2　小端模式存储 2

(2) 第二个方法是调用大端,就是通常指的 MOTOROLA 顺序。在大端中高字节首先保存,低字节后保存。一个 16 位整数值 0x1234 用大端方法保存两个连续的字节如图 C-3 所示。

地址	+0	+1
内容	0x12	0x34

图 C-3　大端模式存储 1

一个 32 位整数值 0x57415244,用大端方法保存如图 C-4 所示。

地址	+0	+1	+2	+3
内容	0x57	0x41	0x52	0x44

图 C-4　大端模式存储 2

8051 是 8 位机制，没有直接操作大于 8 位数据的指令。多字节数据根据下面的规则保存：

(1) 8051 的 LCALL 指令保存下一个指令在堆栈中，地址的低字节首先推入堆栈，因此地址是以小端格式保存。

(2) 所有其他 16 位和 32 位值以大端格式保存，高字节先保存，如 LJMP 和 LCALL 指令期望地址以大端格式保存。

(3) 浮点数根据 IEEE-754 格式保存，以大端格式首先保存高字节。

如果 8051 嵌入应用平台和其他微处理器通信，必须知道其他 CPU 所用的字节顺序。当传输原始的二进制数据时不用考虑。

附录 D

提示与注意

1. 递归代码参考错误

示例程序如下：

```
void func1(unsigned char * msg )
{
    ;
}

void func2( void )
{
    unsigned char uc;
    func1("xxxxxxxxxxxxxxxx");
}

code void ( * func_array[])() = { func2 };

void main( void )
{
    ( * func_array[0])();
}
```

当使用下面的命令行编译和连接：

```
C51 EXAMPLE1.C
BL51 EXAMPLE1.OBJ IX
```

失败并显示下面的错误信息：

```
* * *   WARNING 13: RECURSIVE CALL TO SEGMENT
SEGMENT:        ? CO? EXAMPLE1
CALLER:         ? PR? FUNC2? EXAMPLE1
```

在这个程序例子中，func2 定义了一个常数字符串（“xxx…xxx”），直接放在常数代码段?

CO? EXAMPLE1,定义 code void(* func_array[])()={func2}。在段? CO? EXAMPLE(代码表的位置)和可允许代码段? PR? FUNC2? EXAMPLE1 之间生成了一个引用。因为 func2 也指向段? CO? EXAMPLE1,BL51 假定这是一个递归调用。

为了避免这个问题,用下面的命令行连接:

```
LX51 EXAMPLE1.OBJ IX OVERLAY &
(? CO? EXAMPLE1 ~ FUNC2,MAIN ! FUNC2)
```

? CO? EXAMPLE1~FUNC2 删除了例子中 func2 和代码常数段之间暗含的调用,然后 MAIN! FUNC2 增加了一个额外的 MAIN 和 FUNC2 之间的索引列表的调用,这些内容都可以参考 Ax51 宏汇编用户手册。

总的来说,当通过函数指针引用时,自动覆盖分析不能成功的完成。这个类型的引用必须手工完成,如上面的例子。

2. 用 printf 函数产生的问题

printf 函数使用一个可变长度的参数列表,在格式字符串后面指定的参数用内在的数据类型传递。当格式标识符期望传递一个不同类型的数据时就会引起问题,例如下面的代码:

```
printf("%c %d %u %bu",'A',1,2,3);
```

这里不会打印字符串“A 1 2 3”,这是因为 Cx51 编译器把参数 1、2、3 作为 8 位字节类型传递。格式标识符%d 和%u 都期望 16 位 int 类型。为了避免这类问题的发生,必须明确定义传递给 printf 函数的数据类型。因此,必须对上面的值进行类型转换,例如:

```
printf("%c %d %u %bu",'A',(int)1,(unsigned int)2,(char)3 );
```

如果不能确定要传递参数的大小,可以强制转换值到希望的大小。

3. 未调用函数

在开发过程中,通常会有写了但不调用的函数。编译器允许这样而不产生错误,但同时连接/定位器也暂时不处理这些代码,并因为支持数据覆盖,只生成一个警告。中断函数不被调用,它们由硬件调用。一个未调用的程序被连接器作为一个可能的中断程序。这意味着函数的局部变量被分配在一个不可覆盖的数据区,这会很快耗尽所有可用的数据区(根据所用的存储类型决定)。如果不希望用尽存储区,必须检查和未调用或未使用程序相关的连接器警告,可以用连接器的 IXREF 命令在连接器影射(.M51)文件包含一个交叉参考列表。

4. 使用 Monitor-51

如果想要用 Monitor-51 测试一个 C 程序,如果 Monitor-51 被安装在地址 0,考虑下面的规则(指定目标系统用户程序可用的代码存储区在地址 8000H):

- 所有的 C 模块包含中断函数必须用 INTVECTOR(0x8000)编译。
- 在 STARTUP. A51 中,声明 CSEG AT 0 必须用 CSEG AT 8000H 替代,然后这个文件必须使用汇编和连接到目标程序,如文件头所指定。

5. bdata 存储类型的问题

一些用户说使用 bdata 存储类型很困难,bdata 的使用类似于 sfr 修饰符,最多的错误在引

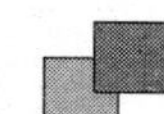

用一个定义在别的模块中的 bdata 变量时遇到。例如：

```
extern bdata char xyz_flag;
sbit xyz_bit1 = xyz_flag^1;
```

为了产生适当的指令，编译器必须生成引用的绝对值。在上面的例子中，这不能做到，在编译完成前 xyz_flag 的地址是未知的，遵循下面的规则可以避免这个问题。

(1) 一个 bdata 变量（和一个 sfr 同样定义和使用）必须定义在全局空间，不用局限在一个程序范围内。

(2) 一个 bdata(bit 变量和一个 sfr 同样定义和使用）必须也定义在全局空间，不能局限在一个程序内。

(3) bdata 变量的定义和它的 sbit 访问成员名的建立在编译器遇到变量和成员前必须完成。

例如，在同一源模块内声明 bdata 变量和 bit 成员：

```
bdata char xyz_flag;
sbit xyz_bit1 = xyz_flag^1;
```

然后声明外部位成员：

```
extern bit xyz_bit1;
```

和任何保留空间的别的声明和命名的 C 变量一样，仅仅在一个模块中定义 bdata 变量和 sbits 成员，然后在需要的地方用 extern bit 标识符引用。

6. 函数指针

函数指针是 C 语言中最难理解和使用的方面之一。函数指针中的最大的问题是由不正确的函数指针的声明，不正确的关联和不正确的解除参照引起的。

下面简短的例子示例如何声明一个函数指针(f)，如何和它关联一个函数地址和如何通过指针调用函数，运行 DS51 模拟程序执行时把 printf 程序作为例子。

```
#include <reg51.h>
#include <stdio.h>

void func1(int d)
{
    printf("In FUNC1( %d)\n", d);
}

void func2(int i)
{
    printf("In FUNC2( %d)\n", i);
}

void main(void)
{
    void ( * f)(int i);
```

```
    SCON   = 0x50;
    TMOD | = 0x20;
    TH1    = 0xf3;
    TR1    = 1;
    TI     = 1;

    while( 1 )
    {
        f = (void * )func1;
        f(1);
        f = (void * )func2;
        f(2);
    }
}
```

附录E

调试技巧

一般来说，除了极少数简单的程序以外，绝大部分的程序都需要反反复复进行调试，几乎没有一下子就能够编译正确的代码，使程序正确地执行。真正可实现的代码都需要通过编译、烧写、调试的环节，因此调试是单片机开发的重要环节，直接影响到产品的稳定性和开发周期。

调试手段包括软件仿真、在线硬件仿真、串口打印三大手段。

软件仿真：很多编译器都包含调试环境，而调试环境都集成了单片机内核，像Keil开发环境集成了8051系列单片机内核、AVRStudio集成了AVR单片机内核。就以Keil软件仿真为例，当其在线软件仿真8051系列单片机时，不但能够将8051系列单片机的所有寄存器的信息都实时显示出来，而且能够观察到变量的变化、程序的跳转、内存信息甚至更多。

在线硬件仿真：在国内，51硬件仿真器比较著名的是伟福仿真器，但是价格高昂。有的是很多仿真器很难做到完全硬件仿真，最后会造成仿真时正常，而实际运行时出现错误的情况；更坏的情况就是仿真不能通过，但是不通过硬件仿真运行程序却能够运行正常的情况。对于一些较新的芯片或者是表面贴装的芯片，要么没有合适的仿真器或仿真头，要么就是硬件仿真器价格非常高，且不容易买到；有时由于设备内部结构空间的限制，仿真头不方便接入；有的仿真器属于简单的在线仿真型，如速度不高、实时性或稳定性不好、对断点有限制等造成仿真起来不太方便。

串口打印：在单片机编程中，串口占了很重要的地位，传统的单片机调试都是通过串口打印信息的，连Linux的内核调试都是通过串口打印信息来实现的。串口打印是最基本的调试技巧，在软件编程中，在适当的位置调用打印信息函数UARTPrintfString来显示监视信息，当程序被执行时，用户通过串口辅助软件来监视串口打印信息就可以了。

一般情况下，恰当地通过软件仿真和串口打印就可以得到正确稳定的代码，没有多大必要购买价格高昂的硬件仿真器。

在Keil调试环境中已经内置了8051内核来模拟程序的执行，该仿真功能很强大，可以在没有硬件和硬件仿真器的情况下进行代码调试。有一点需要注意的是，软件仿真和真实的硬件有所出入的是执行的时序，具体表现的是程序的执行速度，当前计算机性能越好，软件仿真运行程序速度越快。

要进行软件仿真程序调试，首先要保证当前的程序能够正确地编译通过。当被正确地编译通过以后，选择菜单“Debug”→“Start/Stop Debug Session”进入软件调试环境，显示界面会有明显的变化，并且多出寄存器监视窗口、内存监视窗口、变量监视窗口等，且弹出调试工具条，如图 E-1 所示。

图 E-1　快捷按钮

图 E-1 各快捷按钮的功能如表 E-1 所列。

表 E-1　快捷按钮功能表

快捷按钮	说　明	快捷按钮	说　明
	复位		观察跟踪
	运行		反汇编窗口
	暂停		观察窗口
	单步		代码作用范围分析
	过程单步		1 号串行口观察窗口
	执行完当前子程序		内存监视窗口
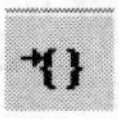	运行到当前行		性能分析窗口
	下一状态		工具按钮
	打开跟踪		

要学会程序调试，必须要理清单步执行和全速执行的概念。单步执行顾名思义就是程序执行一步后，等待用户操作执行下一步。全速执行就是程序执行一步后不需要用户操作继续执行下一步，直到检测到断点为止。一般来说，单步执行易于观察变量值的变化、寄存器值的变化、内存的变化等，而全速执行就可以知道程序是否正确，并且很快知道程序错在哪一个位置。

1. 寄存器窗口

寄存器窗口用于监视寄存器 R0～R7 的变化，并提供监视 SP 堆栈指针、PC 程序计数器指针、PSW 程序状态字的变化。从之前介绍软件延时的章节可以通过监视“sec”来获得精准的定时，如图 E-2 所示。

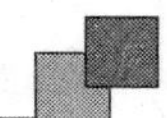

2. 观察窗口

单击快捷按钮，弹出观察窗口，如图 E－3 所示。

Register	Value
Regs	
r0	0x09
r1	0x00
r2	0x00
r3	0x00
r4	0x00
r5	0x00
r6	0x01
r7	0x00
Sys	
a	0xf8
b	0x00
sp	0x08
sp_max	0x0a
dptr	0x0006
PC $	C:0x00D4
states	457
sec	0.00022850
psw	0xc1

图 E－2　寄存器窗口

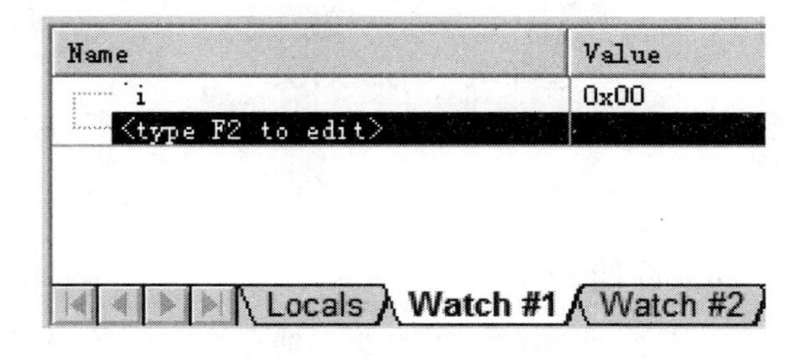

图 E－3　观察窗口

观察窗口主要用于监视变量值的变化，添加要被监视的变量的方法是在单击“Name”处，按下键盘 F2 键，然后填入要被监视的变量。

3. 反汇编窗口

单击快捷按钮，弹出反汇编窗口，如图 E－4 所示。

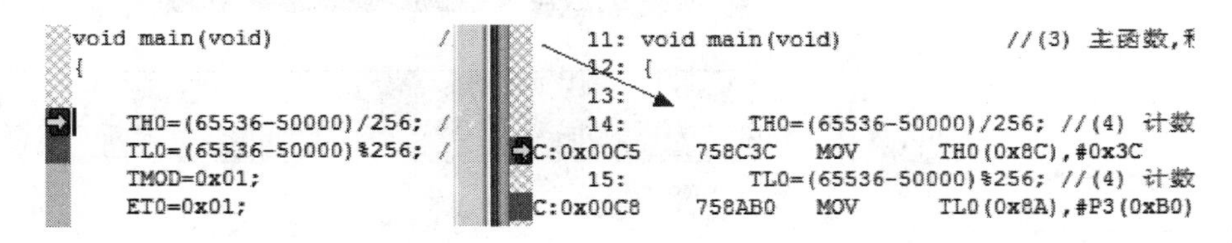

图 E－4　反汇编窗口

反汇编窗口显示的是 C 语言代码被编译过后的汇编代码，这对于学习 51 汇编指令的用户来说确实是一个好消息。

4. 外围设备窗口

单击菜单【Periherals】，选择相应的选项将会弹出相应的窗口，因为窗口太多，这里就显示 P0 口和定时器 0 相关状态的窗口，如图 E－5、图 E－6 所示。

由于 Keil 的软件仿真环境内建了 51 内核，能够显示单片机所有资源的状态就是最有力的证明，所以用户软件仿真时，一定要打开相关的外围设备窗口，这样就可以完全模拟真实的单片机各个周边设备是如何变化的。

5. 串行口打印窗口

单击快捷按钮，弹出串行口打印窗口，这里只要串口函数能够正常执行，打印信息时可以通过该串行口打印窗口来显示，如图 E－7 所示。

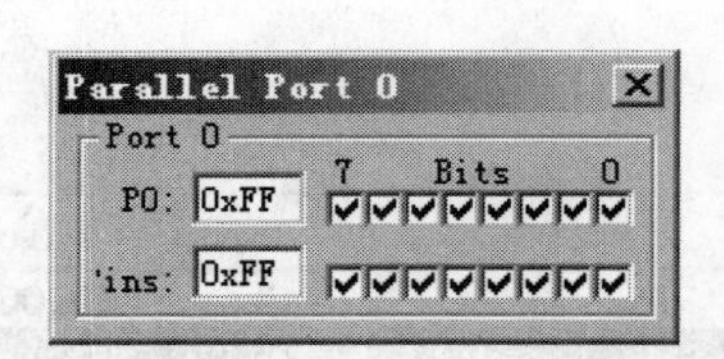

图 E-5　I/O 口对话框

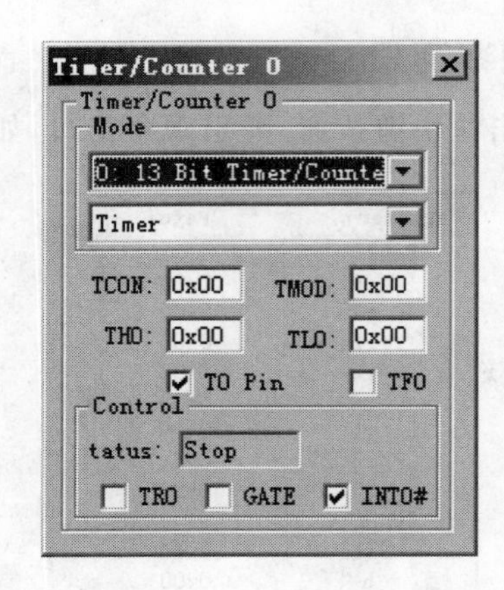

图 E-6　T/C0 对话框

6. 性能分析器

单击快捷按钮，弹出性能分析窗口，如图 E-8 所示。

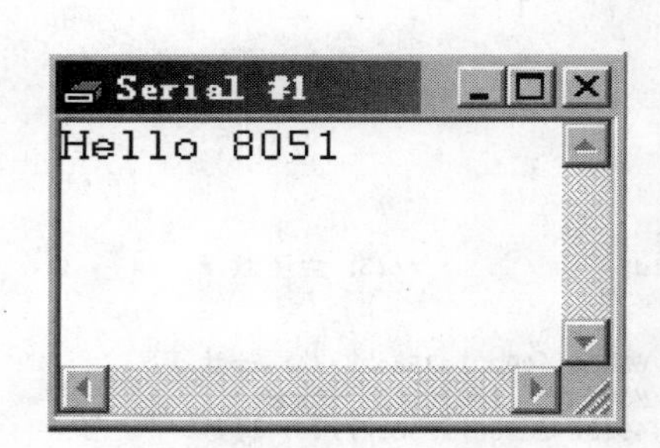

图 E-7　串行口打印窗口

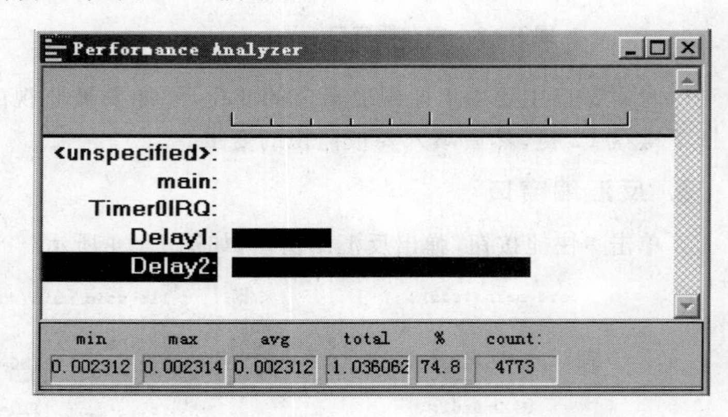

图 E-8　性能分析器

图 E-8 的 Delay2 比 Delay1 的柱形条更长，柱形条越长就表示该函数占用 CPU 的时间越长。

7. 中断有效性检测

示例代码为定时器流水灯实验代码。

```
void Timer0IRQ(void) interrupt 1
{
    TH0=(65536-50000)/256;
    TL0=(65536-50000)%256;
    P2=1<<i;
    i++;
}
```

图 E-9　中断有效性检测代码

第 1 步：在 Timer0IRQ 函数体内加上断点。

第 2 步：编译程序并通过。

第 3 步：单击快捷按钮进入调试模式，并单击快捷按钮让程序全速执行，若中断有效，则程序会执行到 Timer0IRQ 中断服务函数体内部，如图 E-9所示。

附录 F 指令集

1. 算术运算指令

(1) ADD A,Rn：将累加器与寄存器的内容相加,结果存回累加器。

(2) ADD A,direct：将累加器与直接地址的内容相加,结果存回累加器。

(3) ADD A,@Ri：将累加器与间接地址的内容相加,结果存回累加器。

(4) ADD A,# data：将累加器与常数相加,结果存回累加器。

(5) ADDC A,Rn：将累加器与寄存器的内容及进位 C 相加,结果存回累加器。

(6) ADDC A,direct：将累加器与直接地址的内容及进位 C 相加,结果存回累加器。

(7) ADDC A,@Ri：将累加器与间接地址的内容及进位 C 相加,结果存回累加器。

(8) ADDC A,# data：将累加器与常数及进位 C 相加,结果存回累加器。

(9) SUBB A,Rn：将累加器的值减去寄存器的值减借位 C,结果存回累加器。

(10) SUBB A,direct：将累加器的值减直接地址的值减借位 C,结果存回累加器。

(11) SUBB A,@Ri：将累加器的值减间接地址的值减借位 C,结果存回累加器。

(12) SUBB A,# data：将累加器的值减常数值减借位 C,结果存回累加器。

(13) INC A：将累加器的值加 1。

(14) INC Rn：将寄存器的值加 1。

(15) INC direct：将直接地址的内容加 1。

(16) INC @Ri：将间接地址的内容加 1。

(17) INC DPTR：数据指针寄存器值加 1。

(18) DEC A：将累加器的值减 1。

(19) DEC Rn：将寄存器的值减 1。

(20) DEC direct：将直接地址的内容减 1。

(21) DEC @Ri：将间接地址的内容减 1。

(22) MUL AB：将累加器的值与 B 寄存器的值相乘,乘积的低位字节存回累加器,高位字节存回 B 寄存器。

(23) DIV AB：将累加器的值除以 B 寄存器的值,结果的商存回累加器,余数存回 B 寄存器。

(24) DA A：将累加器A作十进制调整。

2. 逻辑运算指令

(1) ANL A,Rn：将累加器的值与寄存器的值作AND的逻辑判断，结果存回累加器。

(2) ANL A,direct：将累加器的值与直接地址的内容作AND的逻辑判断，结果存回累加器。

(3) ANL A,@Ri：将累加器的值与间接地址的内容作AND的逻辑判断，结果存回累加器。

(4) ANL A,#data：将累加器的值与常数作AND的逻辑判断，结果存回累加器。

(5) ANL direct,A：将直接地址的内容与累加器的值作AND的逻辑判断，结果存回该直接地址。

(6) ANL direct,#data：将直接地址的内容与常数值作AND的逻辑判断，结果存回该直接地址。

(7) ORL A,Rn：将累加器的值与寄存器的值作OR的逻辑判断，结果存回累加器。

(8) ORL A,direct：将累加器的值与直接地址的内容作OR的逻辑判断，结果存回累加器。

(9) ORL A,@Ri：将累加器的值与间接地址的内容作OR的逻辑判断，结果存回累加器。

(10) ORL A,#data：将累加器的值与常数作OR的逻辑判断，结果存回累加器。

(11) ORL direct,A：将直接地址的内容与累加器的值作OR的逻辑判断，结果存回该直接地址。

(12) ORL direct,#data：将直接地址的内容与常数值作OR的逻辑判断，结果存回该直接地址。

(13) XRL A,Rn：将累加器的值与寄存器的值作XOR的逻辑判断，结果存回累加器。

(14) XRL A,direct：将累加器的值与直接地址的内容作XOR的逻辑判断，结果存回累加器。

(15) XRL A,@Ri：将累加器的值与间接地址的内容作XOR的逻辑判断，结果存回累加器。

(16) XRL A,#data：将累加器的值与常数作XOR的逻辑判断，结果存回累加器。

(17) XRL direct,A：将直接地址的内容与累加器的值作XOR的逻辑判断，结果存回该直接地址。

(18) XRL direct,#data：将直接地址的内容与常数的值作XOR的逻辑判断，结果存回该直接地址。

(19) CLR A：清除累加器的值为0。

(20) CPL A：将累加器的值反相。

(21) RL A：将累加器的值左移一位。

(22) RLC A：将累加器含进位C左移一位。

(23) RR A：将累加器的值右移一位。

(24) RRC A：将累加器含进位C右移一位。

(25) SWAP A：将累加器的高4位与低4位的内容交换。

3. 数据转移指令

(1) MOV A,Rn：将寄存器的内容载入累加器。

(2) MOV A,direct：将直接地址的内容载入累加器。

(3) MOV A,@Ri：将间接地址的内容载入累加器。

(4) MOV A,#data：将常数载入累加器。

(5) MOV Rn,A：将累加器的内容载入寄存器。

(6) MOV Rn,direct：将直接地址的内容载入寄存器。

(7) MOV Rn,gdata：将常数载入寄存器。

(8) MOV direct,A：将累加器的内容存入直接地址。

(9) MOV direct,Rn：将寄存器的内容存入直接地址。

(10) MOV direct1，direct2：将直接地址2的内容存入直接地址。

(11) MOV direct,@Ri：将间接地址的内容存入直接地址。

(12) MOV direct,#data：将常数存入直接地址。

(13) MOV @Ri,A：将累加器的内容存入某间接地址。

(14) MOV @Ri,direct：将直接地址的内容存入某间接地址。

(15) MOV @Ri,#data：将常数存入某间接地址。

(16) MOV DPTR,#data16：将16位的常数存入数据指针寄存器。

(17) MOVC A,@A+DPTR：累加器的值再加数据指针寄存器的值为其所指定地址，将该地址的内容读入累加器。

(18) MOVC A,@A+PC：累加器的值加程序计数器的值作为其所指定地址，将该地址的内容读入累加器。

(19) MOVX A,@Ri：将间接地址所指定外部存储器的内容读入累加器(8位地址)。

(20) MOVX A,@DPTR：将数据指针所指定外部存储器的内容读入累加器(16位地址)。

(21) MOVX @Ri,A：将累加器的内容写入间接地址所指定的外部存储器(8位地址)。

(22) MOVX @DPTR,A：将累加器的内容写入数据指针所指定的外部存储器(16位地址)。

(23) PUSH direct：将直接地址的内容压入堆栈区。

(24) POP direct：从堆栈弹出该直接地址的内容。

(25) XCH A,Rn：将累加器的内容与寄存器的内容互换。

(26) XCH A,direct：将累加器的值与直接地址的内容互换。

(27) XCH A,@Ri：将累加器的值与间接地址的内容互换。

(28) XCHD A,@Ri：将累加器的低4位与间接地址的低4位互换。

4. 布尔代数运算

(1) CLR C：清除进位C为0。

(2) CLR bit：清除直接地址的某位为0。

(3) SETB C：设定进位C为1。

(4) SETB bit：设定直接地址的某位为 1。

(5) CPL C：将进位 C 的值反相。

(6) CPL bit：将直接地址的某位值反相。

(7) ANL C,bit：将进位 C 与直接地址的某位作 AND 的逻辑判断，结果存回进位 C。

(8) ANL C,/bit：将进位 C 与直接地址的某位的反相值作 AND 的逻辑判断，结果存回进位 C。

(9) ORL C,bit：将进位 C 与直接地址的某位作 OR 的逻辑判断，结果存回进位 C。

(10) ORL C,/bit：将进位 C 与直接地址的某位的反相值作 OR 的逻辑判断，结果存回进位 C。

(11) MOV C,bit：将直接地址的某位值存入进位 C。

(12) MOV bit,C：将进位 C 的值存入直接地址的某位。

(13) JC rel：若进位 C=1 则跳至 rel 的相关地址。

(14) JNC rel：若进位 C=0 则跳至 rel 的相关地址。

(15) JB bit,rel：若直接地址的某位为 1，则跳至 rel 的相关地址。

(16) JNB bit,rel：若直接地址的某位为 0，则跳至 rel 的相关地址。

(17) JBC bit,rel：若直接地址的某位为 1，则跳至 rel 的相关地址，并将该位值清除为 0。

5. 程序跳跃

(1) ACALL addr11：调用 2K 程序存储器范围内的子程序。

(2) LCALL addr16：调用 64K 程序存储器范围内的子程序。

(3) RET：从子程序返回。

(4) RETI：从中断子程序返回，

(5) AJMP addr11：绝对跳跃(2K 内)。

(6) LJMP addr16：长跳跃(64K 内)。

(7) SJMP rel：短跳跃(2K 内)-128～+127 字节。

(8) JMP @A+DPTR：跳至累加器的内容加数据指针所指的相关地址。

(9) JZ rel：累加器的内容为 0，则跳至 rel 所指相关地址。

(10) JNZ rel：累加器的内容不为 0，则跳至 rel 所指相关地址。

(11) CJNE A,direct,rel：将累加器的内容与直接地址的内容作比较，不相等则跳至 rel 所指的相关地址。

(12) CJNE A,#data,rel：将累加器的内容与常数作比较，若不相等则跳至 rel 所指的相关地址。

(13) CJNE @Rn,#data,rel：将寄存器的内容与常数作比较，若不相等则跳至 rel 所指的相关地址。

(14) CJNE @Ri,#data,rel：将间接地址的内容与常数作比较，若不相等则跳至 rel 所指的相关地址。

(15) DJNZ Rn,rel：将寄存器的内容减 1，不等于 0 则跳至 rel 所指的相关地址。

(16) DJNZ direct,rel：将直接地址的内容减 1，不等于 0 则跳至 rel 所指的相关地址。

(17) NOP：无动作。

附录 G

SmartM 系列开发板简介

G.1 开发套件开发板原理图

其原理图如图 G-1、图 G-2 所示。

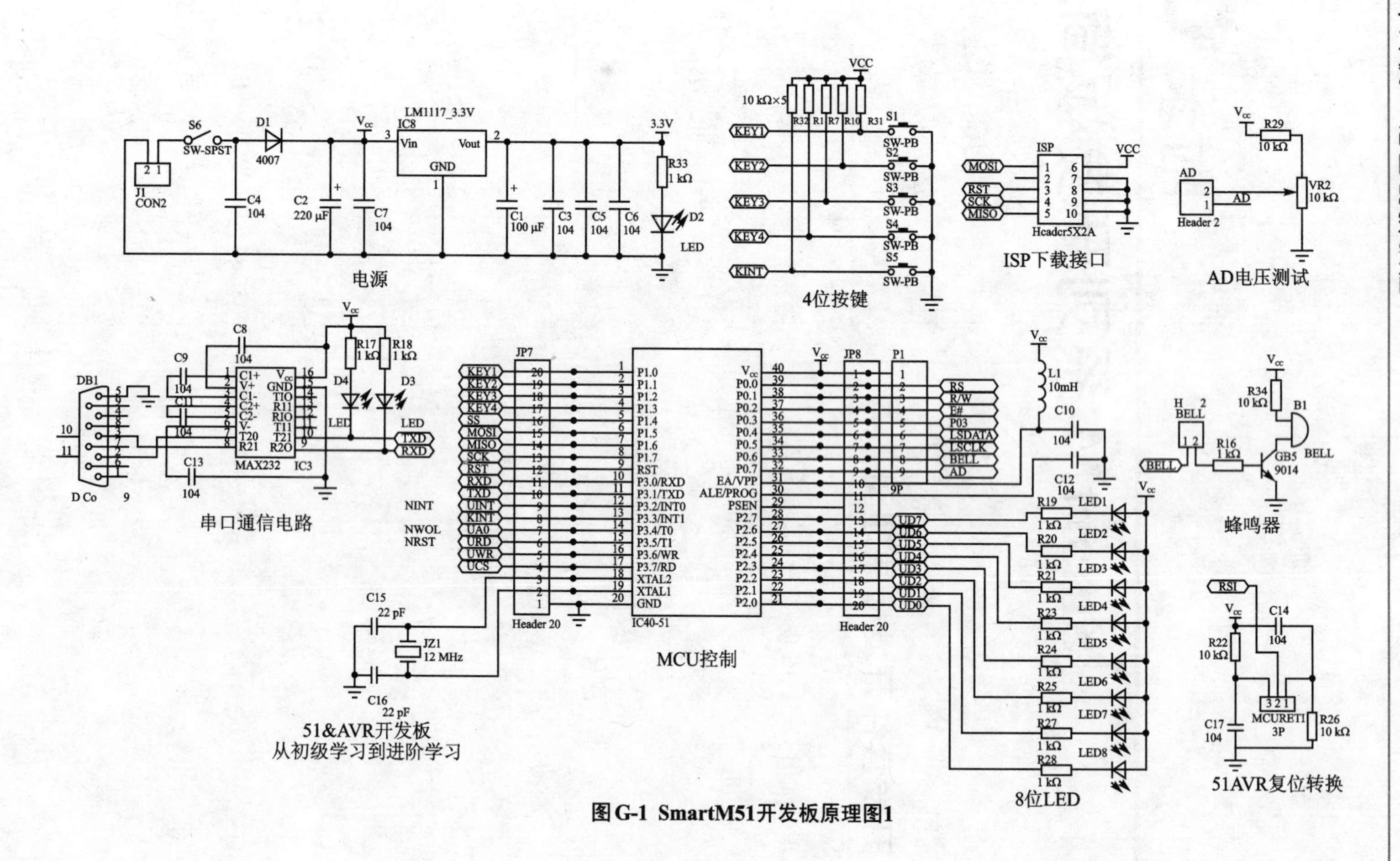

图 G-1 SmartM51开发板原理图1

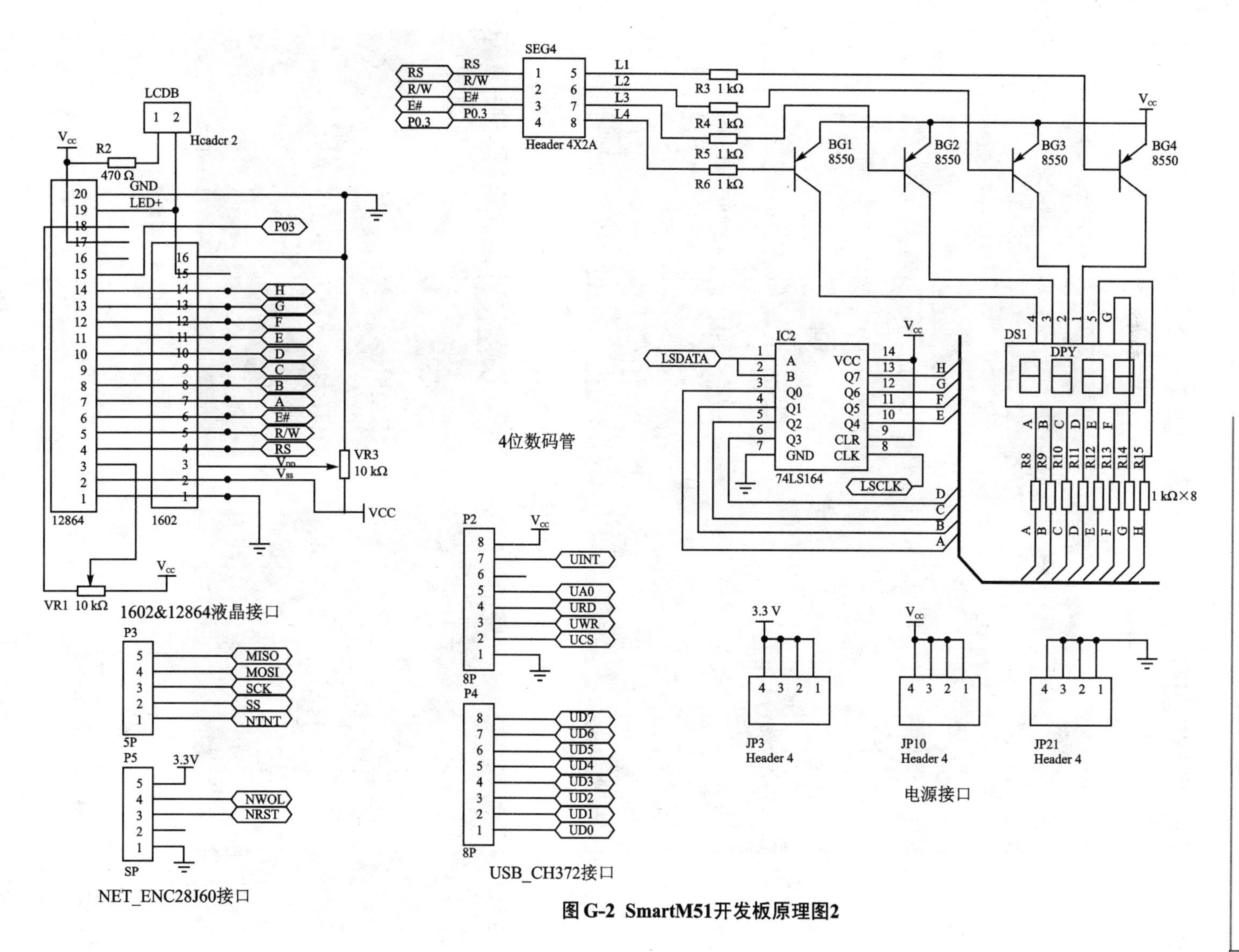

图 G-2　SmartM51开发板原理图2

G.2 开发套件图布局(图 G－3～图 G－5)

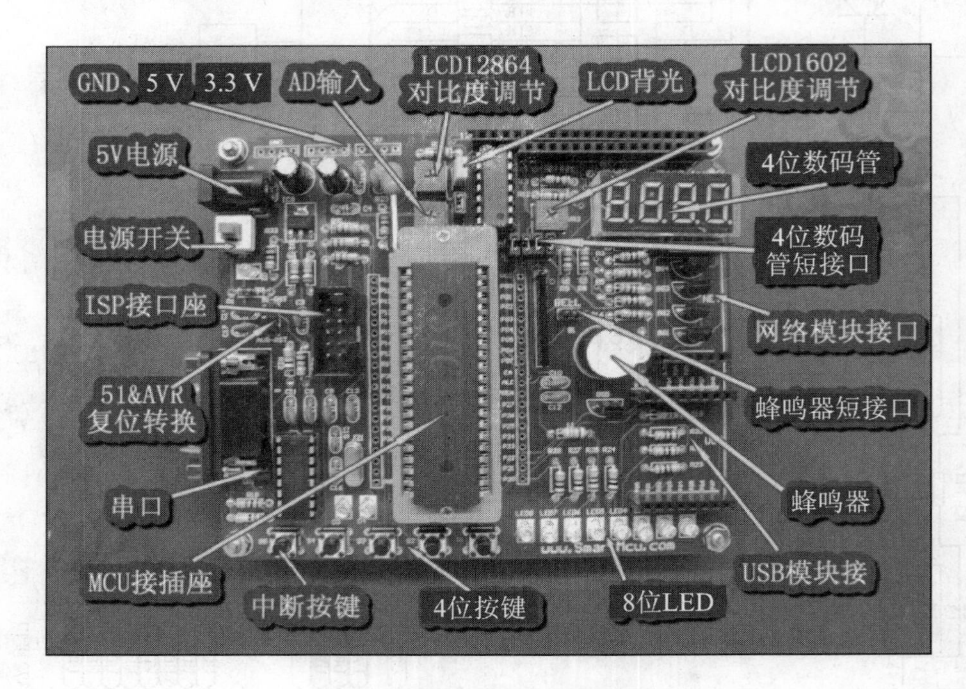

图 G－3 主板布局

图 G－4 USB 模块

图 G－5 网络模块

G.3 开发套件配置

SmartM51 开发板采用 STC89C52RC 单片机为蓝本，可通过串口烧写程序，主要配置如下：

(1) STC89C52RC 增强型 8051 系列单片机，基于传统 8051 的基础上增加了 EEPROM、软件复位、看门狗等内部硬件资源，而且支持 6T/机器周期和 12T/机器周期，Flash、RAM 资

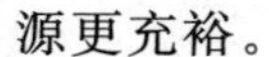
源更充裕。

(2) 8 位 LED 发光二极管(GPIO 实验、定时器实验、软件复位实验、中断唤醒实验、看门狗实验)。

(3) 4 位数码管(数码管实验、交通灯实验、按键计数器实验)。

(4) 5 个独立按键(按键中断实验、软件复位实验、中断唤醒实验、看门狗实验、按键计数器实验、电子菜单实验)。

(5) MAX232 芯片 RS-232 通信接口(与计算机通信的接口,同时是 STC 单片机下载程序的接口,涉及的实验有串口收发数据实验、交通灯实验、数据校验实验)。

(6) 74LS164 串行输入转并行输出锁存器芯片(节省 I/O 资源,涉及数码管、LCD 等器件)。

(7) LCD1602 字符串液晶插口(可以显示两行字符,涉及 LCD1602 显示实验、频率计实验)。

(8) LCD12864 图形液晶接口(可以显示汉字和图形,涉及 LCD12864 显示实验)。

(9) 蜂鸣器。

(10) USB 模块(基于南京沁恒公司的 CH372 USB 芯片进行设计,能够轻易进行 USB 设备开发,内置固件模式下能够屏蔽 USB 协议,外部固件模式能够定制各种类型的 USB 设备)。

(11) 网络模块(基于 Microchip 公司的 ENC28J60 网络芯片进行设计,能够轻易进行网络设备开发,实现 Ping、TCP、UDP 等网络协议)。

(12) 单片机所有引脚全部引出,方便用户自由拓展。

(13) 锁紧座,方便单片机的安装与拆除。

当 SmartM51 开发板搭载了 AVRTo51 转换板(图 G-6)时,SmartM51 开发板摇身一变成为 SmartMAVR 开发板,支持 ATMEGA16/ATMEGA32 单片机进行开发。

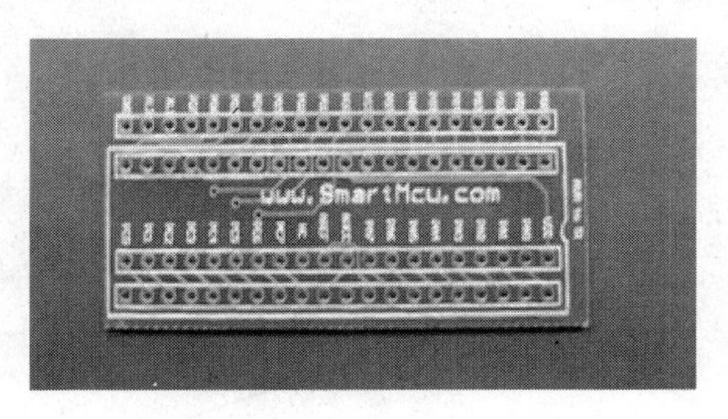

图 G-6　AVRTo51 转换板

要注意的是,AVR 单片机不能够像 STC89C52RC 单片机那样可以通过串口来下载程序,因此需要使用专用的烧写器并接上开发板的 ISP 接口进行程序下载。

参考文献

[1] 马忠梅等.单片机的C语言应用程序设计.第4版.北京：北京航空航天大学出版社，2007.
[2] 宏晶科技公司.STC89C51RC/RD+系列单片机器件手册.
[3] 吉跃华.华为公司编程语法规范.
[4] 周立功等.PDIUSBD12 USB固件编程与驱动开发.北京：北京航空航天大学出版社，2003.
[5] Keil C51完整中文手册.
[6]（美）Richard Stevens W. TCP/IP详解卷1：协议.范建华等译.北京：机械工业出版社，2000.
[7] 丁元杰.单片微机原理及应用.第3版.北京：机械工业出版社，2005.
[8] 陈明计，周立功等.嵌入式实时操作系统Small RTOS51原理及应用.北京：北京航空航天大学出版社，2004.
[9] 陈萌萌，邵贝贝等.单片机系统的低功耗设计策略.单片机与嵌入式系统应用，2006，3.
[10] 南京沁恒电子有限公司.CH372中文手册.
[11] Microchip公司.ENC28J60数据手册.
[12] www.smartmcu.com.
[13] http：//group.ednchina.com/2748.
[14] http：//www.cnblogs.com/wenziqi.